手镯的绘制

葫芦

锁

雨伞

饮水机

茶壶

石凳

顶针

茶几

凉亭

杯子

办公椅

吸顶灯

LED灯泡的创建

马桶

电视机

牌匾立体图

回形窗

绘制扶手椅立体图

足球门

欧式窗体

小闹钟立体图

写字台

小水桶

花篮

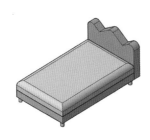

床

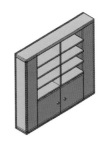

书柜

石桌

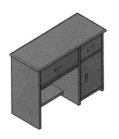

办公桌

几案

沙发

电脑

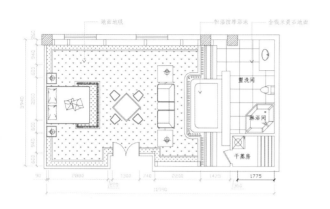

豪华包房平面布置图

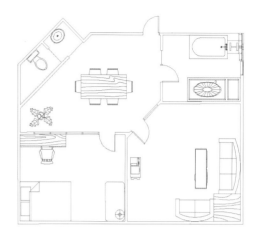

绘制住房室内布置平面图

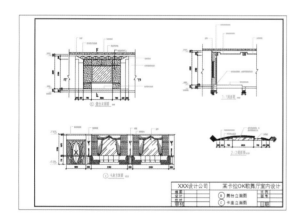

B、C立面的绘制

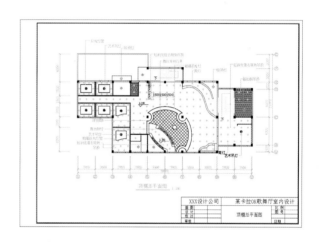

歌舞厅室内顶棚图绘制

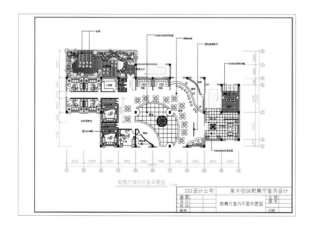

歌舞厅室内平面图绘制

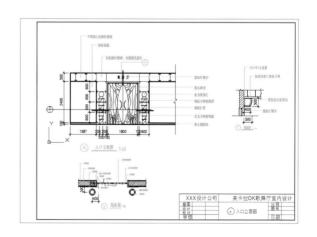

入口立面图的绘制

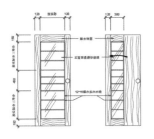

木门

组合沙发图块

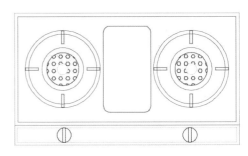

绘制灶具

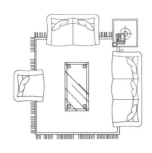

客厅沙发茶几组合

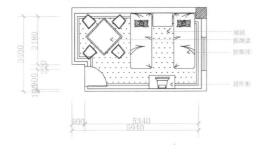

壁画

燃气灶

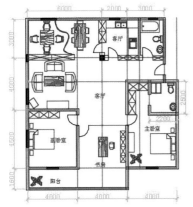

按摩包房平面布置图

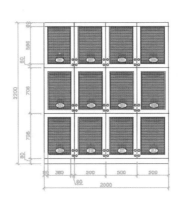

用插入命令布置居室

古典梳妆台

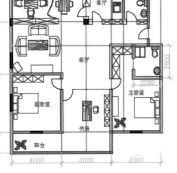

居室布局图

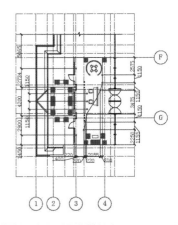

更衣柜

室内设计图

雨伞

双开门

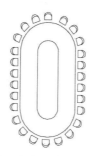
绘制公司会议桌

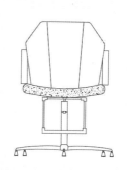
办公座椅

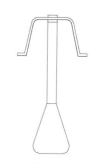
张力器

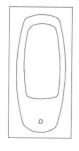
浴缸

会场椅

小房子

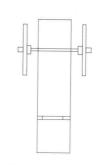
卧推器

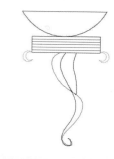
壁灯

盆景立面图

女神摆饰

古董瓷瓶

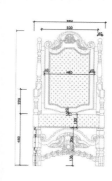
太师椅

电梯厅图形

单人床

防盗门

房间门

桑拿门

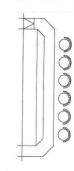
吧台

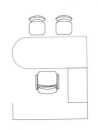

绘制办公桌

吧椅

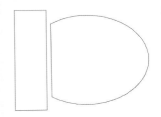

马桶

美容椅

电话

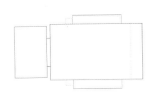

躺椅

舞厅沙发

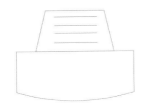

电视机

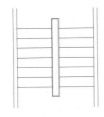

楼梯

绘制茶壶

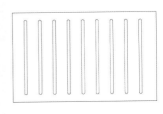

查询行李架属性

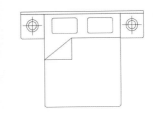

绘制双人床平面图

玫瑰椅

标注轴线编号

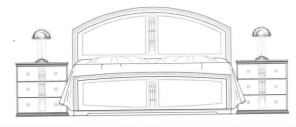

绘制双人床立面图

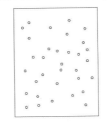

地毯绘制

芬兰浴房间

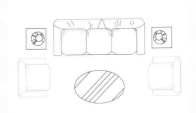

沙发茶几组合

电脑

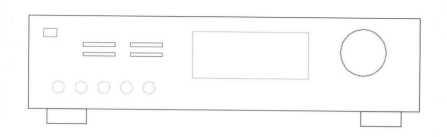

影碟机

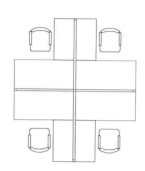

隔断办公桌

明式桌椅组合

健骑机

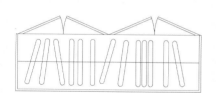

三人沙发

绘制衣柜

西式沙发

接待台

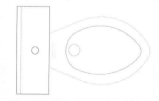

坐便器

绘制洗发椅

脚踏

办公桌

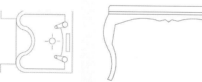

风筝摆饰

盆景平面图

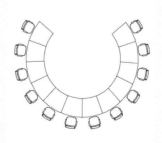

会议桌

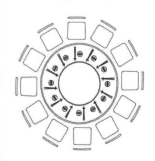

饭店餐桌

绘制洗衣机

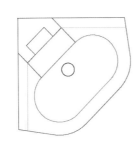

绘制洗手盆

小靠背椅

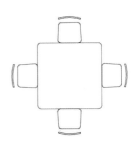

绘制家庭餐桌

接待台

电视

蒸汽房房间

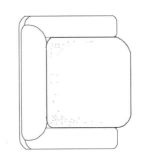

单人沙发

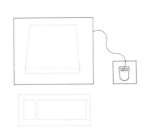

绘制电脑

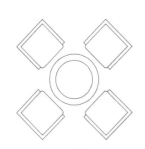

茶座

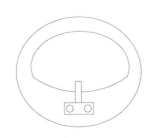

盥洗盆

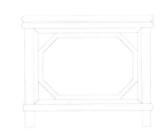

方凳

古典柜子

休闲桌椅

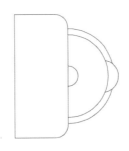

绘制小便器

立面床头柜

AutoCAD 2017 中文版家具设计实例教程

CAD/CAM/CAE 技术联盟　编著

清华大学出版社

北　京

内 容 简 介

《AutoCAD 2017 中文版家具设计实例教程》一书针对 AutoCAD 认证考试最新大纲编写，重点介绍了 AutoCAD 2017 中文版的新功能及各种基本操作方法和技巧。其最大的特点是，在大量利用图解方法进行知识点讲解的同时，巧妙地融入了家具设计工程应用案例，使读者能够在家具设计工程实践中掌握 AutoCAD 2017 的操作方法和技巧。

全书分为 18 章，分别介绍了家具设计基本理论，AutoCAD 2017 入门，基本绘图工具，二维绘制命令，编辑命令，高级绘图和编辑命令，文字、表格与尺寸，集成绘图工具，民用家具设计，办公家具设计，商业服务家具设计，会场、剧院家具设计，其他家具设计，卡拉 OK 歌舞厅室内家具设计综合实例，三维造型基础知识，基本三维造型绘制，三维实体操作和三维造型编辑等内容。

本书内容翔实，图文并茂，语言简洁，思路清晰，实例丰富，既可以作为初学者的入门与提高教材，也可以作为 AutoCAD 认证考试辅导与自学教材。

本书除利用传统的纸面讲解外，随书还配送了多功能学习光盘。光盘具体内容如下：

1. 130 段大型高清多媒体教学视频（动画演示），边看视频边学习，轻松学习效率高。
2. AutoCAD 绘图技巧、快捷命令速查手册、疑难问题汇总、常用图块等辅助学习资料，极大地方便读者学习。
3. 2 套家具设计方案及长达 287 分钟的同步教学视频，可以拓展视野，增强实战能力。
4. 73 道 AutoCAD 认证实题，名师助力，真题演练。

图书在版编目（CIP）数据

AutoCAD 2017 中文版家具设计实例教程/CAD/CAM/CAE 技术联盟编著. —北京：清华大学出版社，2018
ISBN 978-7-302-46865-3

I. ①A… II. ①C… III. ①家具-计算机辅助设计-AutoCAD 软件-教材 IV. ①TS664.01-39

中国版本图书馆 CIP 数据核字（2017）第 064185 号

责任编辑：杨静华
封面设计：李志伟
版式设计：牛瑞瑞
责任校对：王　云
责任印制：李红英

出版发行：清华大学出版社
　　　　网　　　址：http://www.tup.com.cn，http://www.wqbook.com
　　　　地　　　址：北京清华大学学研大厦 A 座　　邮　　编：100084
　　　　社 总 机：010-62770175　　　　邮　　购：010-62786544
　　　　投稿与读者服务：010-62776969，c-service@tup.tsinghua.edu.cn
　　　　质量反馈：010-62772015，zhiliang@tup.tsinghua.edu.cn
印 装 者：北京鑫海金澳胶印有限公司
经　销：全国新华书店
开　本：203mm×260mm　印　张：30　插　页：4　字　数：900 千字
　　　　（附 DVD 光盘 1 张）
版　次：2018 年 1 月第 1 版　印　次：2018 年 1 月第 1 次印刷
印　数：1～3500
定　价：89.80 元

产品编号：074113-01

前 言

Preface

中国的历史悠久，家具的历史也非常悠久，夏、商、周时期已经开始有了箱、柜、屏风等家具。家具设计是用图形（或模型）和文字说明等方法，表达家具的造型、功能、尺度与尺寸、色彩、材料和结构。家具设计既是一门艺术，又是一门应用科学，主要包括造型设计、结构设计及工艺设计 3 个方面。设计的整个过程包括收集资料、构思、绘制草图、评价、试样、再评价和绘制生产图。

AutoCAD 不仅具有强大的二维平面绘图功能，而且具有出色的、灵活可靠的三维建模功能，是进行家具设计最为有力的工具之一。使用 AutoCAD 进行家具设计，不仅可以利用人机交互界面实时进行修改，快速地把各方意见反映到设计中去，而且可以查看修改后的效果，从多个角度进行任意观察，大大提高了工作效率。本书以 AutoCAD 2017 版本为基础讲解 AutoCAD 在家具设计中的应用方法和技巧。

一、编写目的

鉴于 AutoCAD 强大的功能和深厚的工程应用底蕴，我们力图为初学者、自学者或想参加 AutoCAD 认证考试的读者开发一套全方位介绍 AutoCAD 在各个行业应用实际情况的书籍。在具体编写过程中，我们不求事无巨细地将 AutoCAD 知识点全面讲解清楚，而是针对本专业或本行业需要，参考 AutoCAD 认证考试最新大纲，以 AutoCAD 大体知识脉络为线索，以"实例"为抓手，由浅入深，从易到难，帮助读者掌握利用 AutoCAD 进行本行业工程设计的基本技能和技巧，并希望能够为广大读者的学习起到良好的引导作用，为广大读者学习 AutoCAD 提供一个简单有效的捷径。

二、本书特点

1. 专业性强，经验丰富

本书的著作责任者是 Autodesk 中国认证考试中心（ACAA）的首席技术专家，全面负责 AutoCAD 认证考试大纲制定和考试题库建设。编者均为在高校从事多年计算机图形教学研究的一线人员，具有丰富的教学实践经验，能够准确地把握学生的心理与实际需求。有一些执笔者是国内 AutoCAD 图书出版界的知名作者，前期出版的一些相关书籍经过市场检验很受读者欢迎。作者总结多年的设计经验和教学的心得体会，结合 AutoCAD 认证考试最新大纲要求编写此书，具有很强的专业性和针对性。

2. 涵盖面广，剪裁得当

本书定位于 AutoCAD 在家具设计应用领域功能全貌的教学与自学结合的指导书。所谓功能全貌，不是将 AutoCAD 所有知识面面俱到，而是根据行业需要，将必须掌握的知识讲述清楚。根据这个原则，本书首先简单介绍了家具设计的基本理论，然后详细介绍了 AutoCAD 在家具设计中必须掌握的基本操作，接着介绍了民用、办公、会场、剧院等不同场所家具设计的过程和技巧，通过卡拉 OK 歌舞厅室内家具设计综合实例介绍了 AutoCAD 在实际案例中的具体应用，最后几章介绍了家具设计三维造型的相关知识。为了在有限的篇幅内提高知识集中程度，作者对所讲述的知识点进行了精心剪裁，并确保各知识点为实际设计中用得到、读者学得会的内容。

3. 实例丰富，步步为营

作为 AutoCAD 软件在家具设计领域应用的图书，我们力求避免空洞的介绍和描述，而是步步为营，对每个知识点采用家具设计实例演绎，通过实例操作使读者加深对知识点内容的理解，并在实例操作过程中牢固地掌握软件功能。实例的种类也非常丰富，既有知识点讲解的小实例，也有几个知识点或全章知识点结合的综合实例，还有练习提高的上机实例。各种实例交错讲解，达到巩固读者理解的目标。

4. 工程案例，潜移默化

AutoCAD 是一个侧重应用的工程软件，所以最后的落脚点还是工程应用。为了体现这一点，本书采用的处理方法是：在读者基本掌握各个知识点后，通过歌舞厅室内家具设计这个典型案例练习进一步学习软件在家具设计实践中的具体应用方法，对读者的家具设计能力进行最后的"淬火"处理。"随风潜入夜，润物细无声"，潜移默化地培养读者的家具设计能力，同时使全书的内容显得紧凑完整。

5. 技巧总结，点石成金

除了一般的技巧说明性内容外，本书在大部分章节的最后特别设计了"名师点拨"的内容环节，针对本章内容所涉及的知识给出笔者多年操作应用的经验总结和关键操作技巧提示，帮助读者对本章知识进行最后的提升。

6. 认证实题训练，模拟考试环境

由于本书作者全面负责 AutoCAD 认证考试大纲的制定和考试题库建设，具有得天独厚的条件，所以本书大部分章节的最后都给出了一个模拟考试的内容环节，所有的模拟试题都来自 AutoCAD 认证考试题库，具有真实性和针对性，特别适合参加 AutoCAD 认证考试人员作为辅导教材。

三、本书光盘

1. 130 段大型高清多媒体教学视频（动画演示）

为了方便读者学习，本书针对书中全部实例（包括上机实验），专门制作了 130 段多媒体图像、语音视频录像（动画演示），读者可以先看视频，像看电影一样轻松愉悦地学习本书内容。

2. AutoCAD 绘图技巧、快捷命令速查手册等辅助学习资料

本书光盘中赠送了 AutoCAD 绘图技巧大全、快捷命令速查手册、常用工具按钮速查手册、常用快捷键速查手册和疑难问题汇总等多种电子文档，方便读者使用。

3. 家具设计常用图块

为了方便读者，本光盘赠送 58 个家具设计常用图块，读者可根据需要直接或稍加修改后使用，可大大提高绘图效率。

4. 2 套大型图纸设计方案及长达 287 分钟的同步教学视频

为了帮助读者拓展视野，光盘中特意赠送了多套设计图纸集、图纸源文件、视频教学录像（动画演示），总长 287 分钟。

5. 全书实例的源文件和素材

本书附带了很多实例，光盘中包含实例和练习实例的源文件和素材，读者可以安装 AutoCAD 2017 软件，打开并使用它们。

四、本书服务

1. AutoCAD 2017 安装软件的获取

在学习本书前，请先在电脑中安装 AutoCAD 2017 软件（随书光盘中不附带软件安装程序），读者可在 Autodesk 官网 http://www.autodesk.com.cn/下载其试用版本，也可在当地电脑城、软件经销商购买软件使用。读者可以加入本书学习指导 QQ 群 597056765 或 379090620，群中会提供软件安装方法教程。安装完成后，即可按照本书上的实例进行操作练习。

2. 关于本书和配套光盘的技术问题或有关本书信息的发布

读者朋友遇到有关本书的技术问题，可以加入 QQ 群 597056765 或 379090620 进行咨询，也可以将问题发送到邮箱 win760520@126.com 或 CADCAMCAE7510@163.com，我们将及时回复。另外，也可以登录清华大学出版社网站 http://www.tup.com.cn/，在右上角的"站内搜索"框中输入本书书名或关键字，找到该书后单击，进入详细信息页面，我们会将读者反馈的关于本书和光盘的问题汇总在"资源下载"栏的"网络资源"处，读者可以下载查看。

3. 关于本书光盘的使用

本书光盘可以放在电脑 DVD 格式光驱中使用，其中的视频文件可以用播放软件进行播放，但不能在家用 DVD 播放机上播放，也不能在 CD 格式光驱的电脑上使用（现在 CD 格式的光驱已经很少）。如果光盘仍然无法读取，最好的办法是建议换一台电脑读取，然后复制过来，极个别光驱与光盘不兼容的现象是有的。另外，盘面有脏物建议要先行擦拭干净。

4. 关于手机在线学习

扫描书后二维码，可在手机中观看对应教学视频。充分利用碎片化时间，随时随地提升。

五、作者团队

本书由 CAD/CAM/CAE 技术联盟组织编写。CAD/CAM/CAE 技术联盟是一个 CAD/CAM/CAE 技术研讨、工程开发、培训咨询和图书创作的工程技术人员协作联盟，包含 20 多位专职和众多兼职 CAD/CAM/CAE 工程技术专家。其中赵志超、张辉、赵黎黎、朱玉莲、徐声杰、张琪、卢园、杨雪静、孟培、闫聪聪、李兵、甘勤涛、孙立明、李亚莉、王敏、宫鹏涵、左昉、李谨、王玮、王玉秋等参与了具体章节的编写工作，对大家的付出表示真诚的感谢。

CAD/CAM/CAE 技术联盟负责人由 Autodesk 中国认证考试中心首席专家担任，全面负责 Autodesk 中国官方认证考试大纲制定、题库建设、技术咨询和师资力量培训工作，成员精通 Autodesk 系列软件。其创作的很多教材成为国内具有引导性的旗帜作品，在国内相关专业方向图书创作领域具有举足轻重的地位。

六、致谢

在本书的写作过程中，清华大学出版社编辑团队给予了很大的帮助和支持，提出了很多中肯的建议，在此表示感谢。同时，还要感谢所有编审人员为本书的出版所付出的辛勤劳动。本书的成功出版是大家共同努力的结果，谢谢所有给予支持和帮助的人们。

编　者

目 录

第 1 章

家具设计基本理论

  家具是人们生活中极为常见且必不可少的器具，其设计经历了一个由经验指导随意设计的手工制作阶段到现今严格按照相关理论和标准进行工业化、标准化生产的过程。

  为了对后面的家具设计实践进行必要的理论指导，本章简要介绍家具设计的基本理论和设计标准。

1.1 家具设计概述

家具是家用器具的总称，其形式多样、种类繁多，是人类物质文明和日常生活不可或缺的重要组成部分。

家具的产生和发展有着悠久的历史，并随时间的推移不断更新完善。家具在方便人们生活的基础上，也承载着不同地域、不同时代的人们不同的审美情趣，具有丰富的文化内涵。家具的设计材料丰富，结构形式多样，下面对其所涉及的一些基本知识进行简要介绍。

【预习重点】

☑ 了解家具的分类。
☑ 掌握家具的尺度。

1.1.1 家具的分类

家具形式多样，下面按不同的方法对其进行简要的分类。

1．按使用的材料

按使用材料的不同，可以分为以下几种：

☑ 木制家具。
☑ 钢制家具。
☑ 藤制家具。
☑ 竹制家具。
☑ 合成材料家具。

2．按基本功能

按基本功能的不同，可以分为以下几种：

☑ 支承类家具。
☑ 储存类家具。
☑ 辅助人体活动类家具。

3．按结构形式

按结构形式的不同，可以分为以下几种：

☑ 椅凳类家具。
☑ 桌案类家具。
☑ 橱柜类家具。
☑ 床榻类家具。
☑ 其他类家具。

4．按使用场所

按使用场所的不同，可以分为以下几种：

☑ 办公家具。
☑ 实验室家具。
☑ 医院家具。

☑　商业服务家具。

☑　会场、剧院家具。

☑　交通工具用家具。

☑　民用家具。

☑　学校家具。

5. 按放置形式

按放置形式的不同，可以分为以下几种：

☑　自由式家具。

☑　镶嵌式家具。

☑　悬挂式家具。

6. 按外观特征

按外观形式的不同，可以分为以下几种：

☑　仿古家具。

☑　现代家具。

7. 按地域特征

不同地域、不同民族的人群，由于其生活环境和文化习惯不同，生产出的家具也具有不同的特色，可以粗略分为以下几种：

☑　南方家具。

☑　北方家具。

☑　汉族家具。

☑　少数民族家具。

☑　中式家具。

☑　西式家具。

8. 按结构特征

按结构特征的不同，可以分为以下几种：

☑　装配式家具。

☑　通用部件式家具。

☑　组合式家具。

☑　支架式家具。

☑　折叠式家具。

☑　多用家具。

☑　曲木家具。

☑　壳体式家具。

☑　板式家具。

☑　简易卡装家具。

1.1.2　家具的尺度

家具的尺度是保证家具能够实现功能效果的最适宜的尺寸，是家具功能设计的具体体现。例如，餐桌较高而餐椅不配套，就会令人坐得不舒服；写字桌过高而椅子过低，就会使人形成趴伏的姿式，缩短了视距，久而久之容易造成脊椎弯曲变形和眼睛近视。因此，日常使用的家具一定要符合标准。

1．家具尺度确定的原理和依据

不同的家具有不同的功能特性。但不管是什么家具，都是为人们的生活或工作服务的，所以其特性必须最大可能地满足人们的需要。家具功能尺寸的确定必须符合人体工程学的基本原理，首先必须保证家具尺寸与人体尺度或人体动作尺度相一致。例如，某大学学生食堂提供的整体式餐桌椅的桌面高度只有 70cm，而学生坐下后胸部的高度达到了 90cm，学校提供的是钢制大餐盘，无法用单手托起，这样学生就必须把餐盘放在桌上弯着腰低头吃饭，感觉非常不舒服，这就是一个家具不符合人体尺度的典型例子。可以看出，这套整体式餐桌椅设计得非常失败。

据研究，不同性别或不同地区的人的上身长度均相差不大，身高的不同主要在于腿长的差异，因此男子的下身长且横向活动尺寸比女子大。所以在决定家具尺度时应考虑男女身体的不同特点，力求使每一件家具最大限度地适合不同地区的男女人体尺度的需要。例如，有的人盲目崇拜欧式家具，殊不知，欧式家具是按欧洲人的人体尺度设计的，欧洲人的尺度一般比亚洲人略大一点，花费了大量的金钱购买这样的家具，实际使用效果却并不好。

我国中等人体（长江三角洲地区）的成年人人体各部分的基本尺寸如图 1-1 所示，不同地区人体各部分平均尺寸表如表 1-1 所示。

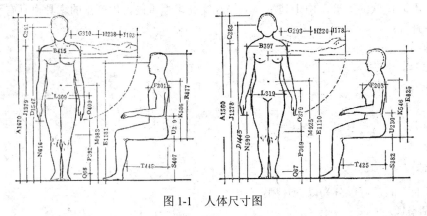

图 1-1　人体尺寸图

注：本图为中等人体地区（长江三角洲）的成人人体各部的平均尺寸。人体站立时高度加鞋及头发厚度尺寸：男人为 1710，女人为 1600（所注尺寸均以 mm 为单位）。

表 1-1　不同地区人体各部分平均尺寸表

部　　位		较高人体地域（冀、鲁、辽）		中等人体地域（长江三角洲）		较矮人体地域（四川）	
		男	女	男	女	男	女
A	人体高度	1690	1580	1670	1560	1630	1530
B	肩宽度	420	387	415	397	414	386
C	肩峰到头顶高度	293	285	291	282	285	269
D	正立时眼的高度	1573	1474	1547	1443	1512	1420
E	正坐时眼的高度	1203	1140	1181	1110	1144	1078
F	胸部前后径	200	200	201	203	205	220
G	上臂长度	308	291	310	293	307	289

续表

部　　位		较高人体地域 （冀、鲁、辽）		中等人体地域 （长江三角洲）		较矮人体地域 （四川）	
		男	女	男	女	男	女
H	前臂长度	238	220	238	220	245	220
I	手长度	196	184	192	178	190	178
J	肩峰高度	1397	1295	1379	1278	1345	1261
K	上身高度	600	561	586	546	565	524
L	臀部宽度	307	307	309	319	311	320
M	肚脐高度	992	948	983	925	980	920
N	指尖至地面高度	633	612	616	590	606	575
O	上腿长度	415	395	409	379	403	378
P	下腿长度	397	373	392	369	391	365
Q	脚高度	68	63	68	67	67	65
R	坐高	893	846	877	825	850	793
S	腓骨头的高度	414	390	407	382	402	382
T	大腿平均长度	450	435	445	425	443	422
U	肘下尺寸	243	240	239	230	220	216

2．椅凳类家具尺度的确定

（1）座高

座高是指座板前沿高，座高是桌椅尺寸中的设计基准，由它决定靠背高度、扶手高度以及桌面高度等一系列的尺寸，所以座高是一个关键尺寸。

座高的决定与人体小腿的高度有着密切的关系。按照人体工程学原理，座高应小于人体坐姿时小腿腘窝到地面的高度（实测腓骨头到地面的高度）。这样可以保证大腿前部不至于紧压椅面，否则会因大腿受压而影响下肢血液循环。同时，决定座高还得考虑鞋跟的高度，所以座高可以按照下式确定：

$$座前高（H_1）=腓骨头至地面高（H'_1）+鞋跟厚-适当间隙$$

鞋跟厚一般取 25～35mm，适当间隙可取 10～20mm，这样可以保证小腿有一定的活动余地，如图 1-2 所示。

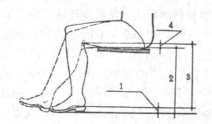

1—鞋跟厚　2—座高　3—小腿高　4—小腿活动余地

图 1-2　座高的确定

国标规定，椅凳类家具的座面高度可以有 400mm、420mm、440mm 这 3 个规格。

（2）靠背高

椅子的靠背能使人的身体保持一定的姿态，并且分担部分人体重量。靠背的高度一般在肩胛骨以下为宜，这样可以使背部肌肉得到适当的休息，同时也便于上肢活动。对于用于坐着操作的工作椅，为了方便上肢活动，靠背以低于腰椎骨上沿为宜。对于专用于休息的椅子，靠背应加高至颈部或头部，以供人躺靠。为了维持稳定的坐姿，缓和背部和颈部肌肉的紧张状态，常在腰椎的弯曲部分增加一个垫腰。实验证明，对大多数人而言，垫腰的高度以 250mm 为佳。

（3）座深

座面的深度对人体的舒适感影响也很大，座面深度的确定通常根据人体大腿水平长度（腘窝至臀部后端的距离）来确定。基本原则是座面深度应小于坐姿时大腿水平长，否则会导致小腿内侧受到压迫或靠背失去作用，如图 1-3 所示。所以座面深度应为人体处于坐姿时，大腿水平长度的平均值减去椅座前沿到腘窝之间大约 60mm 的空隙。

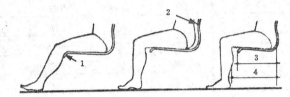

1—小腿内侧受压　2—靠背失去作用　3—座深　4—大腿水平长

图 1-3　座深过长的不良效果及合理座深的确定

普通椅子在通常就坐的情况下，由于腰椎到盘骨之间接近垂直状态，其座深可以浅一点。对于倾斜度较大的专供休息用的靠椅和躺椅，此时人体腰椎至盘骨也呈倾斜状态，故座深就要加深一些。为了不使肌肉紧张，有时也可以将座面与靠背连成一个曲面。

（4）座面斜度与靠背倾角

座面呈水平或靠背呈垂直状态的椅子，坐和倚靠都不舒服，所以椅子的座面应有一定的后倾角（座面与水平面之间的夹角 α），靠背表面也应适当后倾（椅背与水平面之间的夹角 β，一般大于 90°），如图 1-4 所示。这样便可以使身体稍向后倾，将重心移至背的下半部与大腿部分，从而把身体全部托住，以免身体向前滑动，致使背的下半部失去稳定和支持，造成背部肌肉紧张，产生疲劳。α 和 β 这两个角度互为关联，角 β 的大小主要取决于椅子的使用功能要求。

（5）扶手的高和宽

休息椅和部分工作椅还应设有扶手，其作用是减轻两臂和背部的疲劳，有助于上肢肌肉的休息。扶手的高度应与人体坐骨节点到自然垂下的肘部下端的垂直距离相近。过高，双肩不能自然下垂；过低，两肘不能自然落在扶手上，两种情况都容易使两肘肌肉活动度增加，使肘部产生疲劳。按照我国人体骨骼比例的实际情况，坐面到扶手上表面的垂直距离以 200～500mm 为宜，同时扶手前端还应稍高一些。随着座面与靠背倾角的变化，扶手的倾斜角度一般为 ±10°～±20°。

为了减少肌肉的活动度，两扶手内侧之间的间距在 420～440mm 之间较为理想。直扶手的前端之间的间隙还应比后端间隙稍宽，一般是两扶手向外侧各张开 10° 左右。同时还必须考虑到人体穿着冬衣的宽度而加上一定的间隙，间隙通常为 48mm 左右，再宽则会产生肩部疲劳。扶手的内宽确定后，实际上也就将椅子的总宽、座面宽和靠背宽确定了，如图 1-5 所示。

（6）其他因素

椅凳设计中除了上述功能尺寸外，还应考虑座板的表面形状和软椅的材料及其搭配。

椅子的座板形状应以略弯曲或平直为宜，而不宜过弯。因为平直平面的压力分布比过于弯曲座面的压力分布要合理。

要获得舒适的效果，软椅用材及材料的搭配也是一个不可忽视的问题。工作用椅不宜过软，以半软或稍硬些为好。休息用椅软垫弹性的搭配也要合理。为了获得合理的体压分布，有利于肌肉放松且便于起坐动作，应该使靠背比座板软一些。在靠背的做法上，腰部宜硬些，背部则要软一些。设计时应以弹性体下沉后最后稳定下来的外部形态作为尺寸计核的依据。

对于沙发类尺寸，国标规定单人沙发座前宽不应小于 480mm，小于这个尺寸，人即使能勉强坐进去，也会感觉狭窄。座面的深度应为 480～600mm，过深则小腿无法自然下垂，腿肚将受到压迫；过浅，就会感觉坐不住。座面的高度应为 360～420mm，过高就像坐在椅子上，感觉不舒服；过低，坐下去再站起来就会感觉困难。

3. 桌台类家具功能尺寸的确定

（1）桌面高度

因为桌面高（H$_2$）与座面高（H$_1$）关系密切，所以桌面高常用桌椅高差（H$_3$）来衡量。如图 1-6 所示：H$_3$=H$_2$-H$_1$。这一尺寸对于写字、阅读、听讲兼作笔记等作业的人员来说是非常重要的。它应使坐者长期保持正确的坐姿，即躯体正直，前倾角不大于 30°，肩部放松，肘弯近 90°，且能保持 35～40cm 的视距。

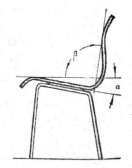
图 1-4　座面斜度与靠背倾角

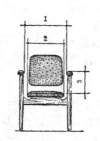
1—扶手内宽　2—座宽　3—扶手高
图 1-5　扶手的高和内宽

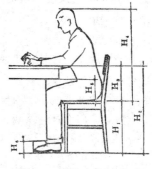
图 1-6　桌椅高度的关系

合理的高度应等于人坐姿时的上体高（H$_4$）的 1/3，所以桌面高（H$_2$）应按下式计算：

$$H_2=H_1+H_3=H_1+\frac{1}{3}H_4$$

我国人体坐立时，上体高的平均值约为 873mm，桌椅高差（H$_3$）约为 290mm，即桌面高（H$_2$）应为 700mm，这与国际标准中推荐的尺寸相同。

桌椅过高或过低，将使坐骨与曲肘不能处于合适位置，导致肩部高耸或下垂，从而造成起坐不便，影响视力和健康。据日本学者研究，过高的桌子（740mm）易导致办事人员的肌肉疲劳，而身体各部的疲劳百分比中，女人又比男人高两倍左右，显然女人更不适应过高的桌椅。长期使用过高的桌面还会产生脊柱侧弯，视力下降等弊病。对于长年伏案工作的中老年人，甚至会引发颈椎肥大等疾病。

对于桌椅类的高度，国家已有标准规定。其中，桌类家具高度尺寸标准可以有 700mm、720mm、740mm、760mm 这 4 个规格。

（2）桌面宽度和深度

桌子的宽度和深度是根据人的视野、手臂的活动范围以及桌上放置物品的类型和方式来确定的。手臂的活动范围如图 1-7 所示。

（3）容膝和踏脚空间

正确的桌椅高度应该能使人在坐着时保持两个基本

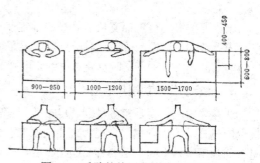
图 1-7　手臂的伸展范围与桌面高度

垂直：一是当两脚平放在地面时，大腿与小腿能够基本垂直。这时，座面前沿不能对大腿下平面形成压迫。二是当两臂自然下垂时，上臂与小臂基本垂直，这时桌面高度应该刚好与小臂下平面接触。这样就可以使人保持正确的坐姿和书写姿式。如果桌椅高度搭配得不合理，会直接影响人的坐姿，不利于使用者的健康。对容膝空间的尺寸要求是必须保证下腿直立，膝盖不受约束并略有空隙。既要限制桌面的高度，又要保证有充分的容膝空间，那么膝盖以上桌面以下的尺寸就是有限的，其间抽屉的高度必须合适。也就是说，不能根据抽屉功能的要求决定其尺寸，而只能根据有限空间的尺寸范围决定抽屉的高度，所以这个抽屉普遍较薄，甚至可以取消这个抽屉。容膝空间的高度也是以座面高为基准点，以座面高至抽斗底的垂直距离（H_5）来表示（见图 1-6），要求 H_5 限制在 160~170mm 之间，不得更小。

腿踏空间主要是身体活动时，腿能自由放置的空间，并无严格规定，一般高（H_6）为 100mm，深为 100mm 即可（见图 1-6）。

国家标准规定了桌椅配套使用标准尺寸，桌椅高度差应控制在 280~320mm 范围内。写字桌台面下的空间高不小于 580mm，空间宽度不小于 520mm，这是为了保证人在使用时两腿能有足够的活动空间。

4．床的功能尺度的确定

（1）床的长度

床的长度应以较高的人体作为标准较为适宜，因为对较矮的人来说，床长一点，从生理学的角度来看是毫无影响的。但过长也不适宜，一是浪费材料，二是占地面积大，所以床的长度必须适宜。决定床长的主要因素有如下几点：人体卧姿，应以仰卧为准，因为人体仰卧时比侧卧时要长；人体高度（H），应在人体平均身高的基准上再增加 5%，即相当于较高人体的身高；人体身高早晚变化尺度（C），据观测，在一天中早上最高，傍晚时略缩减 10~20mm，因此 C 可适当放大，取 20~30mm；头部放枕头的尺度（A），取 75mm；脚端折被长度（B），亦取 75mm。所以床长的计算公式为：

$$L=(1+0.05)H+C+A+B$$

（2）床的宽度

床的宽度同人们睡眠的关系最为密切，确定床宽要考虑睡姿、翻身的动作和熟睡程度等生理和心理因素，同时也得考虑与床上用品，如床单等的规格尺寸相配合。床宽的决定常以仰卧姿态为标准，以床宽（b）为仰卧时肩宽（W）的 2.5~3 倍为宜，即

$$单人床宽（b）=2.5W~3W$$

增加的 1.5~2 倍肩宽，主要是用于睡觉时翻身所需要的宽度以及放置床上用品的余量。据观测，正常情况下一般人睡在 900mm 宽的床上每晚翻身次数为 20~30 次，有利于进入熟睡；当睡在 500mm 宽的窄床上时，翻身次数则会显著减少。初入睡时，担心掉下来，翻身次数要减少 30%，从而大大影响熟睡程度，在火车上睡过卧铺的人都有这种体会。所以单人床的床宽应不小于 700mm，最好是 900mm。双人床的宽度不等于两个单人床的宽度，但也不小于 1200mm，最好是 1350mm 或 1500mm。

（3）床高

床屉面的高度可参照凳椅座面高的确定原理和具体尺寸，既可睡又可坐，但也要考虑为穿衣穿鞋、就寝起床等活动创造便利条件。对于双层床还必须考虑两层之间的净高不小于 900~1000mm，否则将影响睡下铺的人的正常活动，同时也要考虑到床面弹簧可能的下垂深度。

5．储存类家具功能尺度的确定

储存类家具主要是指各种橱、柜、箱、架等。对这类家具的一般功能要求是能很好地存放物品，存放数量最充分，存在方式最合理，方便人们的存取，满足使用要求，有利于提高使用效率，占地面积小，又能充分利用室内空间，还要容易搬动，有利于清洁卫生。为了实现上述目的，储存类家具设计时应注意如下几点。

　　首先需要明确的是橱柜类家具的尺寸，是以内部储存空间的尺寸作为功能尺寸。以所存放的物品为原型，先确定内部尺寸，再由里向外推算出产品的外形尺寸。

　　在确定储存类家具的功能尺寸以前，还必须确定相应物品的存放方式。如对于衣柜，首先必须确定衣服是折叠平摆还是用衣架悬挂。又如对书刊文献，特别是线装书，还要考虑是平放还是竖放，在此基础上方可决定储存类家具内部平面和空间尺寸。

　　有些物品是斜置的，如期刊陈列架或鞋柜。这时要有要求倾斜的程度和物品规格尺寸方可定出搁板的平面尺寸和主体的外形尺寸。

　　储存类家具的设计还必须满足不同物品的存放条件和使用要求。如食物的储存，在没有电冰箱的条件下，一般家庭都是用碗柜、菜柜储存生、熟菜食，这类物品要求通风条件好，防止发馊变质，所以一般是装窗纱而不是装玻璃。又如电视柜除了具备散热条件外，还必须符合电视机的使用条件，便于观看和调整。对于家庭用的电视柜，其高度应符合如下条件，即电视柜屏幕中心至地板表面的垂直距离等于人坐着时的平均视高 1181mm，然后根据电视机的规格尺寸决定电视机搁板的高度。合理的视距范围，可以避免视力下降。

　　柜类产品主要尺度的确定方法如下。

　　（1）高度

　　柜类产品的高度原则上按人体高度来确定，一般控制最高层应在两手便于到达的高度和两眼合理的视线范围之内。对于不同类的柜子，则有不同的要求。如墙面柜（固定于墙面的大壁柜）高度通常是与室内墙高一致。对于悬挂柜，其下底的高度应比人略高，以便人们在下面有足够的活动空间，如果悬挂柜下面还有其他家具陈设，其高度可适当降低，以方便使用。对于一般不固定的柜类产品，最大高度控制在 1.8m 左右。如果要利用柜子上表面放置生活用品，如放茶杯、热水瓶等，则其最大高度不得大于 1.2～1.3m，否则不方便使用。拉门、拉手、抽屉等零部件的高度也要与人体尺度一致。

　　对于挂衣柜类的高度，国家标准规定，挂衣杆上沿至柜顶板的距离为 40～60mm，过大浪费空间，过小则放不进挂衣架；挂衣杆下沿至柜底板的距离是：挂长大衣不应小于 1350mm，挂短外衣不应小于 850mm。

　　（2）宽度

　　柜宽是根据存储物品的种类、大小、数量和布置方式决定的。内部宽度决定后，再加上两旁板及中间隔板的厚度，便是产品的外形宽度。对于荷重较大的物品柜，如电视机柜、书柜等，还需根据搁板断面的形状和尺寸、材料的力学性能、载荷的大小等因素限制其宽度。

　　（3）深度

　　柜子的深度主要按搁板的深度而定，搁板的深度又按存放物品的规格形式而定。如果一个柜子内有多种深度规格的搁板，则应按最大规格的深度决定，并使门与搁板之间略有间隙。同时还应考虑柜门反面是否挂放物品，如伞、镜框、领结等，以便适当增加深度。

　　从使用要求出发，柜深最大不得超过 600～800mm，否则存取物品不便，柜内光线也差。但搁板过深或部分搁板深大于其他搁板时，在存放条件允许的前提下，可将搁板设计成具有一定的倾斜度，以便在有限的深度范围内，既满足存放尺寸较大的物品的需要，又符合视线要求。

　　衣柜的深度主要考虑人的肩宽因素，一般为 600mm，不应小于 500mm，否则就只有斜挂才能关上柜门。对书柜类也有标准，国标规定搁板的层间高度不应小于 220mm。小于这个尺寸，就放不进 32 开本的普通书籍。考虑到摆放杂志、影集等规格较大的物品，搁板层间高一般选择 300～350mm。

　　（4）搁板的高度

　　搁板的高度是根据人体的身高，以及处于某一姿态时，手可能达到的高度位置来确定。例如，人站立时手可以达到的高度，男子为 2100mm，女子为 2000mm；站立时工作方便的高度，男子为 850mm，女子为 800mm；站立时手能达到的最低限度，男子为 650mm，女子为 600mm。

1.2 图纸幅面及格式

图纸幅面及其格式在 GB/T 14689—2008 中有详细的规定，现进行简要介绍。

为了加强我国与世界各国的技术交流，依据国际标准化组织（ISO）制定的国际标准制定了我国国家标准《技术制图 图纸幅面和格式》（GB/T 14689—2008），自 1993 年以来相继发布了"图纸幅面和格式"以及有关的附加符号等标准，于 1994 年 7 月 1 日开始实施，并陆续进行了修订更新。

国家标准，简称国标，代号为 GB，斜杠后的字母为标准类型，其后的数字为标准号，由顺序号和发布的年代号组成，如表示比例的标准代号为 GB/T 14690—1993。

【预习重点】

☑ 了解图纸幅面及格式。

1.2.1 图纸幅面

绘图时应优先采用表 1-2 规定的基本幅面。图幅代号为 A0、A1、A2、A3、A4，必要时可按规定加长幅面，如图 1-8 所示。

表 1-2 图纸幅面 （单位：mm）

幅面代号	A0	A1	A2	A3	A4
B×L	841×1198	594×841	420×594	297×420	210×297
e	20			10	
c	10			5	
a	25				

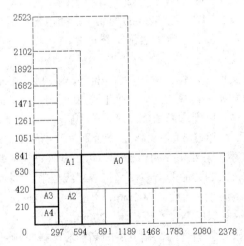

图 1-8 幅面尺寸（单位：mm）

1.2.2 图框格式

在图纸上必须用粗实线画出图框，其格式分为不留装订边（见图 1-9）和留装订边（见图 1-10）两种，具体尺寸如表 1-2 所示。

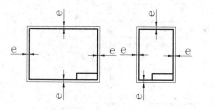
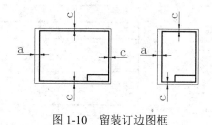

图 1-9　不留装订边图框　　　　　　图 1-10　留装订边图框

同一产品的图样只能采用同一种格式。

1.3　标　题　栏

国标《技术制图　标题栏》（GB/T 10609.1—2008）规定每张图纸上必须画出标题栏，标题栏的位置位于图纸的右下角，与看图方向一致。

标题栏的格式和尺寸由 GB/T 10609.1—2008 规定，装配图中明细栏由 GB/T 10609.2—2009 规定，如图 1-11 所示。

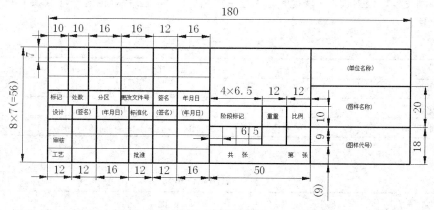

图 1-11　标题栏

在学习过程中，有时为了方便，对零件图和装配图的标题栏、明细栏内容进行了简化，使用图 1-12 所示的格式。

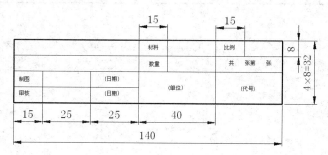

零件图标题栏

图 1-12　简化标题栏

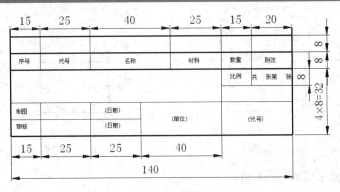

装配图标题栏

图 1-12 简化标题栏（续）

1.4 比　　例

比例为图样中图形与其实物相应要素的线性尺寸比，分为原值比例、放大比例、缩小比例 3 种。

需要按比例制图时，根据表 1-3 规定的系列选取适当的比例，必要时也允许选取表 1-4（GB/T 14690—1993）规定的比例。

表 1-3　标准比例系列

种　类	比　例				
原值比例	1:1				
放大比例	5:1	2:1	$5\times10n:1$	$2\times10n:1$	$1\times10n:1$
缩小比例	1:2	1:5	1:10	$1:2\times10n$	$1:5\times10n$	$1:1\times10n$

注：n 为正整数

表 1-4　可用比例系列

种　类	比　例				
放大比例	4:1	2.5:1	$4\times10n:1$	$2.5\times10n:1$	
缩小比例	1:1.5	1:2.3	1:3	1:4	1:6
	$1:1.5\times10n$	$1:2.5\times10n$	$1:3\times10n$	$1:4\times10n$	$1:6\times10n$

注　（1）比例一般标注在标题栏中，必要时可在视图名称的下方或右侧标出。
（2）不论采用哪种比例绘制图样，尺寸数值按原值注出。

1.5 字　　体

在家具设计制图的过程中有时需要标注文字，国标中对文字的字体规范也制定了相关标准，下面进行简要讲述。

【预习重点】

☑ 了解字体的一般规定。

☑ 熟悉各种常用字体。

☑ 了解图样中书写规定。

1.5.1 一般规定

按 GB/T 14691—1993 规定，一般对字体有以下要求。

（1）图样中书写的字体必须做到：字体工整、笔划清楚、间隔均匀、排列整齐。

（2）汉字应写成长仿宋体，并应采用国家正式公布推行的简化字。汉字的高度不应小于 3.5mm，其字宽一般为 $h/\sqrt{2}$ （h 表示字高）。

（3）字号即字体的高度，其公称尺寸系列为 1.8mm、2.5mm、3.5mm、5mm、7mm、10mm、14mm、20mm。如需书写更大的字，其字体高度应按 $\sqrt{2}$ 的比率递增。

（4）字母和数字分为 A 型和 B 型。A 型字体的笔划宽度 d 为字高 h 的 1/14；B 型字体对应为 1/10。同一图样上，只允许使用一种形式。

（5）字母和数字可写成斜体和直体。斜体字字头向右倾斜，与水平基准线约成 75°角。

1.5.2 字体示例

1. 汉字——长仿宋体

字体工整　笔划清楚　间隔均匀　排列整齐

22 号字

横平竖直　注意起落　结构均匀　填满方格

14 号字

技术制图　机械电子　汽车航空　船舶土木　建筑矿山　井坑港口　纺织服装

10.5 号字

螺纹齿轮　端子接线　飞行指导　驾驶舱位　挖填施工　饮水通风　闸阀坝　棉麻化纤

9 号字

2. 拉丁字母

ABCDEFGHIJKLMNOP

A 型大写斜体

abcdefghijklmnop

A 型小写斜体

ABCDEFGHIJKLMNOP

B 型大写斜体

3. 希腊字母

$$ABΓEZHΘIK$$

A 型大写斜体

$$αβγδεζηθικ$$

A 型小写直体

4. 阿拉伯数字

$$1234567890$$

斜体

$$1234567890$$

直体

1.5.3 图样中书写规定

（1）用作指数、分数、极限偏差、注脚等的数字及字母，一般应采用小一号字体。
（2）图样中的数字符号、物理量符号、计量单位符号及其他符号、代号应分别符合有关规定。

1.6 图　　线

GB/T 4457.4—2002 中对图线的相关使用规则进行了详细的规定，下面进行简要介绍。

【预习重点】
☑　　了解国标规定的各种图线型式及应用。
☑　　了解图线宽度及画法。

1.6.1 图线型式及应用

国标规定了各种图线的名称、型式、宽度以及在图上的一般应用，如表 1-5 和图 1-13 所示。

表 1-5　图线型式

图 线 名 称	线　　型	线　　宽	主 要 用 途
粗实线	———————	b	可见轮廓线、可见过渡线
细实线	———————	约 b/2	尺寸线、尺寸界线、剖面线、引出线、弯折线、牙底线、齿根线、辅助线等
细点划线	— · — · — · —	约 b/2	轴线、对称中心线、齿轮节线等
虚线	— — — — —	约 b/2	不可见轮廓线、不可见过渡线
波浪线	∿∿∿	约 b/2	断裂处的边界线、剖视与视图的分界线
双折线	⌐√⌐√⌐	约 b/2	断裂处的边界线
粗点划线	▬ ▬ ▬ ▬	b	有特殊要求的线或面的表示线
双点划线	— ·· — ·· —	约 b/2	相邻辅助零件的轮廓线、极限位置的轮廓线、假想投影的轮廓线

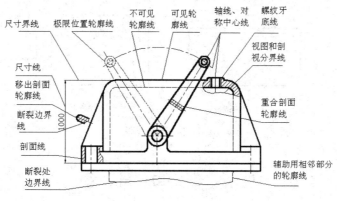

图 1-13　图线用途示例

1.6.2　图线宽度

图线分粗、细两种，粗线的宽度 b 应按图的大小和复杂程度在 0.5～2mm 之间选择。

图线宽度的推荐系列为 0.18mm、0.25mm、0.35mm、0.5mm、0.7mm、1mm、1.4mm 和 2mm。

1.6.3　图线画法

（1）同一图样中，同类图线的宽度应基本一致。虚线、点划线及双点划线的线段和间隔应各自大致相等。

（2）两条平行线（包括剖面线）之间的距离应不小于粗实线的两倍宽度，其最小距离不得小于 0.7mm。

（3）绘制圆的对称中心线时，圆心应为线段的交点。点划线和双点划线的首末两端应是线段而不是短划。建议中心线超出轮廓线 2～5mm，如图 1-14 所示。

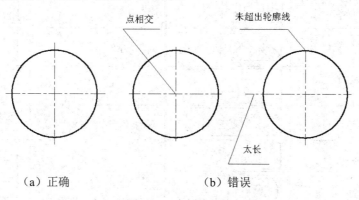

（a）正确　　　　　　　　　（b）错误

图 1-14　点划线画法

（4）在较小的图形上画点划线或双点划线有困难时，可用细实线代替。

为保证图形清晰，各种图线相交、相连时的习惯画法如图 1-15 所示。

点划线、虚线与粗实线相交以及点划线、虚线彼此相交时，均应交于点划线或虚线的线段处。虚线与粗实线相连时，应留间隙；虚直线与虚半圆弧相切时，在虚直线处留间隙，而虚半圆弧画到对称中心线为止，如图 1-15（a）所示。

（5）由于图样复制中所存在的困难，应尽量避免采用 0.18mm 的线宽。

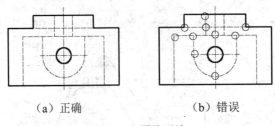

（a）正确   （b）错误

图 1-15   图线画法

1.7   剖面符号

除了传统的木质家具外，现代家具采用各种各样的材质，在绘制剖视和剖面图时，不同的材质应采用不同的符号，这方面国家标准也有详细规定。

【预习重点】

☑   掌握剖面符号。

在剖视和剖面图中，应采用表 1-6 中所规定的剖面符号（GB 4457.5—2013）。

表 1-6   剖面符号

材 质	符 号	材 质	符 号
金属材料（已有规定剖面符号除外）		纤维材料	
绕圈绕组元件		基础周围的泥土	
转子、电枢、变压器和电抗器等迭钢片		混凝土	
非金属材料（已有规定剖面符号者除外）		钢筋混凝土	
型砂、填砂、粉末冶金、砂轮、陶瓷刀片、硬质合金刀片等		砖	
玻璃及供观察用的其他透明材料		格网（筛网、过滤网等）	
木材 纵剖面		液体	
木材 横剖面			

注：（1）剖面符号仅表示材料类别，材料的名称和代号必须另行注明。

（2）迭钢片的剖面线方向应与束装中迭钢片的方向一致。

（3）液面用细实线绘制。

1.8   尺寸注法

图样中，除需表达零件的结构形状外，还需标注尺寸，以确定零件的大小。GB/T 4458.4—2003 中对尺寸标注的基本方法作了一系列规定，必须严格遵守。

【预习重点】

- ☑　了解尺寸标注的基本规定。
- ☑　掌握 5 个尺寸要素。
- ☑　了解国标所规定的尺寸标注的一些示例。

1.8.1　基本规定

（1）图样中的尺寸，以毫米为单位时，不需注明计量单位代号或名称。若采用其他单位，则必须标注相应计量单位或名称（如 35°30′）。

（2）图样上所注的尺寸数值是零件的真实大小，与图形大小及绘图的准确度无关。

（3）零件的每一尺寸，在图样中一般只标注一次。

（4）图样中标注尺寸是该零件最后完工时的尺寸，否则应另加说明。

1.8.2　尺寸要素

一个完整的尺寸，一般由以下几部分组成，具体介绍如下。

1. 尺寸界线

尺寸界线用细实线绘制，如图 1-16（a）所示。尺寸界线一般是图形轮廓线、轴线或对称中心线的延伸线，超出箭头约 2～3mm，也可直接用轮廓线、轴线或对称中心线作尺寸界线。

尺寸界线一般与尺寸线垂直，必要时允许倾斜。

2. 尺寸线

尺寸线也用细实线绘制，如图 1-16（a）所示。尺寸线必须单独画出，不能用图上任何其他图线代替，也不能与图线重合或在其延长线上（如图 1-16（b）中标号 3 和 8 的尺寸线），并应尽量避免尺寸线之间及尺寸线与尺寸界线之间相交。

标注线性尺寸时，尺寸线必须与所标注的线段平行，相同方向的各尺寸线间距要均匀，间隔应大于 5mm。

3. 尺寸线终端

尺寸线终端有箭头或细斜线两种形式，如图 1-17 所示。

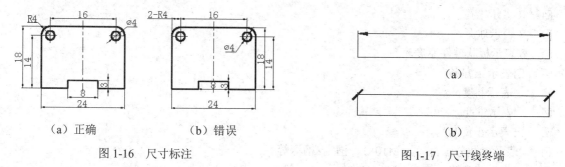

（a）正确　　　　　（b）错误

图 1-16　尺寸标注

（a）

（b）

图 1-17　尺寸线终端

箭头适用于各种类型的图形，箭头尖端与尺寸界线接触，不得超出也不得离开，如图 1-18 所示。

细斜线其方向和画法如图 1-17 所示。当尺寸线终端采用斜线形式时，尺寸线与尺寸界线必须相互垂直，并且同一图样中只能采用一种尺寸终端形式。

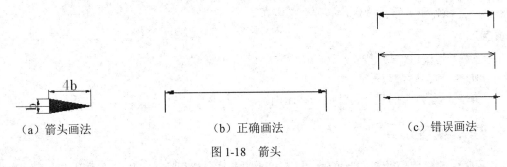

（a）箭头画法　　　　　　（b）正确画法　　　　　　（c）错误画法

图 1-18　箭头

当采用箭头作为尺寸线终端时，若位置不够，允许用圆点或细斜线代替箭头，如表 1-7 狭小部位图例所示。

4．尺寸数字

线性尺寸的数字一般注写在尺寸线上方或尺寸线中断处，同一图样内大小一致，位置不够时可引出标注。

线性尺寸数字方向按图 1-19（a）所示方向进行注写，并尽可能避免在图示 30°范围内标注尺寸，当无法避免时，可按图 1-19（b）所示标注。

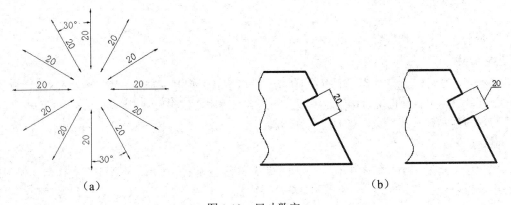

（a）　　　　　　　　　　　　　　　（b）

图 1-19　尺寸数字

5．符号

图中用符号区分不同类型的尺寸：

- ☑　Φ 表示直径。
- ☑　R 表示半径。
- ☑　S 表示球面。
- ☑　δ 表示板状零件厚度。
- ☑　□ 表示正方形。
- ☑　∠ 表示斜度。
- ☑　◁ 表示锥度。
- ☑　± 表示正负偏差。
- ☑　× 表示参数分隔符，如 M10×1、槽宽×槽深等。
- ☑　— 表示连字符，如 4−Φ10、M10×1−6H 等。

6．标注示例

表 1-7 中列出了国标所规定的尺寸标注的一些示例。

表 1-7　尺寸标注示例

标注内容	图　例	说　明
角度	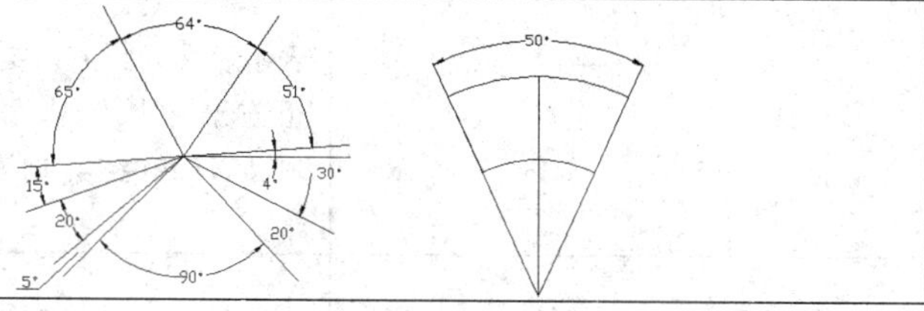	（1）角度尺寸线沿径向引出 （2）角度尺寸线画成圆弧，圆心是该角顶点 （3）角度尺寸数字一律写成水平方向
圆的直径	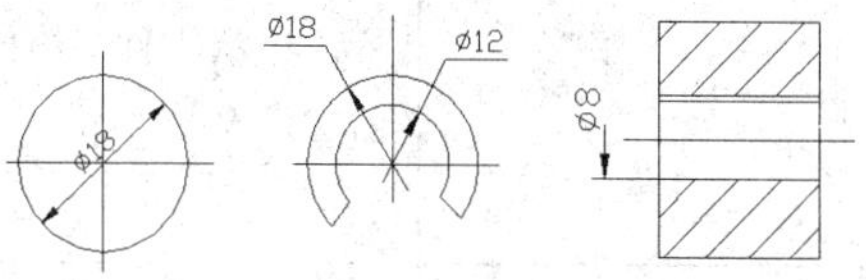	（1）直径尺寸应在尺寸数字前加注符号"Φ" （2）尺寸线应通过圆心，尺寸线终端画成箭头 （3）整圆或大于半圆标注直径
大圆弧	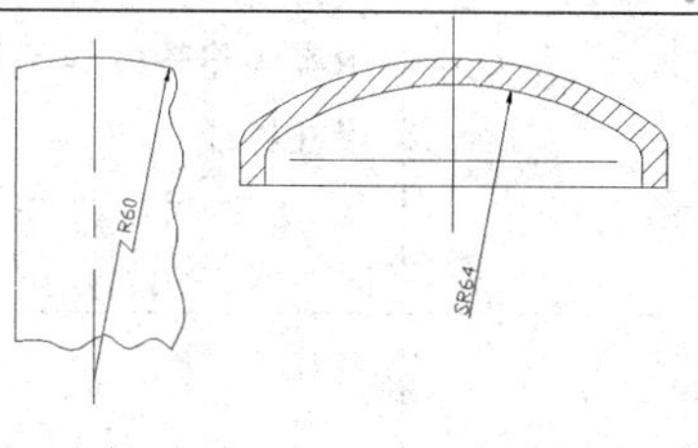 （a）　　（b）	当圆弧半径过大，在图纸范围内无法标出圆心位置则按图（a）形式标注；若不需标出圆心位置则按图（b）形式标注
圆弧半径	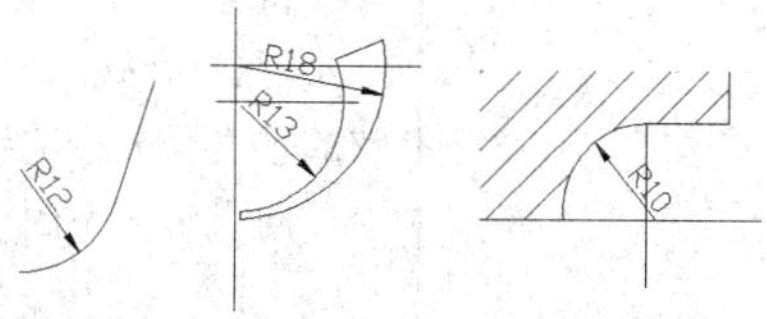	（1）半径尺寸数字前加注符号"R" （2）半径尺寸必须注在投影为圆弧的图形上，且尺寸线应通过圆心 （3）半圆或小于半圆的圆弧标注半径尺寸
狭小部位	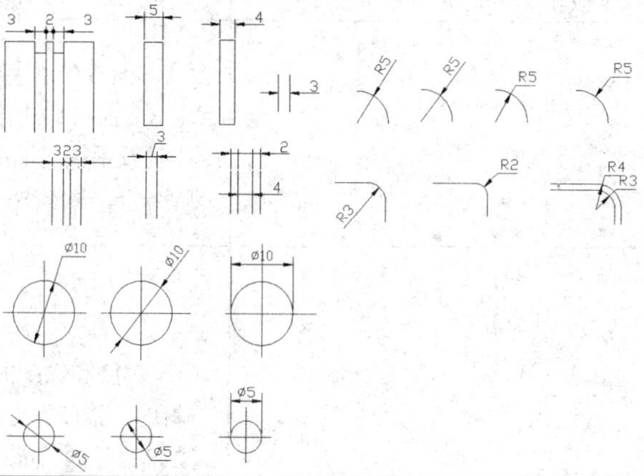	在没有足够位置画箭头或注写数字时，可按左图的形式标注
对称机件	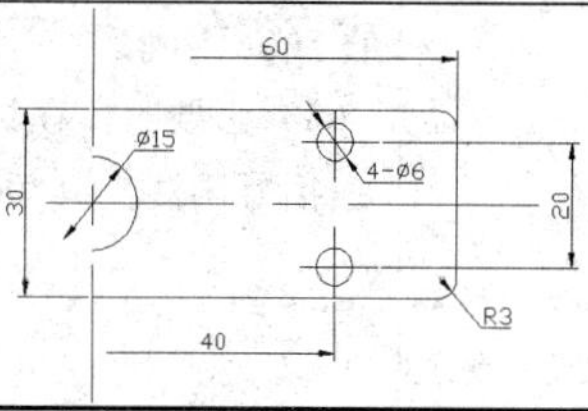	当对称机件的图形只画出一半或略大于一半时，尺寸线应略超过对称中心线或断裂处的边界线，并在尺寸线一端画出箭头

续表

标注内容	图 例	说 明
正方形结构	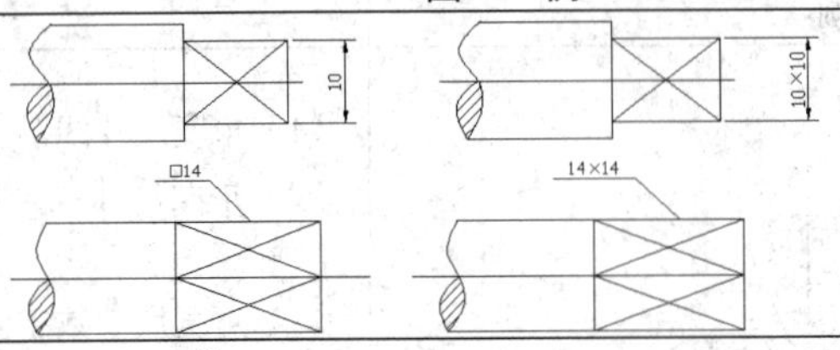	表示表面为正方形结构尺寸时,可在正方形边长尺寸数字前加注符号"□",或用 14×14 代替□14
板状零件	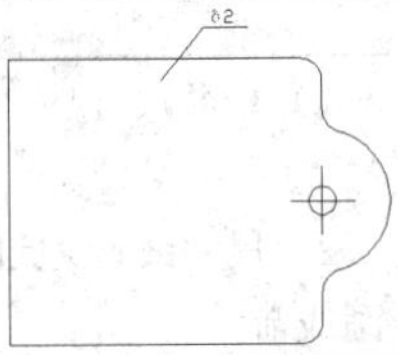	标注板状零件厚度时,可在尺寸数字前加注符号"δ"
光滑过渡处	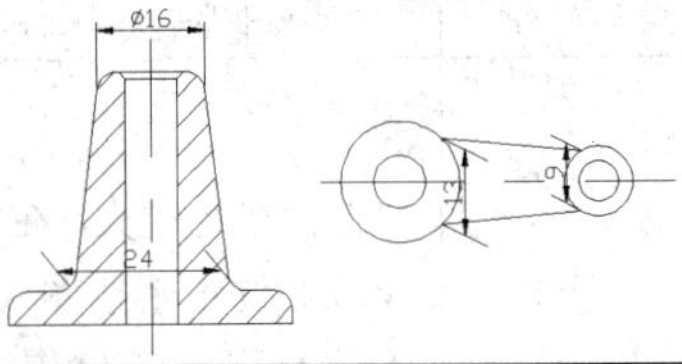	(1) 在光滑过渡处标注尺寸时,须用实线将轮廓线延长,从交点处引出尺寸界线 (2) 当尺寸界线过于靠近轮廓线时,允许倾斜画出
弦长和弧长	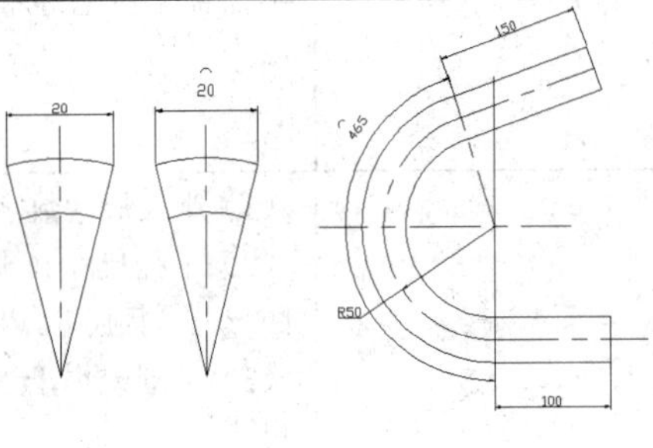 (a)　　　　　(b)	(1) 标注弧长时,应在尺寸数字上方加符号"⌒"(见图(a)) (2) 弦长及弧的尺寸界线应平行该弦的垂直平分线,当弧长较大时,可沿径向引出(见图(b))
球面	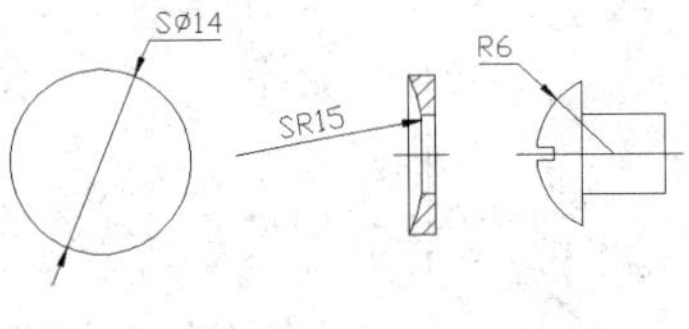 (a)　　(b)　　(c)	标注球面直径或半径时,应在"Φ"或"R"前再加注符号"S"。对标准件、轴及手柄的端部,在不引起误解的情况下,可省略"S"(见图(c))
斜度和锥度	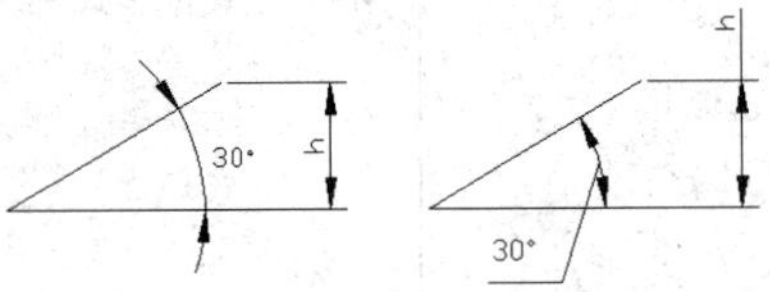 (a) 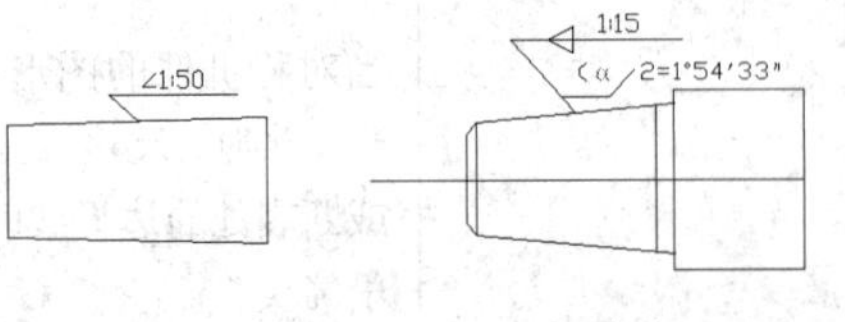 (b)　　　　(c)	(1) 斜度和锥度的标注,其符号应与斜度、锥度的方向一致 (2) 符号的线宽为 h/10,画法如图(a)所示 (3) 必要时,在标注锥度的同时,在括号内注出其角度值(见图(c))

AutoCAD 2017 入门

本章学习 AutoCAD 2017 绘图的基本知识，了解如何设置图形的系统参数、样板图，熟悉创建新的图形文件、打开已有文件的方法等，为进入系统学习进行必要的知识准备。

2.1 操作环境简介

操作环境是指和本软件相关的操作界面、绘图系统设置等一些涉及软件的最基本的界面和参数。本节将进行简要介绍。

【预习重点】

☑ 熟悉软件界面。

☑ 观察光标大小与绘图区颜色。

2.1.1 操作界面

AutoCAD 操作界面是 AutoCAD 显示、编辑图形的区域，一个完整的 AutoCAD 操作界面如图 2-1 所示，包括标题栏、功能区、绘图区、十字光标、导航栏、坐标系图标、命令行窗口、状态栏、布局标签和快速访问工具栏等。

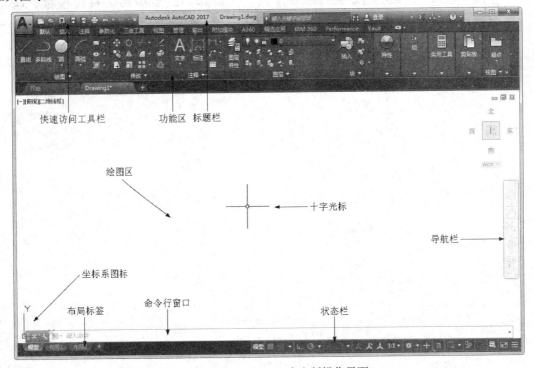

图 2-1 AutoCAD 2017 中文版操作界面

注意 安装 AutoCAD 2017 后，默认的界面如图 2-1 所示，在绘图区中单击鼠标右键，打开快捷菜单，如图 2-2 所示。选择"选项"命令，打开"选项"对话框，选择"显示"选项卡，在"窗口元素"栏的"配色方案"下拉列表框中选择"明"选项，如图 2-3 所示。单击"确定"按钮，退出对话框，其操作界面如图 2-4 所示。

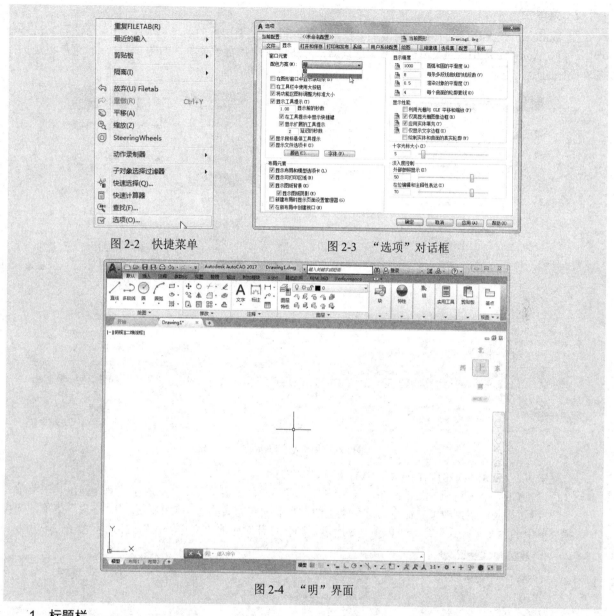

图 2-2　快捷菜单　　　　　　图 2-3　"选项"对话框

图 2-4　"明"界面

1. 标题栏

在 AutoCAD 2017 中文版操作界面的最上端是标题栏。在标题栏中，显示了系统当前正在运行的应用程序（AutoCAD 2017）和用户正在使用的图形文件。在第一次启动 AutoCAD 2017 时，在标题栏中将显示 AutoCAD 2017 在启动时创建并打开的图形文件的名称"Drawing1.dwg"，如图 2-1 所示。

注意 需要将 AutoCAD 的工作空间切换到"草图与注释"模式下（单击状态栏中的"切换工作空间"按钮，在弹出的菜单中选择"草图与注释"命令），才能显示如图 2-1 所示的操作界面。本书中所有操作均在"草图与注释"模式下进行。

2. 菜单栏

在 AutoCAD 快速访问工具栏处调出菜单栏,如图 2-5 所示,调出后的菜单栏如图 2-6 所示,同 Windows 程序一样,AutoCAD 2017 的菜单也是下拉形式的,并在菜单中包含子菜单,如图 2-7 所示。菜单栏是执行各种操作的途径之一。

图 2-5　调出菜单栏

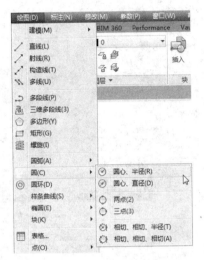

图 2-6　下拉菜单

图 2-7　菜单栏显示界面

一般来讲,AutoCAD 2017 下拉菜单中的命令有以下 3 种类型。

(1)右边带有小三角形的菜单命令,表示该菜单后面带有子菜单,将光标放在上面会弹出其子菜单。

(2)激活相应对话框的菜单命令。这种类型的命令后面带有省略号。例如,选择"格式"菜单,选择其下拉菜单中的"文字样式"命令,如图 2-8 所示,则会打开对应的"文字样式"对话框,如图 2-9 所示。

图 2-8　激活相应对话框的菜单命令

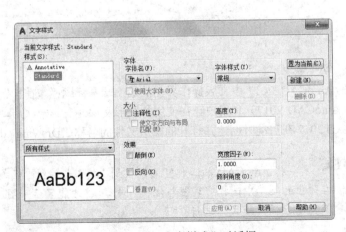

图 2-9　"文字样式"对话框

（3）直接操作的菜单命令。选择这种类型的命令将直接进行相应的绘图或其他操作。例如，选择菜单栏中的"视图"→"重画"命令，系统将直接对屏幕图形进行重画。

3．工具栏

工具栏是一组按钮工具的集合，选择菜单栏中的"工具"→"工具栏"→AutoCAD 命令，调出所需要的工具栏，如图 2-10 所示。将光标移动到某个按钮上，稍停片刻即在该按钮的一侧显示相应的功能提示，同时在状态栏中显示对应的说明和命令名，此时，单击按钮即可启动相应的命令。

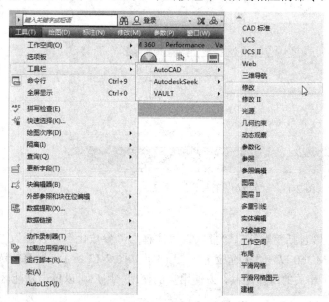

图 2-10　调出工具栏

（1）设置工具栏

AutoCAD 2017 提供了几十种工具栏，单击某一个未在界面显示的工具栏名，系统自动在界面打开该工具栏。反之，关闭工具栏。

（2）工具栏的"固定"、"浮动"与"打开"

工具栏可以在绘图区"浮动"显示（见图 2-11），此时该工具栏显示标题，并可关闭，可以拖动"浮动"工具栏到绘图区边界，使其变为"固定"工具栏，此时该工具栏标题隐藏。也可以把"固定"工具栏拖出，使其成为"浮动"工具栏。

有些工具栏按钮的右下角带有一个小三角，单击会打开相应的工具栏，将光标移动到某一按钮上并单击，该按钮就变为当前显示的按钮。单击当前显示的按钮，即可执行相应的命令（见图 2-12）。

4．快速访问工具栏和交互信息工具栏

（1）快速访问工具栏

该工具栏包括"新建""打开""保存""另存为""打印""放弃""重做""工作空间"等几个常用的工具按钮。用户也可以单击此工具栏后面的小三角下拉按钮选择需要的常用工具。

（2）交互信息工具栏

该工具栏包括"搜索"、Autodesk 360、"Autodesk Exchange 应用程序"、"保持连接"和"帮助"等几个常用的数据交互访问工具。

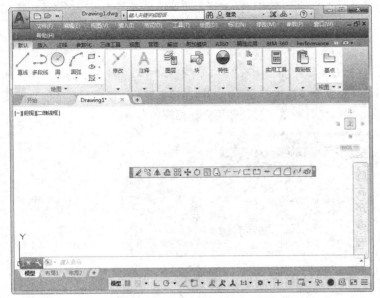

图 2-11 "浮动"工具栏

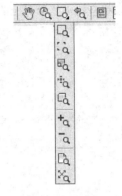

图 2-12 打开工具栏

5．功能区

在默认情况下，功能区包括"默认"、"插入"、"注释"、"参数化"、"视图"、"管理"、"输出"、"附加模块"、Autodesk 360、BIM 360 以及"精选应用"选项卡，如图 2-13 所示（所有的选项卡显示面板如图 2-14所示）。每个选项卡集成了相关的操作工具，方便用户的使用。用户可以单击功能区选项后面的按钮控制功能区的展开与收缩。

图 2-13 默认情况下出现的选项卡

图 2-14 所有的选项卡

（1）设置选项卡

将光标放在面板中任意位置，右击，打开如图 2-15 所示的快捷菜单。单击某一个未在功能区显示的选项卡名，系统自动在功能区打开该选项卡。反之，关闭选项卡（调出面板的方法与调出选项板的方法类似，这里不再赘述）。

（2）选项卡中面板的"固定"与"浮动"

面板可以在绘图区"浮动"，如图 2-16 所示，将光标放到"浮动"面板的右上角位置，显示"将面板返回到功能区"字样，如图 2-17 所示。单击即可使其变为"固定"面板。也可以把"固定"面板拖出，使其成为"浮动"面板。

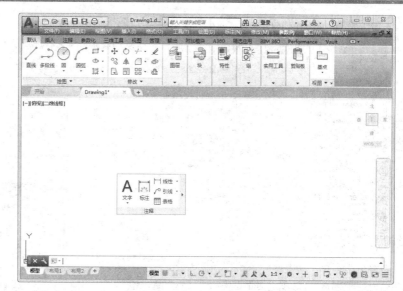

图 2-15　快捷菜单　　　　　　　　　　　图 2-16　"浮动"面板

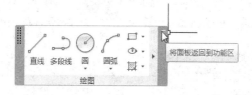

图 2-17　"绘图"面板

【执行方式】

☑　命令行：RIBBON（或 RIBBONCLOSE）。

☑　菜单栏：选择菜单栏中的"工具"→"选项板"→"功能区"命令。

6．绘图区

绘图区是显示、绘制和编辑图形的矩形区域。左下角是坐标系图标，表示当前使用的坐标系和坐标方向，根据工作需要，用户可以打开或关闭该图标的显示。十字光标由鼠标控制，其交叉点的坐标值显示在状态栏中。

（1）改变绘图窗口的颜色。

① 选择菜单栏中的"工具"→"选项"命令，打开"选项"对话框。

② 选择"显示"选项卡，如图 2-18 所示。

③ 单击"窗口元素"栏中的"颜色"按钮，打开如图 2-19 所示的"图形窗口颜色"对话框。

④ 从"颜色"下拉列表框中选择某种颜色，例如白色，单击"应用并关闭"按钮，即可将绘图窗口改为白色。

（2）改变十字光标的大小。

在图 2-18 所示的"显示"选项卡中拖动"十字光标大小"栏中的滑块，或在文本框中直接输入数值，即可对十字光标的大小进行调整。

（3）设置自动保存时间和位置。

① 选择菜单栏中的"工具"→"选项"命令，弹出"选项"对话框。

② 选择"打开和保存"选项卡，如图 2-20 所示。

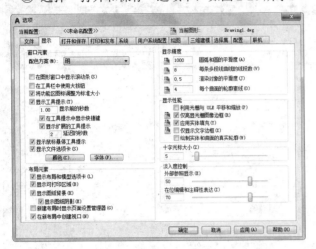

图 2-18 "选项"对话框中的"显示"选项卡

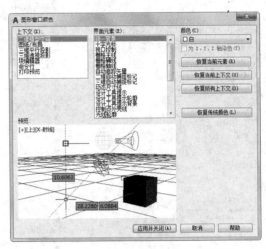

图 2-19 "图形窗口颜色"对话框

图 2-20 "选项"对话框中的"打开和保存"选项卡

③ 选中"文件安全措施"栏中的"自动保存"复选框，在其下方的文本框中输入自动保存的间隔分钟数。建议设置为 10～30 分钟。

④ 在"文件安全措施"栏的"临时文件的扩展名"文本框中，可以改变临时文件的扩展名。默认为 ac$。

⑤ 打开"文件"选项卡，在"自动保存文件"选项中设置自动保存文件的路径，单击"浏览"按钮修改自动保存文件的存储位置，单击"确定"按钮。

（4）模型与布局标签。

在绘图窗口左下角有模型空间标签和布局标签来实现模型空间与布局之间的转换。模型空间提供了设计模型（绘图）的环境。布局是指可访问的图纸显示，专用于打印。AutoCAD 2017 可以在一个布局上建立多个视图，同时，一张图纸可以建立多个布局且每一个布局都有相对独立的打印设置。

7. 坐标系图标

在绘图区的左下角，有一个箭头指向的图标，称之为坐标系图标，表示用户绘图时使用的坐标系样式。坐标系图标的作用是为点的坐标确定一个参照系。根据工作需要，用户可以选择将其关闭，其方法是选择菜单栏中的"视图"→"显示"→"UCS 图标"→"开"命令，如图 2-21 所示。

8. 命令行窗口

命令行窗口是输入命令名和显示命令提示的区域，默认命令行窗口布置在绘图区下方，由若干文本行构成。移动拆分条可以扩大与缩小命令行窗口。拖动命令行窗口可以设置其在屏幕上的位置。

可以用文本窗口的形式来显示命令行窗口。按 F2 键弹出 AutoCAD 文本窗口，可以用文本编辑的方法进行编辑，如图 2-22 所示。AutoCAD 文本窗口中的内容和命令行窗口的内容是一样的，显示当前 AutoCAD 进程中命令的输入和执行过程，在执行 AutoCAD 某些命令时，会自动切换到文本窗口，列出有关信息。

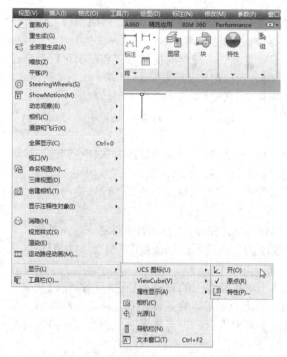

图 2-21　"视图"菜单

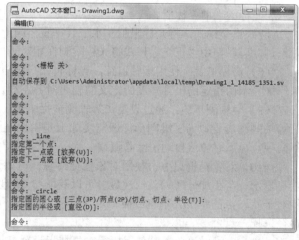

图 2-22　文本窗口

9. 状态栏

状态栏在屏幕的底部，依次有"坐标""模型空间""栅格""捕捉模式""推断约束""动态输入""正交模式""极轴追踪""等轴测草图""对象捕捉追踪""二维对象捕捉""线宽""透明度""选择循环""三维对象捕捉""动态 UCS""选择过滤""小控件""注释可见性""自动缩放""注释比例""切换工作空间""注释监视器""单位""快捷特性""图形性能""锁定用户界面""隔离对象""全屏显示""自定义"30 个功能按钮。单击部分开关按钮，可以控制这些功能的开关。通过部分按钮也可以控制图形或绘图区的状态。

注意 默认情况下，状态栏不会显示所有工具，可以通过单击状态栏上最右侧的按钮，选择要从"自定义"菜单显示的工具。状态栏上显示的工具可能会发生变化，具体取决于当前的工作空间以及当前显示的是"模型"选项卡还是"布局"选项卡。

下面对部分状态栏上的按钮作简单介绍，如图 2-23 所示。

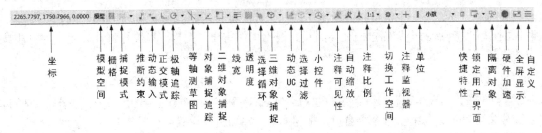

图 2-23　状态栏

（1）坐标：显示工作区鼠标放置点的坐标。

（2）模型空间：在模型空间与布局空间之间进行转换。

（3）栅格：栅格是覆盖整个坐标系（UCS）XY 平面的直线或点组成的矩形图案。使用栅格类似于在图形下放置一张坐标纸。利用栅格可以对齐对象并直观显示对象之间的距离。

（4）捕捉模式：对象捕捉对于在对象上指定精确位置非常重要。不论何时提示输入点，都可以指定对象捕捉。默认情况下，当光标移到对象的对象捕捉位置时，将显示标记和工具提示。

（5）推断约束：自动在正在创建或编辑的对象与对象捕捉的关联对象或点之间应用约束。

（6）动态输入：在光标附近显示出一个提示框（称之为"工具提示"），工具提示中显示出对应的命令提示和光标的当前坐标值。

（7）正交模式：将光标限制在水平或垂直方向上移动，以便于精确地创建和修改对象。当创建或移动对象时，可以使用"正交"模式将光标限制在相对于用户坐标系（UCS）的水平或垂直方向上。

（8）极轴追踪：使用极轴追踪，光标将按指定角度进行移动。创建或修改对象时，可以使用"极轴追踪"来显示由指定的极轴角度所定义的临时对齐路径。

（9）等轴测草图：通过设定"等轴测捕捉/栅格"，可以很容易地沿 3 个等轴测平面之一对齐对象。尽管等轴测图形看似为三维图形，但它实际上是由二维图形表示的。因此不能期望提取三维距离和面积、从不同视点显示对象或自动消除隐藏线。

（10）对象捕捉追踪：使用对象捕捉追踪，可以沿着基于对象捕捉点的对齐路径进行追踪。已获取的点将显示一个小加号（+），一次最多可以获取 7 个追踪点。获取点之后，在绘图路径上移动光标，将显示相对于获取点的水平、垂直或极轴对齐路径。例如，可以基于对象端点、中点或者对象的交点，沿着某个路径选择一点。

（11）二维对象捕捉：使用执行对象捕捉设置（也称为对象捕捉），可以在对象上的精确位置指定捕捉点。选择多个选项后，将应用选定的捕捉模式，以返回距离靶框中心最近的点。按 Tab 键可以在这些选项之间循环。

（12）线宽：分别显示对象所在图层中设置的不同宽度，而不是统一线宽。

（13）透明度：使用该命令，调整绘图对象显示的明暗程度。

（14）选择循环：当一个对象与其他对象彼此接近或重叠时，准确地选择某一个对象是很困难的，使用选择循环的命令，单击鼠标左键，弹出"选择集"列表框，里面列出了鼠标点击周围的图形，然后在列表中选择所需的对象。

（15）三维对象捕捉：三维中的对象捕捉与在二维中工作的方式类似，不同之处在于在三维中可以投影对象捕捉。

（16）动态 UCS：在创建对象时使 UCS 的 XY 平面自动与实体模型上的平面临时对齐。

（17）选择过滤：根据对象特性或对象类型对选择集进行过滤。当按下图标后，只选择满足指定条件的对象，其他对象将被排除在选择集之外。

（18）小控件：帮助用户沿三维轴或平面移动、旋转或缩放一组对象。

（19）注释可见性：当图标亮显时表示显示所有比例的注释性对象；当图标变暗时表示仅显示当前比例的注释性对象。

（20）自动缩放：注释比例更改时，自动将比例添加到注释对象。

（21）注释比例：单击注释比例右侧小三角符号弹出注释比例列表，如图 2-24 所示，可以根据需要选择适当的注释比例。

（22）切换工作空间：进行工作空间转换。

（23）注释监视器：打开仅用于所有事件或模型文档事件的注释监视器。

（24）单位：指定线性和角度单位的格式和小数位数。

（25）快捷特性：控制快捷特性面板的使用与禁用。

（26）锁定用户界面：按下该按钮，锁定工具栏、面板和可固定窗口的位置和大小。

（27）隔离对象：当选择隔离对象时，在当前视图中显示选定对象。所有其他对象都暂时隐藏；当选择隐藏对象时，在当前视图中暂时隐藏选定对象，所有其他对象都可见。

（28）硬件加速：设定图形卡的驱动程序以及设置硬件加速的选项。

（29）全屏显示：该选项可以清除 Windows 窗口中的标题栏、功能区和选项板等界面元素，使 AutoCAD 的绘图窗口全屏显示，如图 2-25 所示。

图 2-24　注释比例列表　　　　　　　　　　　　　　　　图 2-25　全屏显示

（30）自定义：状态栏可以提供重要信息，而无需中断工作流。使用 MODEMACRO 系统变量可将应用程序所能识别的大多数数据显示在状态栏中。使用该系统变量的计算、判断和编辑功能可以完全按照用户的要求构造状态栏。

10．布局标签

AutoCAD 系统默认设定一个模型空间和"布局 1"及"布局 2"两个图样空间布局标签。在这里有两个概念需要解释一下。

（1）布局

布局是系统为绘图设置的一种环境，包括图样大小、尺寸单位、角度设定、数值精确度等，在系统预设的 3 个标签中，这些环境变量都按默认设置。用户根据实际需要改变这些变量的值，在此暂且从略。用户也可以根据需要设置符合自己要求的新标签。

（2）模型

AutoCAD 的空间分为模型空间和图纸空间两种。模型空间是通常绘图的环境，而在图纸空间中，用户可以创建名为"浮动视口"的区域，以不同视图显示所绘图形。用户可以在图纸空间中调整浮动视口并决定所包含视图的缩放比例。如果用户选择图样空间，可打印多个视图，也可以打印任意布局的视图。AutoCAD 系统默认打开模型空间，用户可以通过单击操作界面下方的布局标签，选择需要的布局。

【操作实践——设置十字光标大小】

在绘图区中，有一个作用类似光标的十字线，其交点坐标反映了光标在当前坐标系中的位置。在 AutoCAD 中，将该十字线称为光标，AutoCAD 通过光标坐标值显示当前点的位置。十字线的方向与当前用户坐标系的 X、Y 轴方向平行，十字线的长度系统预设为绘图区大小的 5%。

光标的长度，用户可以根据绘图的实际需要修改其大小，修改光标大小的方法如下。

（1）选择菜单栏中的"工具"→"选项"命令，打开"选项"对话框。

（2）选择"显示"选项卡，在"十字光标大小"文本框中直接输入数值，或拖动文本框后面的滑块，即可对十字光标的大小进行调整，如图 2-26 所示。

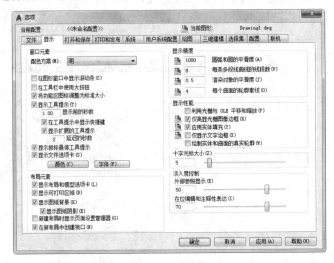

图 2-26 "显示"选项卡

此外，还可以通过设置系统变量 CURSORSIZE 的值修改其大小。

2.1.2 绘图系统

每台计算机所使用的显示器、输入设备和输出设备的类型不同，用户喜好的风格及计算机的目录设置也不同。一般来讲，使用 AutoCAD 2017 的默认配置即可绘图，但为了方便用户使用定点设备或打印机并提高绘图的效率，推荐用户在开始作图前先进行必要的配置。

【执行方式】

- ☑ 命令行：PREFERENCES。
- ☑ 菜单栏：选择菜单栏中的"工具"→"选项"命令。
- ☑ 快捷菜单：在绘图区右击，在弹出的快捷菜单中选择"选项"命令，打开"选项"对话框，如图 2-27 所示。

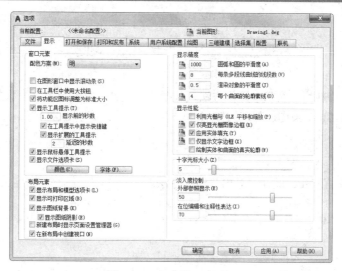

图 2-27　"选项"对话框

🎓 **高手支招**

设置实体显示精度时，请务必注意，显示质量越高，精度越高，计算机计算的时间越长，建议不要将精度设置得太高，显示质量设定在一个合理的程度即可。

【操作实践——设置绘图区的颜色】

在默认情况下，AutoCAD 的绘图区是黑色背景、白色线条，这不符合大多数用户的习惯，因此修改绘图区颜色，是大多数用户都要进行的操作。修改绘图区颜色的方法如下。

（1）选择菜单栏中的"工具"→"选项"命令，打开"选项"对话框，选择"显示"选项卡，再单击"窗口元素"栏中的"颜色"按钮，打开如图 2-28 所示的"图形窗口颜色"对话框。

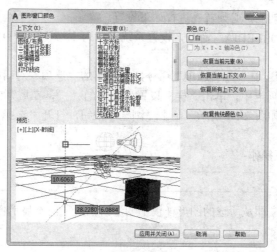

图 2-28　"图形窗口颜色"对话框

（2）在"颜色"下拉列表框中选择需要的窗口颜色，然后单击"应用并关闭"按钮即可，通常按视觉习惯选择白色为窗口颜色。

2.2 文件管理

本节介绍有关文件管理的一些基本操作方法，包括新建文件、打开已有文件、保存文件、删除文件等，这些都是进行 AutoCAD 2017 操作最基础的知识。

【预习重点】

☑ 了解几种文件管理命令。

☑ 简单练习新建、打开、保存、退出等绘制方法。

2.2.1 新建文件

【执行方式】

☑ 命令行：NEW。

☑ 菜单栏：选择菜单栏中的"文件"→"新建"命令。

☑ 主菜单：选择主菜单下的"新建"命令。

☑ 工具栏：单击"标准"工具栏中的"新建"按钮 。

☑ 快捷键：Ctrl+N。

【操作步骤】

执行上述命令后，系统打开如图 2-29 所示的"选择样板"对话框。

另外还有一种快速创建图形的功能，该功能是创建新图形最快捷的方法。

☑ 命令行：QNEW。

执行上述命令后，系统立即从所选的图形样板中创建新图形，而不显示任何对话框或提示。

【操作实践——设置快速创建图形功能】

要想使用快速创建图形功能，必须首先进行如下设置。

（1）在命令行中输入"FILEDIA"命令，设置系统变量为 1；在命令行中输入"STARTUP"命令，设置系统变量为 0。

（2）选择菜单栏中的"工具"→"选项"命令，在弹出的"选项"对话框中选择默认图形样板文件。具体方法是：在"文件"选项卡中，单击"样板设置"前面的"+"，在展开的选项列表中选择"快速新建的默认样板文件名"选项，如图 2-30 所示。单击"浏览"按钮，打开"选择文件"对话框，然后选择需要的样板文件即可。

（3）在命令行进行如下操作：

命令: QNEW↙

执行上述命令后，系统立即从所选的图形样板中创建新图形，而不显示任何对话框或提示。

2.2.2 打开文件

【执行方式】

☑ 命令行：OPEN。

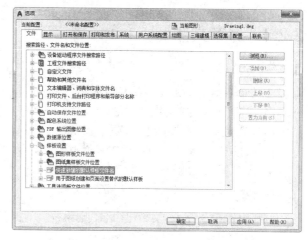

图 2-29　"选择样板"对话框　　　　　　图 2-30　"文件"选项卡

☑ 菜单栏：选择菜单栏中的"文件"→"打开"命令。
☑ 主菜单：选择主菜单下的"打开"命令。
☑ 工具栏：单击"标准"工具栏中的"打开"按钮。
☑ 快捷键：Ctrl+O。

【操作步骤】

执行上述命令后，打开"选择文件"对话框，如图 2-31 所示，在"文件类型"下拉列表框中用户可选择.dwg、.dwt、.dxf 和.dws 文件。其中，.dws 文件是包含标准图层、标注样式、线型和文字样式的样板文件；.dxf 文件是用文本形式存储的图形文件，能够被其他程序读取，许多第三方应用软件都支持.dxf 格式。

图 2-31　"选择文件"对话框

🎓 高手支招

有时在打开.dwg 文件时，系统会弹出一个信息提示对话框，提示用户图形文件不能打开，在这种情况下先退出打开操作，然后选择菜单栏中的"文件"→"图形实用工具"→"修复"命令，或在命令行中输入"RECOVER"，接着在"选择文件"对话框中输入要恢复的文件，确认后系统开始执行恢复文件操作。

2.2.3 保存文件

【执行方式】

- ☑ 命令名：QSAVE（或 SAVE）。
- ☑ 菜单栏：选择菜单栏中的"文件"→"保存"命令。
- ☑ 主菜单：选择主菜单下的"保存"命令。
- ☑ 工具栏：单击"标准"工具栏中的"保存"按钮📄。
- ☑ 快捷键：Ctrl+S。

【操作步骤】

执行上述命令后，若文件已命名，则系统自动保存文件，若文件未命名（即为默认名 Drawing1.dwg），则系统打开"图形另存为"对话框，如图 2-32 所示，用户可以重新命名保存。在"保存于"下拉列表框中指定保存文件的路径，在"文件类型"下拉列表框中指定保存文件的类型。

图 2-32 "图形另存为"对话框

【操作实践——自动保存设置】

为了防止因意外操作或计算机系统故障导致正在绘制的图形文件丢失，可以对当前图形文件设置自动保存，其操作方法如下。

（1）在命令行中输入"SAVEFILEPATH"命令，设置所有自动保存文件的位置，例如"D:\HU\"。

（2）在命令行中输入"SAVEFILE"命令，设置自动保存文件名。该系统变量存储的文件名文件是只读文件，用户可以从中查询自动保存的文件名。

（3）在命令行中输入"SAVETIME"命令，指定在使用自动保存时，多长时间保存一次图形，单位是"分钟"。

2.2.4 另存为

【执行方式】

- ☑ 命令行：SAVEAS。
- ☑ 菜单栏：选择菜单栏中的"文件"→"另存为"命令。
- ☑ 主菜单：选择主菜单下的"另存为"命令。
- ☑ 工具栏：单击快速访问工具栏中的"另存为"按钮📄。

【操作步骤】

执行上述命令后，打开"图形另存为"对话框，如图 2-32 所示，系统用新的文件名保存，并为当前图形更名。

🎓 高手支招

系统打开"选择样板"对话框，在"文件类型"下拉列表框中有 4 种格式的图形样板，后缀分别是.dwt、.dwg、.dws 和.dxf。

2.2.5　退出

【执行方式】

- ☑　命令行：QUIT 或 EXIT。
- ☑　菜单栏：选择菜单栏中的"文件"→"退出"命令。
- ☑　主菜单：选择主菜单下的"关闭"命令。
- ☑　按钮：单击 AutoCAD 操作界面右上角的"关闭"按钮[X]。

【操作步骤】

执行上述命令后，若用户对图形所做的修改尚未保存，则会弹出如图 2-33 所示的系统警告对话框。单击"是"按钮，系统将保存文件，然后退出；单击"否"按钮，系统将不保存文件。若用户对图形所做的修改已经保存，则直接退出。

图 2-33　系统警告对话框

2.3　基本绘图参数

绘制一幅图形时，需要设置一些基本参数，例如，图形单位、图幅界限等，这里简要进行介绍。

【预习重点】

- ☑　了解基本参数概念。
- ☑　熟悉参数设置命令使用方法。

2.3.1　设置图形单位

【执行方式】

- ☑　命令行：DDUNITS（或 UNITS，快捷命令：UN）。
- ☑　菜单栏：选择菜单栏中的"格式"→"单位"命令。

【操作步骤】

执行上述命令后，系统打开"图形单位"对话框，如图 2-34 所示，该对话框用于定义单位和角度格式。

【选项说明】

（1）"长度"与"角度"栏：指定测量的长度与角度的当前单位及精度。

（2）"插入时的缩放单位"栏：控制插入到当前图形中的块和图形的测量单位。如果块或图形创建时使用的单位与该选项指定的单位不同，则在插入这些块或图形时，将对其按比例进行缩放。插入比例是源块或图形使用的单位与目标图形使用的单位之比。如果插入块时不按指定单位缩放，则在其下拉列表框中选择"无单位"选项。

（3）"输出样例"栏：显示用当前单位和角度设置的例子。

（4）"光源"栏：控制当前图形中光度控制光源的强度测量单位。为创建和使用光度控制光源，必须从下拉列表框中指定非"常规"的单位。如果"插入比例"设置为"无单位"，则会弹出警告信息，提示用户渲染输出可能不正确。

（5）"方向"按钮：单击该按钮，系统打开"方向控制"对话框，如图 2-35 所示，可进行方向控制设置。

图 2-34　"图形单位"对话框　　　　　　图 2-35　"方向控制"对话框

2.3.2　设置图形界限

【执行方式】

☑　命令行：LIMITS。
☑　菜单栏：选择菜单栏中的"格式"→"图形界限"命令。

【操作步骤】

命令:LIMITS↙
重新设置模型空间界限:
指定左下角点或 [开(ON)/关(OFF)] <0.0000,0.0000>:（输入图形边界左下角的坐标后按 Enter 键）
指定右上角点 <12.0000,9.0000>:（输入图形边界右上角的坐标后按 Enter 键）

【选项说明】

（1）开(ON)：使图形界限有效。系统在图形界限以外拾取的点将视为无效。

（2）关(OFF)：使图形界限无效。用户可以在图形界限以外拾取点或实体。

（3）动态输入角点坐标：可以直接在绘图区的动态文本框中输入角点坐标，输入了横坐标值后，按","键，接着输入纵坐标值，如图 2-36 所示；也可以在光标位置直接单击，确定角点位置。

图 2-36　动态输入

举一反三

在命令行中输入坐标时，请检查此时的输入法是否为英文输入模式。如果是中文输入模式，例如，输入"150，20"，则由于逗号","的原因，系统会认定该坐标输入无效。这时，只需将输入模式改为英文即可。

2.4　基本输入操作

【预习重点】
☑　了解基本输入方法。

2.4.1　命令输入方式

AutoCAD 交互绘图必须输入必要的指令和参数。有多种 AutoCAD 命令输入方式，下面以绘制直线为例，介绍命令输入方式。

（1）在命令行输入命令名。命令字符不区分大小写。执行命令时，在命令行提示中经常会出现命令选项。例如，在命令行中输入绘制直线命令 LINE 后，命令行提示与操作如下。

命令: LINE✓
指定第一个点:（在绘图区指定一点或输入一个点的坐标）
指定下一点或 [放弃(U)]:

命令行中不带括号的提示为默认选项（如上面的"指定下一点或"），因此可以直接输入直线段的起点坐标或在绘图区指定一点，如果要选择其他选项，则应该首先输入该选项的标识字符，如"放弃"选项的标识字符 U，然后按系统提示输入数据即可。在命令选项的后面有时还带有尖括号，尖括号内的数值为默认数值。

（2）在命令行中输入命令缩写字。如 L（Line）、C（Circle）、A（Arc）、Z（Zoom）、R（Redraw）、M（Move）、CO（Copy）、PL（Pline）、E（Erase）等。

（3）选择"绘图"菜单栏中对应的命令，在命令行窗口中可以看到对应的命令名及命令说明。

（4）单击"绘图"工具栏中对应的按钮，在命令行窗口中也可以看到对应的命令名及命令说明。

（5）在绘图区打开快捷菜单。如果要输入在前面刚使用过的命令，可以在绘图区右击打开快捷菜单，在"最近的输入"子菜单中选择需要的命令，如图 2-37 所示。"最近的输入"子菜单中存储最近使用的命令，如果经常重复使用子菜单中存储的某个命令，这种方法就比较简捷。

图 2-37　绘图区快捷菜单

（6）在绘图区右击。如果用户要重复使用上次使用的命令，可以直接在绘图区右击，打开快捷菜单，选择"重复"命令，系统立即重复执行上次使用的命令，这种方法适用于重复执行某个命令。

2.4.2　命令的重复、撤销、重做

1. 命令的重复

按 Enter 键，可重复调用上一个命令，不管上一个命令是完成了还是被取消了。

2. 命令的撤销

在命令执行的任何时刻都可以取消和终止命令的执行。

【执行方式】

☑ 命令行：UNDO。

☑ 菜单栏：选择菜单栏中的"编辑"→"放弃"命令。

☑ 工具栏：单击"标准"工具栏中的"放弃"按钮⟲或单击快速访问工具栏中的"放弃"按钮⟲。

☑ 快捷键：Esc。

3. 命令的重做

已被撤销的命令要恢复重做，可以恢复撤销的最后一个命令。

【执行方式】

☑ 命令行：REDO。

☑ 菜单栏：选择菜单栏中的"编辑"→"重做"命令。

☑ 工具栏：单击"标准"工具栏中的"重做"按钮⟳·或单击快速访问工具栏中的"重做"按钮⟳。

☑ 快捷键：Ctrl+Y。

AutoCAD 2017可以一次执行多重放弃和重做操作。单击快速访问工具栏中的"放弃"按钮⟲或"重做"按钮⟳后面的小三角形，可以选择要放弃或重做的操作，如图2-38所示。

图 2-38 多重放弃选项

2.4.3 数据输入法

在 AutoCAD 2017 中，点的坐标可以用直角坐标、极坐标、球面坐标和柱面坐标表示，每一种坐标又分别具有绝对坐标和相对坐标两种坐标输入方式。其中直角坐标和极坐标最为常用，具体输入方法如下。

（1）直角坐标法：用点的 X、Y 坐标值表示的坐标。在命令行中输入点的坐标"15,18"，则表示输入了一个 X、Y 的坐标值分别为 15、18 的点，此为绝对坐标输入方式，表示该点的坐标是相对于当前坐标原点的坐标值，如图 2-39（a）所示。如果输入"@10,20"，则为相对坐标输入方式，表示该点的坐标是相对于前一点的坐标值，如图 2-39（b）所示。

（2）极坐标法：用长度和角度表示的坐标，只能用来表示二维点的坐标。

① 在绝对坐标输入方式下，表示为："长度<角度"，如"25<50"，其中长度表示该点到坐标原点的距离，角度表示该点到原点的连线与 X 轴正向的夹角，如图 2-39（c）所示。

② 在相对坐标输入方式下，表示为："@长度<角度"，如"@25<45"，其中长度为该点到前一点的距离，角度为该点至前一点的连线与 X 轴正向的夹角，如图 2-39（d）所示。

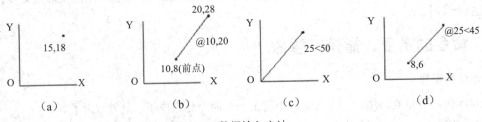

图 2-39 数据输入方法

（3）动态数据输入。按下状态栏中的"动态输入"按钮，系统打开动态输入功能，可以在绘图区动态地输入某些参数数据。例如，绘制直线时，在光标附近，会动态地显示"指定第一点"提示框以及后面的坐标框。当前坐标框中显示的是目前光标所在位置，可以输入数据，两个数据之间以逗号隔开，如图 2-40 所示。指定第一点后，系统动态显示直线的角度，同时要求输入线段长度值，如图 2-41 所示，其输入效果与"@长度<角度"方式相同。

图 2-40　动态输入坐标值

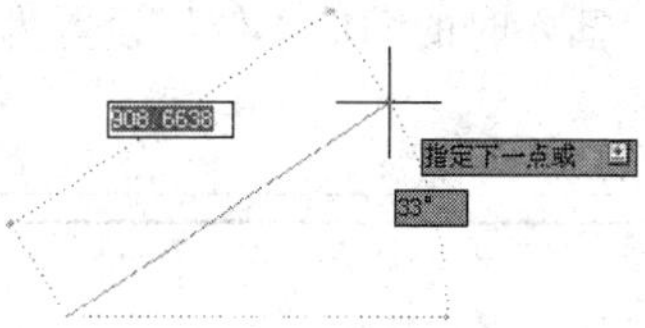

图 2-41　动态输入长度值

（4）点的输入。在绘图过程中，常需要输入点的位置，AutoCAD 提供了如下几种输入点的方式。

① 用键盘直接在命令行输入点的坐标。直角坐标有两种输入方式：x,y（点的绝对坐标值，如"100,50"）和@x,y（相对于上一点的相对坐标值，如"@50,−30"）。

极坐标的输入方式为"长度<角度"（其中，长度为点到坐标原点的距离，角度为原点至该点连线与 X 轴的正向夹角度数，如"20<45"）或"@长度<角度"（相对于上一点的相对极坐标，如"@50<−30"）。

② 用鼠标等定标设备移动光标，在绘图区单击直接取点。

③ 用目标捕捉方式捕捉绘图区已有图形的特殊点（如端点、中点、中心点、插入点、交点、切点、垂足点等）。

④ 直接输入距离。先拖拉出直线以确定方向，然后用键盘输入距离，这样有利于准确控制对象的长度。

（5）距离值的输入。在 AutoCAD 命令中，有时需要提供高度、宽度、半径、长度等表示距离的值。AutoCAD 系统提供了两种输入距离值的方式：一种是用键盘在命令行中直接输入数值；另一种是在绘图区选择两点，以两点的距离值确定出所需数值。

【操作实践——绘制线段】

绘制如图 2-42 所示的线段。

（1）单击"默认"选项卡"绘图"面板中的"直线"按钮，绘制一条 10mm 长的线段。

（2）在绘图区移动光标指定线段的方向，但不要单击鼠标，然后在命令行中输入"10"，这样就可以在指定方向上准确地绘制出长度为 10mm 的线段。

图 2-42　绘制直线

2.5　综合演练——样板图设置

本实例中绘制的样板图如图 2-43 所示。在前面学习的基础上，本实例主要讲解本样板图的图形单位、图形界限以及保存等知识。

⭐ **手把手教你学**

绘制的大体顺序是先打开.dwg 格式的图形文件，设置图形单位与图形界限，最后将设置好的文件保存为.dwt 格式的样板图文件。绘制过程中要用到打开、单位、图形界限和保存等命令。

【操作步骤】

（1）打开文件。单击快速访问工具栏中的"打开"按钮 📂，打开"源文件\第 2 章\A3 图框样板图.dwg"。

（2）设置单位。选择菜单栏中的"格式"→"单位"命令，打开"图形单位"对话框，如图 2-44 所示。设置"长度"的类型为"小数"，"精度"为 0；"角度"的类型为"十进制度数"，"精度"为 0，系统默认逆时针方向为正，"插入时的缩放单位"设置为"毫米"。

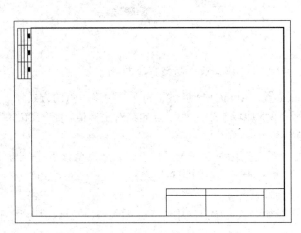

图 2-43　样板图文件

图 2-44　"图形单位"对话框

（3）设置图形边界。国标对图纸的幅面大小作了严格规定，如表 2-1 所示。

表 2-1　图幅国家标准

幅面代号	A0	A1	A2	A3	A4
宽×长/（mm×mm）	841×1189	594×841	420×594	297×420	210×297

在这里，不妨按国标 A3 图纸幅面设置图形边界。A3 图纸的幅面为 420mm×297mm。

选择菜单栏中的"格式"→"图形界限"命令，设置图幅，命令操作如图 2-45 所示。

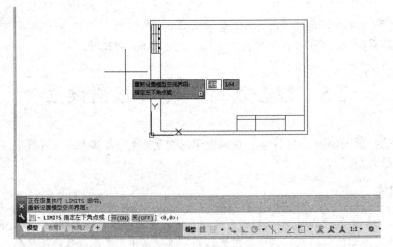

图 2-45　设置图形界限

（4）保存为样板图文件。现阶段的样板图及其环境设置已经完成，先将其保存为样板图文件。

单击快速访问工具栏中的"另存为"按钮 ，打开"图形另存为"对话框，如图 2-46 所示。在"文件类型"下拉列表框中选择"AutoCAD 图形样板（*.dwt）"选项，如图 2-46 所示，输入文件名"A3 样板图"，单击"保存"按钮，系统打开"样板选项"对话框，如图 2-47 所示，保留默认设置，单击"确定"按钮，保存文件。

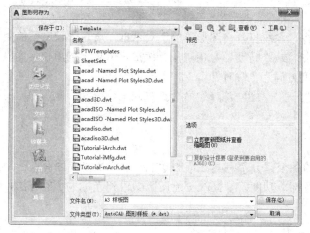

图 2-46 保存样板图

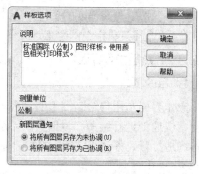

图 2-47 样板选项

2.6 名师点拨——基本图形设置技巧

1. 绘图前，绘图界限（LIMITS）一定要设好吗

绘制新图最好先按国标图幅设置好图界。图形界限好比图纸的幅面，画图就在图界内进行，一目了然。同时，按图界绘的图打印很方便，还可实现自动成批出图。

2. 什么是 DXF 文件格式

DXF（Drawing Exchange File，图形交换文件）是一种 ASCII 文本文件，包含对应的 DWG 文件的全部信息，不是 ASCII 码形式，可读性差，但用它形成图形速度快。不同类型的计算机（如 PC 及其兼容机与 SUN 工作站具体不同的 CPU 用总线），哪怕是用同一版本的文件，其 DWG 文件也是不可交换的。为了克服这一缺点，AutoCAD 提供了 DXF 类型文件，其内部为 ASCII 码，这样不同类型的计算机可通过交换 DXF 文件来达到交换图形的目的，由于 DXF 文件可读性好，用户可方便地对其进行修改、编程，达到从外部图形进行编辑、修改的目的。

2.7 上机实验

【练习 1】设置绘图环境。

1. 目的要求

任何图形文件都有一个特定的绘图环境，包括图形边界、绘图单位、角度等。设置绘图环境通常有设置向导与单独的命令设置两种方法。通过学习设置绘图环境，可以提升读者对图形总体环境的认识。

2．操作提示

（1）单击快速访问工具栏中的"新建"按钮▭，系统打开"选择样板"对话框，单击"打开"按钮，进入绘图界面。

（2）选择菜单栏中的"格式"→"图形界限"命令，设置界限为（0,0），（297,210），在命令行中可以重新设置模型空间界限。

（3）选择菜单栏中的"格式"→"单位"命令，系统打开"图形单位"对话框，设置"长度"的类型为"小数"，"精度"为 0；"角度"的类型为十进制度数，"精度"为 0；"用于缩放插入内容的单位"为"毫米"，"用于指定光源强度的单位"为"国际"；角度方向为"顺时针"。

（4）选择菜单栏中的"工具"→"工作空间"→"草图与注释"命令，进入工作空间。

【练习2】熟悉操作界面。

1．目的要求

操作界面是用户绘制图形的平台，操作界面的各个部分都有其独特的功能，熟悉操作界面有助于用户方便、快速地进行绘图。本例要求了解操作界面各部分功能，掌握改变绘图区颜色和光标大小的方法，能够熟练地打开、移动和关闭工具栏。

2．操作提示

（1）启动 AutoCAD 2017，进入操作界面。

（2）调整操作界面大小。

（3）设置绘图区颜色与光标大小。

（4）打开、移动、关闭工具栏。

（5）尝试同时利用命令行、菜单命令和工具栏绘制一条线段。

【练习3】管理图形文件。

1．目的要求

图形文件管理包括文件的新建、打开、保存、加密、退出等操作。本例要求读者熟练掌握 DWG 文件的赋名保存、自动保存、加密及打开的方法。

2．操作提示

（1）启动 AutoCAD 2017，进入操作界面。

（2）打开一幅已经保存过的图形。

（3）进行自动保存设置。

（4）尝试在图形上绘制任意图线。

（5）将图形以新的名称保存。

（6）退出该图形。

【练习4】数据操作。

1．目的要求

AutoCAD 2017 人机交互的最基本内容就是数据输入。本例要求用户熟练地掌握各种数据的输入方法。

2．操作提示

（1）在命令行中输入"LINE"命令。

（2）输入起点在直角坐标方式下的绝对坐标值。

（3）输入下一点在直角坐标方式下的相对坐标值。

（4）输入下一点在极坐标方式下的绝对坐标值。

（5）输入下一点在极坐标方式下的相对坐标值。

（6）单击直接指定下一点的位置。

（7）单击状态栏中的"正交模式"按钮 ，使其处于按下状态，用光标指定下一点的方向，在命令行中输入一个数值。

（8）单击状态栏中的"动态输入"按钮 ，使其处于按下状态，拖动光标，系统会动态显示角度，拖动到选定角度后，在"长度"文本框中输入长度值。

（9）按 Enter 键，结束绘制线段的操作。

2.8　模 拟 考 试

（1）用（　　）命令可以设置图形界限。

　　A．SCALE B．EXTEND

　　C．LIMITS D．LAYER

（2）以下哪种打开方式不存在？（　　）

　　A．以只读方式打开 B．局部打开

　　C．以只读方式局部打开 D．参照打开

（3）正常退出 AutoCAD 的方法有（　　）。

　　A．QUIT 命令 B．EXIT 命令

　　C．屏幕右上角的"关闭"按钮 D．直接关机

（4）AutoCAD 打开后，只有一个菜单，如何恢复默认状态？（　　）

　　A．MENU 命令加载 acad.cui B．CUI 命令打开 AutoCAD 经典空间

　　C．MENU 命令加载 custom.cui D．重新安装

（5）在图形修复管理器中，以下哪个文件是由系统自动创建的自动保存文件？（　　）

　　A．drawing1_1_1_6865.svs$ B．drawing1_1_68656.svs$

　　C．drawing1_recovery.dwg D．drawing1_1_1_6865.bak

（6）取世界坐标系的点（70,20）作为用户坐标系的原点，则用户坐标系的点（-20,30）的世界坐标为（　　）。

　　A．（50,50） B．（90,-10）

　　C．（-20,30） D．（70,20）

（7）在日常工作中贯彻办公和绘图标准时，下列哪种方式最为有效？（　　）

　　A．应用典型的图形文件 B．应用模板文件

　　C．重复利用已有的二维绘图文件 D．在"启动"对话框中选取公制

（8）重复使用刚执行的命令，应按（　　）键。

　　A．Ctrl B．Alt C．Enter D．Shift

基本绘图工具

　　为了快捷、准确地绘制图形，AutoCAD 提供了多种必要的辅助绘图工具，如图层工具、对象约束工具、对象捕捉工具、栅格和正交模式等。利用这些工具，用户可以方便、迅速、准确地进行图形的绘制和编辑，不仅可提高工作效率，而且能更好地保证图形的质量。

　　本章将详细讲述这些工具的具体使用方法和技巧。

3.1 显 示 控 制

☑ 学习图形缩放。

☑ 学习图形平移。

3.1.1 图形的缩放

所谓视图，就是必须有特定的放大倍数、位置及方向。改变视图的一般方法就是利用"缩放"和"平移"命令，在绘图区域放大或缩小图像显示，或者改变观察位置。

缩放并不改变图形的绝对大小，只是在图形区域内改变视图的大小。AutoCAD 提供了多种缩放视图的方法，下面以动态缩放为例介绍缩放的操作方法。

【执行方式】

☑ 命令行：ZOOM。

☑ 菜单栏：选择菜单栏中的"视图"→"缩放"→"动态"命令。

☑ 工具栏：单击"标准"工具栏中"缩放"下拉菜单中的"动态缩放"按钮 。

☑ 功能区：单击"视图"选项卡"导航"面板中"范围"下拉菜单中的"动态"按钮 。

【操作步骤】

命令: ZOOM↙

指定窗口的角点，输入比例因子 (nX 或 nXP)，或者 [全部(A)/中心(C)/动态(D)/范围(E)/上一个(P)/比例(S)/窗口(W)/对象(O)] <实时>: D↙

执行上述命令后，系统打开一个图框。执行动态缩放前的画面呈绿色点线。如果动态缩放的图形显示范围与执行动态缩放前的范围相同，则此框与边线重合而不可见。重生成的区域四周有一个蓝色虚线框，用来标记虚拟屏幕。

如果线框中有一个"×"，如图 3-1（a）所示，就可以拖动线框并将其平移到另外一个区域。如果要放大图形到不同的放大倍数，单击鼠标左键，"×"就会变成一个箭头，如图 3-1（b）所示。这时左右拖动边界线就可以重新确定视口的大小。缩放后的图形如图 3-1（c）所示。

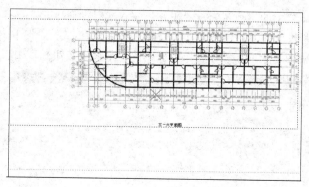

（a）

图 3-1　动态缩放

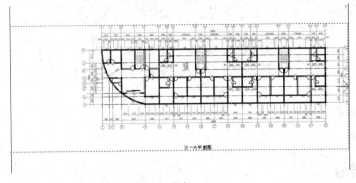

(b)

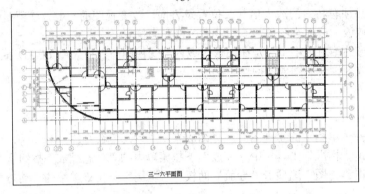

（c）

图 3-1　动态缩放（续）

　　另外，还有实时缩放、窗口缩放、比例缩放、中心缩放、全部缩放、缩放对象、缩放上一个和范围缩放等功能，操作方法与动态缩放类似，这里不再赘述。

3.1.2　平移

1．实时平移

【执行方式】

　　☑　命令行：PAN。
　　☑　菜单栏：选择菜单栏中的"视图"→"平移"→"实时"命令。
　　☑　工具栏：单击"标准"工具栏中的"实时平移"按钮🖐。
　　☑　功能区：单击"视图"选项卡"导航"面板中的"平移"按钮🖐，如图 3-2 所示。

图 3-2　"导航"面板

【操作步骤】

　　执行上述命令后，按下鼠标左键，然后移动手形光标即可平移图形。当移动到图形的边沿时，光标呈三角形显示。

另外，在 AutoCAD 2017 中为显示控制命令设置了一个右键快捷菜单，如图 3-3 所示。在该菜单中，可以在显示命令执行的过程中透明地进行切换。

2. 定点平移和方向平移

【执行方式】

- ☑ 命令行：PAN。
- ☑ 菜单栏：选择菜单栏中的"视图"→"平移"→"实时"命令，如图 3-4 所示。

图 3-3 右键快捷菜单   图 3-4 "平移"子菜单

【操作步骤】

命令: PAN↙

执行上述命令后，当前图形按指定的位移方向进行平移。另外，在"平移"子菜单中还有"左""右""上""下" 4 个平移命令，选择这些命令时，图形按指定的方向平移。

3.2 精确定位工具

精确定位工具是指能够帮助用户快速准确地定位某些特殊点（如端点、中点、圆心等）和特殊位置（如水平位置、垂直位置）的工具，精确定位工具主要集中在状态栏上，如图 3-5 所示为默认状态下显示的状态栏按钮。

图 3-5 状态栏

【预习重点】

- ☑ 了解定位工具的应用。
- ☑ 逐个对应各按钮与命令的相互关系。
- ☑ 练习正交、栅格、捕捉按钮的应用。

3.2.1 捕捉工具

为了准确地在屏幕上捕捉点，AutoCAD 提供了捕捉工具，可以在屏幕上生成一个隐含的栅格（捕捉栅格），这个栅格能够捕捉光标，约束其只能落在栅格的某一个节点上，使用户能够高精确度地捕捉和选择这个栅格上的点。本节介绍捕捉栅格的参数设置方法。

【执行方式】

- ☑ 菜单栏：选择菜单栏中的"工具"→"绘图设置"命令。
- ☑ 状态栏：单击"捕捉模式"图标 ▦（仅限于打开与关闭）。
- ☑ 快捷键：F9（仅限于打开与关闭）。

【操作步骤】

执行上述命令后，系统打开"草图设置"对话框，其中的"捕捉和栅格"选项卡如图 3-6 所示。

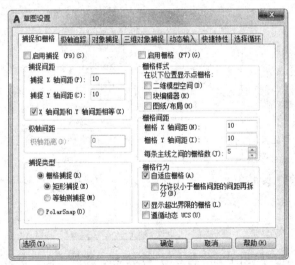

图 3-6 "草图设置"对话框

【选项说明】

（1）"启用捕捉"复选框：控制捕捉功能的开关，与 F9 键或状态栏上的"捕捉模式"按钮功能相同。

（2）"捕捉间距"栏：设置捕捉各参数。其中，"捕捉 X 轴间距"与"捕捉 Y 轴间距"确定捕捉栅格点在水平和垂直两个方向上的间距。

（3）"极轴间距"栏：该栏只有在选择"极轴捕捉"类型时才可编辑，可在"极轴距离"文本框中输入距离值，也可以通过命令行命令 SNAP 设置捕捉有关参数。

（4）"捕捉类型"栏：确定捕捉类型和样式。AutoCAD 提供了栅格捕捉和 PolarSnap（极轴捕捉）两种捕捉栅格的方式。栅格捕捉是指按正交位置捕捉位置点，而极轴捕捉则可以根据设置的任意极轴角捕捉位置点。

3.2.2 栅格工具

用户可以应用显示栅格的工具使绘图区域上出现可见的网格。它是一个形象的画图工具，就像传统的坐标纸一样。本节介绍控制栅格的显示及设置栅格参数的方法。

【执行方式】

- ☑ 菜单栏：选择菜单栏中的"工具"→"绘图设置"命令。
- ☑ 状态栏：单击状态栏中的"栅格"按钮▦（仅限于打开与关闭）。
- ☑ 快捷键：F7（仅限于打开与关闭）。

【操作步骤】

执行上述命令后，系统打开"草图设置"对话框，其中的"捕捉和栅格"选项卡如图 3-6 所示。"启用栅格"复选框控制是否显示栅格。"栅格 X 轴间距"和"栅格 Y 轴间距"文本框用来设置栅格在水平与垂直方向的间距，如果将"栅格 X 轴间距"和"栅格 Y 轴间距"设置为 0，则 AutoCAD 会自动将捕捉栅格间距应用于栅格，且其原点和角度总是与捕捉栅格的原点和角度相同。还可通过 GRID 命令在命令行设置栅格间距，这里不再赘述。

3.2.3 正交模式

在用 AutoCAD 绘图的过程中，经常需要绘制水平直线和垂直直线。但是用鼠标拾取线段的端点时，很难保证两个点严格沿水平或垂直方向。为此，AutoCAD 提供了正交功能。当启用正交模式时，画线或移动对象时只能沿水平方向或垂直方向移动光标，因此只能绘制平行于坐标轴的正交线段。

【执行方式】

- ☑ 命令行：ORTHO。
- ☑ 状态栏：单击状态栏中的"正交模式"按钮▙。
- ☑ 快捷键：F8。

【操作步骤】

```
命令: ORTHO↙
输入模式 [开(ON)/关(OFF)] <开>:（设置开或关）
```

3.3 对象捕捉工具

在利用 AutoCAD 绘图时，经常要用到一些特殊的点，例如，圆心、切点、线段或圆弧的端点、中点等。但是如果用鼠标拾取，要准确地找到这些点是十分困难的。为此，AutoCAD 提供了对象捕捉工具，通过这些工具可轻易找到这些点。

【预习重点】

- ☑ 了解捕捉对象范围。
- ☑ 练习如何打开捕捉。
- ☑ 了解对象捕捉在绘图过程中的应用。

3.3.1 特殊位置点捕捉

在绘制 AutoCAD 图形时，有时需要指定一些特殊位置的点，例如，圆心、端点、中点、平行线上的点等，如表 3-1 所示。可以通过对象捕捉功能来捕捉这些点。

表 3-1 特殊位置点捕捉

捕 捉 模 式	功　　能
临时追踪点	建立临时追踪点
两点之间的中点	捕捉两个独立点之间的中点
自	建立一个临时参考点，作为指出后继点的基点
点过滤器	由坐标选择点
端点	线段或圆弧的端点
中点	线段或圆弧的中点
交点	线、圆弧或圆等的交点
外观交点	图形对象在视图平面上的交点
延长线	指定对象的延伸线
圆心	圆或圆弧的圆心
象限点	距光标最近的圆或圆弧上可见部分的象限点，即圆周上 0°、90°、180°、270°位置上的点
切点	最后生成的一个点到选中的圆或圆弧上引切线的切点位置
垂足	在线段、圆、圆弧或其延长线上捕捉一个点，使之与最后生成的点的连线与该线段、圆或圆弧正交
平行线	绘制与指定对象平行的图形对象
节点	捕捉用 POINT 或 DIVIDE 等命令生成的点
插入点	文本对象和图块的插入点
最近点	离拾取点最近的线段、圆、圆弧等对象上的点
无	关闭对象捕捉模式
对象捕捉设置	设置对象捕捉

AutoCAD 提供了命令行、工具栏和右键快捷菜单 3 种执行特殊点对象捕捉的方法。

1. 命令行方式

绘图中，当命令行中提示输入一点时，输入相应特殊位置点命令，然后根据提示操作即可。

2. 工具栏方式

使用如图 3-7 所示的"对象捕捉"工具栏，可以使用户更方便地实现捕捉对象的目的。当命令行提示输入一点时，从"对象捕捉"工具栏上单击相应的按钮。把光标放在某一图标上时，会显示出该图标功能的提示，然后根据提示操作即可。

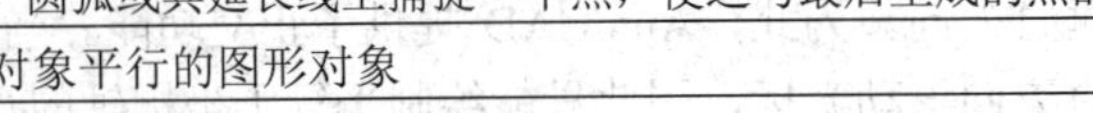

图 3-7　"对象捕捉"工具栏

3. 快捷菜单方式

快捷菜单可通过同时按下 Shift 键和鼠标右键来激活，菜单中列出了 AutoCAD 提供的对象捕捉模式，如图 3-8 所示。操作方法与工具栏相似，只要在 AutoCAD 提示输入点时选择快捷菜单上相应的命令，然后按提示操作即可。

图 3-8 对象捕捉快捷菜单

3.3.2 设置对象捕捉

在用 AutoCAD 绘图之前，可以根据需要事先运行一些对象捕捉模式，绘图时 AutoCAD 能自动捕捉这些特殊点，从而加快绘图速度，提高绘图质量。

【执行方式】

☑ 命令行：DDOSNAP。

☑ 菜单栏：选择菜单栏中的"工具"→"绘图设置"命令。

☑ 工具栏：单击"对象捕捉"工具栏中的"对象捕捉设置"按钮◨。

☑ 状态栏：对象捕捉（仅限于打开与关闭功能）。

☑ 快捷键：F3（仅限于打开与关闭功能）。

☑ 快捷菜单：按 Shift 键右击，在弹出的快捷菜单中选择"对象捕捉设置"命令。

【操作实践——绘制线段】

从图 3-9 中线段的中点到圆的圆心绘制一条线段。

图 3-9 利用对象捕捉工具绘制线段

单击"默认"选项卡"绘图"面板中的"直线"按钮✎，绘制中点到圆的圆心的线段。命令行提示与操作如下。

```
命令: _circle
指定圆的圆心或 [三点(3P)/两点(2P)/切点、切点、半径(T)]:
指定圆的半径或 [直径(D)]:
```

命令:_line
指定第一个点:
指定下一点或 [放弃(U)]: <正交 开>
指定下一点或 [放弃(U)]:

【选项说明】

（1）"启用对象捕捉"复选框：用于打开或关闭对象捕捉方式。当选中该复选框时，在"对象捕捉模式"栏中选中的捕捉模式处于激活状态。

（2）"启用对象捕捉追踪"复选框：用于打开或关闭自动追踪功能。

（3）"对象捕捉模式"栏：列出了各种捕捉模式，选中则该模式被激活。单击"全部清除"按钮，则所有模式均被清除。单击"全部选择"按钮，则所有模式均被选中。

另外，在对话框的左下角有一个"选项"按钮，单击可打开"选项"对话框的"草图"选项卡。利用该选项卡，可进行捕捉模式的各项设置。

3.4 图 层 设 置

AutoCAD 中的图层就如同在手工绘图中使用的重叠透明图纸，如图 3-10 所示，可以使用图层来组织不同类型的信息。在 AutoCAD 中，图形的每个对象都位于一个图层上，所有图形对象都具有图层、颜色、线型和线宽这 4 个基本属性。在绘图时，图形对象将创建在当前的图层上。每个 CAD 文档中图层的数量是不受限制的，每个图层都有自己的名称。

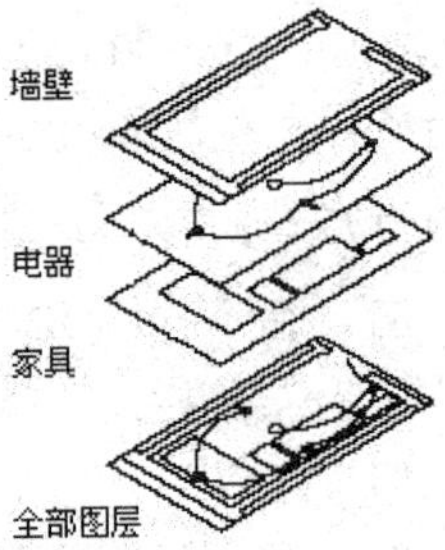

【预习重点】

☑ 建立图层概念。
☑ 练习图层命令设置。

3.4.1 建立新图层

图 3-10 图层示意图

新建的 CAD 文档中只能自动创建一个名为 0 的特殊图层。默认情况下，图层 0 被指定使用 7 号颜色、Continuous 线型、默认线宽以及 NORMAL 打印样式，并且不能被删除或重命名。通过创建新的图层，可以将类型相似的对象指定给同一个图层使其相关联。例如，可以将构造线、文字、标注和标题栏置于不同的图层上，并为这些图层指定通用特性。通过将对象分类放到各自的图层中，可以快速有效地控制对象的显示并且方便对其进行更改。

【执行方式】

☑ 命令行：LAYER。
☑ 菜单栏：选择菜单栏中的"格式"→"图层"命令。
☑ 工具栏：单击"图层"工具栏中的"图层特性管理器"按钮，如图 3-11 所示。

图 3-11 "图层"工具栏

☑ 功能区：单击"默认"选项卡"图层"面板中的"图层特性"按钮（如图 3-12 所示）或单击"视

图"选项卡"选项板"面板中的"图层特性"按钮（如图 3-13 所示）。

图 3-12　"图层"面板

图 3-13　"选项板"面板

【操作步骤】

执行上述命令后，系统弹出"图层特性管理器"选项板，如图 3-14 所示。单击"图层特性管理器"选项板中的"新建图层"按钮，建立新图层，默认的图层名为"图层 1"。可以根据绘图需要更改图层名。在一个图形中可以创建的图层数以及在每个图层中可以创建的对象数实际上是无限多的，图层最长可使用 255 个字符的字母数字命名。"图层特性管理器"选项板中按图层名称的字母顺序排列图层。

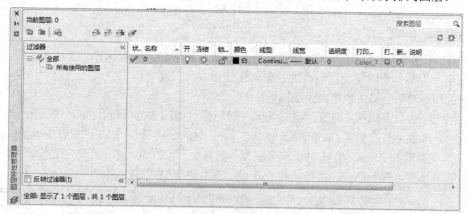

图 3-14　"图层特性管理器"选项板

注意　如果要建立多个图层，无须重复单击"新建"按钮。更有效的方法是：在建立一个新的图层"图层 1"后，改变图层名，在其后输入逗号"，"，这样系统会自动建立一个新图层"图层 1"，改变图层名，再输入一个逗号，又一个新的图层建立了，这样可以依次建立各个图层。也可以按两次 Enter 键，建立另一个新的图层。

【选项说明】

在每个图层属性设置中，包括图层名称、关闭/打开图层、冻结/解冻图层、锁定/解锁图层、图层线条颜色、图层线条线型、图层线条宽度、透明度、图层打印样式、图层是否打印、新视口冻结以及说明 12 个参数。下面将讲述如何设置图层参数。

1．设置图层线条颜色

在工程图中，整个图形包含多种不同功能的图形对象，如实体、剖面线与尺寸标注等，为了便于直观地区分，有必要针对不同的图形对象使用不同的颜色，例如，实体层使用白色、剖面线层使用青色等。

要改变图层的颜色时，单击图层所对应的颜色图标，打开"选择颜色"对话框，如图 3-15 所示。这是一个标准的颜色设置对话框，可以使用"索引颜色"、"真彩色"和"配色系统" 3 个选项卡中的参数来设置颜色。

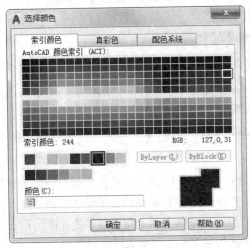 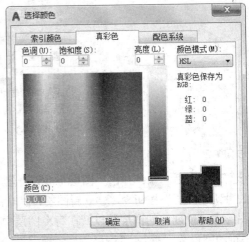

图 3-15　"选择颜色"对话框

2．设置图层线型

线型是指作为图形基本元素的线条的组成和显示方式，如实线、点划线等。在许多绘图工作中，常常以线型划分图层，为某一个图层设置适合的线型。在绘图时，只需将该图层设为当前工作层，即可绘制出符合线型要求的图形对象，极大地提高了绘图效率。

单击图层所对应的线型图标，打开"选择线型"对话框，如图 3-16 所示。默认情况下，在"已加载的线型"列表框中，系统中只添加了 Continuous 线型。单击"加载"按钮，打开"加载或重载线型"对话框，如图 3-17 所示，可以看到 AutoCAD 提供了许多线型，选择所需的线型，单击"确定"按钮，即可把该线型加载到"已加载的线型"列表框中，可以按住 Ctrl 键选择多种线型同时加载。

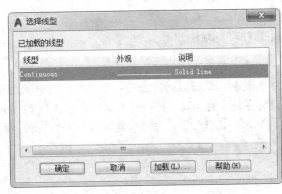 

图 3-16　"选择线型"对话框　　　　　图 3-17　"加载或重载线型"对话框

3．设置图层线宽

线宽设置顾名思义就是改变线条的宽度。用不同宽度的线条表现图形对象的类型，可以提高图形的表达能力和可读性，例如，绘制外螺纹时大径使用粗实线，小径使用细实线。

单击"图层特性管理器"选项板中图层所对应的线宽图标，打开"线宽"对话框，如图 3-18 所示。选择一个线宽，单击"确定"按钮完成对图层线宽的设置。

图层线宽的默认值为 0.25mm。在状态栏为"模型"状态时，显示的线宽同计算机的像素有关。线宽为 0 时，显示为一个像素的线宽。单击状态栏中的"显示/隐藏线宽"按钮▤，显示的图形线宽与实际线宽成比例，如图 3-19 所示，但线宽不随着图形的放大和缩小而变化。线宽功能关闭时，不显示图形的线宽，图形的线宽均以默认宽度值显示，可以在"线宽"对话框中选择所需的线宽。

图 3-18　"线宽"对话框

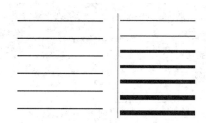

图 3-19　线宽显示效果图

3.4.2　设置图层

除了前面讲述的通过图层管理器设置图层参数的方法外，还有其他几种简便方法可以设置图层的颜色、线宽、线型等参数。

1. 直接设置图层

可以直接通过命令行或菜单设置图层的颜色、线宽、线型等参数。

（1）设置颜色

【执行方式】

☑　命令行：COLOR。

☑　菜单栏：选择菜单栏中的"格式"→"颜色"命令。

☑　功能区：单击"默认"选项卡"特性"面板上的"对象颜色"下拉菜单中的"更多颜色"按钮●。

【操作步骤】

执行上述命令后，系统打开"选择颜色"对话框，如图 3-15 所示。

（2）设置线型

【执行方式】

☑　命令行：LINETYPE。

☑　菜单栏：选择菜单栏中的"格式"→"线型"命令。

☑　功能区：单击"默认"选项卡"特性"面板上的"线型"下拉菜单中的"其他"按钮。

【操作步骤】

执行上述命令后，系统打开"线型管理器"对话框，如图 3-20 所示。该对话框的使用方法与图 3-16 所示的"选择线型"对话框类似。

（3）设置线宽

【执行方式】

☑ 命令行：LINEWEIGHT 或 LWEIGHT。

☑ 菜单栏：选择菜单栏中的"格式"→"线宽"命令。

☑ 功能区：单击"默认"选项卡"特性"面板上"线宽"下拉菜单中的"线宽设置"按钮。

【操作步骤】

执行上述命令后，系统打开"线宽设置"对话框，如图 3-21 所示。该对话框的使用方法与图 3-18 所示的"线宽"对话框类似。

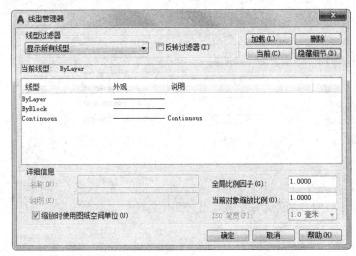

图 3-20 "线型管理器"对话框

图 3-21 "线宽设置"对话框

2. 利用"特性"面板设置图层

AutoCAD 提供了一个"特性"面板，如图 3-22 所示。用户可以利用面板下拉列表框中的选项，快速地查看和改变所选对象的颜色、线型、线宽等特性。"特性"面板增强了查看和编辑对象属性的功能，在绘图区选择任意对象都将在该面板中自动显示其所在的图层、颜色、线型等属性。

图 3-22 "特性"面板

也可以在"特性"面板的"颜色"、"线型"、"线宽"和"打印样式"下拉列表框中选择需要的参数值。如果在"颜色"下拉列表框中选择"更多颜色"选项，如图 3-23 所示，系统就会打开"选择颜色"对话框。同样，如果在"线型"下拉列表框中选择"其他"选项，如图 3-24 所示，系统就会打开"线型管理器"对话框。

3. 利用"特性"选项板设置图层

【执行方式】

- ☑ 命令行：DDMODIFY 或 PROPERTIES。
- ☑ 菜单栏：选择菜单栏中的"修改"→"特性"命令。
- ☑ 工具栏：单击"标准"工具栏中的"特性"按钮🖳。
- ☑ 功能区：单击"默认"选项卡"特性"面板中的"对话框启动器"按钮。

【操作步骤】

执行上述命令后，系统打开"特性"选项板，如图 3-25 所示。在其中可以方便地设置或修改图层、颜色、线型、线宽等属性。

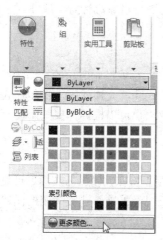

图 3-23 "更多颜色"选项

图 3-24 "其他"选项

图 3-25 "特性"选项板

3.4.3 控制图层

1. 切换当前图层

不同的图形对象需要绘制在不同的图层中，在绘制前，需要将工作图层切换到所需的图层上。单击"默认"选项卡"图层"面板中的"图层特性"按钮，打开"图层特性管理器"选项板，选择图层，单击"置为当前"按钮即可完成设置。

2. 删除图层

在"图层特性管理器"选项板的图层列表框中选择要删除的图层，单击"删除图层"按钮即可删除该图层。从图形文件定义中删除选定的图层时，只能删除未参照的图层。参照图层包括图层 0 及 DEFPOINTS、包含对象（包括块定义中的对象）的图层、当前图层和依赖外部参照的图层。不包含对象（包括块定义中的对象）的图层、非当前图层和不依赖外部参照的图层都可以删除。

3. 关闭/打开图层

在"图层特性管理器"选项板中,单击 ⊙ 图标,可以控制图层的可见性。图层打开时,图标小灯泡呈鲜艳的颜色,该图层上的图形可以显示在屏幕上或绘制在绘图仪上。单击该属性图标,图标小灯泡呈灰暗色时,该图层上的图形不显示在屏幕上,而且不能被打印输出,但仍然作为图形的一部分保留在文件中。

4. 冻结/解冻图层

在"图层特性管理器"选项板中,单击 ☼ 图标,可以冻结图层或将图层解冻。图标呈雪花灰暗色时,该图层处于冻结状态;图标呈太阳鲜艳色时,该图层处于解冻状态。冻结图层上的对象不能显示,也不能打印,同时也不能编辑修改。在冻结了图层后,该图层上的对象不影响其他图层上对象的显示和打印。例如,在使用 HIDE 命令消隐对象时,被冻结图层上的对象不隐藏。

5. 锁定/解锁图层

在"图层特性管理器"选项板中,单击 🔓 或 🔒 图标,可以锁定图层或将图层解锁。锁定图层后,该图层上的图形依然显示在屏幕上并可打印输出,也可以在该图层上绘制新的图形对象,但不能对该图层上的图形进行编辑修改操作。可以对当前图层进行锁定,也可以对锁定图层上的图形对象进行查询或捕捉。锁定图层可以防止对图形的意外修改。

6. 打印样式

在 AutoCAD 2017 中,可以使用一个名为"打印样式"的对象特性。打印样式控制对象的打印特性,包括颜色、抖动、灰度、虚拟笔、线型、线宽、线条端点样式、线条连接样式和填充样式等。打印样式功能给用户提供了很大的灵活性,用户可以设置打印样式来替代其他对象特性,也可以根据需要关闭这些替代设置。

7. 打印/不打印

在"图层特性管理器"选项板中,单击 🖶 或 🖶 图标,可以设定该图层是否打印,以保证在图形可见性不变的条件下控制图形的打印特征。打印功能只对可见的图层起作用,对于已经被冻结或被关闭的图层不起作用。

8. 新视口冻结

新视口冻结功能用于控制在当前视口中图层的冻结和解冻状态,不解冻图形中设置为"关"或"冻结"的图层,对于模型空间视口不可用。

9. 透明度

控制所有对象在选定图层上的可见性。对单个对象应用透明度时,对象的透明度特性将替代图层的透明度设置。

10. 说明

(可选)描述图层或图层过滤器。

3.5 综合演练——样板图图层设置

本实例绘制的样板图如图 3-26 所示。在前面学习的基础上,本实例主要讲解样板图的图层设置知识。

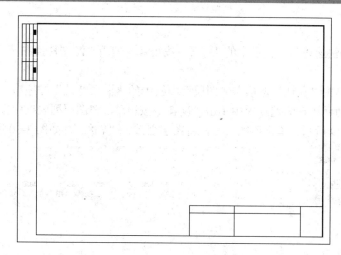

图 3-26 建筑样板图

⭐ 手把手教你学

本实例准备设置一个建筑制图样板图，图层约定如表 3-2 所示，结果如图 3-27 所示。

表 3-2 图层设置

图 层 名	颜 色	线 型	线 宽	用 途
0	7（白色）	Continuous	b	图框线
轴线	2（红色）	CENTER	1/2b	绘制轴线
轮廓线	2（白色）	Continuous	b	可见轮廓线
注释	7（白色）	Continuous	1/2b	一般注释
图案填充	2（蓝色）	Continuous	1/2b	填充剖面线或图案
尺寸标注	3（绿色）	Continuous	1/2b	尺寸标注

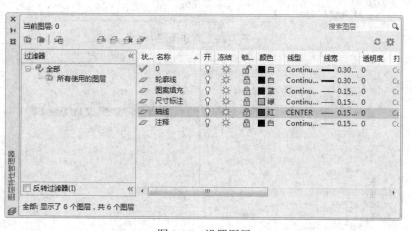

图 3-27 设置图层

【操作步骤】

（1）打开文件。单击快速访问工具栏中的"打开"按钮 📂，打开"源文件\第 3 章\A3 建筑样板图.dwg"文件。

（2）设置图层名。单击"默认"选项卡"图层"面板中的"图层特性"按钮 📑，打开"图层特性管理器"选项板，如图 3-28 所示。在该选项板中单击"新建"按钮 📑，在图层列表框中出现一个默认名为"图层 1"的新图层，如图 3-29 所示，单击该图层名，将图层名改为"轴线"，如图 3-30 所示。

图 3-28 "图层特性管理器"选项板

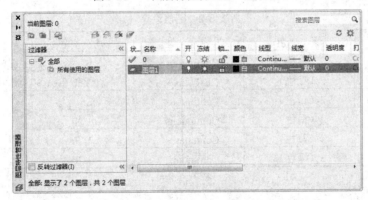

图 3-29 新建图层

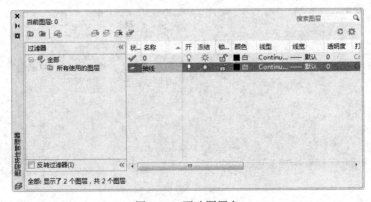

图 3-30 更改图层名

（3）设置图层颜色。为了区分不同图层上的图线，增加图形不同部分的对比性，可以为不同的图层设置不同的颜色。单击刚建立的"轴线"图层"颜色"标签下的颜色色块，打开"选择颜色"对话框，如图 3-31 所示。在该对话框中选择红色，单击"确定"按钮。在"图层特性管理器"选项板中可以看到"轴线"图层的颜色变成了红色，如图 3-32 所示。

图 3-31 "选择颜色"对话框

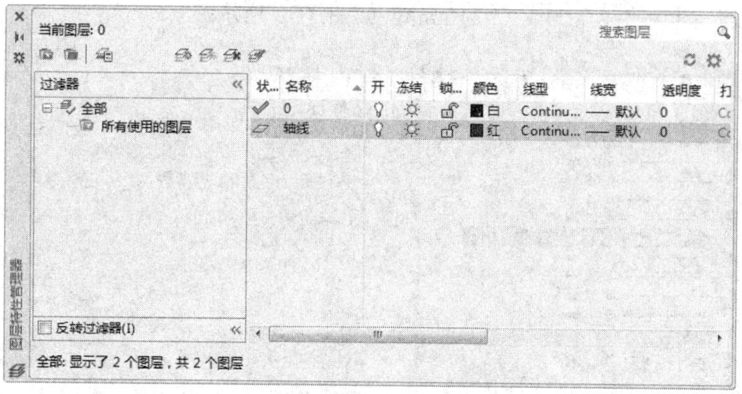

图 3-32 更改颜色

（4）设置线型。在常用的工程图纸中，通常要用到不同的线型，这是因为不同的线型表示不同的含义。在"图层特性管理器"选项板中单击"轴线"图层"线型"标签下的线型选项，打开"选择线型"对话框，如图 3-33 所示，单击"加载"按钮，打开"加载或重载线型"对话框，如图 3-34 所示。在该对话框中选择 CENTER 线型，单击"确定"按钮。系统回到"选择线型"对话框，这时在"已加载的线型"列表框中就出现了 CENTER 线型，如图 3-35 所示。选择 CENTER 线型，单击"确定"按钮，在"图层特性管理器"选项板中可以发现"轴线"图层的线型变成了 CENTER 线型，如图 3-36 所示。

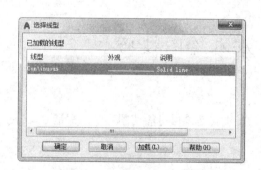

图 3-33 "选择线型"对话框

图 3-34 "加载或重载线型"对话框

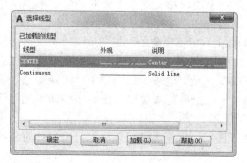

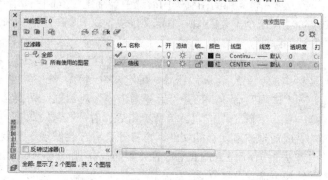

图 3-35 加载线型

图 3-36 更改线型

（5）设置线宽。在工程图中，不同的线宽也表示不同的含义，因此要对不同图层的线宽界线进行设置。单击"图层特性管理器"选项板中"轴线"图层"线宽"标签下的选项，打开"线宽"对话框，如图 3-37 所示。在该对话框中选择适当的线宽，单击"确定"按钮，在"图层特性管理器"选项板中可以看到"轴线"图层的线宽变成了 0.15mm，如图 3-38 所示。

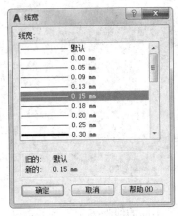

图 3-37 "线宽"对话框

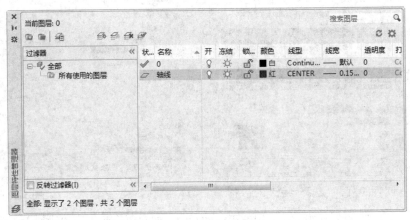

图 3-38 更改线型

> **注意** 应尽量保持细线与粗线之间的比例大约为 1:2，这样的线宽符合新国标的相关规定。

（6）绘制其余图层。用同样的方法建立不同层名的新图层，这些不同的图层可以分别存放不同的图线或图形的不同部分。最后完成设置的图层如图 3-27 所示。

3.6 名师点拨——基本绘图技巧

1. 设置图层时应注意什么

在绘图时，所有图元的各种属性都尽量与图层保持一致，也就是说尽可能使图元属性都是 ByLayer。这样有助于图面的清晰、准确和效率的提高。

2. 如何删除顽固图层

方法 1：将无用的图层关闭后选中全部图层复制粘贴至一新文件中，那些无用的图层就不会复制过来。如果曾经在这个不要的图层中定义过块，又在另一图层中插入了这个块，那么这个不要的图层是不能用这种方法删除的。

方法 2：打开一个 CAD 文件，把要删除的图层先关闭，在图面上只留下需要的可见图形，单击快速访问工具栏中的"另存为"按钮，确定文件名称，在"文件类型"栏中选择*.dxf 格式，在右上方选择"工具"→"选项"命令，打开"另存为选项"对话框，切换至"DXF 选项"选项卡，再选中"选择对象"复选框，单击"确定"按钮，接着单击"保存"按钮，即可保存对象，把可见或要用的图形选中即可确定保存，完成后退出刚保存的文件，再打开查看，会发现不想要的图层不见了。

方法 3：使用 LAYTRANS 命令，可将需删除的图层映射为 0 图层，这个方法可以删除具有实体对象或被其他块嵌套定义的图层。

3．如何改变自动捕捉标记的大小

选择菜单栏中的"工具"→"选项"命令，在打开的"选项"对话框中选择"绘图"选项卡，在"自动捕捉标记大小"选项下滑动滑块，设置大小。

4．栅格工具的操作技巧

在"栅格 X 轴间距"和"栅格 Y 轴间距"文本框中输入数值时，若在"栅格 X 轴间距"文本框中输入一个数值后按 Enter 键，则 AutoCAD 自动传送这个值给"栅格 Y 轴间距"，从而减少工作量。

3.7 上机实验

【练习 1】查看室内设计图细节。

1．目的要求

本实例要求用户熟练地掌握各种图形显示工具的使用方法。

2．操作提示

如图 3-39 所示，利用平移工具和缩放工具移动和缩放图形。

【练习 2】设置图层。

1．目的要求

本实例要求用户熟练地掌握设置不同图层的方法。

2．操作提示

如图 3-39 所示，根据需要设置不同的图层。注意设置不同的线型、线宽和颜色。

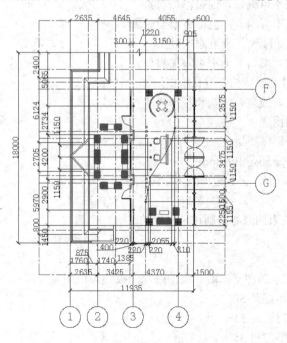

图 3-39　室内设计图

3.8 模 拟 考 试

（1）当捕捉设定的间距与栅格所设定的间距不同时（　　）。

A．捕捉仍然只按栅格进行

B．捕捉时按照捕捉间距进行

C．捕捉既按栅格，又按捕捉间距进行

D．无法设置

（2）对"极轴"追踪进行设置，把增量角设为 30°，把附加角设为 10°，采用极轴追踪时，不会显示极轴对齐的是（　　）。

A．10 　　　　　　B．30 　　　　　　C．40 　　　　　　D．60

（3）打开和关闭动态输入的快捷键是（　　）。

A．F10 　　　　　　B．F11 　　　　　　C．F12 　　　　　　D．F9

（4）关于自动约束，下面说法正确的是（　　）。

A．相切对象必须共用同一交点 　　　　　B．垂直对象必须共用同一交点

C．平滑对象必须共用同一交点 　　　　　D．以上说法均不对

（5）将圆心在（30,30）处的圆移动，移动中指定圆心的第 2 个点时，在动态输入框中输入（10,20），其结果是（　　）。

A．圆心坐标为（10,20） 　　　　　B．圆心坐标为（30,30）

C．圆心坐标为（40,50） 　　　　　D．圆心坐标为（20,10）

（6）对某图层进行锁定后，则（　　）。

A．图层中的对象不可编辑，但可添加对象

B．图层中的对象不可编辑，也不可添加对象

C．图层中的对象可编辑，也可添加对象

D．图层中的对象可编辑，但不可添加对象

（7）不能通过"图层过滤器特性"对话框中过滤的特性是（　　）。

A．图层名、颜色、线型、线宽和打印样式

B．打开还是关闭图层

C．锁定图层还是解锁图层

D．图层是 ByLayer 还是 ByBlock

（8）如图 3-40 所示图形中，正五边形的内切圆半径 R=（　　）。

A．64.348 　　　　　B．61.937 　　　　　C．72.812 　　　　　D．45

（9）下列关于被固定约束的圆心的圆说法错误的是（　　）。

A．可以移动圆 　　　　　B．可以放大圆

C．可以偏移圆 　　　　　D．可以复制圆

（10）绘制如图 3-41 所示的图形，请问极轴追踪的极轴角该如何设置？（　　）

A．增量角 15，附加角 80

B．增量角 15，附加角 35

C．增量角 30，附加角 35

D．增量角 15，附加角 30

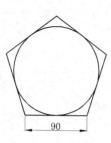

图 3-40　图形 1

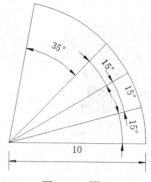

图 3-41　图形 2

（11）下面哪个选项将图形进行动态放大？（　　　）

A．ZOOM/(D)　　　　　　　　　　B．ZOOM/(W)

C．ZOOM/(E)　　　　　　　　　　D．ZOOM/(A)

第4章

二维绘制命令

本章学习简单二维绘图的基本知识。了解直线类、圆类、平面图形、点命令，将读者带入绘图知识的殿堂。

4.1　直线类命令

直线类命令包括"直线""射线""构造线"命令。这几个命令是 AutoCAD 中最简单的绘图命令。

【预习重点】

☑　了解有几种直线类命令。

☑　简单练习直线、构造线、多段线的绘制方法。

4.1.1　直线段

【执行方式】

☑　命令行：LINE（快捷命令：L）。

☑　菜单栏：选择菜单栏中的"绘图"→"直线"命令。

☑　工具栏：单击"绘图"工具栏中的"直线"按钮 ╱。

☑　功能区：单击"默认"选项卡"绘图"面板中的"直线"按钮 ╱（如图 4-1 所示）。

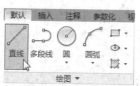

图 4-1　"绘图"面板

【操作步骤】

命令：LINE✓
指定第一个点：（输入直线段的起点，用鼠标指定点或者给定点的坐标）
指定下一点或 [放弃(U)]：（输入直线段的端点，也可以用鼠标指定一定角度后，直接输入直线段的长度）
指定下一点或 [放弃(U)]：（输入下一直线段的端点。输入"U"表示放弃前面的输入；右击或按 Enter 键，结束命令）
指定下一点或 [闭合(C)/放弃(U)]：（输入下一直线段的端点，或输入"C"使图形闭合，结束命令）

📢**注意**　在输入坐标数值时，中间的逗号一定要在西文状态下输入，否则系统无法识别。

【选项说明】

（1）若按 Enter 键响应"指定第一个点"提示，系统会把上次绘制图线的终点作为本次图线的起始点。若上次操作为绘制圆弧，按 Enter 键响应后绘制出通过圆弧终点并与该圆弧相切的直线段，该线段的长度为光标在绘图区指定的一点与切点之间线段的距离。

（2）在"指定下一点"提示下，用户可以指定多个端点，从而绘制出多条直线段。但是，每一段直线是一个独立的对象，可以进行单独的编辑操作。

（3）绘制两条以上直线段后，若输入"C"响应"指定下一点"提示，系统会自动连接起始点和最后一个端点，从而绘制出封闭的图形。

（4）若输入"U"响应提示，则删除最近一次绘制的直线段。

（5）若设置正交方式（单击状态栏中的"正交模式"按钮 ⊾），只能绘制水平线段或垂直线段。

（6）若设置动态数据输入方式（单击状态栏中的"动态输入"按钮 ），则可以动态输入坐标或长度值，效果与非动态数据输入方式类似。除了特别需要，以后不再强调，只按非动态数据输入方式输入相关数据。

4.1.2 构造线

图4-2 "绘图"面板

【执行方式】

☑ 命令行：XLINE（快捷命令：XL）。

☑ 菜单栏：选择菜单栏中的"绘图"→"构造线"命令。

☑ 工具栏：单击"绘图"工具栏中的"构造线"按钮 。

☑ 功能区：单击"默认"选项卡"绘图"面板中的"构造线"按钮 （如图4-2所示）。

【操作步骤】

指定点或 [水平(H)/垂直(V)/角度(A)/二等分(B)/偏移(O)]：（给出点）

指定通过点：（给定通过点2，画一条双向的无限长直线）

指定通过点：（继续给点，继续画线，按 Enter 键，结束命令）

【选项说明】

（1）执行选项中有"指定点"、"水平"、"垂直"、"角度"、"二等分"和"偏移"6 种方式绘制构造线，分别如图4-3（a）～图4-3（f）所示。

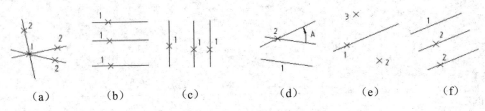

| (a) | (b) | (c) | (d) | (e) | (f) |

图4-3 绘制构造线

（2）构造线模拟手工作图中的辅助作图线。用特殊的线型显示，在图形输出时可不作输出。应用构造线作为辅助线绘制机械图中的三视图是构造线的最主要用途，构造线的应用保证了三视图之间"主、俯视图长对正，主、左视图高平齐，俯、左视图宽相等"的对应关系。

📢 **注意** 一般每个命令有 3 种执行方式，这里只给出了命令行执行方式，其他两种执行方式的操作方法与命令行执行方式相同。

4.2 圆 类 命 令

圆类命令主要包括"圆""圆弧""圆环""椭圆""椭圆弧"命令，这几个命令是 AutoCAD 中最简单的曲线命令。

【预习重点】

☑ 了解圆类命令的绘制方法。

☑　简单练习各命令操作。

4.2.1　圆

【执行方式】

☑　命令行：CIRCLE（快捷命令：C）。

☑　菜单栏：选择菜单栏中的"绘图"→"圆"命令。

☑　工具栏：单击"绘图"工具栏中的"圆"按钮 ⊙。

☑　功能区：单击"默认"选项卡"绘图"面板中的"圆"下拉按钮（如图 4-4 所示）。

【操作实践——绘制圆餐桌】

本实例利用"圆"命令绘制如图 4-5 所示的圆餐桌。操作步骤如下：

（1）设置绘图环境。选择菜单栏中的"格式"→"图形界限"命令，设置图幅界限为 297×210。

（2）单击"默认"选项卡"绘图"面板中的"圆"按钮 ⊙，绘制圆。命令行提示与操作如下：

```
命令: CIRCLE✓
指定圆的圆心或 [三点(3P)/两点(2P)/切点、切点、半径(T)]: 100,100✓
指定圆的半径或 [直径(D)]: 50✓
```

绘制结果如图 4-6 所示。

（3）重复"圆"命令，以（100,100）为圆心，绘制半径为 40 的圆，结果如图 4-7 所示。

图 4-4　"圆"下拉菜单　　　图 4-5　绘制圆餐桌　　　图 4-6　绘制圆　　　图 4-7　圆餐桌

（4）单击快速访问工具栏中的"保存"按钮 🖫，保存图形。命令行提示与操作如下。

```
命令: SAVEAS✓    （将绘制完成的图形以"圆餐桌.dwg"为文件名保存在指定的路径中）
```

🎓 高手支招

有时绘制出的圆的圆弧显得很不光滑，这时可以选择菜单栏中的"工具"→"选项"命令，打开"选项"对话框，在"显示"选项卡"显示精度"栏中把各项参数设置得高一些，如图 4-8 所示，但不要超过其最高允许的范围，如果设置超出允许范围，系统会提示允许范围。

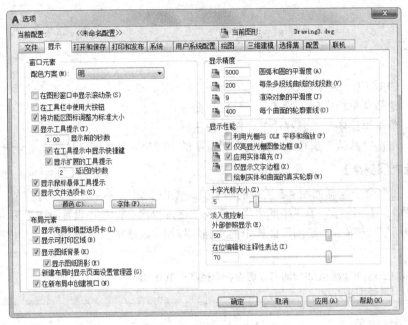

图 4-8 设置显示精度

设置完毕后，选择菜单栏中的"视图"→"重生成"命令，即可使显示的圆弧更光滑。

【选项说明】

（1）三点(3P)：指定圆周上的三点绘制圆。

（2）两点(2P)：指定直径的两端点绘制圆。

（3）切点、切点、半径(T)：通过先指定两个相切对象，再给出半径的方法绘制圆。如图 4-9 所示给出了以"切点、切点、半径"方式绘制圆的各种情形（加粗的圆为最后绘制的圆）。

（4）选择菜单栏中的"绘图"→"圆"命令，其子菜单比命令行多了一种"相切、相切、相切(A)"的绘制方法，如图 4-10 所示。

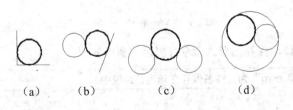

图 4-9 圆与另外两个对象相切

图 4-10 "圆"子菜单

 高手支招

　　对于圆心点的选择，除了直接输入圆心点外，还可以利用圆心点与中心线的对应关系，利用对象捕捉的方法选择。单击状态栏中的"对象捕捉"按钮□，命令行中会提示"命令：<对象捕捉 开>"。

4.2.2　圆弧

【执行方式】

- ☑　命令行：ARC（快捷命令：A）。
- ☑　菜单栏：选择菜单栏中的"绘图"→"圆弧"命令。
- ☑　工具栏：单击"绘图"工具栏中的"圆弧"按钮 ⌒。
- ☑　功能区：单击"默认"选项卡"绘图"面板中的"圆弧"下拉按钮（如图 4-11 所示）。

【操作实践——绘制小靠背椅】

绘制如图 4-12 所示的小靠背椅。操作步骤如下：

（1）单击"默认"选项卡"绘图"面板中的"直线"按钮 ∕，任意指定一点为线段起点，以点（@0,-140）为终点绘制一条线段。

（2）单击"默认"选项卡"绘图"面板中的"圆弧"按钮 ⌒，绘制圆弧。命令行提示与操作如下：

```
命令: _arc
指定圆弧的起点或 [圆心(C)]: <打开对象捕捉>（以直线的端点为起点）
指定圆弧的第二个点或 [圆心(C)/端点(E)]:（选择适当位置）
指定圆弧的端点:（选择适当位置）
```

（3）单击"默认"选项卡"绘图"面板中的"直线"按钮 ∕，以刚绘制圆弧的右端点为起点，以点（@0,140）为终点绘制一条线段，结果如图 4-13 所示。

（4）单击"默认"选项卡"绘图"面板中的"直线"按钮 ∕，分别以刚绘制的两条线段的上端点为起点，以点（@50,0）和（@-50,0）为终点绘制两条线段，结果如图 4-14 所示。

（5）单击"默认"选项卡"绘图"面板中的"直线"按钮 ∕ 和"圆弧"按钮 ⌒，以刚绘制的两条水平线的两个端点为起点和终点绘制线段和圆弧，结果如图 4-15 所示。

图 4-11　"圆弧"下拉菜单

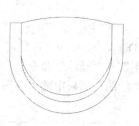

图 4-12　小靠背椅

图 4-13　绘制垂直线段

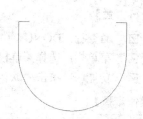

图 4-14　绘制水平线段

图 4-15　绘制线段和圆弧

（6）再以图 4-15 中内部两条竖线的上下两个端点分别为起点和终点，以适当位置一点为中间点，绘制两条圆弧，最终结果如图 4-12 所示。

【选项说明】

（1）用命令行方式绘制圆弧时，可以根据系统提示选择不同的选项，具体功能和利用菜单栏中的"绘图"→"圆弧"子菜单中提供的 11 种方式相似。这 11 种方式绘制的圆弧分别如图 4-16（a）～图 4-16（k）所示。

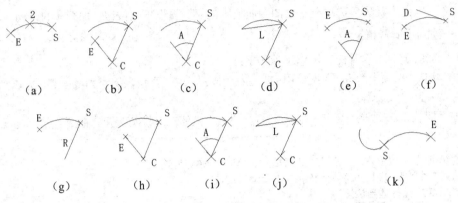

图 4-16　11 种圆弧绘制方法

（2）需要强调的是"连续"方式，绘制的圆弧与上一线段圆弧相切。继续绘制圆弧段时，只提供端点即可。

🎓 **高手支招**

绘制圆弧时，注意圆弧的曲率是遵循逆时针方向的，所以在选择指定圆弧两个端点和半径模式时，需要注意端点的指定顺序，否则有可能导致圆弧的凹凸形状与预期的相反。

4.2.3　圆环

【执行方式】

☑　命令行：DONUT（快捷命令：DO）。

☑　菜单栏：选择菜单栏中的"绘图"→"圆环"命令。

☑　功能区：单击"默认"选项卡"绘图"面板中的"圆环"按钮◎。

【操作步骤】

命令: DONUT✓
指定圆环的内径 <默认值>:（指定圆环内径）
指定圆环的外径 <默认值>:（指定圆环外径）
指定圆环的中心点或 <退出>:（指定圆环的中心点）
指定圆环的中心点或 <退出>:（继续指定圆环的中心点，则继续绘制具有相同内外径的圆环。按 Enter 键、空格键或右击，结束命令）

【选项说明】

（1）绘制不等内外径，则显示填充圆环，如图 4-17（a）所示。

（2）若指定内径为 0，则绘制出实心填充圆，如图 4-17（b）所示。

（3）若指定内外径相等，则绘制出普通圆，如图 4-17（c）所示。

（4）用命令 FILL 可以控制圆环是否填充，命令行提示与操作如下。

命令: FILL↙
输入模式 [开(ON)/关(OFF)] <开>:

选择"开"表示填充，选择"关"表示不填充，如图 4-17（d）所示。

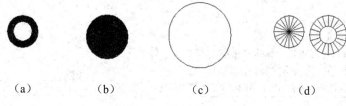

（a）　　　　（b）　　　　（c）　　　　（d）

图 4-17　绘制圆环

4.2.4　椭圆与椭圆弧

【执行方式】

☑　命令行：ELLIPSE（快捷命令：EL）。

☑　菜单栏：选择菜单栏中的"绘图"→"椭圆"→"圆弧"命令。

☑　工具栏：单击"绘图"工具栏中的"椭圆"按钮 ⬭ 或"椭圆弧"按钮 ⬭。

☑　功能区：单击"默认"选项卡"绘图"面板中的"椭圆"下拉按钮（如图 4-18 所示）。

图 4-18　"椭圆"下拉菜单

【操作实践——绘制盥洗盆】

本实例主要介绍椭圆和椭圆弧绘制方法的具体应用。首先利用前面学到的知识绘制水龙头和旋钮，然后利用椭圆和椭圆弧绘制洗脸盆内沿和外沿。绘制效果图如图 4-19 所示。操作步骤如下：

（1）单击"默认"选项卡"绘图"面板中的"直线"按钮 ⁄，绘制水龙头，如图 4-20 所示。

（2）单击"默认"选项卡"绘图"面板中的"圆"按钮 ⊚，绘制两个水龙头旋钮，如图 4-21 所示。

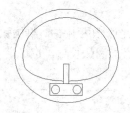

图 4-19　绘制盥洗盆

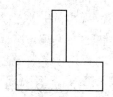

图 4-20　绘制水龙头

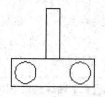

图 4-21　绘制旋钮

（3）单击"默认"选项卡"绘图"面板中的"椭圆"按钮 ⬭，绘制脸盆外沿。命令行提示与操作如下。

命令: _ellipse↙
指定椭圆的轴端点或 [圆弧(A)/中心点(C)]:（用鼠标指定椭圆轴端点）
指定轴的另一个端点:（用鼠标指定另一端点）
指定另一条半轴长度或 [旋转(R)]:（用鼠标在屏幕上拉出另一半轴长度）

绘制结果如图 4-22 所示。

（4）单击"默认"选项卡"绘图"面板中的"椭圆弧"按钮 ，绘制脸盆部分内沿。命令行提示与操作如下。

```
命令: _ellipse↙
指定椭圆的轴端点或 [圆弧(A)/中心点(C)]: _a↙
指定椭圆弧的轴端点或 [中心点(C)]: C↙
指定椭圆弧的中心点:（单击状态栏中的"对象捕捉"按钮 ，捕捉刚才绘制的椭圆中心点，关于"捕捉"，后文将进行介绍）
指定轴的端点:（适当指定一点）
指定另一条半轴长度或 [旋转(R)]: R↙
指定绕长轴旋转的角度:（用鼠标指定椭圆轴端点）
指定起点角度或 [参数(P)]:（用鼠标拉出起始角度）
指定终点角度或 [参数(P)/夹角(I)]:（用鼠标拉出终止角度）
```

绘制结果如图 4-23 所示。

（5）单击"默认"选项卡"绘图"面板中的"圆弧"按钮 ，绘制脸盆其他部分内沿。最终结果如图 4-24 所示。

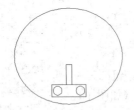
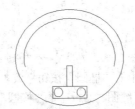
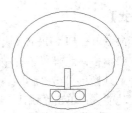

图 4-22　绘制脸盆外沿　　　　图 4-23　绘制脸盆部分内沿　　　　图 4-24　盥洗盆图形

注意　本实例中指定起点角度和端点角度的点时不要将两个点的顺序颠倒，因为系统默认的旋转方向是逆时针，如果指定顺序反了，得出的结果可能和预期的刚好相反。

【选项说明】

（1）指定椭圆的轴端点：根据两个端点定义椭圆的第一条轴，第一条轴的角度确定了整个椭圆的角度。第一条轴既可定义椭圆的长轴，也可定义其短轴。

（2）圆弧(A)：用于创建一段椭圆弧，与"单击'默认'选项卡'绘图'面板中的'椭圆弧'按钮 "功能相同。其中第一条轴的角度确定了椭圆弧的角度。第一条轴既可定义椭圆弧长轴，也可定义其短轴。选择该项，系统命令行中继续提示如下：

```
指定椭圆弧的轴端点或 [中心点(C)]:（指定端点或输入"C"↙）
指定轴的另一个端点:（指定另一端点）
指定另一条半轴长度或 [旋转(R)]:（指定另一条半轴长度或输入"R"↙）
指定起点角度或 [参数(P)]:（指定起始角度或输入"P"↙）
指定终点角度或 [参数(P)/夹角(I)]:
```

其中主要选项的含义如下。

① 指定起点角度：指定椭圆弧端点的两种方式之一，光标与椭圆中心点连线的夹角为椭圆端点位置的

角度，如图 4-25 所示。

② 参数(P)：指定椭圆弧端点的另一种方式，该方式同样是指定椭圆弧端点的角度，但通过以下矢量参数方程式创建椭圆弧。

$$p(u) = c + a \times \cos(u) + b \times \sin(u)$$

其中，c 是椭圆的中心点，a 和 b 分别是椭圆的长轴和短轴，u 为光标与椭圆中心点连线的夹角。

图 4-25　椭圆和椭圆弧

（3）夹角(I)：定义从起点角度开始的夹角。

（4）中心点(C)：通过指定的中心点创建椭圆。

（5）旋转(R)：通过绕第一条轴旋转圆来创建椭圆。相当于将一个圆绕椭圆轴翻转一个角度后的投影视图。

高手支招

"椭圆"命令生成的椭圆是以多段线还是以椭圆为实体，是由系统变量 PELLIPSE 决定的，当其为 1 时，生成的椭圆就是以多段线形式存在。

4.3　平 面 图 形

简单的平面图形命令包括"矩形"和"多边形"命令。

【预习重点】

☑　了解平面图形的种类及应用。

☑　简单练习矩形与多边形的绘制。

4.3.1　矩形

【执行方式】

☑　命令行：RECTANG（快捷命令：REC）。

☑　菜单栏：选择菜单栏中的"绘图"→"矩形"命令。

☑　工具栏：单击"绘图"工具栏中的"矩形"按钮▢。

☑　功能区：单击"默认"选项卡"绘图"面板中的"矩形"按钮▢。

【操作实践——绘制单扇平开门】

本实例绘制如图 4-26 所示的单扇平开门。操作步骤如下：

（1）单击"默认"选项卡"绘图"面板中的"直线"按钮✐，绘制门框，如图 4-27 所示。

（2）单击"默认"选项卡"绘图"面板中的"矩形"按钮▢，绘制门。命令行提示与操作如下。

命令:_rectang↙
指定第一个角点或 [倒角(C)/标高(E)/圆角(F)/厚度(T)/宽度(W)]: 340,25↙
指定另一个角点或 [面积(A)/尺寸(D)/旋转(R)]: 335,290↙

（3）单击"默认"选项卡"修改"面板中的"移动"按钮✤，将刚绘制的矩形移动到右门框中点处，如图 4-28 所示。

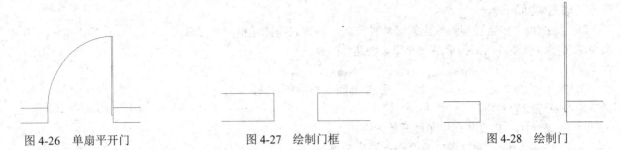

图 4-26　单扇平开门　　　　　　　图 4-27　绘制门框　　　　　　　图 4-28　绘制门

（4）单击"默认"选项卡"绘图"面板中的"圆弧"按钮，绘制一段圆弧。命令行提示与操作如下。

命令：_arc ↙
指定圆弧的起点或 [圆心(C)]：335,290↙
指定圆弧的第二个点或 [圆心(C)/端点(E)]：E↙
指定圆弧的端点：100,50↙
指定圆弧的圆心或 [角度(A)/方向(D)/半径(R)]：340,50↙

（5）单击"默认"选项卡"修改"面板中的"移动"按钮，将刚绘制的圆弧移动至门框处，如图 4-26 所示。

【选项说明】

（1）指定第一个角点：通过指定两个角点确定矩形，如图 4-29（a）所示。

（2）倒角(C)：指定倒角距离，绘制带倒角的矩形，如图 4-29（b）所示。每一个角点的逆时针和顺时针方向的倒角可以相同，也可以不同，其中，第一个倒角距离是指角点逆时针方向倒角距离，第二个倒角距离是指角点顺时针方向倒角距离。

（3）标高(E)：指定矩形标高（Z 坐标），即把矩形放置在标高为 Z 并与 XOY 坐标面平行的平面上，并作为后续矩形的标高值。

（4）圆角(F)：指定圆角半径，绘制带圆角的矩形，如图 4-29（c）所示。

（5）厚度(T)：指定矩形的厚度，如图 4-29（d）所示。

（6）宽度(W)：指定线宽，如图 4-29（e）所示。

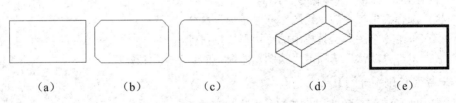

(a)　　　　　　(b)　　　　　　(c)　　　　　　(d)　　　　　　(e)

图 4-29　绘制矩形

（7）面积(A)：指定面积和长或宽创建矩形。指定长度或宽度后，系统自动计算另一个维度，绘制出矩形。如果矩形被倒角或圆角，则长度或面积计算中也会考虑此设置，如图 4-30 所示。

（8）尺寸(D)：使用长和宽创建矩形，第二个指定点将矩形定位在与第一角点相关的 4 个位置之一的内部。

（9）旋转(R)：旋转所绘制矩形的角度。选择该项，系统提示如下。

指定旋转角度或 [拾取点(P)] <135>：（指定角度）
指定另一个角点或 [面积(A)/尺寸(D)/旋转(R)]：（指定另一个角点或选择其他选项）

指定旋转角度后，系统按指定旋转角度创建矩形，如图 4-31 所示。

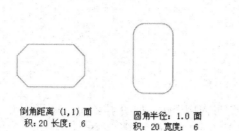

倒角距离 (1,1) 面
积：20 长度：6

圆角半径：1.0 面
积：20 宽度：6

图 4-30　按面积绘制矩形

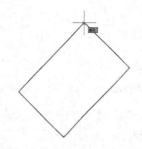

图 4-31　按指定旋转角度创建矩形

4.3.2　多边形

【执行方式】

☑　命令行：POLYGON（快捷命令：POL）。

☑　菜单栏：选择菜单栏中的"绘图"→"多边形"命令。

☑　工具栏：单击"绘图"工具栏中的"多边形"按钮⬡。

☑　功能区：单击"默认"选项卡"绘图"面板中的"多边形"按钮⬡。

【操作实践——绘制八角凳】

本实例绘制如图 4-32 所示的八角凳。操作步骤如下：

（1）选择菜单栏中的"格式"→"图形界限"命令，设置图幅界限为 297×210。

（2）绘制轮廓线。

① 单击"默认"选项卡"绘图"面板中的"多边形"按钮⬡，绘制外轮廓线。命令行提示与操作如下。

命令：POLYGON↙
输入侧面数 <8>：8↙
指定正多边形的中心点或 [边(E)]：0,0↙
输入选项 [内接于圆(I)/外切于圆(C)] <I>：C↙
指定圆的半径：100

绘制结果如图 4-33 所示。

② 继续执行"多边形"命令，绘制内轮廓线。命令行提示与操作如下。

命令：↙（直接按 Enter 键表示重复执行上一个命令）
输入侧面数 <8>：↙
指定正多边形的中心点或 [边(E)]：0,0↙
输入选项 [内接于圆(I)/外切于圆(C)] <C>：I↙
指定圆的半径：100↙

绘制结果如图 4-34 所示。

【选项说明】

（1）边(E)：选择该选项，则只要指定多边形的一条边，系统就会按逆时针方向创建该正多边形，如图 4-35（a）所示。

图 4-32　绘制八角凳　　　　　图 4-33　绘制外轮廓线图　　　　　图 4-34　八角凳

（2）内接于圆(I)：选择该选项，绘制的多边形内接于圆，如图 4-35（b）所示。

（3）外切于圆(C)：选择该选项，绘制的多边形外切于圆，如图 4-35（c）所示。

（a）　　　　　　　　（b）　　　　　　　　（c）

图 4-35　绘制正多边形

4.4　点　命　令

点在 AutoCAD 中有多种不同的表示方式，用户可以根据需要进行设置，也可以设置等分点和测量点。

【预习重点】

☑　了解点类命令的应用。

☑　简单练习点命令的基本操作。

4.4.1　点

【执行方式】

☑　命令行：POINT（快捷命令：PO）。

☑　菜单栏：选择菜单栏中的"绘图"→"点"命令。

☑　工具栏：单击"绘图"工具栏中的"点"按钮。

☑　功能区：单击"默认"选项卡"绘图"面板中的"多点"按钮。

【操作步骤】

命令: POINT
当前点模式: PDMODE=0　PDSIZE=0.0000
指定点：(指定点所在的位置)

【选项说明】

（1）如图 4-36 所示，通过菜单方法操作时，"单点"命令表示只输入一个点，"多点"命令表示可输入多个点。

（2）可以单击状态栏中的"对象捕捉"按钮，设置点捕捉模式，帮助用户选择点。

（3）点在图形中的表示样式共有 20 种。可通过 DDPTYPE 命令或选择菜单栏中的"格式"→"点样式"命令，打开"点样式"对话框来设置，如图 4-37 所示。

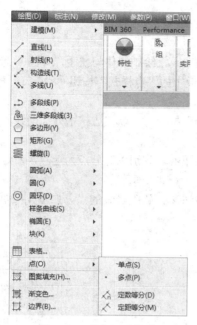

图 4-36　"点"子菜单

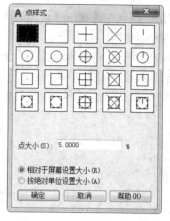

图 4-37　"点样式"对话框

4.4.2　等分点与测量点

1. 等分点

【执行方式】

- ☑ 命令行：DIVIDE（快捷命令：DIV）。
- ☑ 菜单栏：选择菜单栏中的"绘图"→"点"→"定数等分"命令。
- ☑ 功能区：单击"默认"选项卡"绘图"面板中的"定数等分"按钮 ⚡。

【操作步骤】

命令: DIVIDE↙
选择要定数等分的对象：（选择要等分的实体）
输入线段数目或 [块(B)]：（指定实体的等分数）

【选项说明】

（1）等分数目范围为 2～32767。

（2）在等分点处，按当前点样式设置绘制出等分点。

（3）在第二提示行选择"块(B)"选项时，表示在等分点处插入指定的块。

2. 测量点

【执行方式】

- ☑ 命令行：MEASURE（快捷命令：ME）。
- ☑ 菜单栏：选择菜单栏中的"绘图"→"点"→"定距等分"命令。
- ☑ 功能区：单击"默认"选项卡"绘图"面板中的"定距等分"按钮 ⚡。

【操作实践——绘制楼梯】

绘制如图 4-38 所示的楼梯。操作步骤如下：

（1）单击"默认"选项卡"绘图"面板中的"直线"按钮 ，绘制墙体与扶手，如图 4-39 所示。

（2）设置点样式。单击"默认"选项卡"实用工具"面板中的"点样式"按钮 ，在打开的"点样式"对话框中选择"×"样式。

（3）单击"默认"选项卡"绘图"面板中的"定数等分"按钮 ，以左边扶手外面的线段为对象，数目为 8 进行等分，如图 4-40 所示。

（4）单击"默认"选项卡"绘图"面板中的"直线"按钮 ，分别以等分点为起点，左边墙体上的点为终点绘制水平线段，如图 4-41 所示。

（5）单击"默认"选项卡"修改"面板中的"删除"按钮 ，删除绘制的点，如图 4-42 所示。

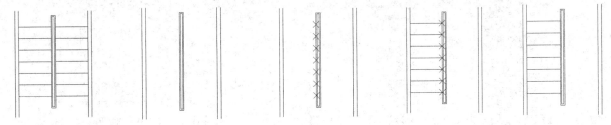

图 4-38　绘制楼梯　　图 4-39　绘制墙体与扶手　　图 4-40　绘制等分点　　图 4-41　绘制水平线　　图 4-42　删除点

（6）用相同方法绘制另一侧楼梯，结果如图 4-38 所示。

【选项说明】

（1）设置的起点一般是指定线的绘制起点。

（2）在第二提示行选择"块(B)"选项时，表示在测量点处插入指定的块。

（3）在等分点处，按当前点样式设置绘制测量点。

（4）最后一个测量段的长度不一定等于指定分段长度。

4.5　综合演练——绘制地毯

本实例绘制的地毯如图 4-43 所示，主要是执行"矩形"命令绘制轮廓后再利用"点"命令绘制装饰。

【操作步骤】

（1）单击"默认"选项卡"实用工具"面板中的"点样式"按钮 ，在弹出的"点样式"对话框中选择"O"样式。

（2）绘制轮廓线。

① 单击"默认"选项卡"绘图"面板中的"矩形"按钮 ，绘制地毯外轮廓线，命令行提示与操作如下。

```
命令: RECTANG
当前矩形模式: 旋转=90
指定第一个角点或 [倒角(C)/标高(E)/圆角(F)/厚度(T)/宽度(W)]: 100,100
指定另一个角点或 [面积(A)/尺寸(D)/旋转(R)]: @800,1000
```

绘制结果如图 4-44 所示。

图 4-43   绘制地毯   图 4-44   地毯外轮廓线

② 单击"默认"选项卡"绘图"面板中的"多点"按钮 ，绘制地毯内装饰点，命令行提示与操作如下。

```
命令: POINT
当前点模式: PDMODE=33   PDSIZE=20.0000
指定点:（在屏幕上单击）
```

绘制结果如图 4-43 所示。

4.6　名师点拨——二维绘图技巧

1．如何解决图形中圆形不圆的情况

圆是由 N 边形形成的，数值 N 越大，棱边越短，圆越光滑。有时图形经过缩放或 ZOOM 后，绘制的圆边显示棱边，图形会变得粗糙。在命令行中输入"RE"，重新生成模型，圆变光滑。

2．如何等分几何图形

"等分点"命令只是用于直线，不能直接应用到几何图形中，如无法直接等分矩形，可以先分解矩形，再等分矩形两条边线，适当连接等分点，即可完成矩形等分。

4.7　上机实验

【练习 1】绘制如图 4-45 所示的擦背床。

1．目的要求

本实例图形涉及的命令主要是"圆"命令。通过本实验帮助读者灵活运用圆的绘制方法。

2．操作提示

（1）单击"默认"选项卡"绘图"面板中的"直线"按钮 ，取适当尺寸，绘制矩形外轮廓。

（2）单击"默认"选项卡"绘图"面板中的"圆"按钮 ，绘制圆。

【练习 2】绘制如图 4-46 所示的椅子。

1．目的要求

本实例图形涉及的命令主要是"直线"和"圆弧"。通过本实验帮助读者灵活运用直线和圆弧的绘制方法。

2．操作提示

（1）单击"默认"选项卡"绘图"面板中的"直线"按钮 ，绘制基本形状。

（2）单击"默认"选项卡"绘图"面板中的"圆弧"按钮 ，结合对象捕捉功能绘制一些圆弧造型。

【练习3】 绘制如图 4-47 所示的马桶。

图 4-45　擦背床

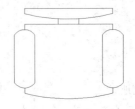

图 4-46　椅子

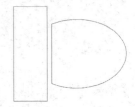

图 4-47　马桶

1．目的要求

本实例图形涉及的命令主要是"矩形""直线""圆""椭圆""椭圆弧"。通过本实验帮助读者灵活运用各种基本绘图命令的操作方法。

2．操作提示

（1）单击"默认"选项卡"绘图"面板中的"椭圆弧"按钮 ，绘制马桶外沿。

（2）单击"默认"选项卡"绘图"面板中的"直线"按钮 ，连接椭圆弧两个端点，绘制马桶后沿。

（3）单击"默认"选项卡"绘图"面板中的"直线"按钮 ，取适当的尺寸，在左边绘制一个矩形框作为水箱。

4.8　模　拟　考　试

（1）绘制圆环时，若将内径指定为 0，则会（　　　）。

　　A．绘制一个线宽为 0 的圆　　　　　　B．绘制一个实心圆

　　C．提示重新输入数值　　　　　　　　D．提示错误，退出该命令

（2）绘制带有圆角的矩形，首先要（　　　）。

　　A．先确定一个角点　　　　　　　　　B．绘制矩形再倒圆角

　　C．先设置圆角再确定角点　　　　　　D．先设置倒角再确定角点

（3）绘制直线，起点坐标为（57,79），直线长度 173，与 X 轴正向的夹角为 71°。将线 5 等分，从起点开始的第一个等分点的坐标为（　　　）。

　　A．X = 113.3233　Y = 242.5747　　　B．X = 79.7336　Y = 145.0233

　　C．X = 90.7940　Y = 177.1448　　　　D．X = 68.2647　Y = 111.7149

（4）绘制如图 4-48 所示的图形 1。

（5）绘制如图 4-49 所示的图形 2，其中，三角形为边长为 81 的等边三角形，3 个圆分别与三角形相切。

图 4-48　图形 1

81

图 4-49　图形 2

第 **5** 章

编 辑 命 令

　　二维图形的编辑操作配合绘图命令的使用可以进一步完成复杂图形对象的绘制工作，并可使用户合理安排和组织图形，保证绘图准确，减少重复。因此，对编辑命令的熟练掌握和使用有助于提高设计和绘图的效率。本章主要内容包括选择对象、复制类命令、改变位置类命令、删除及恢复类命令、改变几何特性命令和对象编辑等。

5.1 选择对象

AutoCAD 2017 提供两种编辑图形的途径：

（1）先执行编辑命令，然后选择要编辑的对象。

（2）先选择要编辑的对象，然后执行编辑命令。

这两种途径的执行效果是相同的，但选择对象是进行编辑的前提。AutoCAD 2017 提供了多种对象选择方法，如点取方法、用选择窗口选择对象、用选择线选择对象、用对话框选择对象等。AutoCAD 可以把选择的多个对象组成整体，如选择集和对象组，进行整体编辑与修改。

【预习重点】

☑ 了解选择对象的途径。

5.1.1 构造选择集

选择集可以仅由一个图形对象构成，也可以是一个复杂的对象组，如位于某一特定层上的具有某种特定颜色的一组对象。选择集的构造可以在调用编辑命令之前或之后进行。

AutoCAD 提供以下几种方法来构造选择集：

（1）先选择一个编辑命令，然后选择对象，按 Enter 键，结束操作。

（2）使用 SELECT 命令。在命令行中输入"SELECT"，然后根据选择的选项，出现选择对象提示，按 Enter 键，结束操作。

（3）用点取设备选择对象，然后调用编辑命令。

（4）定义对象组。

无论使用哪种方法，AutoCAD 2017 都将提示用户选择对象，并且光标的形状由十字光标变为拾取框。

下面结合 SELECT 命令说明选择对象的方法。

SELECT 命令可以单独使用，也可以在执行其他编辑命令时被自动调用。此时屏幕提示如下：

选择对象：

等待用户以某种方式选择对象作为回答。AutoCAD 2017 提供多种选择方式，可以输入"?"查看这些选择方式。选择选项后，出现如下提示：

需要点或窗口(W)/上一个(L)/窗交(C)/框(BOX)/全部(ALL)/栏选(F)/圈围(WP)/圈交(CP)/编组(G)/添加(A)/删除(R)/多个(M)/前一个(P)/放弃(U)/自动(AU)/单个(SI)/子对象(SU)/对象(O)

上面主要选项的含义如下：

（1）点：该选项表示直接通过点取的方式选择对象。用鼠标或键盘移动拾取框，使其框住要选取的对象，然后单击即可选中该对象并以高亮度显示。

（2）窗口(W)：用由两个对角顶点确定的矩形窗口选取位于其范围内部的所有图形，与边界相交的对象不会被选中。在指定对角顶点时应该按照从左向右的顺序，如图 5-1 所示。

（3）上一个(L)：在"选择对象："提示下输入"L"后，按 Enter 键，系统会自动选取最后绘出的一个对象。

（4）窗交(C)：该方式与"窗口"方式类似，区别在于，窗交不但选中矩形窗口内部的对象，也选中与矩形窗口边界相交的对象，如图 5-2 所示。

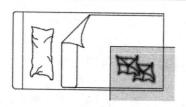
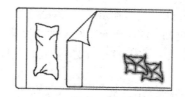

（a）图中深色覆盖部分为选择窗口　　　　　　　　（b）选择后的图形

图 5-1　"窗口"对象选择方式

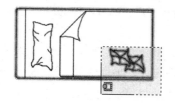
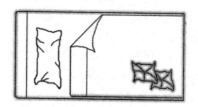

（a）图中深色覆盖部分为选择窗口　　　　　　　　（b）选择后的图形

图 5-2　"窗交"对象选择方式

（5）框(BOX)：使用时，系统根据用户在屏幕上给出的两个对角点的位置自动引用"窗口"或"窗交"方式。若从左向右指定对角点，则为"窗口"方式；反之，则为"窗交"方式。

（6）全部(ALL)：选取图面上的所有对象。

（7）栏选(F)：用户临时绘制一些直线，这些直线不必构成封闭图形，凡是与这些直线相交的对象均被选中，执行结果如图 5-3 所示。

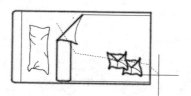
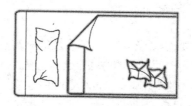

（a）图中虚线为选择栏　　　　　　　　　　（b）选择后的图形

图 5-3　"栏选"对象选择方式

（8）圈围(WP)：使用一个不规则的多边形来选择对象。根据提示，用户依次输入构成多边形的所有顶点的坐标，最后按 Enter 键，作出空回答结束操作，系统将自动连接第一个顶点到最后一个顶点的各个顶点，形成封闭的多边形。凡是被多边形围住的对象均被选中（不包括边界），执行结果如图 5-4 所示。

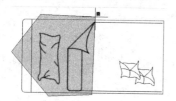

（a）图中十字线所拉出深色多边形为选择窗口　　　　　　（b）选择后的图形

图 5-4　"圈围"对象选择方式

（9）圈交(CP)：该方式类似于"圈围"方式，在"选择对象:"提示后输入"CP"，后续操作与"圈围"方式相同。区别在于与多边形边界相交的对象也被选中。

（10）编组(G)：使用预先定义的对象组作为选择集。事先将若干个对象组成对象组，用组名引用。

（11）添加(A)：添加下一个对象到选择集。也可用于从移走模式（Remove）到选择模式的切换。

（12）删除(R)：按住 Shift 键选择对象，可以从当前选择集中移走该对象。对象由高亮度显示状态变为正常显示状态。

（13）多个(M)：指定多个点，不高亮度显示对象。这种方法可以加快在复杂图形上的选择对象过程。若两个对象交叉，两次指定交叉点，则可以选中这两个对象。

（14）前一个(P)：在"选择对象:"提示后输入"P"，则把上次编辑命令中最后一次构造的选择集或最后一次使用 Select（DDSELECT）命令预置的选择集作为当前选择集。这种方法适用于对同一选择集进行多种编辑操作的情况。

（15）放弃(U)：用于取消加入选择集的对象。

（16）自动(AU)：选择结果视用户在屏幕上的选择操作而定。如果选中单个对象，则该对象为自动选择的结果；如果选择点落在对象内部或外部的空白处，系统会提示：

指定对角点:

此时，系统会采取一种窗口的选择方式。对象被选中后，变为虚线形式，并以高亮度显示。

（17）单个(SI)：选择指定的第一个对象或对象集，而不继续提示进行下一步的选择。

注意 若矩形框从左向右定义，即第一个选择的对角点为左侧的对角点，矩形框内部的对象会被选中。

5.1.2 快速选择

有时用户需要选择具有某些共同属性的对象来构造选择集，如选择具有相同颜色、线型或线宽的对象，用户当然可以使用前面介绍的方法来选择这些对象，但如果要选择的对象数量较多且分布在较复杂的图形中，则会带来很大的工作量。AutoCAD 2017 提供了 QSELECT 命令来解决这个问题。调用 QSELECT 命令后，打开"快速选择"对话框，利用该对话框可以根据用户指定的过滤标准快速创建选择集。"快速选择"对话框如图 5-5 所示。

【执行方式】

- ☑ 命令行：QSELECT。
- ☑ 菜单栏：选择菜单栏中的"工具"→"快速选择"命令。
- ☑ 快捷菜单：在绘图区右击，从打开的快捷菜单中选择"快速选择"命令（如图 5-6 所示）或单击"特性"选项板中的"快速选择"按钮 （如图 5-7 所示）。

【操作步骤】

执行上述命令后，系统打开"快速选择"对话框。在该对话框中，可以选择符合条件的对象或对象组。

5.1.3 构造对象组

对象组与选择集并没有本质的区别，当把若干个对象定义为选择集并想让它们在以后的操作中始终作为一个整体时，为了简捷，可以将这个选择集命名并保存起来，这个命名了的对象选择集就是对象组，其名称即为组名。

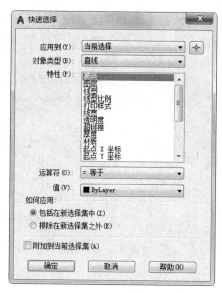

图 5-5　"快速选择"对话框

图 5-6　快捷菜单

图 5-7　"特性"选项板

如果对象组可以被选择（位于锁定层上的对象组不能被选择），那么可以通过组名引用该对象组，并且一旦组中任何一个对象被选中，那么组中的全部对象成员都被选中。

【执行方式】

　　☑　命令行：GROUP。

【操作步骤】

执行上述命令后，系统打开"对象编组"对话框。利用该对话框可以查看或修改存在的对象组的属性，也可以创建新的对象组。

5.2　复制类命令

本节详细介绍 AutoCAD 2017 的复制类命令。利用这些复制类命令，可以方便地绘制图形。

【预习重点】

　　☑　了解复制类命令有几种。

　　☑　简单练习 4 种复制方法。

　　☑　观察在不同情况下使用哪种方法更简便。

5.2.1　"复制"命令

【执行方式】

　　☑　命令行：COPY。

☑ 菜单栏：选择菜单栏中的"修改"→"复制"命令。

☑ 工具栏：单击"修改"工具栏中的"复制"按钮❀。

☑ 功能区：单击"默认"选项卡"修改"面板中的"复制"按钮❀（如图 5-8 所示）。

☑ 快捷菜单：选择要复制的对象，在绘图区右击，从打开的快捷菜单中选择"复制选择"命令。

【操作实践——绘制办公桌】

图 5-8 "修改"面板

绘制如图 5-9 所示的办公桌。操作步骤如下：

（1）单击"默认"选项卡"绘图"面板中的"矩形"按钮▭，在合适的位置绘制矩形，如图 5-10 所示。

（2）单击"默认"选项卡"绘图"面板中的"矩形"按钮▭，在合适的位置绘制一系列的矩形，如图 5-11 所示。

（3）单击"默认"选项卡"绘图"面板中的"矩形"按钮▭，在合适的位置绘制一系列的矩形，如图 5-12 所示。

（4）单击"默认"选项卡"绘图"面板中的"矩形"按钮▭，在合适的位置绘制矩形，如图 5-13 所示。

图 5-9 办公桌

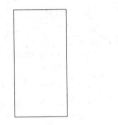

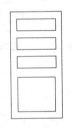

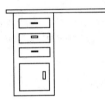

图 5-10 绘制矩形 1　　图 5-11 绘制矩形 2　　图 5-12 绘制矩形 3　　图 5-13 绘制矩形 4

（5）单击"默认"选项卡"修改"面板中的"复制"按钮❀，将办公桌左边的一系列矩形复制到右边，完成办公桌的绘制。命令行提示与操作如下。

```
命令: copy↙
选择对象:（选取左边的一系列矩形）
选择对象:↙
当前设置：复制模式 = 多个
指定基点或 [位移(D)/模式(O)] <位移>:（在左边的一系列矩形上任意指定一点）
指定第二个点或 [阵列(A)] <使用第一个点作为位移>:（打开状态栏上的"正交"开关功能，指定适当位置的一点）
指定第二个点或 [阵列(A)/退出(E)/放弃(U)] <退出>:↙
```

结果如图 5-9 所示。

【选项说明】

（1）指定基点：指定一个坐标点后，AutoCAD 2017 把该点作为复制对象的基点。

指定第二个点后，系统将根据这两点确定的位移矢量把选择的对象复制到第二点处。如果此时直接按 Enter 键，即选择默认的"用第一点作位移"，则第一个点被当作相对于 X、Y、Z 的位移。例如，如果指定基点为(2,3)并在下一个提示下按 Enter 键，则该对象从它当前的位置开始，在 X 方向上移动 2 个单位，在 Y 方向上移动 3 个单位。一次复制完成后，可以不断指定新的点，从而实现多重复制。

（2）位移(D)：直接输入位移值，表示以选择对象时的拾取点为基准，以拾取点坐标为移动方向，按纵横比移动指定位移后所确定的点为基点。例如，选择对象时的拾取点坐标为（2,3），输入位移为 5，则表示以（2,3）点为基准，沿纵横比为 3:2 的方向移动 5 个单位所确定的点为基点。

（3）模式(O)：控制是否自动重复该命令，确定复制模式是单个还是多个。

（4）阵列(A)：指定在线性阵列中排列的副本数量。

5.2.2　"镜像"命令

镜像对象是指把选择的对象以一条镜像线为对称轴进行镜像后的对象。镜像操作完成后，可以保留原对象，也可以将其删除。

【执行方式】

- ☑　命令行：MIRROR。
- ☑　菜单栏：选择菜单栏中的"修改"→"镜像"命令。
- ☑　工具栏：单击"修改"工具栏中的"镜像"按钮△。
- ☑　功能区：单击"默认"选项卡"修改"面板中的"镜像"按钮△。

【操作实践——绘制双开门】

绘制如图 5-14 所示的门平面图。操作步骤如下：

（1）绘制门扇。单击"默认"选项卡"绘图"面板中的"矩形"按钮▢，输入相对坐标"@50,1000"，在绘图区域的适当位置绘制一个尺寸为 50×1000 的矩形作为门扇，如图 5-15 所示。

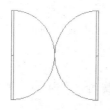

图 5-14　门平面图

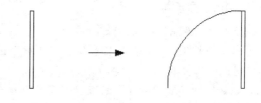

图 5-15　单扇平开门绘制

（2）绘制开取弧线。单击"默认"选项卡"绘图"面板中的"圆弧"按钮╱，命令行提示与操作如下。

命令: _arc 指定圆弧的起点或 [圆心(C)]: C ✓
指定圆弧的圆心: ✓（捕捉矩形右下角点）
指定圆弧的起点: ✓（捕捉矩形右上角点）
指定圆弧的端点(按住 Ctrl 键以切换方向)或 [角度(A)/弦长(L)]: ✓（向左在水平线上拾取一点，绘制完毕）

这样，单扇平开门的图形就绘制好了。

（3）绘制双扇门。通过"镜像"命令对上述单扇门进行处理后即可得到双扇门。单击"默认"选项卡"修改"面板中的"镜像"按钮△，将单扇门复制一个到其他位置，如图 5-16 所示；继续单击"默认"选项卡"修改"面板中的"镜像"按钮△，选中镜像出的双扇门，点取图中双扇门的左右端点为镜像线，右击确定后退出，即可完成绘制。注意事先按 F8 键调整到正交绘图模式下。

命令行提示与操作如下。

命令: _mirror ✓
选择对象: 指定对角点: 找到 2 个（框选单扇门）
选择对象: ✓

指定镜像线的第一点: ✓（捕捉左端点）
指定镜像线的第二点: ✓（捕捉右端点）
要删除源对象吗？ [是(Y)/否(N)] <N>: ✓

采用类似的方法还可以绘制双扇弹簧门，如图 5-17 所示，请读者自己完成。

原单扇门　　镜像出的双扇门

图 5-16　双扇门操作示意图

图 5-17　双扇弹簧门

5.2.3　"偏移"命令

偏移对象是指保持选择的对象的形状、在不同的位置以不同的尺寸大小新建一个对象。

【执行方式】

- ☑　命令行：OFFSET。
- ☑　菜单栏：选择菜单栏中的"修改"→"偏移"命令。
- ☑　工具栏：单击"修改"工具栏中的"偏移"按钮 。
- ☑　功能区：单击"默认"选项卡"修改"面板中的"偏移"按钮 。

【操作实践——绘制液晶显示器】

绘制如图 5-18 所示的液晶显示器。操作步骤如下：

（1）单击"默认"选项卡"绘图"面板中的"矩形"按钮 ，先绘制显示器屏幕外轮廓，如图 5-19 所示。

（2）单击"默认"选项卡"修改"面板中的"偏移"按钮 ，绘制屏幕内侧显示屏区域的轮廓线，如图 5-20 所示。命令行提示与操作如下。

图 5-18　液晶显示器

命令: OFFSET（偏移生成的平行线）
当前设置: 删除源=否　图层=源　OFFSETGAPTYPE=0
指定偏移距离或 [通过(T)/删除(E)/图层(L)] <通过>:（输入偏移距离或指定通过点位置）
选择要偏移的对象，或 [退出(E)/放弃(U)] <退出>:（选择要偏移的图形）
指定要偏移的那一侧上的点或 [退出(E)/多个(M)/放弃(U)] <退出>:
选择要偏移的对象，或 [退出(E)/放弃(U)] <退出>:

（3）单击"默认"选项卡"绘图"面板中的"直线"按钮 ，将内侧显示屏区域的轮廓线的交角处连接起来，如图 5-21 所示。

（4）单击"默认"选项卡"绘图"面板中的"多段线"按钮 ，绘制显示器的矩形底座，如图 5-22 所示。

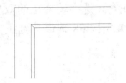

图 5-19　绘制外轮廓　　图 5-20　绘制内侧矩形　　图 5-21　连接交角处　　图 5-22　绘制矩形底座

（5）单击"默认"选项卡"绘图"面板中的"圆弧"按钮，绘制底座的弧线造型，如图 5-23 所示。

（6）单击"默认"选项卡"绘图"面板中的"直线"按钮，绘制底座与显示屏之间的连接线造型。单击"默认"选项卡"修改"面板中的"镜像"按钮，命令行提示与操作如下。

```
命令: MIRROR（镜像生成对称图形）
选择对象: 找到 1 个
选择对象:（按 Enter 键）
指定镜像线的第一点:（以中间的轴线位置作为镜像线）
指定镜像线的第二点:
要删除源对象吗? [是(Y)/否(N)] <N>:N（输入"N"，按 Enter 键保留原有图形）
```

绘制结果如图 5-24 所示。

（7）单击"默认"选项卡"绘图"面板中的"圆"按钮，创建显示屏中由多个大小不同的圆形构成的调节按钮，如图 5-25 所示。

图 5-23　绘制连接弧线　　　　图 5-24　绘制连接线　　　　图 5-25　创建调节按钮

注意 显示器的调节按钮仅为示意造型。

（8）单击"默认"选项卡"修改"面板中的"复制"按钮，复制图形。

（9）在显示屏的右下角绘制电源开关按钮。单击"默认"选项卡"绘图"面板中的"圆"按钮，先绘制两个同心圆，如图 5-26 所示。

（10）单击"默认"选项卡"修改"面板中的"偏移"按钮，偏移图形。命令行提示与操作如下。

```
命令: OFFSET（偏移生成平行线）
当前设置: 删除源=否　图层=源　OFFSETGAPTYPE=0
指定偏移距离或 [通过(T)/删除(E)/图层(L)] <通过>:（输入偏移距离或指定通过点位置）
选择要偏移的对象，或 [退出(E)/放弃(U)] <退出>:（选择要偏移的图形）
指定要偏移的那一侧上的点或 [退出(E)/多个(M)/放弃(U)] <退出>:
选择要偏移的对象，或 [退出(E)/放弃(U)] <退出>:（按 Enter 键结束）
```

（11）单击"默认"选项卡"绘图"面板中的"矩形"按钮，绘制开关按钮的矩形造型，如图 5-27 所示。

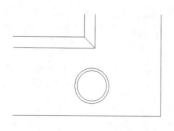

图 5-26　绘制圆形开关　　　　图 5-27　绘制按钮矩形造型

（12）图形绘制完成，结果如图 5-18 所示。

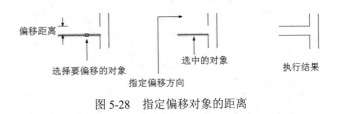

图 5-28   指定偏移对象的距离

【选项说明】

（1）指定偏移距离：输入一个距离值，或按 Enter 键，使用当前的距离值，系统把该距离值作为偏移距离，如图 5-28 所示。

（2）通过(T)：指定偏移对象的通过点。选择该选项后出现如下提示：

选择要偏移的对象或 <退出>：（选择要偏移的对象，按 Enter 键，结束操作）
指定通过点：（指定偏移对象的一个通过点）

操作完毕后，系统根据指定的通过点绘出偏移对象，如图 5-29 所示。

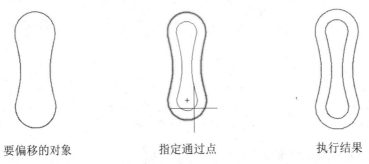

要偏移的对象   指定通过点   执行结果

图 5-29   指定偏移对象的通过点

（3）删除(E)：偏移后，将源对象删除。选择该选项后出现如下提示：

要在偏移后删除源对象吗？[是(Y)/否(N)] <否>：

（4）图层(L)：确定将偏移对象创建在当前图层上还是源对象所在的图层上。选择该选项后出现如下提示：

输入偏移对象的图层选项 [当前(C)/源(S)] <当前>：

5.2.4 "阵列"命令

阵列是指多重复制选择对象并把这些副本按矩形或环形排列。把副本按环形排列称为建立极阵列。建立极阵列时，应该控制复制对象的次数并确定对象是否被旋转；把副本按矩形排列称为建立矩形阵列，建立矩形阵列时，应该控制行和列的数量以及对象副本之间的距离。

用该命令可以建立矩形阵列、极阵列（环形）和旋转的矩形阵列。

【执行方式】

☑   命令行：ARRAY。
☑   菜单栏：选择菜单栏中的"修改"→"阵列"命令。
☑   工具栏：单击"修改"工具栏中的"矩形阵列"按钮 / "路径阵列"按钮 / "环形阵列"按钮。

☑ 功能区：单击"默认"选项卡"修改"面板中的"矩形阵列"按钮 / "路径阵列"按钮 / "环形阵列"按钮 （如图 5-30 所示）。

【操作实践——绘制影碟机】

下面绘制影碟机，如图 5-31 所示。操作步骤如下：

（1）单击"默认"选项卡"绘图"面板中的"矩形"按钮，绘制角点坐标分别为{（0,15），（396,107）}{（19.1,0），（59.3,15）}{（336.8,0），（377,15）}的 3 个矩形，如图 5-32 所示。

（2）单击"默认"选项卡"绘图"面板中的"矩形"按钮，绘制角点坐标分别为{（15.3,86），（28.7,93.7）}{（166.5,45.9），（283.2,91.8）}{（55.5,66.9），（88,70.7）}的 3 个矩形，绘制结果如图 5-33 所示。

图 5-30 "修改"面板

图 5-31 影碟机　　　　　　图 5-32 绘制矩形 1　　　　　图 5-33 绘制矩形 2

（3）单击"默认"选项卡"修改"面板中的"矩形阵列"按钮，选择步骤（2）中绘制的第 2 个矩形为阵列对象，输入行数为 2，列数为 2，行间距为 9.6，列间距为 47.8，命令行提示与操作如下。

```
命令：_arrayrect✓
选择对象：✓（选择绘制的矩形）
选择对象：✓
类型 = 矩形　关联 = 否
选择夹点以编辑阵列或 [关联(AS)/基点(B)/计数(COU)/间距(S)/列数(COL)/行数(R)/层数(L)/退出(X)]<退出>: cou✓
输入列数数或 [表达式(E)] <4>: 2✓
输入行数数或 [表达式(E)] <3>: 2✓
选择夹点以编辑阵列或 [关联(AS)/基点(B)/计数(COU)/间距(S)/列数(COL)/行数(R)/层数(L)/退出(X)] <退出>: s✓
指定列之间的距离或 [单位单元(U)] <8.7903>:47.8✓
指定行之间的距离 <8.7903>:9.6✓
选择夹点以编辑阵列或 [关联(AS)/基点(B)/计数(COU)/间距(S)/列数(COL)/行数(R)/层数(L)/退出(X)] <退出>: x✓
```

效果如图 5-34 所示。

（4）单击"默认"选项卡"绘图"面板中的"圆"按钮，绘制圆心坐标为（30.6,36.3），半径为 6 的圆。

（5）单击"默认"选项卡"绘图"面板中的"圆"按钮，绘制圆心坐标为（338.7,72.6），半径为 23 的圆，如图 5-35 所示。

图 5-34 阵列处理　　　　　　　　　　　图 5-35 绘制圆

（6）单击"默认"选项卡"修改"面板中的"矩形阵列"按钮，选择步骤（4）中绘制的圆为阵列对象，输入行数为 1，列数为 5，列间距为 23，结果如图 5-31 所示。

【选项说明】

（1）矩形(R)（命令行：ARRAYRECT）：将选定对象的副本分布到行数、列数和层数的任意组合。通过夹点调整阵列间距、列数、行数和层数；也可以分别选择各选项输入数值。

（2）路径(PA)（命令行：ARRAYPATH）：沿路径或部分路径均匀分布选定对象的副本。选择该选项后出现如下提示：

选择路径曲线:（选择一条曲线作为阵列路径）
选择夹点以编辑阵列或 [关联(AS)/方法(M)/基点(B)/切向(T)/项目(I)/行(R)/层(L)/对齐项目(A)/Z 方向(Z)/退出(X)]
<退出>:（通过夹点，调整阵行数和层数；也可以分别选择各选项输入数值）

（3）极轴(PO)：在绕中心点或旋转轴的环形阵列中均匀分布对象副本。选择该选项后出现如下提示：

指定阵列的中心点或 [基点(B)/旋转轴(A)]:（选择中心点、基点或旋转轴）
选择夹点以编辑阵列或 [关联(AS)/基点(B)/项目(I)/项目间角度(A)/填充角度(F)/行(ROW)/层(L)/旋转项目(ROT)/退出(X)] <退出>:（通过夹点，可调整角度或填充角度；也可以分别选择各选项输入数值）

5.3　改变位置类命令

这一类编辑命令的功能是按照指定要求改变当前图形或图形的某部分的位置，主要包括"移动""旋转""缩放"等命令。

【预习重点】

☑　了解改变位置类命令有几种。

☑　练习"移动""旋转""缩放"命令的使用方法。

5.3.1　"移动"命令

【执行方式】

☑　命令行：MOVE。

☑　菜单栏：选择菜单栏中的"修改"→"移动"命令。

☑　工具栏：单击"修改"工具栏中的"移动"按钮✛。

☑　功能区：单击"默认"选项卡"修改"面板中的"移动"按钮✛。

☑　快捷菜单：选择要复制的对象，在绘图区右击，从打开的快捷菜单中选择"移动"命令。

【操作实践——绘制沙发茶几组合】

绘制如图 5-36 所示的沙发茶几组合。操作步骤如下：

（1）单击快速访问工具栏中的"打开"按钮📂，打开如图 5-37 所示的"选择文件"对话框。选择随书光盘中的"源文件\第 5 章\单人沙发"文件，单击"打开"按钮，打开"单人沙发"示意图，如图 5-38 所示。

（2）采用相同的方法，选择"源文件\第 5 章\三人沙发"文件，单击"打开"按钮，打开"三人沙发"示意图，如图 5-39 所示。

（3）单击"默认"选项卡"修改"面板中的"移动"按钮✛，调整两个沙发造型的位置，命令行提示与操作如下。

命令: _move
选择对象: 找到 1 个
选择对象:
指定基点或 [位移(D)] <位移>:

指定第二个点或 <使用第一个点作为位移>:

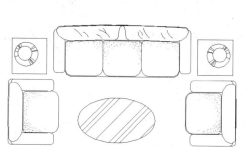

图 5-36　沙发茶几组合

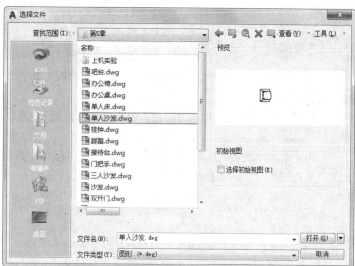

图 5-37　"选择文件"对话框

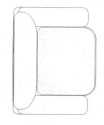

图 5-38　单人沙发

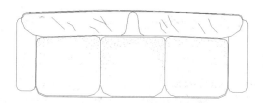

图 5-39　三人沙发

（4）单击"默认"选项卡"修改"面板中的"镜像"按钮，对单人沙发进行镜像，得到沙发组造型，如图 5-40 所示。

（5）单击"默认"选项卡"绘图"面板中的"椭圆"按钮，绘制一个椭圆，建立椭圆型茶几造型，如图 5-41 所示。

注意　读者可根据需要可以绘制其他形式的茶几造型。

（6）单击"默认"选项卡"绘图"面板中的"图案填充"按钮，打开"图案填充创建"选项卡，选择适当的图案，对茶几进行图案填充，如图 5-42 所示。

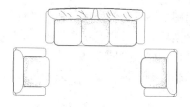

图 5-40　沙发组

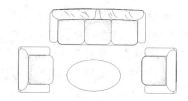

图 5-41　建立椭圆型茶几造型

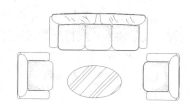

图 5-42　填充茶几图案

（7）单击"默认"选项卡"绘图"面板中的"多边形"按钮◯，绘制沙发之间的一个正方形桌面造型，如图5-43所示。

📣**注意** 先绘制一个正方形作为桌面。

（8）单击"默认"选项卡"绘图"面板中的"圆"按钮◉，绘制两个大小和圆心位置都不同的圆形，如图5-44所示。

（9）单击"默认"选项卡"绘图"面板中的"直线"按钮✎，绘制随机斜线，形成灯罩效果，如图5-45所示。

（10）单击"默认"选项卡"修改"面板中的"镜像"按钮◬，进行镜像得到两个沙发桌面灯，完成客厅沙发茶几图的绘制，如图5-36所示。

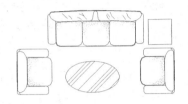
图5-43 绘制桌面造型

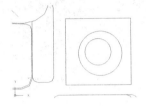
图5-44 绘制两个圆形

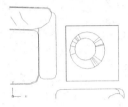
图5-45 创建灯罩

5.3.2 "旋转"命令

【执行方式】

☑ 命令行：ROTATE。

☑ 菜单栏：选择菜单栏中的"修改"→"旋转"命令。

☑ 工具栏：单击"修改"工具栏中的"旋转"按钮↺。

☑ 功能区：单击"默认"选项卡"修改"面板中的"旋转"按钮↺。

☑ 快捷菜单：选择要旋转的对象，在绘图区右击，从打开的快捷菜单中选择"旋转"命令。

【操作实践——绘制接待台】

绘制如图5-46所示的接待台，操作步骤如下：

（1）打开随书光盘中的"源文件\办公椅"图形文件，将其另存为"接待台.dwg"文件。

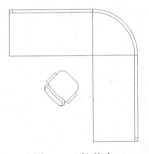
图5-46 接待台

（2）单击"默认"选项卡"绘图"面板中的"直线"按钮✎和"矩形"按钮▭，绘制桌面图形，如图5-47所示。

（3）单击"默认"选项卡"修改"面板中的"镜像"按钮◬，将桌面图形进行镜像处理，利用"对象追踪"功能将对称线捕捉为过矩形右下角的45°斜线，绘制结果如图5-48所示。

（4）单击"默认"选项卡"绘图"面板中的"圆弧"按钮⌒，绘制两段圆弧，如图5-49所示。

（5）单击"默认"选项卡"修改"面板中的"旋转"按钮↺，旋转绘制的办公椅，命令行提示与操作如下。

命令：_rotate
UCS 当前的正角方向: ANGDIR=逆时针　ANGBASE=0

选择对象: 选择办公椅
选择对象: ↙
指定基点: 指定椅背中点
指定旋转角度，或 [复制(C)/参照(R)] <0>: -45↙

绘制结果如图 5-50 所示。

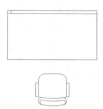

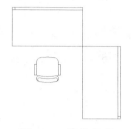

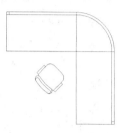

图 5-47　绘制桌面　　　　图 5-48　镜像处理　　　　图 5-49　绘制圆弧　　　　图 5-50　接待台

【选项说明】

（1）复制(C)：选择该选项，旋转对象的同时保留原对象，如图 5-51 所示。

图 5-51　复制旋转

（2）参照(R)：采用参照方式旋转对象时，系统提示如下：

指定参照角 <0>:（指定要参考的角度，默认值为 0）
指定新角度或[点(P)]:（输入旋转后的角度值）

操作完毕后，对象被旋转至指定的角度位置。

提示

可以用拖动鼠标的方法旋转对象。选择对象并指定基点后，从基点到当前光标位置会出现一条连线，选择的对象会动态地随着该连线与水平方向的夹角的变化而旋转，按 Enter 键，确认旋转操作，如图 5-52 所示。

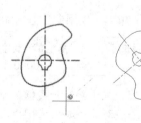

图 5-52　拖动鼠标旋转对象

5.3.3　"缩放"命令

【执行方式】

☑　命令行：SCALE。

- ☑ 菜单栏：选择菜单栏中的"修改"→"缩放"命令。
- ☑ 工具栏：单击"修改"工具栏中的"缩放"按钮□。
- ☑ 功能区：单击"默认"选项卡"修改"面板中的"缩放"按钮□。
- ☑ 快捷菜单：选择要缩放的对象，在绘图区右击，从打开的快捷菜单中选择"缩放"命令。

【操作实践——绘制双扇平开门】

绘制如图 5-53 所示的双扇平开门。操作步骤如下：

（1）利用所学知识初步绘制双扇平开门，如图 5-54 所示。

（2）单击"默认"选项卡"修改"面板中的"缩放"按钮□，命令行提示与操作如下。

```
命令: SCALE↙
选择对象: ↙（框选左边门扇）
选择对象: ↙
指定基点: ↙（指定左墙体右上角）
指定比例因子或 [复制(C)/参照(R)]: 0.5↙（结果如图 5-55 所示）
命令: SCALE↙
选择对象: ↙（框选右边门扇）
选择对象: ↙
指定基点: ↙（指定右门右下角）
指定比例因子或 [复制(C)/参照(R)]: 1.5↙
```

最终结果如图 5-53 所示。

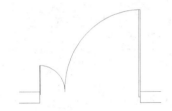

图 5-53　双扇平开门

图 5-54　初步绘制双扇平开门

图 5-55　缩放左、右门扇

【选项说明】

（1）参照(R)：采用参考方向缩放对象时，系统提示如下：

```
指定参照长度 <1>:（指定参考长度值）
指定新的长度或 [点(P)] <1.0000>:（指定新长度值）
```

若新长度值大于参考长度值，则放大对象；否则，缩小对象。操作完毕后，系统以指定的基点按指定的比例因子缩放对象。如果选择"点(P)"选项，则指定两点来定义新的长度。

（2）指定比例因子：选择对象并指定基点后，从基点到当前光标位置会出现一条线段，线段的长度即为比例大小。选择的对象会动态地随着该连线长度的变化而缩放，按 Enter 键，确认缩放操作。

（3）复制(C)：选择"复制(C)"选项时，可以复制缩放对象，即缩放对象时，保留原对象，如图 5-56 所示。

图 5-56　复制缩放

5.4　删除及恢复类命令

这一类命令主要用于删除图形的某部分或对已被删除的部分进行恢复，包括"删除""恢复""重做""清除"等命令。

【预习重点】

- ☑　了解删除图形有几种方法。
- ☑　练习使用 3 种删除方法。

5.4.1　"删除"命令

如果所绘制的图形不符合要求或错绘了图形，可以使用"删除"命令 ERASE 把图形删除。

【执行方式】

- ☑　命令行：ERASE。
- ☑　菜单栏：选择菜单栏中的"修改"→"删除"命令。
- ☑　工具栏：单击"修改"工具栏中的"删除"按钮 ✍。
- ☑　功能区：单击"默认"选项卡"修改"面板中的"删除"按钮 ✍。
- ☑　快捷菜单：选择要删除的对象，在绘图区右击，从打开的快捷菜单中选择"删除"命令。

【操作步骤】

可以先选择对象，然后调用"删除"命令；也可以先调用"删除"命令，然后再选择对象。选择对象时，可以使用前面介绍的各种选择对象的方法。

当选择了多个对象时，多个对象都被删除；若选择的对象属于某个对象组，则该对象组的所有对象都被删除。

5.4.2　"恢复"命令

若误删除了图形，则可以使用"恢复"命令 OOPS 恢复误删除的对象。

【执行方式】

- ☑　命令行：OOPS 或 U。
- ☑　工具栏：单击"标准"工具栏中的"放弃"按钮 ↩。
- ☑　快捷键：Ctrl+Z。

【操作步骤】

在命令行窗口的提示行中输入"OOPS"，按 Enter 键。

5.5　改变几何特性类命令

这一类编辑命令在对指定的对象进行编辑后，使编辑对象的几何特性发生改变，包括"倒角""圆角"

"打断""剪切""延伸""拉长""拉伸"等命令。

【预习重点】

☑ 了解改变几何特性类命令有几种。

☑ 比较使用"剪切""延伸"命令效果。

☑ 比较使用"圆角""倒角"命令效果。

☑ 比较使用"拉伸""拉长"命令效果。

☑ 比较使用"打断""打断于点"命令效果。

☑ 比较分解、合并前后对象属性效果。

5.5.1 "圆角"命令

圆角是指用指定的半径决定的一段平滑的圆弧连接两个对象。系统规定可以使用圆角连接一对直线段、非圆弧的多段线段、样条曲线、双向无限长线、射线、圆、圆弧和椭圆,可以用圆角连接非圆弧多段线的每个节点。

【执行方式】

☑ 命令行:FILLET。

☑ 菜单栏:选择菜单栏中的"修改"→"圆角"命令。

☑ 工具栏:单击"修改"工具栏中的"圆角"按钮◻。

☑ 功能区:单击"默认"选项卡"修改"面板中的"圆角"按钮◻。

【操作实践——绘制脚踏】

绘制如图 5-57 所示的脚踏。操作步骤如下:

(1)选择菜单栏中的"工具"→"工具栏"→AutoCAD→"对象捕捉"命令,将"对象捕捉"工具栏调出,如图 5-58 所示,以便在绘图过程中使用。

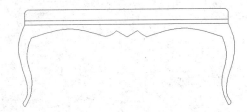

图 5-57　脚踏

图 5-58　"对象捕捉"工具栏

(2)单击"默认"选项卡"绘图"面板中的"矩形"按钮▭,绘制一个长 1000、宽 70 的矩形。

(3)单击"默认"选项卡"绘图"面板中的"直线"按钮╱,利用对象捕捉功能的"捕捉自"命令辅助绘制直线,命令行提示与操作如下。

命令:_line✓
指定第一个点:FROM ✓
基点: ✓(捕捉矩形左下角)
<偏移>: @0,20✓
指定下一点或 [放弃(U)]: ✓(捕捉矩形右边上的垂足,如图 5-59 所示)
指定下一点或 [放弃(U)]: ✓

结果如图 5-60 所示。

（4）单击"默认"选项卡"修改"面板中的"圆角"按钮，命令行提示与操作如下。

```
命令: _fillet↙
当前设置: 模式=修剪，半径 = 0.0000
选择第一个对象或 [放弃(U)/多段线(P)/半径(R)/修剪(T)/多个(M)]: r↙
指定圆角半径 <0.0000>: 20↙
选择第一个对象或 [放弃(U)/多段线(P)/半径(R)/修剪(T)/多个(M)]: ↙（选择矩形左边）
选择第二个对象，或按住 Shift 键选择对象以应用角点或 [半径(R)]: ↙（选择矩形上边）
```

这样矩形左上角就进行了倒圆角，用同样方法对矩形右上角进行倒圆角，结果如图 5-61 所示。

图 5-59 捕捉垂足　　　　　图 5-60 绘制直线　　　　　图 5-61 倒圆角

（5）利用"多段线""样条曲线""直线"等命令绘制脚踏腿部造型，如图 5-62 所示。

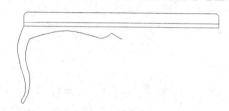

图 5-62 绘制脚踏腿部造型图

（6）单击"默认"选项卡"修改"面板中的"镜像"按钮，将刚绘制的腿部造型以矩形的中线（利用对象捕捉功能）为轴进行镜像处理，结果如图 5-57 所示。

【选项说明】

（1）多段线(P)：在一条二维多段线的两段直线段的节点处插入圆滑的弧。选择多段线后，系统会根据指定的圆弧的半径把多段线各顶点用圆滑的弧连接起来。

（2）修剪(T)：决定在倒圆角连接两条边时是否修剪这两条边，如图 5-63 所示。

（3）多个(M)：可以同时对多个对象进行圆角编辑，而不必重新启用命令。

（4）按住 Shift 键并选择两条直线，可以快速创建零距离倒角或零半径圆角。

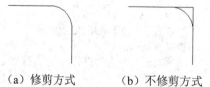

（a）修剪方式　　（b）不修剪方式

图 5-63 圆角连接

5.5.2 "修剪"命令

【执行方式】

☑ 命令行：TRIM。
☑ 菜单栏：选择菜单栏中的"修改"→"修剪"命令。
☑ 工具栏：单击"修改"工具栏中的"修剪"按钮。
☑ 功能区：单击"默认"选项卡"修改"面板中的"修剪"按钮。

【操作实践——绘制单人床】

绘制如图 5-64 所示的单人床。操作步骤如下：

（1）单击"默认"选项卡"绘图"面板中的"矩形"按钮□，绘制角点坐标为（0,0）和（@1000,2000）的矩形，如图 5-65 所示。

（2）单击"默认"选项卡"绘图"面板中的"直线"按钮，绘制坐标点分别为{（125,1000），（125,1900）}、{（875,1900），（875,1000）}、{（155,1000），（155,1870）}、{（845,1870），（845,1000）}的直线。

（3）单击"默认"选项卡"绘图"面板中的"直线"按钮，绘制坐标点为（0,280）和（@1000,0）的直线，绘制结果如图 5-66 所示。

（4）单击"默认"选项卡"修改"面板中的"矩形阵列"按钮▦，选择步骤（3）中绘制的直线，行数为 4，列数为 1，行间距为 30，绘制结果如图 5-67 所示。

图 5-64　单人床　　　　图 5-65　绘制矩形　　　　图 5-66　绘制直线　　　　图 5-67　阵列处理

（5）单击"默认"选项卡"修改"面板中的"圆角"按钮□，将外轮廓线的圆角半径设为 50，内衬圆角半径为 40，绘制结果如图 5-68 所示。

（6）单击"默认"选项卡"绘图"面板中的"直线"按钮，绘制坐标点为（0,1500）、（@1000,200）和（@-800,-400）的直线。

（7）单击"默认"选项卡"绘图"面板中的"圆弧"按钮，绘制起点为（200,1300）、第 2 点为（130,1430）、端点为（0,1500）的圆弧，绘制结果如图 5-69 所示。

（8）单击"默认"选项卡"修改"面板中的"修剪"按钮，修剪图形，命令行提示与操作如下。

```
命令：_trim↙
当前设置：投影=UCS，边=无
选择剪切边...
选择对象或 <全部选择>: ↙（选择上面斜线）
选择对象: ↙
选择要修剪的对象，或按住 Shift 键选择要延伸的对象，或 [栏选(F)/窗交(C)/投影(P)/边(E)/删除(R)/放弃(U)]: ↙（依
次选择与之相交的竖直直线下端）
选择要修剪的对象，或按住 Shift 键选择要延伸的对象，或 [栏选(F)/窗交(C)/投影(P)/边(E)/删除(R)/放弃(U)]: ↙
```

绘制结果如图 5-70 所示。

【选项说明】

（1）按住 Shift 键：在选择对象时，如果按住 Shift 键，系统就自动将"修剪"命令转换成"延伸"命令，"延伸"命令将在 5.5.3 节介绍。

（2）边(E)：选择此选项时，可以选择对象的修剪方式：延伸和不延伸。

☑　延伸(E)：延伸边界进行修剪。在此方式下，如果剪切边没有与要修剪的对象相交，系统会延伸剪切边直至与要修剪的对象相交，然后再修剪，如图 5-71 所示。

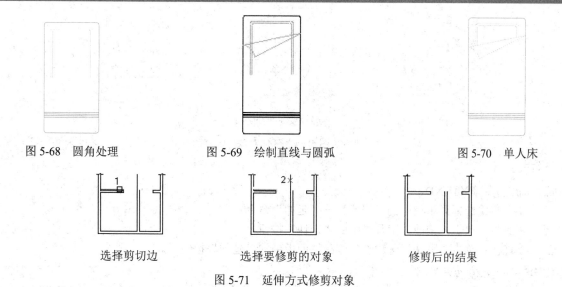

图 5-68　圆角处理　　　　图 5-69　绘制直线与圆弧　　　　图 5-70　单人床

选择剪切边　　　　　选择要修剪的对象　　　　　修剪后的结果

图 5-71　延伸方式修剪对象

☑　不延伸(N)：不延伸边界修剪对象，只修剪与剪切边相交的对象。

（3）栏选(F)：选择此选项时，系统以栏选的方式选择修剪对象，如图 5-72 所示。

选定剪切边　　　　使用栏选方式选定的要修剪的对象　　　　修剪后的结果

图 5-72　栏选选择修剪对象

（4）窗交(C)：选择此选项时，系统以窗交的方式选择修剪对象，如图 5-73 所示。

使用窗交选择选定的边　　　　选定要修剪的对象　　　　修剪后的结果

图 5-73　窗交选择修剪对象

被选择的对象可以互为边界和被修剪对象，此时系统会在选择的对象中自动判断边界，如图 5-73 所示。

5.5.3　“延伸”命令

延伸对象是指将要延伸的对象延伸至另一个对象的边界线，如图 5-74 所示。

选择边界

选择要延伸的对象

执行结果

图 5-74　延伸对象

【执行方式】

- ☑　命令行：EXTEND。
- ☑　菜单栏：选择菜单栏中的"修改"→"延伸"命令。
- ☑　工具栏：单击"修改"工具栏中的"延伸"按钮⊸。
- ☑　功能区：单击"默认"选项卡"修改"面板中的"延伸"按钮⊸。

【操作实践——绘制沙发】

绘制如图 5-75 所示的沙发。操作步骤如下：

（1）单击"默认"选项卡"绘图"面板中的"矩形"按钮▭，绘制圆角为 10、第一角点坐标为（20,20）、长度和宽度分别为 140 和 100 的矩形作为沙发的外框。

（2）单击"默认"选项卡"绘图"面板中的"直线"按钮⟋，绘制坐标分别为（40,20）、（@0,80）、（@100,0）、（@0,-80）的连续线段，绘制结果如图 5-76 所示。

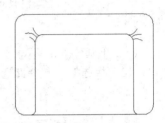
图 5-75　沙发

（3）单击"默认"选项卡"修改"面板中的"分解"按钮⬚和"圆角"按钮▱，修改沙发轮廓。命令行提示与操作如下：

```
命令: _explode↙
选择对象: 选择外面倒圆矩形
选择对象:
命令: _fillet↙
当前设置: 模式 = 修剪，半径 = 6.0000
选择第一个对象或 [放弃(U)/多段线(P)/半径(R)/修剪(T)/多个(M)]: 选择内部四边形左边
选择第二个对象，或按住 Shift 键选择对象以应用角点或 [半径(R)]: 选择内部四边形上边
选择第一个对象或 [放弃(U)/多段线(P)/半径(R)/修剪(T)/多个(M)]: 选择内部四边形右边
选择第二个对象，或按住 Shift 键选择对象以应用角点或 [半径(R)]: 选择内部四边形上边
选择第一个对象或 [放弃(U)/多段线(P)/半径(R)/修剪(T)/多个(M)]:
```

（4）单击"默认"选项卡"修改"面板中的"圆角"按钮▱，选择内部四边形左边和外部矩形下边左端为对象，进行圆角处理。绘制结果如图 5-77 所示。

（5）单击"默认"选项卡"修改"面板中的"延伸"按钮⊸，命令行提示与操作如下。

```
命令: _ extend↙
当前设置: 投影=UCS，边=无
选择边界的边...
选择对象或 <全部选择>: （选择如图 5-77 所示的右下角圆弧）
选择对象:
```

选择要延伸的对象，或按住 Shift 键选择要修剪的对象，或 [栏选(F)/窗交(C)/投影(P)/边(E)/放弃(U)]：（选择如图 5-77 所示的左端短水平线）

选择要延伸的对象，或按住 Shift 键选择要修剪的对象，或 [栏选(F)/窗交(C)/投影(P)/边(E)/放弃(U)]：

（6）单击"默认"选项卡"修改"面板中的"圆角"按钮，选择内部四边形右边和外部矩形下边为倒圆角对象，进行圆角处理。

（7）单击"默认"选项卡"修改"面板中的"延伸"按钮，以矩形左下角的圆角圆弧为边界，对内部四边形右边下端进行延伸，绘制结果如图 5-78 所示。

（8）单击"默认"选项卡"绘图"面板中的"圆弧"按钮，在沙发拐角位置绘制 6 条圆弧，最终绘制结果如图 5-79 所示。

  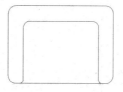 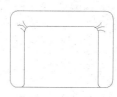

图 5-76 初步绘制轮廓　　　图 5-77 绘制圆角　　　图 5-78 完成倒圆角　　　图 5-79 沙发

可以通过选择对象来定义边界。若直接按 Enter 键，则选择所有对象作为可能的边界对象。

【选项说明】

（1）如果要延伸的对象是适配样条多段线，则延伸后会在多段线的控制框上增加新节点。如果要延伸的对象是锥形的多段线，系统会修正延伸端的宽度，使多段线从起始端平滑地延伸至新的终止端。如果延伸操作导致新终止端的宽度为负值，则取宽度值为 0，如图 5-80 所示。

（2）选择对象时，如果按住 Shift 键，系统自动将"延伸"命令转换成"修剪"命令。

图 5-80 延伸对象

5.5.4 "倒角"命令

倒角是指用斜线连接两个不平行的线型对象，如连接直线段、双向无限长线、射线和多段线等。

【执行方式】

☑　命令行：CHAMFER。
☑　菜单栏：选择菜单栏中的"修改"→"倒角"命令。
☑　工具栏：单击"修改"工具栏中的"倒角"按钮。
☑　功能区：单击"默认"选项卡"修改"面板中的"倒角"按钮。

【操作实践——绘制吧台】

绘制如图 5-81 所示的吧台。操作步骤如下：

（1）选择菜单栏中的"格式"→"图形界限"命令，设置图幅为 297×210。

（2）单击"默认"选项卡"绘图"面板中的"直线"按钮，绘制一条长度为 25 的水平直线和一条长度为 30 的竖直直线，结果如图 5-82 所示。单击"默认"选项卡"修改"面板中的"偏移"按钮，将竖直直线分别向右偏移 8、4、6，将水平直线向上偏移 6，结果如图 5-83 所示。

（3）单击"默认"选项卡"修改"面板中的"倒角"按钮，将图形进行倒角处理。命令行提示与操作如下。

命令: chamfer↙
("修剪"模式) 当前倒角距离 1 = 0.0000，距离 2 = 0.0000
选择第一条直线或 [放弃(U)/多段线(P)/距离(D)/角度(A)/修剪(T)/方式(E)/多个(M)]: d↙
指定第一个倒角距离 <0.0000>: 6↙
指定第二个倒角距离 <6.0000>: ↙
选择第一条直线或 [放弃(U)/多段线(P)/距离(D)/角度(A)/修剪(T)/方式(E)/多个(M)]:（选择最右侧的线）
选择第二条直线，或按住 Shift 键选择要应用角点的直线或 [距离(D)/角度(A)/方法(M)]:（选择最下侧的水平线）

重复"倒角"命令，对其他交线进行倒角处理，结果如图 5-84 所示。

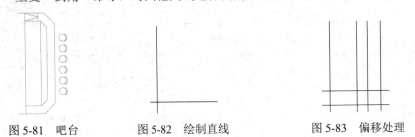

图 5-81　吧台　　　　　图 5-82　绘制直线　　　　　图 5-83　偏移处理　　　　　图 5-84　倒角处理

（4）单击"默认"选项卡"修改"面板中的"镜像"按钮▲，将图形进行镜像处理，结果如图 5-85 所示。

（5）单击"默认"选项卡"绘图"面板中的"直线"按钮╱，绘制门，结果如图 5-86 所示。

（6）单击"默认"选项卡"绘图"面板中的"圆"按钮⊙、"圆弧"按钮╱和"多段线"按钮↺，绘制座椅，结果如图 5-87 所示。

（7）单击"默认"选项卡"修改"面板中的"矩形阵列"按钮▦，选择矩形阵列方式，选择座椅为阵列对象，设置阵列行数为 6，列数为 1，行间距为-6，结果如图 5-88 所示。

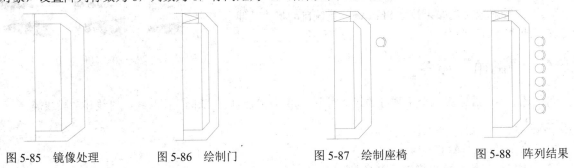

图 5-85　镜像处理　　　　　图 5-86　绘制门　　　　　图 5-87　绘制座椅　　　　　图 5-88　阵列结果

（8）单击快速访问工具栏中的"另存为"按钮▣，保存图形。命令行提示与操作如下。

命令: saveas↙　　（将绘制完成的图形以"吧台.dwg"为文件名保存在指定的路径中）

【选项说明】

（1）距离(D)：选择倒角的两个斜线距离。斜线距离是指从被连接的对象与斜线的交点到被连接的两对象的可能的交点之间的距离，如图 5-89 所示。这两个斜线距离可以相同也可以不相同，若二者均为 0，则系统不绘制连接的斜线，而是把两个对象延伸至相交，并修剪超出的部分。

（2）角度(A)：选择第一条直线的斜线距离和角度。采用这种方法连接对象时，需要输入两个参数：斜线与一个对象的斜线距离和斜线与该对象的夹角，如图 5-90 所示。

（3）多段线(P)：对多段线的各个交叉点进行倒角编辑。为了得到最好的连接效果，一般设置斜线为相等的值。系统根据指定的斜线距离把多段线的每个交叉点都作斜线连接，连接的斜线成为多段线新添加的构成部分，如图 5-91 所示。

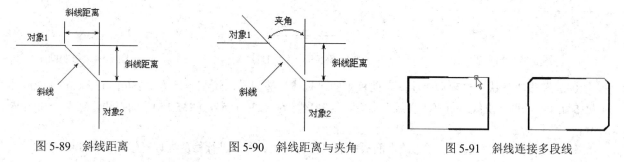

图 5-89　斜线距离　　　　　图 5-90　斜线距离与夹角　　　　　图 5-91　斜线连接多段线

（4）修剪(T)：与圆角连接命令 FILLET 相同，该选项决定连接对象后是否剪切原对象。

（5）方式(E)：决定采用"距离"方式还是"角度"方式来倒角。

（6）多个(M)：同时对多个对象进行倒角编辑。

🎓 高手支招

有时用户在执行"圆角"和"倒角"命令时，发现命令不执行或执行后没什么变化，那是因为系统默认圆角半径和斜线距离均为 0，如果不事先设定圆角半径或斜线距离，系统就以默认值执行命令，所以看起来好像没有执行命令。

5.5.5 "拉伸"命令

拉伸对象是指拖拉选择的对象，且形状发生改变。拉伸对象时，应指定拉伸的基点和移置点。利用一些辅助工具，如捕捉、钳夹及相对坐标等功能可以提高拉伸的精度。

【执行方式】

☑　命令行：STRETCH。

☑　菜单栏：选择菜单栏中的"修改"→"拉伸"命令。

☑　工具栏：单击"修改"工具栏中的"拉伸"按钮。

☑　功能区：单击"默认"选项卡"修改"面板中的"拉伸"按钮。

【操作实践——绘制门把手】

绘制如图 5-92 所示的门把手。操作步骤如下：

（1）单击"默认"选项卡"图层"面板中的"图层特性"按钮，打开"图层特性管理器"选项板，新建两个图层：第 1 个图层命名为"轮廓线"，线宽属性为 0.3mm，其余属性为默认值。第 2 个图层命名为"中心线"，颜色设为红色，线型加载为 CENTER，其余属性为默认值。

（2）将"中心线"图层设置为当前图层。单击"默认"选项卡"绘图"面板中的"直线"按钮，绘制坐标分别为（150,150），（@120,0）的直线，结果如图 5-93 所示。

（3）单击"默认"选项卡"绘图"面板中的"圆"按钮，绘制圆心坐标为（160,150），半径为 10 的圆。重复"圆"命令，以（235,150）为圆心，绘制半径为 15 的圆。再绘制半径为 50 的圆与前两个圆相切，结果如图 5-94 所示。

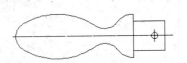

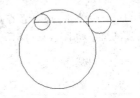

图 5-92　门把手　　　　　　　　　图 5-93　绘制直线 1　　　　　　　　　图 5-94　绘制圆 1

（4）单击"默认"选项卡"绘图"面板中的"直线"按钮，绘制坐标为（250,150）、（@10<90）、（@15<180）的两条直线。重复"直线"命令，绘制坐标为（235,165），（235,150）的直线，结果如图 5-95所示。

（5）单击"默认"选项卡"修改"面板中的"修剪"按钮，进行修剪处理，结果如图 5-96 所示。

（6）单击"默认"选项卡"绘图"面板中的"圆"按钮，绘制与圆弧 1 和圆弧 2 相切的圆，半径为12，结果如图 5-97 所示。

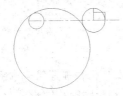

图 5-95　绘制直线 2　　　　　　　　　图 5-96　修剪处理 1　　　　　　　　　图 5-97　绘制圆 2

（7）单击"默认"选项卡"修改"面板中的"修剪"按钮，将多余的圆弧进行修剪，结果如图 5-98所示。

（8）单击"默认"选项卡"修改"面板中的"镜像"按钮，对图形进行镜像处理，镜像线的两点坐标分别为（150,150）和（250,150），结果如图 5-99 所示。

（9）单击"默认"选项卡"修改"面板中的"修剪"按钮，进行修剪处理，结果如图 5-100 所示。

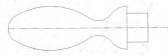

图 5-98　修剪处理 2　　　　　　　　　图 5-99　镜像处理　　　　　　　　　图 5-100　把手初步图形

（10）将"中心线"图层设置为当前图层。单击"默认"选项卡"绘图"面板中的"直线"按钮，在把手接头的中间位置绘制适当长度的竖直线段，作为销孔定位中心线，如图 5-101 所示。

（11）将"轮廓线"图层设置为当前图层。单击"默认"选项卡"绘图"面板中的"圆"按钮，以中心线交点为圆心绘制适当半径的圆作为销孔，如图 5-102 所示。

（12）单击"默认"选项卡"修改"面板中的"拉伸"按钮，拉伸接头长度，结果如图 5-103 所示。

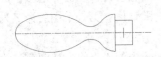

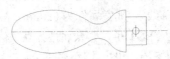

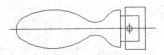

图 5-101　销孔中心线　　　　　　　　　图 5-102　销孔　　　　　　　　　图 5-103　指定拉伸对象

高手支招

用交叉窗口选择拉伸对象时，落在交叉窗口内的端点被拉伸，落在外部的端点保持不动。

5.5.6 "拉长"命令

【执行方式】

☑ 命令行：LENGTHEN。

☑ 菜单栏：选择菜单栏中的"修改"→"拉长"命令。

☑ 功能区：单击"默认"选项卡"修改"面板中的"拉长"按钮✓。

【操作实践——绘制挂钟】

绘制如图 5-104 所示的挂钟。操作步骤如下：

（1）单击"默认"选项卡"绘图"面板中的"圆"按钮⊚，绘制圆心为（100,100），半径为 20 的圆形作为挂钟的外轮廓线，如图 5-105 所示。

（2）单击"默认"选项卡"绘图"面板中的"直线"按钮✓，绘制坐标为{（100,100），（100,117.25）}、{（100,100），（82.75,100）}和{（100,100），（105,94）}的 3 条直线作为挂钟的指针，如图 5-106 所示。

图 5-104 挂钟图形

图 5-105 绘制圆形

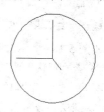

图 5-106 绘制指针

（3）单击"默认"选项卡"修改"面板中的"拉长"按钮✓，将秒针拉长至圆的边缘，命令行提示与操作如下：

```
命令: _lengthen
选择要测量的对象或 [增量(DE)/百分比(P)/总计(T)/动态(DY)] <增量(DE)>: DE
输入长度增量或 [角度(A)] <0.0000>:2✓
选择要修改的对象或 [放弃(U)]:选择秒针✓
选择要修改的对象或 [放弃(U)]: ✓
```

绘制挂钟完成，效果如图 5-104 所示。

【选项说明】

（1）增量(DE)：用指定增加量的方法来改变对象的长度或角度。

（2）百分比(P)：用指定要修改对象的长度占总长度的百分比的方法来改变圆弧或直线段的长度。

（3）总计(T)：用指定新的总长度或总角度值的方法来改变对象的长度或角度。

（4）动态(DY)：在这种模式下，可以使用拖曳鼠标的方法来动态地改变对象的长度或角度。

5.5.7 "打断"命令

【执行方式】

☑ 命令行：BREAK。

☑ 菜单栏：选择菜单栏中的"修改"→"打断"命令。

☑ 工具栏：单击"修改"工具栏中的"打断"按钮□。

☑ 功能区：单击"默认"选项卡"修改"面板中的"打断"按钮□。

【操作步骤】

命令: BREAK
选择对象:（选择要打断的对象）
指定第二个打断点或 [第一点(F)]:（指定第二个断开点或输入 "F"）

【选项说明】

如果选择"第一点(F)"选项，系统将丢弃前面的第一个选择点，重新提示用户指定两个打断点。

5.5.8 "打断于点"命令

打断于点是指在对象上指定一点，从而把对象在此点拆分成两部分。此命令与"打断"命令类似。

【执行方式】

☑ 工具栏：单击"修改"工具栏中的"打断于点"按钮 。
☑ 功能区：单击"默认"选项卡"修改"面板中的"打断于点"按钮 。

【操作实践——绘制吸顶灯】

绘制如图 5-107 所示的吸顶灯。操作步骤如下：

（1）单击"默认"选项卡"图层"面板中的"图层特性"按钮 ，新建两个图层：图层 1 颜色为蓝色，其余属性默认；图层 2 颜色为黑色，其余属性默认。

（2）将图层 1 设置为当前图层，单击"默认"选项卡"绘图"面板中的"直线"按钮 ，绘制坐标点为{（50,100），（100,100）}和{（75,75），（75,125）}的两条相交的直线，如图 5-108 所示。

（3）将图层 2 设置为当前图层，单击"默认"选项卡"绘图"面板中的"圆"按钮 ，绘制以（75,100）为圆心，半径分别为 15、10 的两个同心圆，如图 5-109 所示。

图 5-107　吸顶灯图形

图 5-108　绘制相交直线

图 5-109　绘制同心圆

（4）单击"默认"选项卡"修改"面板中的"打断于点"按钮 ，将超出圆外的直线修剪掉。命令行提示与操作如下。

命令:_break↙
选择对象:（选择竖直直线）
指定第二个打断点或 [第一点(F)]:F ↙
指定第一个打断点:（选择竖直直线的上端点）
指定第二个打断点:（选择竖直直线与大圆上面的相交点）

重复"打断于点"命令，将其他 3 段超出圆外的直线修剪掉，结果如图 5-107 所示。

5.5.9 "分解"命令

【执行方式】

☑ 命令行：EXPLODE。

☑ 菜单栏：选择菜单栏中的"修改"→"分解"命令。
☑ 工具栏：单击"修改"工具栏中的"分解"按钮📷。
☑ 功能区：单击"默认"选项卡"修改"面板中的"分解"按钮📷。

【操作步骤】

命令: EXPLODE
选择对象:（选择要分解的对象）

选择一个对象后，该对象会被分解。系统继续提示该行信息，允许分解多个对象。

5.5.10 "合并"命令

可以将直线、圆弧、椭圆弧和样条曲线等独立的对象合并为一个对象，如图 5-110 所示。

【执行方式】

☑ 命令行：JOIN。
☑ 菜单栏：选择菜单栏中的"修改"→"合并"命令。
☑ 工具栏：单击"修改"工具栏中的"合并"按钮➡。
☑ 功能区：单击"默认"选项卡"修改"面板中的"合并"按钮➡。

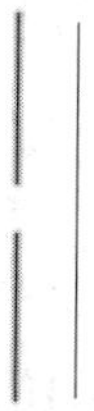

【操作步骤】

打开随书光盘"源文件"文件夹下相应的源文件，命令行提示与操作如下。

图 5-110 合并对象

命令: JOIN
选择源对象:（选择一个对象）
选择要合并到源的直线:（选择另一个对象）
找到 1 个
选择要合并到源的直线:
已将 1 条直线合并到源

5.6 综合演练——转角沙发

本实例绘制的转角沙发如图 5-111 所示。由图可知，转角沙发是由两个三人沙发和一个转角组成，可以通过矩形、定数等分、分解、偏移、复制、旋转以及移动命令来绘制。

【操作步骤】

（1）单击"默认"选项卡"绘图"面板中的"矩形"按钮▢，绘制适当尺寸的 3 个矩形，如图 5-112 所示。

（2）单击"默认"选项卡"修改"面板中的"分解"按钮📷，分解步骤（1）中绘制的 3 个矩形，命令行提示与操作如下。

命令: EXPLODE ↙
选择对象:（选择 3 个矩形）

（3）单击"默认"选项卡"绘图"面板中的"定数等分"按钮 ⚡，将中间矩形上部线段等分为 3 部分，命令行提示与操作如下。

命令: DIVIDE↙
选择要定数等分的对象:（选择中间矩形上部线段）
输入线段数目或 [块(B)]: 3↙

（4）单击"默认"选项卡"修改"面板中的"偏移"按钮 ⚏，将中间矩形下部线段向上偏移 3 次，取适当的偏移值。

（5）打开状态栏中的"对象捕捉"开关和"正交"开关，捕捉中间矩形上部线段的等分点，向下绘制两条线段，下端点为第一次偏移的线段上的垂足，结果如图 5-113 所示。

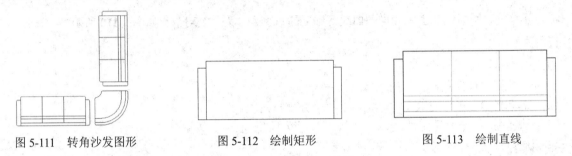

图 5-111　转角沙发图形　　　　图 5-112　绘制矩形　　　　图 5-113　绘制直线

（6）单击"默认"选项卡"绘图"面板中的"直线"按钮 ✎ 和"圆弧"按钮 ⌒，绘制沙发转角部分，如图 5-114 所示。

（7）单击"默认"选项卡"修改"面板中的"偏移"按钮 ⚏，将图 5-114 中下部圆弧取适当的偏移值向上偏移两次。

（8）圆角处理。单击"默认"选项卡"修改"面板中的"圆角"按钮 ⌐，对沙发进行倒圆角操作，命令行提示与操作如下。

命令: FILLET↙
当前设置: 模式 = 修剪，半径 = 0.0000
选择第一个对象或 [多段线(P)/半径(R)/修剪(T)/多个(U)]:R↙
指定圆角半径 <0.0000>:（输入适当值）
选择第一个对象或 [多段线(P)/半径(R)/修剪(T)/多个(U)]:（选择第一个对象）
选择第二个对象:（选择第二个对象）

对各个转角处倒圆角后效果如图 5-115 所示。

（9）单击"默认"选项卡"修改"面板中的"复制"按钮 ✎，复制左边沙发到右上角，如图 5-116 所示。

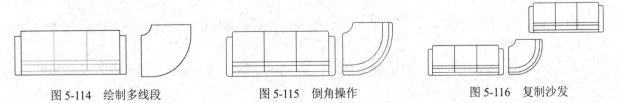

图 5-114　绘制多线段　　　　图 5-115　倒角操作　　　　图 5-116　复制沙发

（10）单击"默认"选项卡"修改"面板中的"旋转"按钮 ○ 和"移动"按钮 ✥，旋转并移动复制后的沙发，最终效果如图 5-111 所示。

5.7 名师点拨——编辑技巧

1．如何用 BREAK 命令在一点打断对象

执行 BREAK 命令，在提示输入第二点时，可以输入"@"再按 Enter 键，这样即可在第一点打断选定对象。

2．怎样用"修剪"命令同时修剪多条线段

1 条竖直线与 4 条平行线相交，现在要剪切掉竖直线右侧的部分，执行 TRIM 命令，在命令行中显示"选择对象"时，选择直线并按 Enter 键，然后输入"F"并按 Enter 键，最后在竖直线右侧画一条直线并按 Enter 键，即可完成修剪。

3．对圆进行打断操作时的方向问题

AutoCAD 会沿逆时针方向将圆上从第一断点到第二断点之间的圆弧删除。

4．"偏移"命令的作用是什么

在 AutoCAD 中，可以使用"偏移"命令对指定的直线、圆弧、圆等对象作定距离偏移复制。在实际应用中，常利用"偏移"命令的特性创建平行线或等距离分布图。

5.8 上机实验

【练习 1】绘制如图 5-117 所示的燃气灶。

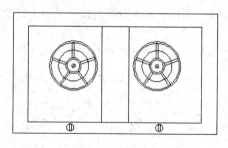

图 5-117 燃气灶

1．目的要求

本实例图形涉及的命令主要是"矩形""直线""圆""样条曲线""阵列""镜像"命令，通过本实验帮助读者掌握各种基本绘图命令的操作方法。

2．操作提示

（1）单击"默认"选项卡"绘图"面板中的"矩形"按钮▢和"直线"按钮✐，绘制燃气灶外轮廓。

（2）单击"默认"选项卡"绘图"面板中的"圆"按钮⊙和"样条曲线"按钮∿，绘制支撑骨架。

（3）单击"默认"选项卡"修改"面板中的"矩形阵列"按钮▦和"镜像"按钮⚎，完成绘制燃气灶。

【练习 2】绘制如图 5-118 所示的门。

1．目的要求

本实例图形涉及的命令主要是"矩形""偏移"命令，通过本练习帮助读者掌握各种基本绘图命令的操作方法。

2．操作提示

（1）单击"默认"选项卡"绘图"面板中的"矩形"按钮□，绘制门轮廓。

（2）单击"默认"选项卡"修改"面板中的"偏移"按钮△，完成绘制门。

【练习 3】绘制如图 5-119 所示的小房子。

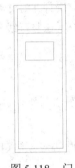

图 5-118　门　　　　　　　　　图 5-119　小房子

1．目的要求

本实例图形涉及的命令主要是"矩形""直线""阵列"命令。通过本练习帮助读者掌握各种基本绘图命令的操作方法。

2．操作提示

（1）单击"默认"选项卡"绘图"面板中的"矩形"按钮□和"修改"面板中的"矩形阵列"按钮▦，绘制主要轮廓。

（2）单击"默认"选项卡"绘图"面板中的"直线"按钮╱和"修改"面板中的"矩形阵列"按钮▦，处理细节。

5.9　模　拟　考　试

（1）关于"分解"命令（EXPLODE）的描述正确的是（　　　）。

　A．对象分解后颜色、线型和线宽不会改变

　B．图案分解后图案与边界的关联性仍然存在

　C．多行文字分解后将变为单行文字

　D．构造线分解后可得到两条射线

（2）使用"复制"命令时，正确的情况是（　　　）。

　A．复制一个就退出命令

　B．最多可复制 3 个

　C．复制时，选择放弃则退出命令

D．可复制多个，直到选择退出才结束复制

（3）"拉伸"命令对下列（　　）对象没有作用。

　　A．多段线　　　　　B．样条曲线　　　　　C．圆　　　　　D．矩形

（4）关于偏移，下面说明错误的是（　　）。

　　A．偏移值为30

　　B．偏移值为-30

　　C．偏移圆弧时，可以创建更大的圆弧，也可以创建更小的圆弧

　　D．可以偏移的对象类型有样条曲线

（5）下面图形不能偏移的是（　　）。

　　A．构造线　　　　　B．多线　　　　　　C．多段线　　　　　D．样条曲线

（6）下面图形中偏移后图形属性没有发生变化的是（　　）。

　　A．多段线　　　　　B．椭圆弧　　　　　C．椭圆　　　　　D．样条曲线

（7）使用 SCALE 命令缩放图形时，在提示输入比例时输入"r"，然后指定缩放的参照长度分别为1、2，则缩放后的比例值为（　　）。

　　A．2　　　　　　　B．1　　　　　　　C．0.5　　　　　　D．4

（8）能够将物体某部分进行大小不变的复制的命令有（　　）。

　　A．MIRROR　　　　B．COPY　　　　　C．ROTATE　　　　D．ARRAY

（9）要剪切与剪切边延长线相交的圆，则需执行的操作为（　　）。

　　A．剪切时按住 Shift 键　　　　　　　　B．剪切时按住 Alt 键

　　C．修改"边"参数为"延伸"　　　　　　D．剪切时按住 Ctrl 键

（10）对于一个多段线对象中的所有角点进行圆角，可以使用"圆角"命令中的（　　）选项。

　　A．多段线(P)　　　B．修剪(T)　　　　C．多个(U)　　　　D．半径(R)

（11）将用"矩形"命令绘制的四边形分解后，该矩形成为（　　）个对象。

　　A．4　　　　　　　B．3　　　　　　　C．2　　　　　　　D．1

（12）绘制如图 5-120 所示的图形。

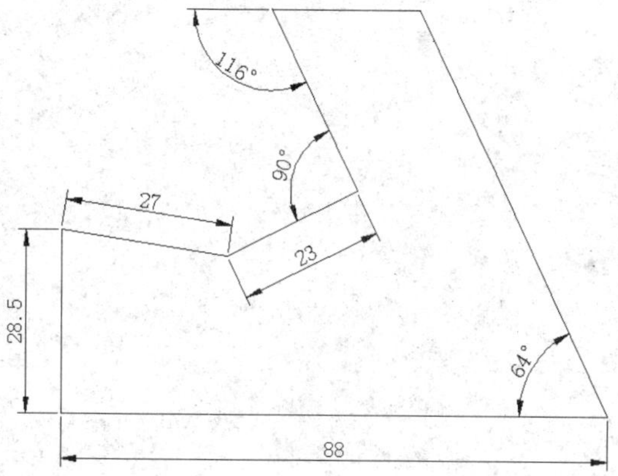

图 5-120　图形

第**6**章

高级绘图和编辑命令

　　复杂二维绘图和编辑命令是指一些复杂的绘图及其对应的编辑命令，如多段线、样条曲线、多线、图案填充等。

　　本章详细讲述 AutoCAD 提供的这些命令，帮助读者准确、简捷地完成复杂二维图形的绘制。

6.1　图　案　填　充

当用户需要用一个重复的图案（pattern）填充一个区域时，可以使用 BHATCH 命令，创建一个相关联的填充阴影对象，即所谓的图案填充。

【预习重点】

- ☑　观察图案填充结果。
- ☑　了解填充样例对应的含义。
- ☑　确定边界选择要求。
- ☑　了解对话框中参数的含义。

6.1.1　基本概念

1. 图案边界

当进行图案填充时，首先要确定填充图案的边界。定义边界的对象只能是直线、双向射线、单向射线、多段线、样条曲线、圆弧、圆、椭圆、椭圆弧、面域等对象或用这些对象定义的块，而且作为边界的对象，在当前图层上必须全部可见。

2. 孤岛

在进行图案填充时，把位于总填充区域内的封闭区称为孤岛，如图 6-1 所示。在使用 BHATCH 命令进行填充时，AutoCAD 系统允许用户以拾取点的方式确定填充边界，即在希望填充的区域内任意拾取一点，系统会自动确定出填充边界，同时也确定该边界内的岛。如果用户以选择对象的方式确定填充边界，则必须精确地选取这些岛，有关知识将在 6.1.2 节中介绍。

3. 填充方式

在进行图案填充时，需要控制填充的范围，AutoCAD 系统为用户设置了以下 3 种填充方式以实现对填充范围的控制。

（1）普通方式。如图 6-2（a）所示，该方式从边界开始，从每条填充线或每个填充符号的两端向里填充，遇到内部对象与之相交时，填充线或符号断开，直到遇到下一次相交时再继续填充。采用这种填充方式时，要避免剖面线或符号与内部对象的相交次数为奇数，该方式为系统内部的默认方式。

（2）最外层方式。如图 6-2（b）所示，该方式从边界向里填充，只要在边界内部与对象相交，剖面符号就会断开，而不再继续填充。

（3）忽略方式。如图 6-2（c）所示，该方式忽略边界内的对象，所有内部结构都被剖面符号覆盖。

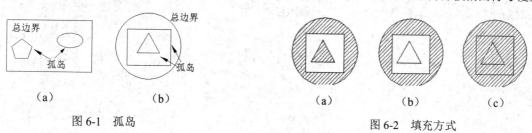

图 6-1　孤岛　　　　　　　　　　　　图 6-2　填充方式

6.1.2　图案填充的操作

【执行方式】

- ☑　命令行：BHATCH（快捷命令：H）。
- ☑　菜单栏：选择菜单栏中的"绘图"→"图案填充"命令。
- ☑　工具栏：单击"绘图"工具栏中的"图案填充"按钮▨。
- ☑　功能区：单击"默认"选项卡"绘图"面板中的"图案填充"按钮▨。

【操作步骤】

执行上述命令后，系统弹出如图 6-3 所示的"图案填充创建"选项卡。

图 6-3　"图案填充创建"选项卡

【操作实践——绘制办公座椅】

利用上述综合命令绘制如图 6-4 所示的办公座椅，操作步骤如下：

（1）新建两个图层：图层 1，颜色为红色，其余属性默认；图层 2，颜色为蓝色，其余属性默认。

（2）在命令行中输入"ZOOM"命令，缩放视图，命令行提示与操作如下。

命令: ZOOM
指定窗口角点，输入比例因子(nx 或 nxp)，或 [全部(A)/中心点(C)/动态(D)/范围(E)/上一个(P)/比例(S)/窗口(W)/对象/(O)] ＜实时＞:_c
指定中心点: 350,350
输入比例或高度<875,4637>: 1000

（3）将图层 1 设置为当前图层，单击"默认"选项卡"绘图"面板中的"圆弧"按钮✐，绘制圆弧，命令行提示与操作如下。

命令:_arc↙
圆弧创建方向: 逆时针（按住 Ctrl 键可切换方向）
指定圆弧的起点或 [圆心(C)]: 8,25.6↙
指定圆弧的第二个点或 [圆心(C)/端点(E)]: 170,44.6↙
指定圆弧的端点: 323,38.4↙

重复"圆弧"命令，绘制另外 4 段圆弧，三点坐标分别为{(8,25.6),(10.7,42.8),(15.2,48.5)}、{(15.2,48.5),(159.2,64.7),(303.5,64.4)}、{(303.5,64.6),(305.4,52.7),(305.4,40)}、{(303.5,64.6),(308,70.4),(310,77.7)}。
绘制结果如图 6-5 所示。

图 6-4　办公座椅

图 6-5　绘制圆弧

（4）单击"默认"选项卡"绘图"面板中的"直线"按钮，绘制直线，命令行提示与操作如下。

```
命令: _line 指定第一个点: 329,77.7✓
指定下一点或 [放弃(U)]: @-19.7,0✓
指定下一点或 [放弃(U)]: ✓
命令: _line 指定第一个点: 329.7,146.1✓
指定下一点或 [放弃(U)]: @-147.1,0✓
指定下一点或 [放弃(U)]: @0,37.2✓
指定下一点或 [闭合(C)/放弃(U)]: @18.3,0✓
指定下一点或 [闭合(C)/放弃(U)]: @0,-17.2✓
指定下一点或 [闭合(C)/放弃(U)]: @128.8,0✓
指定下一点或 [闭合(C)/放弃(U)]: ✓
命令: _line 指定第一个点: 310,77.7✓
指定下一点或 [放弃(U)]: @0,68.4✓
指定下一点或 [放弃(U)]: ✓
命令: _line 指定第一个点: 329.7,368✓
指定下一点或 [放弃(U)]: @-113.4,0✓
指定下一点或 [放弃(U)]: ✓
命令: _line 指定第一个点: 214.5,377.4✓
指定下一点或 [放弃(U)]: @0,-14.7✓
指定下一点或 [放弃(U)]: @-16.4,0✓
指定下一点或 [闭合(C)/放弃(U)]: @0,-8✓
指定下一点或 [闭合(C)/放弃(U)]: @-17.8,0✓
指定下一点或 [闭合(C)/放弃(U)]: @0,22.7✓
指定下一点或 [闭合(C)/放弃(U)]: @149.6,0✓
指定下一点或 [闭合(C)/放弃(U)]: ✓
```

绘制结果如图 6-6 所示。

（5）将图层 2 设置为当前图层，单击"默认"选项卡"绘图"面板中的"矩形"按钮，绘制矩形，命令行提示与操作如下。

```
命令: _rectang✓
指定第一个角点或 [倒角(C)/标高(E)/圆角(F)/厚度(T)/宽度(W)]: 318.6,367.5✓
指定另一个角点或 [面积(A)/尺寸(D)/旋转(R)]: @21.9,9.9✓
```

用同样的方法，运用"矩形"命令 RECTANG 绘制另外 6 个矩形，端点坐标分别为{（310,166.1），
（@40,187.2）}、{（185.3,183.3），（@8.6,171.3）}、{（310,282.4），（@11.9,4.8）}、{（321.9,278.7），（@16.4,12.3）}、
{（40,463），（@40,218）}、{（324.4,367），（@10,-13.6）}。

绘制结果如图 6-7 所示。

（6）将图层 1 设置为当前图层，单击"默认"选项卡"绘图"面板中的"圆弧"按钮，绘制圆弧，命令行提示与操作如下。

```
命令: _arc✓
指定圆弧的起点或 [圆心(C)]: 327.7,377.4✓
指定圆弧的第二个点或 [圆心(C)/端点(E)]: 179.9,387.1✓
指定圆弧的端点: 63.1,412✓
命令: ARC✓
指定圆弧的起点或 [圆心(C)]: 63.1,412✓
指定圆弧的第二个点或 [圆心(C)/端点(E)]: 53,440.7✓
```

指定圆弧的端点: 69.3,462.4↙
命令: ARC↙
指定圆弧的起点或 [圆心(C)]: 69.3,462.4↙
指定圆弧的第二个点或 [圆心(C)/端点(E)]: 195.6,433↙
指定圆弧的端点: 326,427↙

绘制结果如图 6-8 所示。

（7）单击"默认"选项卡"绘图"面板中的"直线"按钮 ✎，绘制直线，命令行提示与操作如下。

命令: _line 指定第一个点: 106,455↙
指定下一点或 [放弃(U)]: 66.6,727↙
指定下一点或 [放弃(U)]: @101.6,137.5↙
指定下一点或 [闭合(C)/放弃(U)]: @16.3,0↙
指定下一点或 [闭合(C)/放弃(U)]: ↙

（8）将图层 2 设置为当前图层，单击"默认"选项卡"绘图"面板中的"直线"按钮 ✎，命令行提示与操作如下。

命令: _line 指定第一个点: 184,864↙
指定下一点或 [放弃(U)]: 237,428↙
指定下一点或 [放弃(U)]: ↙

绘制结果如图 6-9 所示。

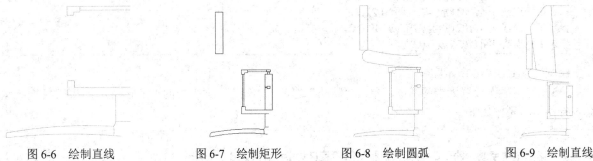

图 6-6　绘制直线　　　　　图 6-7　绘制矩形　　　　　图 6-8　绘制圆弧　　　　　图 6-9　绘制直线

（9）单击"默认"选项卡"绘图"面板中的"直线"按钮 ✎，绘制轮子，命令行提示与操作如下。

命令: _line 指定第一个点: 0,3.5↙
指定下一点或 [放弃(U)]: @7.2,19.7↙
指定下一点或 [放弃(U)]: @9.3,0↙
指定下一点或 [闭合(C)/放弃(U)]: @7.2,-19.7↙
指定下一点或 [闭合(C)/放弃(U)]:
命令: _line 指定第一个点: 6,20↙
指定下一点或 [放弃(U)]: @11.8, 0↙
指定下一点或 [闭合(C)/放弃(U)]:

（10）单击"默认"选项卡"绘图"面板中的"矩形"按钮 □，绘制矩形，命令行提示与操作如下。

命令: _rectang↙
指定第一个角点或 [倒角(C)/标高(E)/圆角(F)/厚度(T)/宽度(W)]: 0,0↙
指定另一个角点或 [面积(A)/尺寸(D)/旋转(R)]: @23.7,3.5↙
命令: ↙

RECTANG 指定第一个角点或 [倒角(C)/标高(E)/圆角(F)/厚度(T)/宽度(W)]: 9.4,23↙
指定另一个角点或 [面积(A)/尺寸(D)/旋转(R)]: @14,26↙ （绘制结果如图 6-10 所示）

（11）单击"默认"选项卡"修改"面板中的"复制"按钮 ，将轮子进行复制，效果如图 6-11 所示。

（12）单击"默认"选项卡"修改"面板中的"镜像"按钮 ，对图形进行镜像处理，命令行提示与操作如下。

命令: _mirror↙
选择对象: ALL↙
找到 147 个
选择对象: ↙
指定镜像线的第一点: 329.7,0↙
指定镜像线的第二点: 329.7,10↙
要删除源对象? [是(Y)/否(N)] <N>:↙

绘制结果如图 6-12 所示。

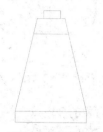

图 6-10　绘制轮子

图 6-11　复制轮子

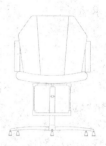

图 6-12　镜像处理

（13）单击"默认"选项卡"绘图"面板中的"图案填充"按钮 ，打开如图 6-13 所示的"图案填充创建"选项卡，设置"图案填充图案"为 AR-CONC，"填充图案比例"为 0.5，"图案填充角度"为 0，抬取填充区域内一点，结果如图 6-14 所示。

图 6-13　"图案填充创建"选项卡

图 6-14　填充图形

【选项说明】

（1）"边界"面板

① 拾取点：通过选择由一个或多个对象形成的封闭区域内的点，确定图案填充边界，如图 6-15 所示。

指定内部点时，可以随时在绘图区域中右击以显示包含多个选项的快捷菜单。

② 选择边界对象：指定基于选定对象的图案填充边界。使用该选项时，不会自动检测内部对象，必须选择选定边界内的对象，以按照当前孤岛检测样式填充这些对象，如图6-16所示。

选择一点　　　填充区域　　　填充结果　　　原始图形　　　选取边界对象　　　填充结果

图6-15　边界确定　　　　　　　　　　　　　　　　图6-16　选取边界对象

③ 删除边界对象：从边界定义中删除之前添加的任何对象，如图6-17所示。

④ 重新创建边界：围绕选定的图案填充或填充对象创建多段线或面域，并使其与图案填充对象相关联（可选）。

⑤ 显示边界对象：选择构成选定关联图案填充对象的边界的对象，使用显示的夹点可修改图案填充边界。

⑥ 保留边界对象：指定如何处理图案填充边界对象，包括以下几个选项。

选取边界对象　　　删除边界　　　填充结果

☑ 不保留边界（仅在图案填充创建期间可用）。不创建独立的图案填充边界对象。

图6-17　删除"岛"后的边界

☑ 保留边界-多段线（仅在图案填充创建期间可用）。创建封闭图案填充对象的多段线。

☑ 保留边界-面域（仅在图案填充创建期间可用）。创建封闭图案填充对象的面域对象。

☑ 选择新边界集。指定对象的有限集（称为边界集），以便通过创建图案填充时的拾取点进行计算。

（2）"图案"面板

显示所有预定义和自定义图案的预览图像。

（3）"特性"面板

① 图案填充类型：指定是使用纯色、渐变色、图案还是用户定义的填充。

② 图案填充颜色：替代实体填充和填充图案的当前颜色。

③ 背景色：指定填充图案背景的颜色。

④ 图案填充透明度：设定新图案填充或填充的透明度，替代当前对象的透明度。

⑤ 图案填充角度：指定图案填充或填充的角度。

⑥ 填充图案比例：放大或缩小预定义或自定义填充图案。

⑦ 相对图纸空间：（仅在布局中可用）相对于图纸空间单位缩放填充图案。使用该选项，可很容易地做到以适合于布局的比例显示填充图案。

⑧ 双向：该选项仅当"图案填充类型"设定为"用户定义"时可用，将绘制第二组直线，与原始直线成为90°角，从而构成交叉线。

⑨ ISO笔宽：（仅对于预定义的ISO图案可用）基于选定的笔宽缩放ISO图案。

（4）"原点"面板

① 设定原点：直接指定新的图案填充原点。

② 左下：将图案填充原点设定在图案填充边界矩形范围的左下角。

③ 右下：将图案填充原点设定在图案填充边界矩形范围的右下角。

④ 左上：将图案填充原点设定在图案填充边界矩形范围的左上角。

⑤ 右上：将图案填充原点设定在图案填充边界矩形范围的右上角。

⑥ 中心：将图案填充原点设定在图案填充边界矩形范围的中心。

⑦ 使用当前原点：将图案填充原点设定在 HPORIGIN 系统变量中存储的默认位置。

⑧ 存储为默认原点：将新图案填充原点的值存储在 HPORIGIN 系统变量中。

（5）"选项"面板

① 关联：指定图案填充或填充为关联图案填充。关联的图案填充或填充在用户修改其边界对象时将会更新。

② 注释性：指定图案填充为注释性。该特性会自动完成缩放注释过程，从而使注释能够以正确的大小在图纸上打印或显示。

③ 特性匹配：包括以下两项。

☑ 使用当前原点：使用选定图案填充对象（除图案填充原点外）设定图案填充的特性。

☑ 使用源图案填充的原点：使用选定图案填充对象（包括图案填充原点）设定图案填充的特性。

④ 允许的间隙：设定将对象用作图案填充边界时可以忽略的最大间隙。默认值为 0，该值指定对象必须封闭区域而没有间隙。

⑤ 创建独立的图案填充：控制当指定了几个单独的闭合边界时，是创建单个图案填充对象，还是创建多个图案填充对象。

⑥ 孤岛检测：包括以下 3 项。

☑ 普通孤岛检测：从外部边界向内填充。如果遇到内部孤岛，填充将关闭，直到遇到孤岛中的另一个孤岛。

☑ 外部孤岛检测：从外部边界向内填充。该选项仅填充指定的区域，不会影响内部孤岛。

☑ 忽略孤岛检测：忽略所有内部的对象，填充图案时将通过这些对象。

⑦ 绘图次序：为图案填充或填充指定绘图次序。选项包括"不更改""后置""前置""置于边界之后""置于边界之前"。

（6）"关闭"面板

关闭"图案填充创建"选项卡：退出 HATCH 并关闭上下文选项卡。也可以按 Enter 键或 Esc 键退出 HATCH。

6.1.3 渐变色的操作

【执行方式】

☑ 命令行：GRADIENT。

☑ 菜单栏：选择菜单栏中的"绘图"→"渐变色"命令。

☑ 工具栏：单击"绘图"工具栏中的"图案填充"按钮▨。

☑ 功能区：单击"默认"选项卡"绘图"面板中的"渐变色"按钮▨。

【操作步骤】

执行上述命令后系统打开如图 6-18 所示的"图案填充创建"选项卡，各面板中的按钮含义与图案填充的类似，这里不再赘述。

图 6-18 "图案填充创建"选项卡

6.1.4 边界的操作

【执行方式】

☑ 命令行：BOUNDARY。
☑ 功能区：单击"默认"选项卡"绘图"面板中的"边界"按钮 □。

【操作步骤】

执行上述命令后，系统打开如图 6-19 所示的"边界创建"对话框。

【选项说明】

（1）拾取点：根据围绕指定点构成封闭区域的现有对象来确定边界。

图 6-19 "边界创建"对话框

（2）孤岛检测：控制 BOUNDARY 命令是检测内部闭合边界，该边界称为孤岛。

（3）对象类型：控制新边界对象的类型。BOUNDARY 将边界作为面域或多段线对象创建。

（4）边界集：定义通过指定点定义边界时，BOUNDARY 要分析的对象集。

6.1.5 编辑填充的图案

利用 HATCHEDIT 命令，编辑已经填充的图案。

【执行方式】

☑ 命令行：HATCHEDIT。
☑ 菜单栏：选择菜单栏中的"修改"→"对象"→"图案填充"命令。
☑ 工具栏：单击"修改 II"工具栏中的"编辑图案填充"按钮 □。
☑ 功能区：单击"默认"选项卡"修改"面板中的"编辑图案填充"按钮 □。
☑ 快捷菜单：选中填充的图案并右击，在弹出的快捷菜单中选择"图案填充编辑"命令，如图 6-20 所示。
☑ 快捷方法：直接选择填充的图案，打开"图案填充编辑器"选项卡，如图 6-21 所示。

图 6-20 快捷菜单

图 6-21 "图案填充编辑器"选项卡

6.2 多 段 线

多段线是一种由线段和圆弧组合而成的不同线宽的多线，这种线由于其组合形式的多样和线宽的不同，弥补了直线或圆弧功能的不足，适合绘制各种复杂的图形轮廓，因而得到了广泛的应用。

【预习重点】

☑　比较多段线与直线、圆弧组合体的差异。

☑　了解"多段线"命令行选项的含义。

☑　了解如何编辑多段线。

☑　对比编辑多段线与面域的区别。

6.2.1　绘制多段线

【执行方式】

☑　命令行：PLINE（快捷命令：PL）。

☑　菜单栏：选择菜单栏中的"绘图"→"多段线"命令。

☑　工具栏：单击"绘图"工具栏中的"多段线"按钮⊃。

☑　功能区：单击"默认"选项卡"绘图"面板中的"多段线"按钮⊃。

【操作步骤】

命令: _pline
指定起点:
当前线宽为 0.0000
指定下一个点或 [圆弧(A)/半宽(H)/长度(L)/放弃(U)/宽度(W)]:
指定下一点或 [圆弧(A)/闭合(C)/半宽(H)/长度(L)/放弃(U)/宽度(W)]:

【选项说明】

（1）圆弧(A)：该选项使 PLINE 命令由绘制直线方式变为绘制圆弧方式，并给出绘制圆弧的提示：

指定圆弧的端点(按住 Ctrl 键以切换方向)或 [角度(A)/圆心(CE)/闭合(CL)/方向(D)/半宽(H)/直线(L)/半径(R)/第二个点(S)/放弃(U)/宽度(W)]:

其中，闭合(CL)选项是指系统从当前点到多段线的起点以当前宽度绘制一条直线，构成封闭的多段线，并结束 PLINE 命令的执行。

（2）半宽(H)：该选项用来确定多段线的半宽长度。

（3）长度(L)：确定多段线的长度。

（4）放弃(U)：可以删除多段线中刚绘制出的直线段（或圆弧段）。

（5）宽度(W)：确定多段线的宽度，操作方法与"半宽"选项类似。

6.2.2　编辑多段线

【执行方式】

☑　命令行：PEDIT（快捷命令：PE）。

☑　菜单栏：选择菜单栏中的"修改"→"对象"→"多段线"命令。

☑　工具栏：单击"修改 II"工具栏中的"编辑多段线"按钮▱。

☑　快捷菜单：选择要编辑的多线段，在绘图区右击，从弹出的快捷菜单中选择"多段线编辑"命令。

【操作实践——绘制浴缸】

本实例绘制如图 6-22 所示的浴缸。操作步骤如下：

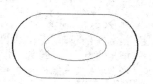

图 6-22　浴缸

（1）单击"默认"选项卡"绘图"面板中的"多段线"按钮⊃，绘制浴缸外沿。命令行提示与操作如下。

```
命令: PLINE↙
指定起点: 200,100↙
当前线宽为 0.0000w
指定下一个点或 [圆弧(A)/半宽(H)/长度(L)/放弃(U)/宽度(W)]: 500,100
指定下一点或 [圆弧(A)/闭合(C)/半宽(H)/长度(L)/放弃(U)/宽度(W)]: H
指定起点半宽 <0.0000>:↙
指定端点半宽 <0.0000>: 2↙
指定下一点或 [圆弧(A)/闭合(C)/半宽(H)/长度(L)/放弃(U)/宽度(W)]: A
指定圆弧的端点(按住 Ctrl 键以切换方向)或 [角度(A)/圆心(CE)/闭合(CL)/方向(D)/半宽(H)/直线(L)/半径(R)/第二个
点(S)/放弃(U)/宽度(W)]: A↙
指定夹角: 90↙
指定圆弧的端点(按住 Ctrl 键以切换方向)或 [圆心(CE)/半径(R)]: CE↙
指定圆弧的圆心: 500,250↙
指定圆弧的端点(按住 Ctrl 键以切换方向)或 [角度(A)/圆心(CE)/闭合(CL)/方向(D)/半宽(H)/直线(L)/半径(R)/第二
个点(S)/放弃(U)/宽度(W)]: W↙
指定起点宽度 <4.0000>: ↙
指定端点宽度 <4.0000>: 0↙
指定圆弧的端点(按住 Ctrl 键以切换方向)或 [角度(A)/圆心(CE)/闭合(CL)/方向(D)/半宽(H)/直线(L)/半径(R)/第二个
点(S)/放弃(U)/宽度(W)]: D
指定圆弧的起点切向:（指定竖直方向的一点）
指定圆弧的端点: 500,400↙
指定圆弧的端点(按住 Ctrl 键以切换方向)或 [角度(A)/圆心(CE)/闭合(CL)/方向(D)/半宽(H)/直线(L)/半径(R)/第二个
点(S)/放弃(U)/宽度(W)]: L↙
指定下一点或 [圆弧(A)/闭合(C)/半宽(H)/长度(L)/放弃(U)/宽度(W)]: 200,400
指定下一点或 [圆弧(A)/闭合(C)/半宽(H)/长度(L)/放弃(U)/宽度(W)]: H
指定起点半宽 <0.0000>: ↙
指定端点半宽 <0.0000>: 2↙
指定下一点或 [圆弧(A)/闭合(C)/半宽(H)/长度(L)/放弃(U)/宽度(W)]: A
指定圆弧的端点(按住 Ctrl 键以切换方向)或 [角度(A)/圆心(CE)/闭合(CL)/方向(D)/半宽(H)/直线(L)/半径(R)/第二个
点(S)/放弃(U)/宽度(W)]: CE↙
指定圆弧的圆心: 200,250↙
指定圆弧的端点(按住 Ctrl 键以切换方向)或 [角度(A)/长度(L)]: A↙
指定夹角: 90↙
指定圆弧的端点(按住 Ctrl 键以切换方向)或 [角度(A)/圆心(CE)/闭合(CL)/方向(D)/半宽(H)/直线(L)/半径(R)/第二个
点(S)/放弃(U)/宽度(W)]: W↙
指定起点宽度 <4.0000>: ↙
指定端点宽度 <4.0000>: 0↙
指定圆弧的端点(按住 Ctrl 键以切换方向)或 [角度(A)/圆心(CE)/闭合(CL)/方向(D)/半宽(H)/直线(L)/半径(R)/第二个
点(S)/放弃(U)/宽度(W)]: CL↙
```

（2）单击"默认"选项卡"绘图"面板中的"椭圆"按钮◎，绘制缸底。命令行提示与操作如下。

```
命令: ELLIPSE↙
指定椭圆的轴端点或 [圆弧(A)/中心点(C)]:（指定端点）
指定轴的另一个端点:（指定另一端点）
指定另一条半轴长度或 [旋转(R)]:（指定半轴长度）
```

结果如图 6-22 所示。

【选项说明】

（1）合并(J)：以选中的多段线为主体，合并其他直线段、圆弧或多段线，使其成为一条多段线。能合并的条件是各段线的端点首尾相连，合并前与合并后的图形如图 6-23 所示。

（2）宽度(W)：修改整条多段线的线宽，使其具有同一线宽，如图 6-24 所示。

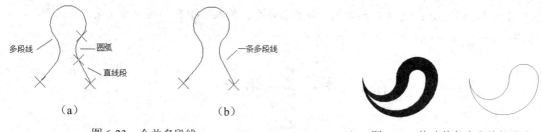

图 6-23　合并多段线　　　　　　　　　　　图 6-24　修改整条多段线的线宽

（3）编辑顶点(E)：选择该项后，在多段线起点处出现一个斜的十字叉"×"，其为当前顶点的标记，命令行提示与操作如下。

[下一个(N)/上一个(P)/打断(B)/插入(I)/移动(M)/重生成(R)/拉直(S)/切向(T)/宽度(W)/退出(X)] <N>:

这些选项允许用户进行移动、插入顶点和修改任意两点间的线的线宽等操作。

（4）拟合(F)：由指定的多段线生成由光滑圆弧连接而成的圆弧拟合曲线，该曲线经过多段线的各顶点。拟合前与拟合后的图形如图 6-25 所示。

（5）样条曲线(S)：以指定的多段线的各顶点作为控制点生成 B 样条曲线。修改前和修改后的图形如图 6-26 所示。

图 6-25　生成圆弧拟合曲线　　　　　　　　图 6-26　生成 B 样条曲线

（6）非曲线化(D)：用直线代替指定的多段线中的圆弧。对于选择"拟合(F)"选项或"样条曲线(S)"选项后生成的圆弧拟合曲线或样条曲线，删去其生成曲线时新插入的顶点，则恢复成由直线段组成的多段线。

（7）线型生成(L)：当多段线的线型为点划线时，控制多段线的线型生成方式开关。选择此项，系统提示如下。

输入多段线线型生成选项 [开(ON)/关(OFF)] <关>:

选择 ON 时，将在每个顶点处允许以短划开始或结束生成线型；选择 OFF 时，将在每个顶点处允许以长划开始或结束生成线型。"线型生成"不能用于包含带变宽的线段的多段线，如图 6-27 所示。

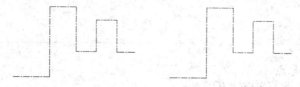

图 6-27　控制多段线的线型（线型为点划线时）

高手支招

（1）利用"多段线"命令可以绘制不同宽度的直线、圆和圆弧。但在实际绘制工程图时，不是利用 PLINE 命令在屏幕上绘制出具有宽度信息的图形，而是利用 LINE、ARC、CIRCLE 等命令绘制出不具有（或具有）宽度信息的图形。

（2）多段线是否填充受 FILL 命令的控制。执行该命令，输入"OFF"，即可使填充处于关闭状态。

6.3 样条曲线

AutoCAD 使用一种称为非一致有理 B 样条（NURBS）曲线的特殊样条曲线类型。NURBS 曲线在控制点之间产生一条光滑的样条曲线，如图 6-28 所示。样条曲线可用于创建形状不规则的曲线，例如，为汽车设计绘制轮廓线或应用在地理信息系统（GIS）中。

【预习重点】

☑ 观察绘制的样条曲线。
☑ 了解样条曲线命令行中的选项含义。
☑ 对比观察利用夹点编辑与编辑样条曲线命令调整曲线轮廓的区别。
☑ 练习样条曲线的应用。

6.3.1 绘制样条曲线

【执行方式】

☑ 命令行：SPLINE。
☑ 菜单栏：选择菜单栏中的"绘图"→"样条曲线"命令。
☑ 工具栏：单击"绘图"工具栏中的"样条曲线"按钮。
☑ 功能区：单击"默认"选项卡"绘图"面板中的"样条曲线拟合"按钮 或"样条曲线控制点"按钮 （如图 6-29 所示）。

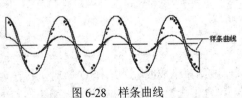

图 6-28 样条曲线

图 6-29 "绘图"面板

【操作步骤】

```
命令：_spline
当前设置：方式=拟合    节点=弦
指定第一个点或 [方式(M)/节点(K)/对象(O)]:
```

输入下一个点或 [起点切向(T)/公差(L)]:
输入下一个点或 [端点相切(T)/公差(L)/放弃(U)]:
输入下一个点或 [端点相切(T)/公差(L)/放弃(U)/闭合(C)]:

【选项说明】

（1）对象(O)：将二维或三维的二次或三次样条曲线的拟合多段线转换为等效的样条曲线，然后（根据 DelOBJ 系统变量的设置）删除该拟合多段线。

（2）闭合(C)：将最后一点定义为与第一点重合，并使其在连接处与样条曲线相切，从而闭合样条曲线。选择该项，系统继续提示如下。

指定切向：（指定点或按 Enter 键）

用户可以指定一点来定义切向矢量，或者通过使用"切点"和"垂足"对象来捕捉模式使样条曲线与现有对象相切或垂直。

（3）公差(L)：使用新的公差值将样条曲线重新拟合至现有的拟合点。

（4）起点切向(T)：定义样条曲线的第一点和最后一点的切向。

如果在样条曲线的两端都指定切向，可以通过输入一个点或者使用"切点"和"垂足"对象来捕捉模式，使样条曲线与已有的对象相切或垂直。如果按 Enter 键，AutoCAD 将计算默认切向。

6.3.2　编辑样条曲线

【执行方式】

☑　命令行：SPLINEDIT。
☑　菜单栏：选择菜单栏中的"修改"→"对象"→"样条曲线"命令。
☑　工具栏：单击"修改 II"工具栏中的"编辑样条曲线"按钮。
☑　功能区：单击"默认"选项卡"修改"面板中的"编辑样条曲线"按钮。
☑　快捷菜单：选择要编辑的样条曲线，在绘图区右击，从弹出的快捷菜单中选择"编辑样条曲线"命令。

【操作实践——绘制壁灯】

本实例绘制如图 6-30 所示的壁灯。操作步骤如下：

（1）单击"默认"选项卡"绘图"面板中的"矩形"按钮，在适当位置绘制一个 220mm×50mm 的矩形。

（2）单击"默认"选项卡"绘图"面板中的"直线"按钮，在矩形中绘制 5 条水平直线，结果如图 6-31 所示。

（3）单击"默认"选项卡"绘图"面板中的"多段线"按钮，绘制灯罩。命令行提示与操作如下。

命令:_pline
指定起点：（在矩形上方适当位置）
当前线宽为 0.0000
指定下一个点或 [圆弧(A)/半宽(H)/长度(L)/放弃(U)/宽度(W)]: A↙
指定圆弧的端点(按住 Ctrl 键以切换方向)或 [角度(A)/圆心(CE)/方向(D)/半宽(H)/直线(L)/半径(R)/第二个点(S)/放弃(U)/宽度(W)]: S↙
指定圆弧上的第二个点：（捕捉矩形上边线中点）
指定圆弧的端点：（适当指定一点，该点大约与第一点水平）

指定圆弧的端点(按住 Ctrl 键以切换方向)或 [角度(A)/圆心(CE)/闭合(CL)/方向(D)/半宽(H)/直线(L)/半径(R)/第二个点(S)/放弃(U)/宽度(W)]: L↙
指定下一点或 [圆弧(A)/闭合(C)/半宽(H)/长度(L)/放弃(U)/宽度(W)]:(捕捉圆弧起点)

重复"多段线"命令,在灯罩上绘制一个不等四边形,如图 6-32 所示。

（4）单击"默认"选项卡"绘图"面板中的"样条曲线拟合"按钮，绘制装饰物，命令行提示与操作如下。

命令: _spline
当前设置: 方式=拟合   节点=弦
指定第一个点或 [方式(M)/节点(K)/对象(O)]:(适当指定一点)
输入下一个点或 [起点切向(T)/公差(L)]:(适当指定一点)
输入下一个点或 [端点相切(T)/公差(L)/放弃(U)]:(适当指定一点)
输入下一个点或 [端点相切(T)/公差(L)/放弃(U)/闭合(C)]:(适当指定一点)
输入下一个点或 [端点相切(T)/公差(L)/放弃(U)/闭合(C)]:(适当指定一点)
输入下一个点或 [端点相切(T)/公差(L)/放弃(U)/闭合(C)]: ↙

重复"样条曲线"命令,绘制另两条样条曲线,适当选取各控制点,结果如图 6-33 所示。

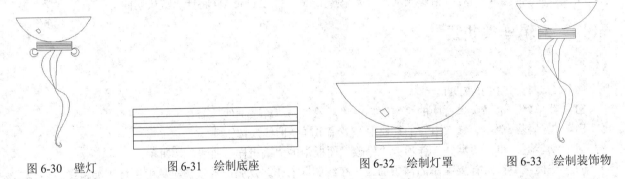

图 6-30 壁灯   图 6-31 绘制底座   图 6-32 绘制灯罩   图 6-33 绘制装饰物

（5）单击"默认"选项卡"绘图"面板中的"多段线"按钮，在矩形的两侧绘制月亮装饰，如图 6-30 所示。

【选项说明】

（1）拟合数据(F)：编辑近似数据。选择该选项后，创建该样条曲线时指定的各点将以小方格的形式显示出来。

（2）编辑顶点(E)：精密调整样条曲线定义。

（3）转换为多段线(P)：将样条曲线转换为多段线。精度值决定结果多段线与原样条曲线拟合的精确程度。有效值为介于 0～99 的任意整数。

（4）反转(R)：反转样条曲线的方向。该选项主要适用于第三方应用程序。

6.4 多 线

多线是一种复合线,由连续的直线段复合组成。多线的一个突出优点是能够提高绘图效率,保证图线之间的统一性。

【预习重点】

- ☑ 观察绘制的多线。
- ☑ 了解多线的不同样式。
- ☑ 观察如何编辑多线。

6.4.1 绘制多线

多线应用的一个最主要的场合是建筑墙线的绘制，在后面的学习中会通过相应的实例帮助读者体会。

【执行方式】

- ☑ 命令行：MLINE。
- ☑ 菜单栏：选择菜单栏中的"绘图"→"多线"命令。

【操作步骤】

```
命令: MLINE✓
当前设置: 对正 = 上，比例 = 20.00，样式 = STANDARD
指定起点或 [对正(J)/比例(S)/样式(ST)]：（指定起点）
指定下一点：（给定下一点）
指定下一点或 [放弃(U)]：（继续给定下一点，绘制线段。输入"U"，则放弃前一段的绘制；右击或按 Enter 键，结束命令）
指定下一点或 [闭合(C)/放弃(U)]：（继续给定下一点，绘制线段。输入"C"，则闭合线段，结束命令）
```

【选项说明】

（1）对正(J)：该项用于给定绘制多线的基准。共有 3 种对正类型："上"、"无"和"下"。其中，"上"表示以多线上侧的线为基准，依此类推。

（2）比例(S)：选择该项，要求用户设置平行线的间距。输入值为 0 时，平行线重合；值为负数时，多线的排列倒置。

（3）样式(ST)：该项用于设置当前使用的多线样式。

6.4.2 定义多线样式

【执行方式】

- ☑ 命令行：MLSTYLE。
- ☑ 菜单栏：选择菜单栏中的"格式"→"多线样式"命令。

【操作步骤】

执行上述命令后，打开如图 6-34 所示的"多线样式"对话框。在该对话框中，用户可以对多线样式进行定义、保存和加载等操作。

6.4.3 编辑多线

【执行方式】

- ☑ 命令行：MLEDIT。

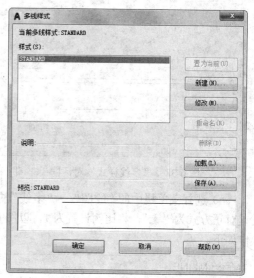

图 6-34　"多线样式"对话框

133

☑ 菜单栏：选择菜单栏中的"修改"→"对象"→"多线"命令。

【操作实践——绘制西式沙发】

本实例绘制如图6-35所示的西式沙发，操作步骤如下：

（1）单击"默认"选项卡"绘图"面板中的"矩形"按钮▢，绘制一个长为100mm、宽为40mm的矩形，如图6-36所示。

（2）单击"默认"选项卡"绘图"面板中的"圆"按钮⊙，在矩形上侧的一个角处，绘制直径为8的圆；单击"默认"选项卡"修改"面板中的"复制"按钮%，并以矩形角点为参考点，将圆复制到另外一个角点处，如图6-37所示。

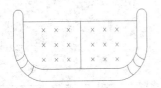

图6-35　西式沙发　　　　　图6-36　绘制矩形　　　　　图6-37　绘制并复制圆

（3）选择菜单栏中的"格式"→"多线样式"命令，打开"多线样式"对话框，如图6-38所示。单击"新建"按钮，打开"创建新的多线样式"对话框，如图6-39所示，将"新样式名"命名为mline1。单击"确定"按钮，关闭所有对话框。

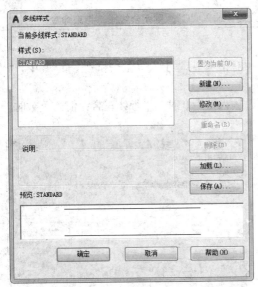

图6-38　"多线样式"对话框　　　　　　　图6-39　设置多线样式

（4）选择菜单栏中的"绘图"→"多线"命令，输入"ST"，选择多线样式为MLINE1，然后输入"J"，设置对正方式为"无"，将比例设置为1，以图6-37中的圆心为起点，沿矩形边界绘制多线，命令行提示与操作如下。

命令: MLINE↙
当前设置: 对正 = 上，比例 = 20.00，样式 = STANDARD
指定起点或 [对正(J)/比例(S)/样式(ST)]:　ST↙（设置当前多线样式）
输入多线样式名或 [?]:　MLINE1↙（选择样式 MLINE1）

当前设置：对正 = 上，比例 = 20.00，样式 = MLINE1
指定起点或 [对正(J)/比例(S)/样式(ST)]：　J↙（设置对正方式）
输入对正类型 [上(T)/无(Z)/下(B)] <上>：　Z↙（设置对正方式为无）
当前设置：对正 = 无，比例 = 20.00，样式 = MLINE1
指定起点或 [对正(J)/比例(S)/样式(ST)]：　S↙
输入多线比例 <20.00>：　1↙（设定多线比例为1）
当前设置：对正 = 无，比例 = 1.00，样式 = MLINE1
指定起点或 [对正(J)/比例(S)/样式(ST)]：（单击圆心）
指定下一点：（单击矩形角点）
指定下一点或 [放弃(U)]：
指定下一点或 [闭合(C)/放弃(U)]：（单击另外一侧圆心）
指定下一点或 [闭合(C)/放弃(U)]：↙

绘制完成后，如图 6-40 所示。

（5）选择刚刚绘制的多线和矩形，单击"默认"选项卡"修改"面板中的"分解"按钮，将多线分解。

（6）将多线中间的矩形轮廓线删除，如图 6-41 所示。单击"默认"选项卡"修改"面板中的"移动"按钮，以直线的左端点为基点，将其移动到圆的下端点，如图 6-42 所示。单击"默认"选项卡"修改"面板中的"修剪"按钮，将多余线剪切，移动剪切后如图 6-43 所示。

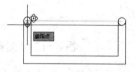

图 6-40　绘制多线　　　　图 6-41　删除直线　　　　图 6-42　移动直线　　　　图 6-43　修剪多余线

（7）单击"默认"选项卡"修改"面板中的"圆角"按钮，设置倒角的大小，绘制沙发扶手及靠背的转角。内侧圆角半径为16，修改内侧圆角后如图 6-44 所示，外侧圆角半径为24，修改后如图 6-45 所示。

（8）利用"中点捕捉"工具，单击"默认"选项卡"绘图"面板中的"直线"按钮，在沙发中心绘制一条垂直的直线，如图 6-46 所示。单击"默认"选项卡"绘图"面板中的"圆弧"按钮，在沙发扶手的拐角处绘制 3 条弧线，两边对称复制，如图 6-47 所示。

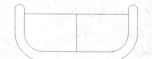

图 6-44　修改内侧圆角　　　图 6-45　修改外侧圆角　　　图 6-46　绘制中线　　　图 6-47　绘制沙发转角

注意　在绘制转角处的纹路时，弧线上的点不易捕捉，这时需要利用 AutoCAD 2017 的"延伸捕捉"功能。此时要确保绘图窗口下部状态栏上的"对象捕捉"功能处于激活状态，其状态可以单击进行切换。单击"默认"选项卡"绘图"面板中的"圆弧"按钮，将光标停留在沙发转角弧线的起点，如图 6-48 所示。此时在起点处会出现黄色的方块，沿弧线缓慢移动鼠标，可以看到一个小型的十字随鼠标移动，且十字中心与弧线起点有虚线相连，如图 6-49 所示。在移动到合适的位置后再单击鼠标即可以绘制。

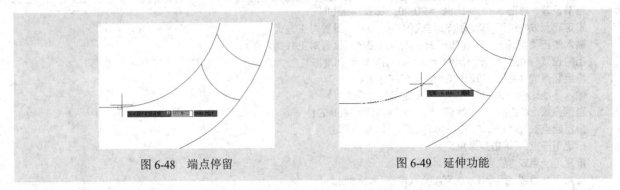

图 6-48　端点停留　　　　　　　　　图 6-49　延伸功能

（9）在沙发左侧空白处用"直线"命令绘制一个"×"形图案，如图 6-50 所示；单击"默认"选项卡"修改"面板中的"矩形阵列"按钮，设置行、列数均为 3，然后将行间距设置为-10、列间距设置为 10。单击"选择对象"按钮，选择刚刚绘制的"×"图形，进行阵列复制，如图 6-51 所示。

（10）单击"默认"选项卡"修改"面板中的"镜像"按钮，将左侧的花纹复制到右侧，如图 6-52 所示。

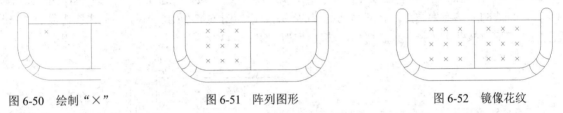

图 6-50　绘制"×"　　　　　　　图 6-51　阵列图形　　　　　　　图 6-52　镜像花纹

（11）在命令行中输入"WBLOCK"命令，将其保存成块，以便绘图时调用。

6.5　对象编辑

在对图形进行编辑时，还可以对图形对象本身的某些特性进行编辑，从而方便地进行图形绘制。

【预习重点】

☑　了解编辑对象的方法有几种。
☑　观察几种编辑方法结果的差异。
☑　对比几种方法的适用对象。

6.5.1　夹点功能

AutoCAD 在图形对象上定义了一些特殊点，称为夹点，利用夹点可以灵活地控制对象，如图 6-53 所示。

要使用夹点功能编辑对象，必须先打开该功能，打开方法是选择"工具"→"选项"命令，在弹出的"选项"对话框的"选择集"选项卡中，选中"启用夹点"复选框。在该选项卡中，还可以设置代表夹点的小方格的尺寸和颜色。

也可以通过 GRIPS 系统变量来控制是否打开夹点功能，1 代表打开，0 代表关闭。

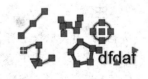

图 6-53　夹点

打开了夹点功能后，应该在编辑对象之前先选择对象。夹点表示对象的控制位置。使用夹点编辑对象，要选择一个夹点作为基点，称为基准夹点。然后选择镜像、移动、旋转、拉伸和缩放中的一种编辑操作。可以用 Space 键、Enter 键或键盘上的快捷键循环选择这些功能。

下面仅就其中的拉伸对象操作为例进行讲述，其他操作类似。

在图形上拾取一个夹点，该夹点改变颜色，此点为夹点编辑的基准夹点。这时系统提示：

** 拉伸 **
指定拉伸点或 [基点(B)/复制(C)/放弃(U)/退出(X)]:

在上述拉伸编辑提示下，输入"镜像"命令或右击，在弹出的快捷菜单中选择"镜像"命令，如图 6-54 所示。系统就会转换为"镜像"操作，其他操作类似。

【操作实践——绘制吧椅】

本实例绘制如图 6-55 所示的吧椅。操作步骤如下：

（1）利用"圆"、"圆弧"和"直线"命令绘制初步图形，其中，圆弧和圆同心，左右对称，如图 6-56 所示。

（2）利用"偏移"命令偏移刚绘制的圆弧，如图 6-57 所示。

图 6-54　快捷菜单

图 6-55　吧椅

图 6-56　初步图形

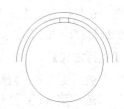

图 6-57　偏移处理

（3）利用"圆弧"命令绘制扶手端部，采用"起点/端点/圆心"的形式使造型光滑过渡，如图 6-58 所示。

（4）在绘制扶手端部圆弧的过程中，由于采用的是粗略的绘制方法，放大局部后，可能会发现图线不闭合。这时可以双击鼠标，选择对象图线，夹点出现后，移动相应编辑点捕捉到需要闭合连接的相邻图线端点，如图 6-59 所示。

图 6-58　绘制圆弧

图 6-59　夹点编辑

（5）用相同方法绘制扶手另一端的圆弧造型，结果如图 6-55 所示。

6.5.2 修改对象属性

【执行方式】

☑ 命令行：DDMODIFY 或 PROPERTIES。

☑ 菜单栏：选择菜单栏中的"修改"→"特性或工具"→"选项板"→"特性"命令。

☑ 工具栏：单击"标准"工具栏中的"特性"按钮圖。

☑ 功能区：单击"视图"选项卡"选项板"面板中的"特性"按钮圖或单击"默认"选项卡"特性"面板中的"对话框启动器"按钮 ˅ 。

☑ 快捷键：Ctrl+1。

【操作步骤】

执行上述命令后，AutoCAD 打开"特性"选项板，如图 6-60 所示。利用该选项板可以方便地设置或修改对象的各种属性。

不同的对象属性种类和值不同，修改属性值后，对象将表现为新的属性。

6.5.3 特性匹配

利用特性匹配功能可以将目标对象的属性与源对象的属性进行匹配，使目标对象的属性与源对象属性相同。利用特性匹配功能可以方便快捷地修改对象属性，并保持不同对象的属性相同。

图 6-60 "特性"选项板

【执行方式】

☑ 命令行：MATCHPROP。

☑ 菜单栏：选择菜单栏中的"修改"→"特性匹配"命令。

☑ 工具栏：单击"标准"工具栏中的"特性匹配"按钮圖。

☑ 功能区：单击"默认"选项卡"特性"面板中的"特性匹配"按钮圖。

【操作步骤】

命令: MATCHPROP✓
选择源对象：（选择源对象）
选择目标对象或 [设置(S)]:（选择目标对象）

如图 6-61（a）所示为两个属性不同的对象，以左边的圆为源对象，对右边的矩形进行特性匹配，结果如图 6-61（b）所示。

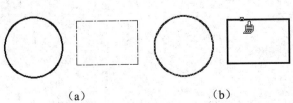

（a）   （b）

图 6-61 特性匹配

6.6 综合演练——电脑桌椅

本实例绘制的电脑桌椅如图 6-62 所示。可以看出，电脑桌椅由电脑桌、座椅和电脑组成。首先通过"矩形"和"圆角"命令绘制电脑桌，然后通过"矩形"、"圆角"和"修剪"命令绘制座椅，再通过"多段线"、"矩形"、"阵列"和"旋转"命令绘制电脑。

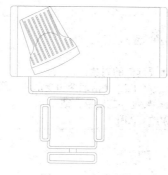

图 6-62　电脑桌椅

【操作步骤】

1. 设置图层

单击"默认"选项卡"图层"面板中的"图层特性"按钮，系统弹出"图层特性管理器"选项板，设置两个图层：图层 1，颜色设为黑色，其余属性默认；图层 2，颜色设为蓝色，其余属性默认。

2. 绘制电脑桌

（1）将图层 2 设置为当前图层，单击"默认"选项卡"绘图"面板中的"矩形"按钮，绘制 3 个矩形，角点坐标分别为{（0,589），（1100,1069）}、{（50,589），（1050,1069）}和{（129,589），（700,471）}。

（2）将图层 1 设置为当前图层，单击"默认"选项卡"绘图"面板中的"矩形"按钮，以角点坐标{（144,589），（684,486）}绘制矩形，如图 6-63 所示。

（3）单击"默认"选项卡"修改"面板中的"圆角"按钮，将圆角半径设为 20，将桌子的拐角与键盘抽屉均作圆角处理，结果如图 6-64 所示。

图 6-63　绘制矩形　　　　　　　　　图 6-64　圆角处理 1

3. 绘制座椅

（1）将图层 2 设置为当前图层，单击"默认"选项卡"绘图"面板中的"矩形"按钮，绘制 5 个矩形，角点坐标分别为{（212,150），（284,400）}、{（264,100），（612,450）}、{（592,150），（664,400）}、{（418,74），（468,100）}和{（264,0），（612,74）}。

（2）将图层 1 设置为当前图层，单击"默认"选项卡"绘图"面板中的"矩形"按钮，绘制 4 个矩形，角点坐标分别为{(228,165)，(268,385)}、{(278,115)，(598,435)}、{(608,165)，(648,385)}、{(279,15)，(597,59)}，如图 6-65 所示。

（3）单击"默认"选项卡"修改"面板中的"圆角"按钮◻，将座椅外围的圆角半径设为 20，内侧矩形的圆角半径设为 10，椅子倒圆角之后如图 6-66 所示。

（4）单击"默认"选项卡"修改"面板中的"修剪"按钮⌐，修剪多余的线段，命令行提示与操作如下。

命令: _trim
当前设置: 投影=UCS，边=无
选择剪切边...
选择对象或<全部选择>:（选择座椅两边的矩形）
选择对象: ↙
选择要修剪的对象，或按住 Shift 键选择要延伸的对象，或
[栏选(F)/窗交(C)/投影(P)/边(E)/删除(R)/放弃(U)]:（拾取两边矩形内的线段）
选择要修剪的对象，或按住 Shift 键选择要延伸的对象，或
[栏选(F)/窗交(C)/投影(P)/边(E)/删除(R)/放弃(U)]:

修剪处理后的图形如图 6-67 所示。

图 6-65　绘制椅子

图 6-66　圆角处理 2

图 6-67　修剪处理

4．绘制电脑

（1）单击"默认"选项卡"绘图"面板中的"多段线"按钮⤵，绘制电脑外轮廓，命令行提示与操作如下。

命令: _pline
指定起点: 100,627↙
当前线宽为 0.0000
指定下一个点或 [圆弧(A)/半宽(H)/长度(L)/放弃(U)/宽度(W)]: @0,50↙
指定下一点或 [圆弧(A)/闭合(C)/半宽(H)/长度(L)/放弃(U)/宽度(W)]: A↙
指定圆弧的端点(按住 Ctrl 键以切换方向)或 [角度(A)/圆心(CE)/闭合(CL)/方向(D)/半宽(H)/直线(L)/半径(R)/第二个点(S)/放弃(U)/宽度(W)]: 128,757↙
指定圆弧的端点(按住 Ctrl 键以切换方向)或 [角度(A)/圆心(CE)/闭合(CL)/方向(D)/半宽(H)/直线(L)/半径(R)/第二个点(S)/放弃(U)/宽度(W)]: S↙
指定圆弧上的第二个点: 155,776↙
指定圆弧的端点: 174,824↙
指定圆弧的端点(按住 Ctrl 键以切换方向)或 [角度(A)/圆心(CE)/闭合(CL)/方向(D)/半宽(H)/直线(L)/半径(R)/第二个点(S)/放弃(U)/宽度(W)]: L↙
指定下一点或 [圆弧(A)/闭合(C)/半宽(H)/长度(L)/放弃(U)/宽度(W)]: 174,1004↙
指定下一点或 [圆弧(A)/闭合(C)/半宽(H)/长度(L)/放弃(U)/宽度(W)]: 374,1004↙
指定下一点或 [圆弧(A)/闭合(C)/半宽(H)/长度(L)/放弃(U)/宽度(W)]: 374,824↙

指定下一点或 [圆弧(A)/闭合(C)/半宽(H)/长度(L)/放弃(U)/宽度(W)]: A✓

指定圆弧的端点(按住 Ctrl 键以切换方向)或 [角度(A)/圆心(CE)/闭合(CL)/方向(D)/半宽(H)/直线(L)/半径(R)/第二个点(S)/放弃(U)/宽度(W)]: S✓

指定圆弧上的第二个点: 390,780✓

指定圆弧的端点: 420,757✓

指定圆弧的端点(按住 Ctrl 键以切换方向)或 [角度(A)/圆心(CE)/闭合(CL)/方向(D)/半宽(H)/直线(L)/半径(R)/第二个点(S)/放弃(U)/宽度(W)]: S✓

指定圆弧上的第二个点: 439,722✓

指定圆弧的端点: 449,677✓

指定圆弧的端点(按住 Ctrl 键以切换方向)或 [角度(A)/圆心(CE)/闭合(CL)/方向(D)/半宽(H)/直线(L)/半径(R)/第二个点(S)/放弃(U)/宽度(W)]: L✓

指定下一点或 [圆弧(A)/闭合(C)/半宽(H)/长度(L)/放弃(U)/宽度(W)]: 449,627✓

指定下一点或 [圆弧(A)/闭合(C)/半宽(H)/长度(L)/放弃(U)/宽度(W)]: A✓

指定圆弧的端点(按住 Ctrl 键以切换方向)或 [角度(A)/圆心(CE)/闭合(CL)/方向(D)/半宽(H)/直线(L)/半径(R)/第二个点(S)/放弃(U)/宽度(W)]: S✓

指定圆弧上的第二个点: 287,611✓

指定圆弧的端点: 100,627✓

指定圆弧的端点(按住 Ctrl 键以切换方向)或 [角度(A)/圆心(CE)/闭合(CL)/方向(D)/半宽(H)/直线(L)/半径(R)/第二个点(S)/放弃(U)/宽度(W)]: ✓

命令: _pline

指定起点: 174,1004✓

当前线宽为 0.0000

指定下一个点或 [圆弧(A)/半宽(H)/长度(L)/放弃(U)/宽度(W)]: 164,1004✓

指定下一点或 [圆弧(A)/闭合(C)/半宽(H)/长度(L)/放弃(U)/宽度(W)]: A✓

指定圆弧的端点(按住 Ctrl 键以切换方向)或 [角度(A)/圆心(CE)/闭合(CL)/方向(D)/半宽(H)/直线(L)/半径(R)/第二个点(S)/放弃(U)/宽度(W)]: 154,995✓

指定圆弧的端点(按住 Ctrl 键以切换方向)或 [角度(A)/圆心(CE)/闭合(CL)/方向(D)/半宽(H)/直线(L)/半径(R)/第二个点(S)/放弃(U)/宽度(W)]: L✓

指定下一点或 [圆弧(A)/闭合(C)/半宽(H)/长度(L)/放弃(U)/宽度(W)]: 128,757✓

指定下一点或 [圆弧(A)/闭合(C)/半宽(H)/长度(L)/放弃(U)/宽度(W)]: ✓

命令: _pline

指定起点: 374,1004✓

当前线宽为 0.0000

指定下一个点或 [圆弧(A)/半宽(H)/长度(L)/放弃(U)/宽度(W)]: 384,1004✓

指定下一点或 [圆弧(A)/闭合(C)/半宽(H)/长度(L)/放弃(U)/宽度(W)]: A✓

指定圆弧的端点(按住 Ctrl 键以切换方向)或 [角度(A)/圆心(CE)/闭合(CL)/方向(D)/半宽(H)/直线(L)/半径(R)/第二个点(S)/放弃(U)/宽度(W)]: 394,996✓

指定圆弧的端点(按住 Ctrl 键以切换方向)或 [角度(A)/圆心(CE)/闭合(CL)/方向(D)/半宽(H)/直线(L)/半径(R)/第二个点(S)/放弃(U)/宽度(W)]: L✓

指定下一点或 [圆弧(A)/闭合(C)/半宽(H)/长度(L)/放弃(U)/宽度(W)]: 420,757✓

指定下一点或 [圆弧(A)/闭合(C)/半宽(H)/长度(L)/放弃(U)/宽度(W)]:

（2）单击"默认"选项卡"绘图"面板中的"圆弧"按钮，绘制电脑上的弧线，命令行提示与操作如下。

命令: _arc

指定圆弧的起点或 [圆心(C)]: 100,677✓

指定圆弧的第二个点或 [圆心(C)/端点(E)]: 272,668✓

指定圆弧的端点: 449,677✓

命令: _arc

指定圆弧的起点或 [圆心(C)]: 190,800↙
指定圆弧的第二个点或 [圆心(C)/端点(E)]: 275,850↙
指定圆弧的端点: 360,800↙

绘制结果如图 6-68 所示。

（3）单击"默认"选项卡"绘图"面板中的"矩形"按钮□，绘制角点坐标为（120,690）和（130,700）的散热孔。

（4）单击"默认"选项卡"修改"面板中的"矩形阵列"按钮▦，弹出"阵列"对话框，选中"矩形阵列"单选按钮，选择第（3）步中绘制的矩形为阵列对象，设置"行数"为20、"列数"为11、"行间距介于"为15、"列间距介于"为30，结果如图 6-69 所示。

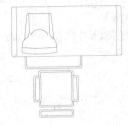

图 6-68　绘制电脑

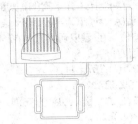

图 6-69　绘制矩形并阵列处理

（5）单击"默认"选项卡"修改"面板中的"删除"按钮✐，将多余的矩形删除。

（6）单击"默认"选项卡"修改"面板中的"旋转"按钮○，将电脑图形进行旋转操作，命令行提示与操作如下。

命令: _rotate
UCS 当前的正角方向: ANGDIR=逆时针　ANGBASE=0
选择对象:（选择电脑图形）
指定基点:（拾取电脑左下点）
指定旋转角度，或 [复制(C)/参照(R)]<0>: 25↙

结果如图 6-62 所示。

6.7　名师点拨——高级二维绘图技巧

1. HATCH 图案填充时找不到范围怎么解决

在用 HATCH 图案填充时常常碰到找不到线段封闭范围的情况，尤其是 DWG 文件本身比较大时，此时可以采用 LAYISO（图层隔离）命令让欲填充的范围线所在的层孤立或"冻结"，再用 HATCH 图案填充即可快速找到所需填充的范围。

另外，填充图案的边界确定时有一个边界集设置的问题（在高级栏下）。在默认情况下，HATCH 通过分析图形中所有闭合的对象来定义边界。对屏幕中的所有完全可见或局部可见的对象进行分析以定义边界，在复杂的图形中可能耗费大量时间。要填充复杂图形的小区域，可以在图形中定义一个对象集，称作边界集。HATCH 不会分析边界集中未包含的对象。

2. 图案填充的操作技巧

当使用"图案填充"命令时，所使用图案的比例因子值均为1，即是原本定义时的真实样式。然而，随着界限定义的改变，比例因子应作相应的改变，否则会使填充图案过密或者过疏，因此在选择比例因子时可使用下列技巧进行操作：

（1）当处理较小区域的图案时，可以减小图案的比例因子值；相反地，当处理较大区域的图案填充时，则可以增加图案的比例因子值。

（2）比例因子应恰当选择，比例因子的恰当选择要视具体的图形界限的大小而定。

（3）当处理较大的填充区域时，要特别小心，如果选用的图案比例因子太小，则所产生的图案就像是使用 SOLID 命令所得到的填充结果一样，这是因为在单位距离中有太多的线，不仅看起来容易产生误解，而且也增加了文件的长度。

（4）比例因子的取值应遵循"宁大勿小"原则。

6.8　上机实验

【练习】绘制如图 6-70 所示的雨伞。

1. 目的要求

本实例图形涉及的命令主要是"圆弧"、"样条曲线"和"多段线"。通过本实例帮助读者掌握"样条曲线"和"多段线"命令的操作方法。

2. 操作提示

（1）单击"默认"选项卡"绘图"面板中的"圆弧"按钮 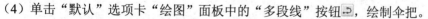，绘制伞的外框。

（2）单击"默认"选项卡"绘图"面板中的"样条曲线拟合"按钮 ，绘制伞的底边。

（3）单击"默认"选项卡"绘图"面板中的"圆弧"按钮 ，绘制伞面辐条。

（4）单击"默认"选项卡"绘图"面板中的"多段线"按钮 ，绘制伞把。

图 6-70　雨伞

6.9　模拟考试

（1）同时填充多个区域，如果修改一个区域的填充图案而不影响其他区域，则（　　）。

　　A. 将图案分解

　　B. 在创建图案填充时选择"关联"

　　C. 删除图案，重新对该区域进行填充

　　D. 在创建图案填充时选择"创建独立的图案填充"

（2）可以有宽度的线有（　　）。

　　A. 构造线　　　　　　B. 多段线　　　　　　C. 直线　　　　　　D. 样条曲线

（3）根据图案填充创建边界时，边界类型不可能是（　　）。

　　A. 多段线　　　　　　B. 样条曲线　　　　　　C. 三维多段线　　　　　　D. 螺旋线

第 7 章

文字、表格与尺寸

为了方便读者学习 AutoCAD 2017 室内设计制图的内容，本章将介绍文本、表格与尺寸的具体添加方法。

7.1　文　　字

在工程制图中，文字标注往往是必不可少的环节。AutoCAD 2017 提供了文字相关命令来进行文字的输入与标注。

【预习重点】

☑　对比单行与多行文字的区别。

☑　练习多行文字应用。

7.1.1　文字样式

AutoCAD 2017 提供了"文字样式"对话框，通过该对话框可方便直观地设置需要的文字样式，或对已有的样式进行修改。

【执行方式】

☑　命令行：STYLE。

☑　菜单栏：选择菜单栏中的"格式"→"文字样式"命令。

☑　工具栏：单击"文字"工具栏中的"文字样式"按钮 。

☑　功能区：单击"默认"选项卡"注释"面板中的"文字样式"按钮 （见图 7-1），或单击"注释"选项卡"文字"面板上的"文字样式"下拉菜单中的"管理文字样式"按钮（见图 7-2），或单击"注释"选项卡"文字"面板中的"对话框启动器"按钮 。

【操作步骤】

执行上述命令后，系统打开"文字样式"对话框，如图 7-3 所示。

图 7-1　"注释"面板

图 7-2　"文字"面板

图 7-3　"文字样式"对话框

【选项说明】

（1）"字体"栏：确定字体式样。在 AutoCAD 中，除了固有的 SHX 字体外，还可以使用 TrueType 字体（如宋体、楷体、Italic 等）。一种字体可以设置不同的效果从而被多种文字样式使用。

（2）"大小"栏：用来确定文字样式使用的字体文件、字体风格及字高等。

① "注释性"复选框：指定文字为注释性文字。

② "使文字方向与布局匹配"复选框：指定图纸空间视口中的文字方向与布局方向匹配。如果取消选中"注释性"复选框，则该选项不可用。

③ "高度"文本框：如果在"高度"文本框中输入一个数值，则该值将作为添加文字时的固定字高，在用 TEXT 命令输入文字时，AutoCAD 将不再提示输入字高参数。如果在该文本框中设置字高为 0，文字默认值为 0.2 高度，AutoCAD 则会在每一次创建文字时提示输入字高。

（3）"效果"栏：用于设置字体的特殊效果。

① "颠倒"复选框：选中该复选框，表示将文本文字倒置标注，如图 7-4（a）所示。

② "反向"复选框：确定是否将文本文字反向标注。标注效果如图 7-4（b）所示。

③ "垂直"复选框：确定文本是水平标注还是垂直标注。选中该复选框为垂直标注，否则为水平标注，如图 7-5 所示。

ABCDEFGHIJKLMN ABCDEFGHIJKLMN	ABCDEFGHIJKLMN ABCDEFGHIJKLMN	$abcd$ a b c d
（a）	（b）	
图 7-4　文字倒置标注与反向标注		图 7-5　垂直标注文字

④ "宽度因子"文本框：用于设置宽度系数，确定文本字符的宽高比。当宽度因子为 1 时，表示将按字体文件中定义的宽高比标注文字；当宽度因子小于 1 时，文字会变窄，反之变宽。

⑤ "倾斜角度"文本框：用于确定文字的倾斜角度。角度为 0 时不倾斜，为正时向右倾斜，为负时向左倾斜。

7.1.2　单行文本标注

【执行方式】

- ☑ 命令行：TEXT 或 DTEXT。
- ☑ 菜单栏：选择菜单栏中的"绘图"→"文字"→"单行文字"命令。
- ☑ 工具栏：单击"文字"工具栏中的"单行文字"按钮 **AI**。
- ☑ 功能区：单击"注释"选项卡"文字"面板中的"单行文字"按钮 **AI** 或单击"默认"选项卡"注释"面板中的"单行文字"按钮 **AI**。

【操作步骤】

执行上述操作之一后，选择相应的菜单项或在命令行中输入"TEXT"命令，命令行提示与操作如下。

当前文字样式: Standard　当前文字高度: 0.2000　注释性:否
指定文字的起点或 [对正(J)/样式(S)]:

【选项说明】

（1）指定文字的起点：在此提示下直接在绘图区拾取一点作为文本的起始点。利用 TEXT 命令也可创建多行文本，只是这种多行文本每一行都是一个对象，因此不能对多行文本同时进行操作，但可以单独修改每一行的文字样式、字高、旋转角度和对齐方式等。

（2）对正(J)：在命令行中输入"J"，用来确定文本的对齐方式。对齐方式决定文本的哪一部分与所选的插入点对齐。

（3）样式(S)：指定文字样式，文字样式决定文字字符的外观。创建的文字使用当前文字样式。

实际绘图时，有时需要标注一些特殊字符，例如，直径符号、上划线或下划线、温度符号等，由于这些符号不能直接从键盘上输入，AutoCAD 提供了一些控制码来实现这些要求。控制码用两个百分号（%%）加一个字符构成，常用的控制码如表 7-1 所示。

表 7-1　AutoCAD 常用控制码

符　号	功　能	符　号	功　能
%%O	上划线	\u+0278	电相位
%%U	下划线	\u+E101	流线
%%D	"度"符号	\u+2261	标识
%%P	正负符号	\u+E102	界碑线
%%C	直径符号	\u+2260	不相等
%%%	百分号（%）	\u+2126	欧姆
\u+2248	几乎相等	\u+03A9	欧米加
\u+2220	角度	\u+214A	低界线
\u+E100	边界线	\u+2082	下标 2
\u+2104	中心线	\u+00B2	上标 2
\u+0394	差值		

其中，%%O 和%%U 分别是上划线和下划线的开关，第一次出现此符号时开始画上划线和下划线，第二次出现此符号时上划线和下划线终止。例如，在"输入文字:"提示后输入"I want to %%U go to Beijing%%U"，则得到如图 7-6（a）所示的文本行，输入"50%%D+%%C75%%P12"，则得到如图 7-6（b）所示的文本行。

I want to go to Beijing.　　　　　50°+Ø75±12

（a）　　　　　　　　　　（b）

图 7-6　文本行

用 TEXT 命令可以创建一个或若干个单行文本，也就是说用此命令可以用于标注多行文本。在"输入文字:"提示下输入一行文本后按 Enter 键，用户可输入第二行文本，依此类推，直到文本全部输入，再在此提示下按 Enter 键，结束文本输入命令。每按一次 Enter 键就结束一个单行文本的输入。

用 TEXT 命令创建文本时，在命令行中输入的文字同时显示在屏幕上，而且在创建过程中可以随时改变文本的位置，只要将光标移到新的位置单击，则当前行结束，随后输入的文本出现在新的位置上。用这种方法可以把多行文本标注到屏幕的任何地方。

7.1.3　多行文本标注

【执行方式】

☑　命令行：MTEXT。
☑　菜单栏：选择菜单栏中的"绘图"→"文字"→"多行文字"命令。

☑ 工具栏：单击"绘图"工具栏中的"多行文字"按钮**A**或单击"文字"工具栏中的"多行文字"
按钮**A**。

☑ 功能区：单击"默认"选项卡"注释"面板中的"多行文字"按钮**A**或单击"注释"选项卡"文字"面板中的"多行文字"按钮**A**。

【操作步骤】

命令: MTEXT
当前文字样式: Standard　当前文字高度: 2.5 注释性：　否
指定第一角点：（指定矩形框的第一个角点）
指定对角点或 [高度(H)/对正(J)/行距(L)/旋转(R)/样式(S)/宽度(W)/栏(C)]:

【选项说明】

（1）指定对角点：直接在屏幕上拾取一个点作为矩形框的第二个角点，AutoCAD 以这两个点为对角点形成一个矩形区域，其宽度作为将来要标注的多行文本的宽度，而且第一个点作为第一行文本顶线的起点。响应后 AutoCAD 打开"文字编辑器"选项卡和多行文字编辑器，可利用此编辑器输入多行文本并对其格式进行设置。关于对话框中各选项的含义与编辑器功能，稍后再详细介绍。

（2）对正(J)：确定所标注文本的对齐方式。这些对齐方式与 TEXT 命令中的各对齐方式相同，在此不再重复。选择一种对齐方式后按 Enter 键，AutoCAD 回到上一级提示。

（3）行距(L)：确定多行文本的行间距，这里所说的行间距是指相邻两文本行的基线之间的垂直距离。选择此选项，命令行提示如下。

输入行距类型[至少(A)/精确(E)]<至少(A)>:

在此提示下有两种方式确定行间距："至少"方式和"精确"方式。"至少"方式下 AutoCAD 根据每行文本中最大的字符自动调整行间距。"精确"方式下 AutoCAD 给多行文本赋予一个固定的行间距。可以直接输入一个确切的间距值，也可以输入 nx 的形式，其中 n 是一个具体数，表示行间距设置为单行文本高度的 n 倍，而单行文本高度是本行文本字符高度的 1.66 倍。

（4）旋转(R)：确定文本行的倾斜角度。选择此选项，命令行提示如下。

指定旋转角度<0>: （输入倾斜角度）
输入角度值后按 Enter 键，返回到"指定对角点或 [高度(H)/对正(J)/行距(L)/旋转(R)/样式(S)/宽度(W)]:"提示

（5）样式(S)：确定当前的文字样式。

（6）宽度(W)：指定多行文本的宽度。可在屏幕上拾取一点，将其与前面确定的第一个角点组成的矩形框的宽度作为多行文本的宽度，也可以输入一个数值，精确设置多行文本的宽度。

（7）栏(C)：可以将多行文字对象的格式设置为多栏。可以指定栏和栏之间的宽度、高度及栏数，以及使用夹点编辑栏宽和栏高。其中提供了"不分栏"、"静态栏"和"动态栏"3 个栏选项。

（8）"文字编辑器"选项卡：用来控制文本文字的显示特性。可以在输入文本文字前设置文本的特性，也可以改变已输入的文本文字特性。要改变已有文本文字的显示特性，首先应选择要修改的文本，选择文本的方式有以下 3 种。

① 将光标定位到文本文字开始处，按住鼠标左键，拖到文本末尾。

② 双击某个文字，则该文字被选中。

③ 3 次单击鼠标，则选中全部内容。

高手支招

在创建多行文本时，只要指定文本行的起始点和宽度后，AutoCAD 就会打开"文字编辑器"选项卡和多行文字编辑器，如图 7-7 所示。该编辑器与 Microsoft Word 编辑器界面相似，事实上该编辑器与 Word 编辑器在某些功能上趋于一致。这样既增强了多行文字的编辑功能，又能使用户更熟悉和方便地使用。

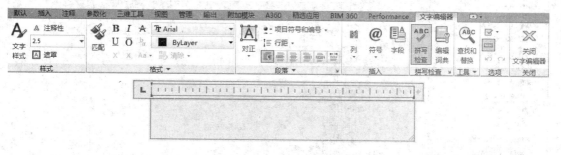

图 7-7　"文字编辑器"选项卡和多行文字编辑器

下面介绍选项卡中部分选项的功能。

☑　"文字高度"下拉列表框：用于确定文本的字符高度，可在文本编辑器中设置输入新的字符高度，也可从此下拉列表框中选择已设定过的高度值。

☑　"加粗"按钮**B**和"斜体"按钮*I*：用于设置加粗或斜体效果，但这两个按钮只对 TrueType 字体有效。

☑　"删除线"按钮 A：用于在文字上添加水平删除线。

☑　"下划线"按钮 U̲ 和"上划线"按钮 ō：用于设置或取消文字的上、下划线。

☑　"堆叠"按钮 ⅓：为层叠或非层叠文本按钮，用于层叠所选的文本文字，也就是创建分数形式。当文本中某处出现"/"、"^"或"#"3 种层叠符号之一时，选中需层叠的文字，才可层叠文本。二者缺一不可。符号左边的文字作为分子，右边的文字作为分母进行层叠。AutoCAD 提供了 3 种分数形式：

➤　如果选中 abcd/efgh 后单击此按钮，得到如图 7-8（a）所示的分数形式。

➤　如果选中 abcd^efgh 后单击此按钮，则得到如图 7-8（b）所示的形式，此形式多用于标注极限偏差。

➤　如果选中 abcd#efgh 后单击此按钮，则创建斜排的分数形式，如图 7-8（c）所示。

$$\frac{abcd}{efgh} \quad \begin{matrix}abcd\\efgh\end{matrix} \quad abcd/efgh$$

（a）　（b）　（c）

如果选中已经层叠的文本对象后单击此按钮，则恢复到非层叠形式。

图 7-8　文本层叠

☑　"倾斜角度"（0/）文本框：用于设置文字的倾斜角度。

举一反三

倾斜角度与斜体效果是两个不同的概念，前者可以设置任意倾斜角度，后者是在任意倾斜角度的基础上设置斜体效果，如图 7-9 所示。第一行倾斜角度为 0°，非斜体效果；第二行倾斜角度为 12°，非斜体效果；第三行倾斜角度为 12°，斜体效果。

都市农夫
都市农夫
都市农夫

图 7-9　倾斜角度与斜体效果

☑ "符号"按钮**@**：用于输入各种符号。单击此按钮，系统打开符号列表，如图 7-10 所示，可以从中选择符号输入到文本中。

☑ "插入字段"按钮：用于插入一些常用或预设字段。单击此按钮，系统打开"字段"对话框，如图 7-11 所示，用户可从中选择字段，插入到标注文本中。

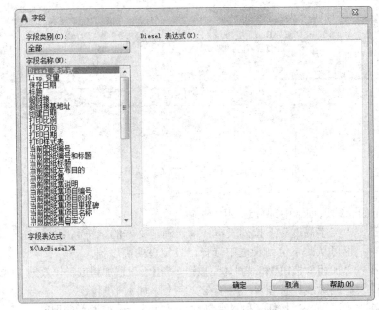

图 7-10 符号列表   图 7-11 "字段"对话框

☑ "追踪"数值框 **a·b**：用于增大或减小选定字符之间的空间。1.0 表示设置常规间距，设置大于 5.0 表示增大间距，设置小于 1.0 表示减小间距。

☑ "宽度因子"数值框 **○**：用于扩展或收缩选定字符。1.0 表示设置代表此字体中字母的常规宽度，可以增大该宽度或减小该宽度。

☑ "上标"按钮 x：将选定文字转换为上标，即在输入线的上方设置稍小的文字。

☑ "下标"按钮 x：将选定文字转换为下标，即在输入线的下方设置稍小的文字。

☑ "清除格式"下拉列表框：删除选定字符的字符格式，或删除选定段落的段落格式，或删除选定段落中的所有格式。

➢ 关闭：如果选择此选项，将从应用了列表格式的选定文字中删除字母、数字和项目符号。不更改缩进状态。

➢ 以数字标记：将带有句点的数字用于列表中的项的列表格式。

➢ 以字母标记：将带有句点的字母用于列表中的项的列表格式。如果列表含有的项多于字母中含有的字母，可以使用双字母继续序列。

➢ 以项目符号标记：将项目符号用于列表中的项的列表格式。

➢ 启动：在列表格式中启动新的字母或数字序列。如果选定的项位于列表中间，则选定项下面的未选中的项也将成为新列表的一部分。

➢ 继续：将选定的段落添加到上面最后一个列表然后继续序列。如果选择了列表项而非段落，选定项下面的未选中的项将继续序列。

> ➤ 允许自动项目符号和编号：在输入时应用列表格式。以下字符可以用作字母和数字后的标点并不能用作项目符号：句点（.）、逗号（,）、右括号（)）、右尖括号（>）、右方括号（]）和右花括号（}）。

> ➤ 允许项目符号和列表：如果选择此选项，列表格式将应用到外观类似列表的多行文字对象中的所有纯文本。

> ➤ 拼写检查：确定输入时拼写检查处于打开还是关闭状态。

> ➤ 编辑词典：显示"词典"对话框，从中可添加或删除在拼写检查过程中使用的自定义词典。

> ➤ 标尺：在编辑器顶部显示标尺。拖动标尺末尾的箭头可更改文字对象的宽度。列模式处于活动状态时，还显示高度和列夹点。

☑ 段落：为段落和段落的第一行设置缩进。指定制表位和缩进，控制段落对齐方式、段落间距和段落行距，如图 7-12 所示。

☑ 输入文字：选择此选项，系统打开"选择文件"对话框，如图 7-13 所示。选择任意 ASCII 或 RTF 格式的文件。输入的文字保留原始字符格式和样式特性，但可以在多行文字编辑器中编辑并设置其格式。选择要输入的文本文件后，可以替换选定的文字或全部文字，或在文字边界内将插入的文字附加到选定的文字中。输入文字的文件必须小于 32KB。

图 7-12 "段落"对话框

图 7-13 "选择文件"对话框

☑ 编辑器设置：显示"文字格式"工具栏的选项列表。有关详细信息请参见编辑器设置。

🎓 **高手支招**

多行文字是由任意数目的文字行或段落组成的，布满指定的宽度，还可以沿垂直方向无限延伸。多行文字中，无论行数是多少，单个编辑任务中创建的每个段落集将构成单个对象；用户可对其进行移动、旋转、删除、复制、镜像或缩放操作。

7.1.4 文本编辑

【执行方式】

☑ 命令行：DDEDIT。

☑ 菜单栏：选择菜单栏中的"修改"→"对象"→"文字"→"编辑"命令。

☑ 工具栏：单击"文字"工具栏中的"编辑"按钮。

【操作实践——绘制电视机】

绘制如图 7-14 所示的电视机。多媒体演示参见配套光盘中的"\动画演示\第 7 章\电视机.avi"，具体操作步骤如下：

（1）单击"默认"选项卡"绘图"面板中的"矩形"按钮，在适当的位置绘制长为 50mm、宽为 20mm 的矩形，如图 7-15 所示。

（2）单击"默认"选项卡"修改"面板中的"偏移"按钮，将矩形向内偏移，偏移距离为 2mm，如图 7-16 所示。

（3）单击"默认"选项卡"绘图"面板中的"直线"按钮，捕捉矩形长边的中点，绘制一条竖直直线，作为绘图的辅助线，如图 7-17 所示。

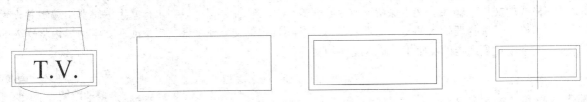

图 7-14 电视机模型　　　图 7-15 绘制矩形　　　图 7-16 偏移矩形　　　图 7-17 绘制辅助线

（4）单击"默认"选项卡"绘图"面板中的"直线"按钮，在矩形的上部适当位置绘制一条长为 30mm 的直线，并将其中点移动到辅助线上，如图 7-18 所示。

（5）单击"默认"选项卡"绘图"面板中的"直线"按钮，在水平直线左端绘制一条斜向直线。

（6）单击"默认"选项卡"修改"面板中的"镜像"按钮，将第（5）步中绘制的斜向直线镜像到辅助线的另外一侧，如图 7-19 所示。

（7）单击"默认"选项卡"绘图"面板中的"直线"按钮，在水平直线的下方绘制两条水平直线。

（8）单击"默认"选项卡"修改"面板中的"修剪"按钮，将刚刚绘制的水平直线在斜向直线外侧的部分删除，命令行提示与操作如下。

```
命令:_trim
当前设置:投影=UCS，边=无
选择剪切边...
选择对象或 <全部选择>:（依次选择两条斜线）
选择对象: ✓
选择要修剪的对象，或按住 Shift 键选择要延伸的对象，或 [栏选(F)/窗交(C)/投影(P)/边(E)/删除(R)/放弃(U)]:（依次选择刚绘制的水平线的两端）
...
选择要修剪的对象，或按住 Shift 键选择要延伸的对象，或 [栏选(F)/窗交(C)/投影(P)/边(E)/删除(R)/放弃(U)]: ✓
```

结果如图 7-20 所示。

（9）单击"默认"选项卡"绘图"面板中的"圆弧"按钮，在矩形下方以如图 7-21 所示的 A、B、C 这 3 个点绘制圆弧。

（10）单击"默认"选项卡"修改"面板中的"删除"按钮和"修剪"按钮，删除多余的直线和辅助线，结果如图 7-22 所示。

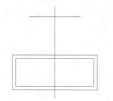
图 7-18　绘制水平直线

图 7-19　绘制并镜像斜向直线

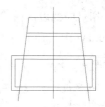
图 7-20　绘制并修剪水平直线

（11）单击"默认"选项卡"注释"面板中的"文字样式"按钮，打开"文字样式"对话框，如图 7-23 所示。将字体名设置为 Times New Roman，高度设置为 10（高度可以根据前面所绘制的图形大小而变化），其他设置不变，单击"置为当前"按钮，再单击"应用"按钮，关闭"文字样式"对话框。

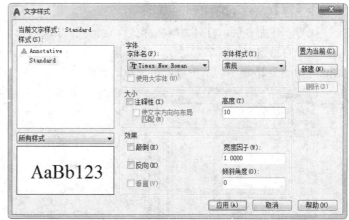

图 7-21　绘制圆弧的点

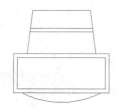
图 7-22　删除多余直线

图 7-23　"文字样式"对话框

（12）单击"默认"选项卡"注释"面板中的"多行文字"按钮，打开多行文字编辑器，用鼠标适当框选文字标注的位置，输入字母 TV，单击"确定"按钮完成绘制，如图 7-14 所示。

注意 标注文字的位置可能需要多次调整才能使文字处于相对合适的位置。

7.2　表　　格

使用 AutoCAD 提供的表格功能，创建表格就变得非常容易，用户可以直接插入设置好样式的表格，而不用由单独的图线重新绘制。

【预习重点】

- ☑　练习如何定义表格样式。
- ☑　观察"插入表格"对话框中选项卡的设置。
- ☑　练习插入表格文字。

7.2.1　定义表格样式

表格样式是用来控制表格基本形状和间距的一组设置。和文字样式一样，所有 AutoCAD 图形中的表格都有和其相对应的表格样式。当插入表格对象时，AutoCAD 使用当前设置的表格样式。模板文件 acad.dwt 和 acadiso.dwt 中定义了名为 Standard 的默认表格样式。

【执行方式】

- ☑ 命令行：TABLESTYLE。
- ☑ 菜单栏：选择菜单栏中的"格式"→"表格样式"命令。
- ☑ 工具栏：单击"样式"工具栏中的"表格样式"按钮。
- ☑ 功能区：单击"默认"选项卡"注释"面板中的"表格样式"按钮或单击"注释"选项卡"表格"面板上的"表格样式"下拉菜单中的"管理表格样式"按钮或单击"注释"选项卡"表格"面板中的"对话框启动器"按钮。

【操作步骤】

执行上述命令后，打开"表格样式"对话框，如图 7-24 所示。单击"新建"按钮，打开"创建新的表格样式"对话框，如图 7-25 所示。输入新的表格样式名后，单击"继续"按钮，打开"新建表格样式"对话框，如图 7-26 所示，从中可以定义新的表格样式。

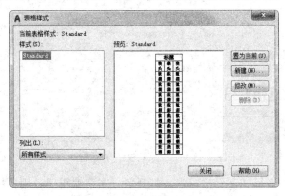

图 7-24 "表格样式"对话框

图 7-25 "创建新的表格样式"对话框

"新建表格样式"对话框中有 3 个选项卡："常规"、"文字"和"边框"，分别用于控制表格中数据、表头和标题的有关参数，如图 7-27 所示。

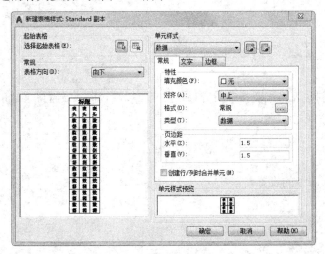

图 7-26 "新建表格样式"对话框

图 7-27 表格样式

【选项说明】

（1）"常规"选项卡

① "特性"栏

☑ "填充颜色"下拉列表框：用于指定填充颜色。

☑ "对齐"下拉列表框：用于为单元内容指定一种对齐方式。

☑ "格式"选项框：用于设置表格中各行的数据类型和格式。

☑ "类型"下拉列表框：将单元样式指定为标签或数据，在包含起始表格的表格样式中插入默认文字时使用。也用于在工具选项板上创建表格工具的情况。

② "页边距"栏

☑ "水平"文本框：设置单元中的文字或块与左右单元边界之间的距离。

☑ "垂直"文本框：设置单元中的文字或块与上下单元边界之间的距离。

☑ "创建行/列时合并单元"复选框：将使用当前单元样式创建的所有新行或列合并到一个单元中。

（2）"文字"选项卡

① "文字样式"下拉列表框：用于指定文字样式。

② "文字高度"文本框：用于指定文字高度。

③ "文字颜色"下拉列表框：用于指定文字颜色。

④ "文字角度"文本框：用于设置文字角度。

（3）"边框"选项卡

① "线宽"下拉列表框：用于设置要用于显示边界的线宽。

② "线型"下拉列表框：通过单击边框按钮，设置线型以应用于指定的边框。

③ "颜色"下拉列表框：用于指定颜色以应用于显示的边界。

④ "双线"复选框：选中该复选框，指定选定的边框为双线。

7.2.2　创建表格

设置好表格样式后，用户可以利用 TABLE 命令创建表格。

【执行方式】

☑ 命令行：TABLE。

☑ 菜单栏：选择菜单栏中的"绘图"→"表格"命令。

☑ 工具栏：单击"绘图"工具栏中的"表格"按钮▦。

☑ 功能区：单击"默认"选项卡"注释"面板中的"表格"按钮▦或单击"注释"选项卡"表格"面板中的"表格"按钮▦。

【操作步骤】

执行上述命令后，打开"插入表格"对话框，如图 7-28 所示。

【选项说明】

（1）"表格样式"栏

可以在"表格样式"下拉列表框中选择一种表格样式，也可以通过单击后面的▣按钮来新建或修改表格样式。

图 7-28　"插入表格"对话框

（2）"插入选项"栏

指定插入表格的方式。

① "从空表格开始"单选按钮：创建可以手动填充数据的空表格。

② "自数据链接"单选按钮：通过启动数据连接管理器来创建表格。

③ "自图形中的对象数据"单选按钮：通过启动"数据提取"向导来创建表格。

（3）"插入方式"栏

① "指定插入点"单选按钮：指定表格的左上角的位置。可以使用定点设备，也可以在命令行中输入坐标值。如果表格样式将表格的方向设置为由下而上读取，则插入点位于表格的左下角。

② "指定窗口"单选按钮：指定表的大小和位置。可以使用定点设备，也可以在命令行中输入坐标值。选定此选项时，行数、列数、列宽和行高取决于窗口的大小以及列和行设置。

（4）"列和行设置"栏

指定列和数据行的数目以及列宽与行高。

（5）"设置单元样式"栏

指定"第一行单元样式"、"第二行单元样式"和"所有其他行单元样式"分别为标题、表头或者数据样式。

7.2.3　表格文字编辑

【执行方式】

☑　命令行：TABLEDIT。

☑　快捷菜单：选定表的一个或多个单元后右击，在弹出的快捷菜单中选择"编辑文字"命令。

☑　定点设备：在表单元内双击。

【操作步骤】

执行上述命令后，打开"文字编辑器"选项卡，用户可以对指定单元格中的文字进行编辑。

在 AutoCAD 2017 中，可以在表格中插入简单的公式，用于求和、计数和计算平均值，以及定义简单的算术表达式。要在选定的单元格中插入公式，需在单元格中右击，在弹出的快捷菜单中选择"插入点"→"公式"命令。也可以使用多行文字编辑器输入公式。选择一个公式项后，命令行提示如下：

选择表单元范围的第一个角点：（在表格内指定一点）
选择表单元范围的第二个角点：（在表格内指定另一点）

【操作实践——绘制 A3 家具制图样板图形】

下面绘制一个样板图形，具有自己的图标栏和会签栏。操作步骤如下：

（1）设置单位和图形边界。

① 打开 AutoCAD 程序，则系统自动建立新图形文件。

② 设置单位。选择菜单栏中的"格式"→"单位"命令，AutoCAD 打开"图形单位"对话框，如图 7-29 所示。设置"长度"的类型为"小数"，"精度"为 0；"角度"的类型为"十进制度数"，"精度"为 0，系统默认逆时针方向为正，缩放单位设置为"无单位"。

③ 设置图形边界。国标对图纸的幅面大小作了严格规定，在这里，不妨按国标 A3 图纸幅面设置图形边界。A3 图纸的幅面为 420mm×297mm，命令行提示与操作如下。

```
命令: LIMITS↙
重新设置模型空间界限:
指定左下角点或 [开(ON)/关(OFF)] <0.0000,0.0000>: ↙
指定右上角点 <12.0000,9.0000>: 420,297↙
```

（2）设置图层。

按 3.4 节所述方法设置图层，如图 7-30 所示。这些不同的图层分别存放不同的图线或图形的不同部分。

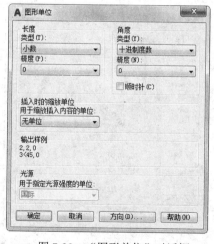

图 7-29　"图形单位"对话框

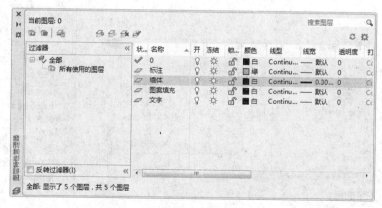

图 7-30　"图层特性管理器"对话框

（3）设置文本样式。

下面列出本练习中的一些格式，请按如下约定进行设置：文本高度一般注释 7mm，零件名称 10mm，图标栏和会签栏中其他文字 5mm，尺寸文字 5mm，线型比例 1，图纸空间线型比例 1，单位十进制，小数点后 0 位，角度小数点后 0 位。

可以生成 4 种文字样式，分别用于一般注释、标题块中零件名、标题块注释及尺寸标注。

单击"默认"选项卡"注释"面板中的"文字样式"按钮 ，打开"文字样式"对话框，单击"新建"按钮，系统打开"新建文字样式"对话框，如图 7-31 所示。接受默认的"样式 1"文字样式名，确认退出。

系统回到"文字样式"对话框，在"字体名"下拉列表框中选择"宋体"选项；在"宽度因子"文本框中将宽度比例设置为 0.7；将文字高度设置为 5，如图 7-32 所示。单击"应用"按钮，再单击"关闭"按钮。其他文字样式设置类似。

图 7-31 "新建文字样式"对话框

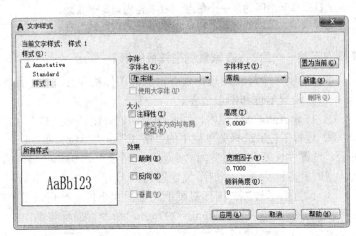

图 7-32 "文字样式"对话框

（4）设置尺寸标注样式。

单击"默认"选项卡"注释"面板中的"标注样式"按钮，打开"标注样式管理器"对话框，如图 7-33 所示。在"预览"显示框中显示出标注样式的预览图形。

根据前面的约定，单击"修改"按钮，打开"修改标注样式"对话框，在该对话框中对标注样式的选项按照需要进行修改，如图 7-34 所示。

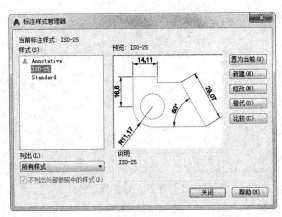

图 7-33 "标注样式管理器"对话框

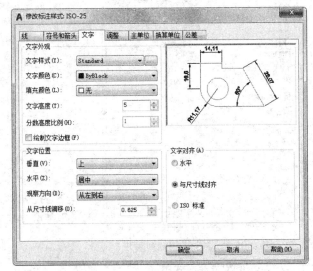

图 7-34 "修改标注样式"对话框

其中，在"线"选项卡中，设置"颜色"和"线宽"为 ByLayer。在"符号和箭头"选项卡中，设置"箭头大小"为 1，"基线间距"为 6，其他不变。在"文字"选项卡中，设置"颜色"为 ByLayer，"文字高度"为 5，其他不变。在"主单位"选项卡中，设置"精度"为 0，其他不变。其他选项卡也保持不变。

（5）绘制图框线和标题栏。

① 单击"默认"选项卡"绘图"面板中的"矩形"按钮，两个角点的坐标分别为（25,10）和（410,287），绘制一个 420mm×297mm（A3 图纸大小）的矩形作为图纸范围，如图 7-35 所示（外框表示设置的图纸范围）。

② 单击"默认"选项卡"绘图"面板中的"直线"按钮，绘制标题栏。坐标分别为{（230,10），（230,50），

（410,50）}、{（280,10），（280,50）}、{（360,10），（360,50）}、{（230,40），（360,40）}，如图 7-36 所示。
（大括号中的数值表示一条独立连续线段的端点坐标值。）

　　（6）绘制会签栏。

　　① 单击"默认"选项卡"注释"面板中的"表格样式"按钮，打开"表格样式"对话框，如图 7-37 所示。

图 7-35　绘制图框线

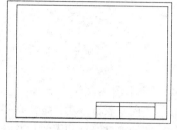

图 7-36　绘制标题栏

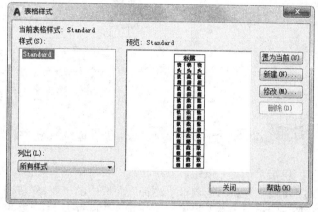

图 7-37　"表格样式"对话框

　　② 单击"修改"按钮，系统打开"修改表格样式"对话框，在"单元样式"下拉列表框中选择"数据"选项，在下面的"文字"选项卡中将"文字高度"设置为 3，如图 7-38 所示。再打开"常规"选项卡，将"页边距"栏中的"水平"和"垂直"都设置成 1，如图 7-39 所示。

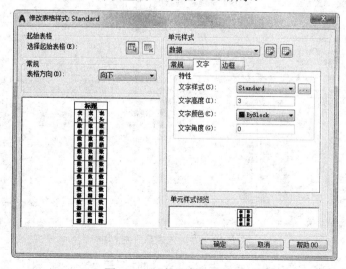

图 7-38　"修改表格样式"对话框

图 7-39　设置"常规"选项卡

注意 表格的行高=文字高度+2×垂直页边距，此处设置为 3+2×1=5。

③ 单击"确定"按钮，系统回到"表格样式"对话框，单击"关闭"按钮退出。

④ 单击"默认"选项卡"注释"面板中的"表格"按钮▦，系统打开"插入表格"对话框，在"列和行设置"栏中将"列数"设置为 3，"列宽"设置为 25，"数据行数"设置为 2（加上标题行和表头行共 4 行），"行高"设置为 1 行（即为 5）；在"设置单元样式"栏中将"第一行单元样式"、"第二行单元样式"和"所有其他行单元样式"都设置为"数据"，如图 7-40 所示。

图 7-40　"插入表格"对话框

⑤ 在图框线左上角指定表格位置，系统生成表格，同时打开"文字编辑器"选项卡，如图 7-41 所示，在各单元格中依次输入文字，如图 7-42 所示，最后按 Enter 键或单击多行文字编辑器上的"关闭"按钮，生成表格如图 7-43 所示。

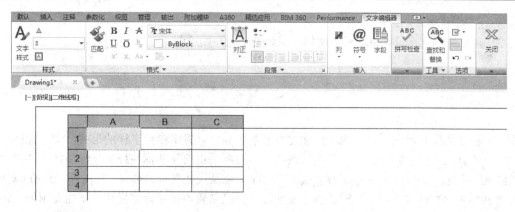

图 7-41　生成表格

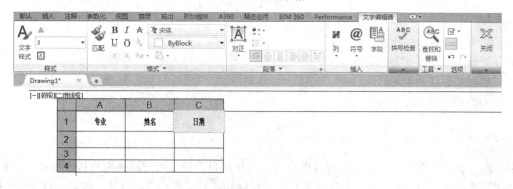

图 7-42　输入文字

⑥ 单击"默认"选项卡"修改"面板中的"旋转"按钮 ↻，把会签栏旋转-90°，结果如图 7-44 所示。这样就得到了一个样板图形，带有自己的图标栏和会签栏。

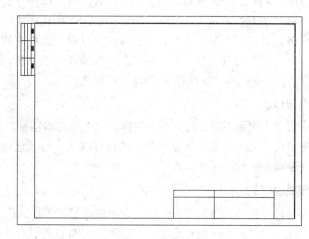

图 7-43　完成表格　　　　　　　　图 7-44　旋转会签栏

（7）保存成样板图文件。

样板图及其环境设置完成后，可以将其保存成样板图文件。单击快速访问工具栏中的"保存"按钮 💾，打开"图形另存为"对话框。在"文件类型"下拉列表中选择"AutoCAD 图形样板（*.dwt）"选项，输入文件名为 A3，单击"保存"按钮保存文件。

下次绘图时，可以直接打开该样板图文件，在此基础上开始绘图。

7.3 尺 寸 标 注

组成尺寸标注的尺寸界线、尺寸线、尺寸文本及箭头等可以采用多种多样的形式，实际标注一个几何对象的尺寸时，其尺寸标注以什么形态出现，取决于当前所采用的尺寸标注样式。标注样式决定尺寸标注的形式，包括尺寸线、尺寸界线、箭头和中心标记的形式，以及尺寸文本的位置、特性等。在 AutoCAD 2017 中用户可以利用"标注样式管理器"对话框方便地设置自己需要的尺寸标注样式。下面介绍如何定制尺寸标注样式。

【预习重点】

- ☑ 了解如何设置尺寸样式。
- ☑ 了解设置尺寸样式参数。
- ☑ 了解尺寸标注类型。
- ☑ 练习不同类型尺寸标注应用。

7.3.1 尺寸样式

在进行尺寸标注之前，要建立尺寸标注的样式。如果用户不建立尺寸样式而直接进行标注，系统使用默认的名称为 Standard 的样式。用户如果认为使用的标注样式有某些设置不合适，也可以修改标注样式。

【执行方式】

- ☑ 命令行：DIMSTYLE。
- ☑ 菜单栏：选择菜单栏中的"格式"→"标注样式"或"标注"→"标注样式"命令。
- ☑ 工具栏：单击"标注"工具栏中的"标注样式"按钮 。
- ☑ 功能区：单击"默认"选项卡"注释"面板中的"标注样式"按钮 或单击"注释"选项卡"标注"面板上的"标注样式"下拉菜单中的"管理标注样式"按钮或单击"注释"选项卡"标注"面板中的"对话框启动器"按钮 。

【操作步骤】

执行上述命令后，打开"标注样式管理器"对话框，如图 7-45 所示。利用此对话框可方便直观地设置和浏览尺寸标注样式，包括建立新的标注样式、修改已存在的样式、设置当前尺寸标注样式、重命名样式以及删除一个已存在的样式等。

【选项说明】

（1）"置为当前"按钮：单击该按钮，把在"样式"列表框中选中的样式设置为当前样式。

（2）"新建"按钮：定义一个新的尺寸标注样式。单击该按钮，打开"创建新标注样式"对话框，如图 7-46 所示，单击"继续"按钮，可在打开的对话框中创建一个新的尺寸标注样式，如图 7-47 所示。

（3）"修改"按钮：修改一个已存在的尺寸标注样式。单击该按钮，打开"修改标注样式"对话框，该对话框中的各选项与"新建标注样式"对话框中完全相同，用户可以对已有标注样式进行修改。

（4）"替代"按钮：设置临时覆盖尺寸标注样式。单击该按钮，打开"替代当前样式"对话框，该对话框中的各选项与"新建标注样式"对话框中的完全相同，用户可改变选项的设置覆盖原来的设置，但这种修改只对指定的尺寸标注起作用，而不影响当前尺寸变量的设置。

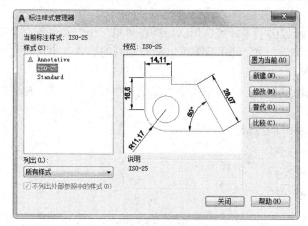

图 7-45　"标注样式管理器"对话框

图 7-46　"创建新标注样式"对话框

（5）"比较"按钮：比较两个尺寸标注样式在参数上的区别，或浏览一个尺寸标注样式的参数设置。单击该按钮，打开"比较标注样式"对话框，如图 7-48 所示。可以把比较结果复制到剪贴板上，然后再粘贴到其他的 Windows 应用软件上。

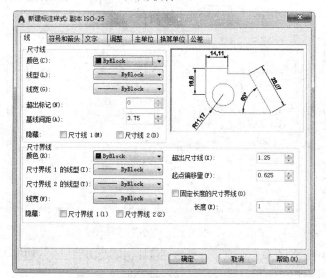

图 7-47　"新建标注样式"对话框

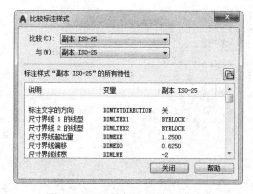

图 7-48　"比较标注样式"对话框

下面对图 7-47 所示的"新建标注样式"对话框中的主要选项卡进行简要说明。

（1）线

"新建标注样式"对话框中的"线"选项卡用于设置尺寸线、尺寸界线的形式和特性。现分别进行说明。

① "尺寸线"栏：用于设置尺寸线的特性。

② "延伸线"栏：用于确定延伸线的形式。

③ 尺寸样式显示框：在"新建标注样式"对话框的右上方，是一个尺寸样式显示框，该显示框以样例的形式显示用户设置的尺寸样式。

（2）符号和箭头

"新建标注样式"对话框中的"符号和箭头"选项卡如图 7-49 所示。该选项卡用于设置箭头、圆心标记、弧长符号和半径折弯标注的形式和特性。

① "箭头"栏：用于设置尺寸箭头的形式。系统提供了多种箭头形状，列在"第一个"和"第二个"下拉列表中。另外，还允许采用用户自定义的箭头形状。两个尺寸箭头可以采用相同的形式，也可以采用不同的形式。一般建筑制图中的箭头采用建筑标记样式。

② "圆心标记"栏：用于设置半径标注、直径标注和中心标注中的中心标记和中心线的形式。相应的尺寸变量是 DIMCEN。

③ "弧长符号"栏：用于控制弧长标注中圆弧符号的显示。

④ "折断标注"栏：控制折断标注的间隙宽度。

⑤ "半径折弯标注"栏：控制半径折弯标注的显示。

⑥ "线性折弯标注"栏：控制线性标注折弯的显示。

（3）文本

"新建标注样式"对话框中的"文字"选项卡如图 7-50 所示，该选项卡用于设置尺寸文本的形式、位置和对齐方式等。

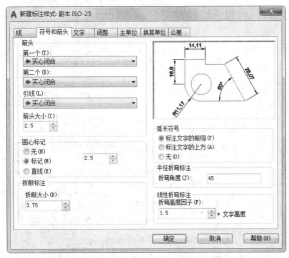
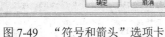

图 7-49　"符号和箭头"选项卡

图 7-50　"文字"选项卡

① "文字外观"栏：用于设置文字的样式、颜色、填充颜色、高度、分数高度比例以及文字是否带边框。

② "文字位置"栏：用于设置文字的位置是垂直还是水平，以及从尺寸线偏移的距离。

③ "文字对齐"栏：用于控制尺寸文本排列的方向。当尺寸文本在尺寸界线之内时，与其对应的尺寸变量是 DIMTIH；当尺寸文本在尺寸界线之外时，与其对应的尺寸变量是 DIMTOH。

7.3.2　标注尺寸

正确地进行尺寸标注是设计绘图工作中非常重要的一个环节，AutoCAD 2017 提供了方便快捷的尺寸标注方法，可通过执行命令实现，也可利用菜单或工具按钮来实现。本节将重点介绍如何对各种类型的尺寸进行标注。

1. 线性标注

【执行方式】

- ☑ 命令行：DIMLINEAR（快捷命令为 DIMLIN）。
- ☑ 菜单栏：选择菜单栏中的"标注"→"线性"命令。
- ☑ 工具栏：单击"标注"工具栏中的"线性"按钮 ⊢。
- ☑ 功能区：单击"默认"选项卡"注释"面板中的"线性"按钮 ⊢（见图 7-51）或单击"注释"选项卡"标注"面板中的"线性"按钮 ⊢（见图 7-52）。

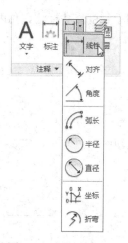

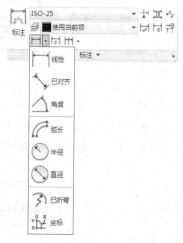

图 7-51 "注释"面板   图 7-52 "标注"面板

【操作步骤】

命令: DIMLINEAR
指定第一个尺寸界线原点或 <选择对象>:

【选项说明】

在此提示下有两种选择，直接按 Enter 键选择要标注的对象或确定尺寸界线的起始点。

（1）直接按 Enter 键：光标变为拾取框，命令行提示如下。

选择标注对象:

用拾取框拾取要标注尺寸的线段，命令行提示如下：

指定尺寸线位置或 [多行文字(M)/文字(T)/角度(A)/水平(H)/垂直(V)/旋转(R)]:

（2）指定第一条尺寸界线原点：指定第一条与第二条尺寸界线的起始点。

2. 对齐标注

【执行方式】

- ☑ 命令行：DIMALIGNED。
- ☑ 菜单栏：选择菜单栏中的"标注"→"对齐"命令。
- ☑ 工具栏：单击"标注"工具栏中的"对齐"按钮 ⌐。
- ☑ 功能区：单击"默认"选项卡"注释"面板中的"对齐"按钮 ⌐或单击"注释"选项卡"标注"

面板中的"对齐"按钮。

【操作步骤】

命令: DIMALIGNED✓
指定第一个尺寸界线原点或 <选择对象>:

【选项说明】

这种命令标注的尺寸线与所标注轮廓线平行，标注起始点到终点之间的距离尺寸。

3. 基线标注

基线标注用于产生一系列基于同一条尺寸界线的尺寸标注，适用于长度尺寸标注、角度标注和坐标标注等。在使用基线标注方式之前，应该先标注出一个相关的尺寸。

【执行方式】

- ☑ 命令行：DIMBASELINE。
- ☑ 菜单栏：选择菜单栏中的"标注"→"基线"命令。
- ☑ 工具栏：单击"标注"工具栏中的"基线"按钮。
- ☑ 功能区：单击"注释"选项卡"标注"面板中的"基线"按钮。

【操作步骤】

命令: DIMBASELINE✓
指定第二条尺寸界线原点或 [放弃(U)/选择(S)] <选择>:

【选项说明】

（1）指定第二条尺寸界线原点：直接确定另一个尺寸的第二条尺寸界线的起点，以上次标注的尺寸为基准标注出相应的尺寸。

（2）选择(S)：在上述提示下直接按 Enter 键，AutoCAD 提示如下。

选择基准标注:（选取作为基准的尺寸标注）

🎓 高手支招

线性标注有水平、垂直或对齐方式。使用对齐标注时，尺寸线将平行于两尺寸界线原点之间的直线（想象或实际）。基线（或平行）和连续（或链）标注是一系列基于线性标注的连续标注，连续标注是首尾相连的多个标注。在创建基线或连续标注之前，必须创建线性、对齐或角度标注。可从当前任务最近创建的标注中以增量方式创建基线标注。

4. 连续标注

连续标注又叫尺寸链标注，用于产生一系列连续的尺寸标注，后一个尺寸标注均把前一个标注的第二条尺寸界线作为其第一条尺寸界线，适用于长度尺寸标注、角度标注和坐标标注等。在使用连续标注方式之前，应该先标注出一个相关的尺寸。

【执行方式】

- ☑ 命令行：DIMCONTINUE。
- ☑ 菜单栏：选择菜单栏中的"标注"→"连续"命令。
- ☑ 工具栏：单击"标注"工具栏中的"继续"按钮。

☑　功能区：单击"注释"选项卡"标注"面板中的"连续"按钮 ⊞。

【操作步骤】

命令: _dimcontinue
指定第二条尺寸界线原点或 [放弃(U)/选择(S)] <选择>:

此提示下的各选项与基线标注中的选项完全相同，在此不再赘述。

5. 引线标注

AutoCAD 提供了引线标注功能，利用该功能不仅可以标注特定的尺寸，如圆角、倒角等，还可以在图中添加多行旁注、说明。在引线标注中，指引线可以是折线，也可以是曲线；指引线端部可以有箭头，也可以没有箭头。

利用 QLEADER 命令可快速生成指引线及注释，而且可以通过命令行优化对话框进行用户自定义，由此可以消除不必要的命令行提示，取得最高的工作效率。

【执行方式】

☑　命令行：QLEADER。

【操作步骤】

命令: QLEADER✓
指定第一个引线点或 [设置(S)] <设置>:

【选项说明】

（1）指定第一个引线点：根据命令行中的提示确定一点作为指引线的第一点，命令行提示如下：

指定下一点:（输入指引线的第二点）
指定下一点:（输入指引线的第三点）

AutoCAD 提示用户输入的点的数目由"引线设置"对话框确定，如图 7-53 所示。输入指引线的点后，命令行提示如下：

指定文字宽度<0.0000>:（输入多行文本的宽度）
输入注释文字的第一行<多行文字(M)>:

此时，有以下两种方式进行输入选择。

① 输入注释文字的第一行：在命令行中输入第一行文本。此时，命令行提示如下：

输入注释文字的下一行:（输入另一行文本）
输入注释文字的下一行:（输入另一行文本或按 Enter 键）

② 多行文字(M)：打开多行文字编辑器，输入、编辑多行文字。输入全部注释文本后直接按 Enter 键，系统结束 QLEADER 命令，并把多行文本标注在指引线的末端附近。

（2）设置(S)：在上面的命令行提示下直接按 Enter 键或输入"S"，打开"引线设置"对话框，允许对引线标注进行设置。该对话框中包含"注释"、"引线和箭头"和"附着" 3 个选项卡，下面分别进行介绍。

① "注释"选项卡：用于设置引线标注中注释文本的类型、多行文本的格式并确定注释文本是否多次使用。

② "引线和箭头"选项卡：用于设置引线标注中引线和箭头的形式，如图 7-54 所示。其中，"点数"栏用于设置执行 QLEADER 命令时提示用户输入的点的数目。例如，设置点数为 3，执行 QLEADER 命令

时当用户在提示下指定 3 个点后，AutoCAD 自动提示用户输入注释文本。

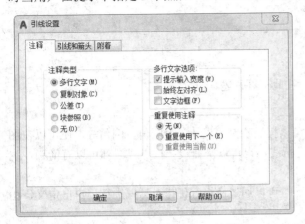

图 7-53 "引线设置"对话框

图 7-54 "引线和箭头"选项卡

需要注意的是，设置的点数要比用户希望的指引线段数多 1。如果选中"无限制"复选框，AutoCAD 会一直提示用户输入点直到连续按 Enter 键两次为止。"角度约束"栏用于设置第一段和第二段指引线的角度约束。

③ "附着"选项卡：用于设置注释文本和指引线的相对位置，如图 7-55 所示。

如果最后一段指引线指向右边，系统自动把注释文本放在右侧；如果最后一段指引线指向左边，系统自动把注释文本放在左侧。利用该选项卡中左侧和右侧的单选按钮，可以分别设置位于左侧和右侧的注释文本与最后一段指引线的相对位置，二者可相同也可不同。

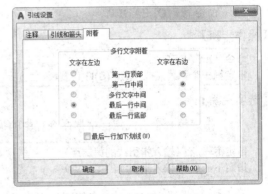

图 7-55 "附着"选项卡

7.4 综合演练——绘制并标注木门

本实例绘制的木门如图 7-56 所示。由图可知，门主要由门框、门把手、饰面以及尺寸标注和文字标注等组成，可以通过直线、样条曲线、多行文字标注、线性标注等命令来完成绘制。

【操作步骤】

（1）设置图层

单击"默认"选项卡"图层"面板中的"图层特性"按钮 ，系统弹出"图层特性管理器"选项板，新建 4 个图层，如图 7-57 所示。

（2）绘制门框

① 将图层 3 设置为当前图层，单击"默认"选项卡"绘图"面板中的"矩形"按钮 ，绘制一个 800×2000 的矩形，如图 7-58 所示。

② 单击"默认"选项卡"修改"面板中的"分解"按钮 ，将绘制的矩形分解，然后单击"默认"选项卡"修改"面板中的"偏移"按钮 ，将左右竖向边分别向内偏移 120，将水平上下边分别向内偏移 150，如图 7-59 所示。

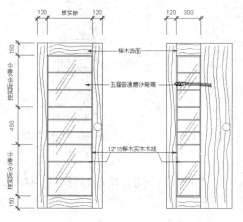

图 7-56 木门

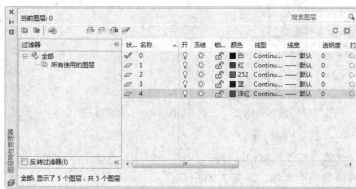

图 7-57 设置"图层特性管理器"选项板

③ 单击"默认"选项卡"修改"面板中的"修剪"按钮，将偏移后的直线进行修剪处理，结果如图 7-60 所示。

④ 单击"默认"选项卡"修改"面板中的"偏移"按钮，将修剪后的直线向内偏移 12，结果如图 7-61 所示。

⑤ 选中偏移后的直线并将其图层切换到图层 4，然后单击"默认"选项卡"修改"面板中的"修剪"按钮，将偏移后的直线进行修剪处理，结果如图 7-62 所示。

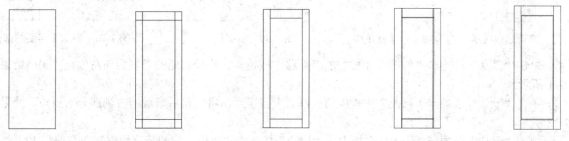

图 7-58 绘制矩形　　图 7-59 偏移直线 1　　图 7-60 修剪直线　　图 7-61 偏移直线 2　　图 7-62 修剪处理

⑥ 将图层 4 设置为当前图层，单击"默认"选项卡"修改"面板中的"偏移"按钮，将偏移后的上侧水平直线依次向下偏移 190、12、196、12、196、12、138、12、138、12、140、12、196、12、196、12、190，结果如图 7-63 所示。

⑦ 单击"默认"选项卡"绘图"面板中的"直线"按钮，由内部矩形四角处向外侧直线绘制斜线，结果如图 7-64 所示。

（3）绘制门饰面

① 将图层 2 设置为当前图层，单击"默认"选项卡"绘图"面板中的"样条曲线拟合"按钮，在门框上绘制榉木饰面，结果如图 7-65 所示。

② 单击"默认"选项卡"绘图"面板中的"直线"按钮，在门上绘制玻璃纹路，结果如图 7-66 所示。

③ 单击"默认"选项卡"修改"面板中的"修剪"按钮，修剪掉榉木实线与直线之间的玻璃纹路，结果如图 7-67 所示。

（4）绘制门把手

将图层 4 设置为当前图层，单击"默认"选项卡"绘图"面板中的"圆"按钮，在门的右侧中央位置处绘制门把手，结果如图 7-68 所示。

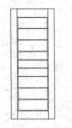

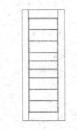

图 7-63　偏移直线 3　　　　图 7-64　绘制斜线　　　图 7-65　绘制饰面　　　图 7-66　绘制玻璃纹路

（5）绘制门把手

将"正交"按钮 ⌐ 打开，单击"默认"选项卡"修改"面板中的"复制"按钮 ，将绘制好的门复制到右侧适当距离处，如图 7-69 所示。

（6）绘制另一扇门

① 单击"默认"选项卡"修改"面板中的"删除"按钮 ，将复制后的门不需要的部分删除，结果如图 7-70 所示。

图 7-67　修剪玻璃纹路　　图 7-68　绘制门把手　　　图 7-69　复制门　　　图 7-70　删除不需要的部分

② 单击"默认"选项卡"修改"面板中的"偏移"按钮 ，将最右侧的竖直线向左偏移 380，结果如图 7-71 所示。

③ 单击"默认"选项卡"修改"面板中的"修剪"按钮 ，将偏移后直线的右侧部分修剪掉，结果如图 7-72 所示。

④ 单击"默认"选项卡"修改"面板中的"偏移"按钮 ，将偏移后的竖直线继续向左偏移 12，结果如图 7-73 所示。

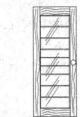

图 7-71　偏移竖直线 1　　　　图 7-72　修剪处理　　　　图 7-73　偏移竖直线 2

⑤ 选中偏移后的竖直线并将图层切换到图层 4，单击"默认"选项卡"修改"面板中的"修剪"按钮 ，对第④步中偏移前后的两条竖直直线的线段进行修剪处理，结果如图 7-74 所示。

⑥ 单击"默认"选项卡"绘图"面板中的"直线"按钮 ，在修剪后的图形转角处绘制斜线，结果如图 7-75 所示。

⑦ 将图层 2 设置为当前图层，单击"默认"选项卡"绘图"面板中的"样条曲线拟合"按钮 ，在门框上补充绘制榉木饰面，结果如图 7-76 所示。

图 7-74 修剪直线

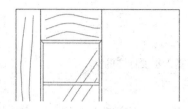

图 7-75 绘制斜线

图 7-76 补充绘制饰面

⑧ 单击"默认"选项卡"绘图"面板中的"直线"按钮 ，在门上绘制玻璃纹路，结果如图 7-77 所示。

⑨ 单击"默认"选项卡"修改"面板中的"修剪"按钮 ，修剪掉榉木实线与直线之间的玻璃纹路，结果如图 7-78 所示。

⑩ 将图层 0 设置为当前图层，单击"默认"选项卡"绘图"面板中的"椭圆"按钮 ，在右侧木门适当位置处绘制两个适当大小的椭圆，结果如图 7-79 所示。

⑪ 单击"默认"选项卡"绘图"面板中的"圆弧"按钮 ，在右侧木门适当位置绘制 4 条圆弧，结果如图 7-80 所示。

图 7-77 绘制玻璃纹路　　　图 7-78 修剪玻璃纹路　　　图 7-79 绘制椭圆　　　图 7-80 绘制圆弧

⑫ 单击"默认"选项卡"绘图"面板中的"直线"按钮 ，在第⑪步中绘制的弧线端点处绘制一条斜线，结果如图 7-81 所示。

⑬ 单击"默认"选项卡"修改"面板中的"修剪"按钮 ，将第⑫步中绘制的斜线右侧的圆弧修剪掉，结果如图 7-82 所示。

⑭ 单击"默认"选项卡"绘图"面板中的"直线"按钮 ，在椭圆内绘制折线，结果如图 7-83 所示。

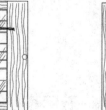

图 7-81 绘制斜线　　　　　　图 7-82 修剪处理　　　　　　图 7-83 绘制折线

（7）标注尺寸和文字

① 将图层 1 设置为当前图层，在命令行中输入"QLEADER"，在图形适当位置对其进行引线标注，命令行提示与操作如下。

```
命令: QLEADER
指定第一个引线点或 [设置(S)] <设置>: S
```

指定第一个引线点或 [设置(S)] <设置>:

指定下一点:

指定下一点:

指定文字宽度 <0>:

输入注释文字的第一行 <多行文字(M)>:（输入需要标注的文字）

结果如图 7-84 所示。

② 单击"默认"选项卡"注释"面板中的"标注样式"按钮，系统打开"标注样式管理器"对话框，如图 7-85 所示。

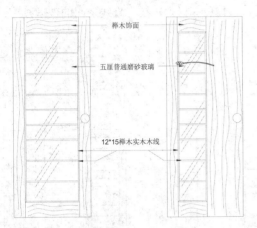

图 7-84　标注文字说明

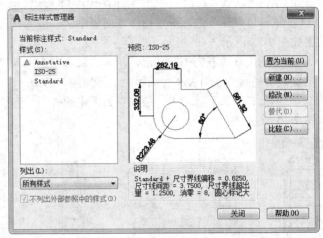

图 7-85　"标注样式管理器"对话框

③ 单击"新建"按钮，系统打开"创建新标注样式"对话框，将"新样式名"命名为"标注尺寸"，如图 7-86 所示。

④ 单击"继续"按钮，系统打开"新建标注样式"对话框，对其各个选项卡进行设置，如图 7-87～图 7-91 所示。

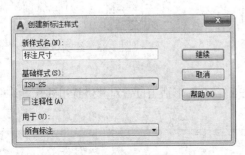

图 7-86　创建标注样式

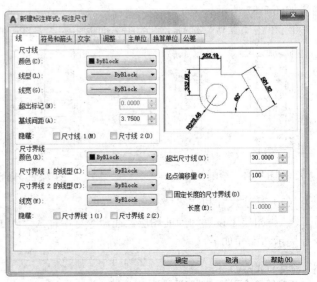

图 7-87　设置"线"选项卡

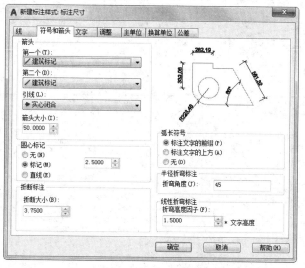

图 7-88 设置"符号和箭头"选项卡   图 7-89 设置"文字"选项卡

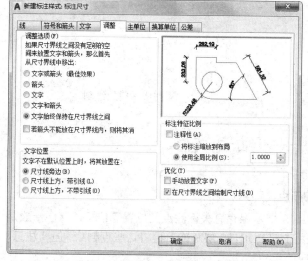

图 7-90 设置"调整"选项卡   图 7-91 设置"主单位"选项卡

⑤ 单击"确定"按钮,返回到"标注样式管理器"对话框,将"标注尺寸"标注样式置为当前,如图 7-92 所示。

⑥ 单击"关闭"按钮关闭对话框后,单击"注释"选项卡"标注"面板中的"线性"按钮□和"连续"按钮⼞,对图形进行尺寸标注,命令行提示与操作如下。

```
命令: _dimlinear
指定第一个尺寸界线原点或 <选择对象>:
指定第二条尺寸界线原点:
指定尺寸线位置或[多行文字(M)/文字(T)/角度(A)/水平(H)/垂直(V)/旋转(R)]:
标注文字 = 120
命令: _dimcontinue
指定第二条尺寸界线原点或 [放弃(U)/选择(S)] <选择>:
```

标注文字 = 560
指定第二条尺寸界线原点或 [放弃(U)/选择(S)] <选择>:
标注文字 = 120
指定第二条尺寸界线原点或 [放弃(U)/选择(S)] <选择>:
…（双击标注的尺寸将数值改为需要的文字）

完成木门的绘制，结果如图 7-93 所示。

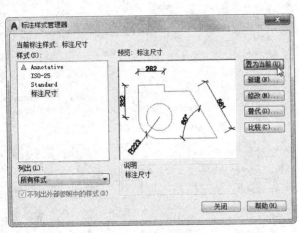

图 7-92 置为当前设置

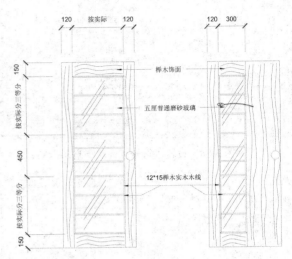

图 7-93 完成木门的绘制

7.5 名师点拨——细说文本

1. 为什么尺寸标注后，图形中有时出现一些小的白点，却无法删除

AutoCAD 在标注尺寸时，自动生成一个 DEFPOINTS 层，保存有关标注点的位置等信息，该层一般是冻结的。由于某种原因，这些点有时会显示出来。可先将 DEFPOINTS 层解冻后再将这些点删除。但要注意，如果删除了与尺寸标注还有关联的点，将同时删除对应的尺寸标注。

2. 为什么不能显示汉字，或输入的汉字变成了问号

原因可能是：

（1）对应的字型没有使用汉字字体，如 HZTXT.SHX 等。

（2）当前系统中没有汉字字体形文件，应将所用到的形文件复制到 AutoCAD 的字体目录中（一般为…\FONTS\）。

（3）对于某些符号，如希腊字母等，同样必须使用对应的字体形文件，否则会显示成"?"号。

3. 如何改变已经存在的字体格式

如果想改变已有文字的大小、字体、高宽比例、间距、倾斜角度、插入点等参数，最好利用"特性（DDMODIFY）"命令（前提是已经定义好了许多文字格式）。选择"特性"命令，单击要修改的文字，按 Enter 键，出现"修改文字"窗口，选择要修改的项目进行修改即可。

7.6 上 机 实 验

【练习1】绘制如图7-94所示的会签栏。

专业	姓名	日期

图7-94 会签栏

1. 目的要求

本实例要求读者利用"表格"和"多行文字"命令，体会表格功能的便捷性。

2. 操作提示

（1）单击"默认"选项卡"注释"面板中的"表格"按钮▦，绘制表格。

（2）单击"默认"选项卡"注释"面板中的"多行文字"按钮 **A**，标注文字。

【练习2】绘制如图7-95所示的电梯厅图形。

图7-95 电梯厅图形

1. 目的要求

本实例要求设计图形-电梯厅平面图。利用"圆弧""偏移""圆""修剪"等命令，绘制图形，最后设置字体样式并利用"多行文字"命令标注图形。通过本练习，使读者了解文字标注在图形绘制中的应用。

2. 操作提示

（1）绘制矩形。

（2）偏移矩形。

（3）绘制并偏移圆弧与圆。

（4）修剪并填充图形。

（5）添加文字标注。

7.7 模 拟 考 试

（1）所有尺寸标注共用一条尺寸界线的是（　　）。

    A．引线标注　　　　　B．连续标注　　　　　C．基线标注　　　　　D．公差标注

（2）创建标注样式时，下面不是文字对齐方式的是（　　）。

    A．垂直   B．与尺寸线对齐

    C．ISO 标准   D．水平

（3）在设置文字样式时，设置了文字的高度，其效果是（　　）。

    A．在输入单行文字时，可以改变文字高度

    B．输入单行文字时，不可以改变文字高度

    C．在输入多行文字时，不能改变文字高度

    D．都能改变文字高度

（4）使用多行文本编辑器时，%%C、%%D、%%P 分别表示（　　）。

    A．直径、度数、下划线   B．直径、度数、正负

    C．度数、正负、直径   D．下划线、直径、度数

（5）在正常输入汉字时却显示"?"，原因是（　　）。

    A．文字样式没有设定好   B．输入错误

    C．堆叠字符   D．字高太高

（6）以下不是表格的单元格式数据类型的是（　　）。

    A．百分比   B．时间   C．货币   D．点

（7）在表格中不能插入（　　）。

    A．块   B．字段   C．公式   D．点

（8）试用 DTEXT 命令输入如图 7-96 所示的文本。

用特殊字符输入下划线
字体倾斜角度为15度

图 7-96　DTEXT 命令练习

集成绘图工具

为了方便绘图，提高绘图效率，AutoCAD 提供了一些集成化绘图工具，包括图块及其图块属性、设计中心、工具选项板等。这些工具的共同特点是可以将分散的图形通过一定的方式组织成一个单元，在绘图时将这些单元插入到图形中，达到提高绘图速度并使图形标准化的目的。

8.1 对象查询

在绘制图形或浏览图形的过程中，有时需要即时查询图形对象的相关数据，例如，对象之间的距离，建筑平面图室内面积等。为了方便这些查询工作，AutoCAD 提供了相关的查询命令。

对象查询的菜单命令集中在"工具"→"查询"菜单中，如图 8-1 所示。而其工具栏命令则主要集中在"查询"工具栏中，如图 8-2 所示。

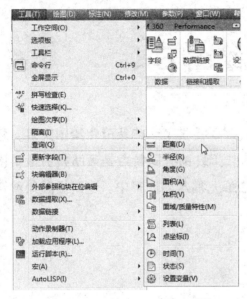

图 8-1　"工具"→"查询"菜单　　　　　　图 8-2　"查询"工具栏

【预习重点】

☑　打开查询菜单。

☑　练习查询距离命令。

☑　练习其余查询命令。

8.1.1　查询距离

【执行方式】

☑　命令行：DIST。

☑　菜单栏：选择菜单栏中的"工具"→"查询"→"距离"命令。

☑　工具栏：单击"查询"工具栏中的"距离"按钮 。

☑　功能区：单击"默认"选项卡"实用工具"面板中的"距离"按钮 （如图 8-3 所示）。

【操作实践——查询行李架属性】

通过查询图 8-4 中行李架的属性来熟悉查询命令的用法。操作步骤如下：

（1）打开文件。单击快速访问工具栏中的"打开"按钮 ，打开光盘中的"源文件\行李架.dwg"文件。

图 8-3　"测量"下拉菜单

（2）点查询。单击"默认"选项卡"实用工具"面板中的"点坐标"命令⊡，查询中心点的坐标值。命令行提示与操作如下。

命令: '_id 指定点:　X = 1110.7419　　　Y = 323.5862　　　Z = 0.0000

要进行更多查询，重复以上步骤即可。

（3）距离查询。单击"默认"选项卡"实用工具"面板中的"距离"按钮，快速计算出任意指定的两点间的距离，命令行提示与操作如下。

命令: _MEASUREGEOM
输入选项 [距离(D)/半径(R)/角度(A)/面积(AR)/体积(V)] <距离>: _distance
指定第一点:（如图 8-5 所示）
指定第二个点或 [多个点(M)]:（如图 8-5 所示）
距离 = 1000.0000，XY 平面中的倾角 =0，与 XY 平面的夹角 = 0
X 增量 = 1000.0000，Y 增量 = 0.0000，Z 增量 = 0.0000
输入选项 [距离(D)/半径(R)/角度(A)/面积(AR)/体积(V)/退出(X)] <距离>:

（4）面积查询。单击"默认"选项卡"实用工具"面板中的"面积"按钮，计算一系列指定点之间的面积和周长，命令行提示与操作如下。

命令: _MEASUREGEOM
输入选项 [距离(D)/半径(R)/角度(A)/面积(AR)/体积(V)] <距离>: _area
指定第一个角点或 [对象(O)/增加面积(A)/减少面积(S)/退出(X)] <对象(O)>:（单击如图 8-6 所示的 1 点）
指定下一个点或 [圆弧(A)/长度(L)/放弃(U)]:（单击如图 8-6 所示的 2 点）
指定下一个点或 [圆弧(A)/长度(L)/放弃(U)]:（单击如图 8-6 所示的 3 点）
指定下一个点或 [圆弧(A)/长度(L)/放弃(U)/总计(T)] <总计>:（单击如图 8-6 所示的 4 点）
指定下一个点或 [圆弧(A)/长度(L)/放弃(U)/总计(T)] <总计>:（按 Enter 键）
区域 = 600000.0000，周长 =3200.0000

查询结果如图 8-6 所示。

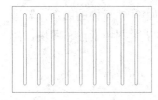

图 8-4　行李架图

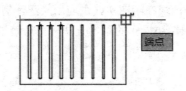

图 8-5　查询行李架两点间距离

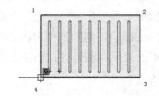

图 8-6　查询行李架四点形成的面的周长及面积

🎓 **高手支招**

图形查询功能主要是通过一些查询命令来完成的，这些命令在查询工具栏中大多都可以找到。通过查询工具，可以查询点的坐标、距离、面积及面域/质量特性。

【选项说明】

查询结果的各个选项说明如下。

（1）距离：两点之间的三维距离。

（2）XY 平面中倾角：两点之间连线在 XY 平面上的投影与 X 轴的夹角。

（3）与 XY 平面的夹角：两点之间连线与 XY 平面的夹角。

（4）X 增量：第二点 X 坐标相对于第一点 X 坐标的增量。

（5）Y 增量：第二点 Y 坐标相对于第一点 Y 坐标的增量。

（6）Z 增量：第二点 Z 坐标相对于第一点 Z 坐标的增量。

8.1.2 查询对象状态

【执行方式】

☑ 命令行：STATUS。

☑ 菜单栏：选择菜单栏中的"工具"→"查询"→"状态"命令。

【操作步骤】

执行上述命令后，系统自动切换到文本显示窗口，显示当前所有文件的状态，包括文件中的各种参数状态以及文件所在磁盘的使用状态，如图 8-7 所示。

列表显示、点坐标、时间、系统变量等查询工具的方法和功能与查询对象状态相似，不再赘述。

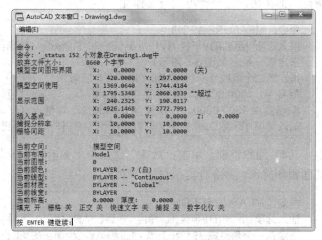

图 8-7　文本显示窗口

8.2　图　块

把多个图形对象集合起来成为一个对象，这就是图块（Block）。使用图块既便于图形的集合管理，也便于一些图形的重复使用，还可以节约磁盘空间。图块在绘图实践中应用广泛，例如第 7 章中的图形，若进一步制作成图块，则要方便得多。本节首先介绍图块操作的基本方法，然后着重讲解图块属性和图块在建筑制图中的应用。实例效果如图 8-8 所示。

【预习重点】

☑ 了解图块定义。

☑ 练习图块应用操作。

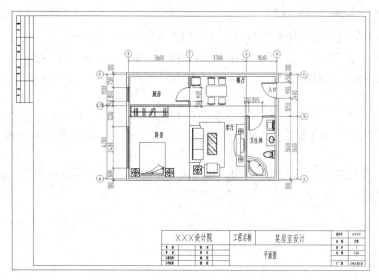

图 8-8　图块功能的综合应用实例

8.2.1　定义图块

【执行方式】

- ☑　命令行：BLOCK。
- ☑　菜单栏：选择菜单栏中的"绘图"→"块"→"创建"命令。
- ☑　工具栏：单击"绘图"工具栏中的"创建块"按钮🔲。
- ☑　功能区：单击"默认"选项卡"块"面板中的"创建"按钮🔲或单击"插入"选项卡"块定义"面板中的"创建块"按钮🔲。

【操作实践——组合沙发图块】

打开随书光盘中的"源文件\组合沙发.dwg"文件，将绘制好的组合沙发定义成图块。操作步骤如下：

（1）单击"默认"选项卡"块"面板中的"创建"按钮🔲，打开"块定义"对话框。

（2）单击"选择对象"按钮，框选组合沙发，右击回到对话框。

（3）单击"拾取点"按钮，用鼠标捕捉沙发靠背中点作为基点，右击返回。

（4）在"名称"文本框中输入名称"组合沙发"，然后单击"确定"按钮完成。

结果如图 8-9 所示。

创建块后，松散的沙发图形就成为一个单独的对象。此时，该图块存在于"源文件.dwg"文件中，随文件的保存而保存。

读者可以尝试将其他图形定义成块。

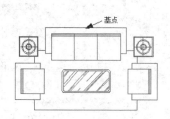

图 8-9　组合沙发图块

8.2.2　写块

【执行方式】

- ☑　命令行：WBLOCK。

【操作实践——创建"餐桌"图块文件】

在"建筑基本图元.dwg"文件中，将餐桌定义成图块保存。操作步骤如下：

（1）选中餐桌全部图形，将其置换到 0 图层去，并把 0 图层设置为当前图层。

（2）在命令行中输入"WBLOCK"命令，打开"写块"对话框，单击"选择对象"按钮，框选餐桌，右击回到对话框。

（3）在打开的"写块"对话框中单击"拾取点"按钮🖼，用鼠标捕捉餐桌中部作为基点，右击返回。

（4）在打开的"写块"对话框的"文件名和路径"文本框中，输入指定的文件名和路径，然后单击"确定"按钮。

此外，也可以先分别将单个椅子和桌子用"块定义"命令生成块，然后将椅子沿周边布置，最后将二者定义成块，叫作"块嵌套"，读者可自己尝试。

8.2.3　图块插入

【执行方式】

- ☑　命令行：INSERT。
- ☑　菜单栏：选择菜单栏中的"插入"→"块"命令 。
- ☑　工具栏：单击"插入"工具栏中的"插入块"按钮🖭或单击"绘图"工具栏中的"插入块"按钮🖭。
- ☑　功能区：单击"默认"选项卡"块"面板中的"插入"按钮🖭或单击"插入"选项卡"块"面板中的"插入"按钮🖭。

【操作实践——用"插入"命令布置居室】

打开随书光盘"源文件\居室平面图"，用插入法布置居室内的家具。操作步骤如下：

（1）单击"默认"选项卡"块"面板中的"插入"按钮🖭，打开"插入"对话框。

（2）单击"浏览"按钮，找到"组合沙发"图块，设置插入点、比例、旋转等参数，如图 8-10 所示，单击"确定"按钮。

（3）移动鼠标捕捉插入点，单击"确定"按钮完成插入操作，如图 8-11 所示。

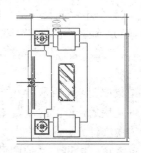

图 8-10　插入"组合沙发"图块设置　　　　图 8-11　完成组合沙发插入

（4）由于客厅较小，沙发上端的小茶几和单人沙发应该去掉。单击"默认"选项卡"修改"面板中的"分解"按钮🖭，将沙发分解，删除小茶几和单人沙发两部分，然后将地毯部分补全，结果如图 8-12 所示。

也可以将图 8-10 所示的"插入"对话框左下角的"分解"复选框选中，插入组合沙发图块时将自动分解，从而省去分解的步骤。

（5）重新将修改后的沙发图形定义为图块，完成沙发布置。

（6）单击"默认"选项卡"块"面板中的"插入"按钮，弹出"插入"对话框，单击"浏览"按钮，找到"源文件\餐桌.dwg"文件，设置相关参数如图 8-13 所示，单击"确定"按钮将其放置在餐厅位置。

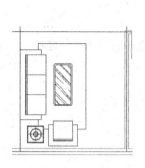

图 8-12　修改"组合沙发"图块

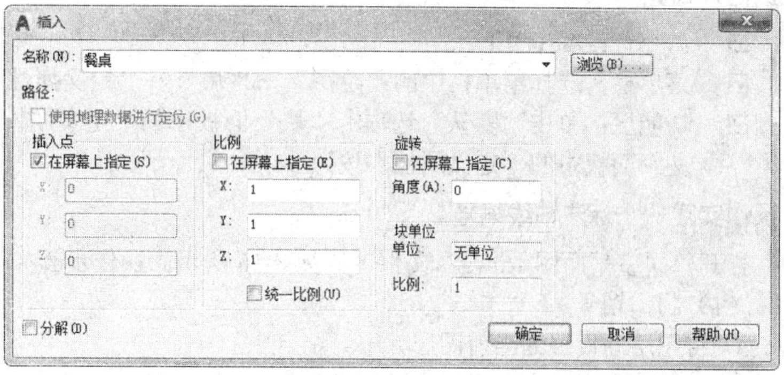

图 8-13　插入"餐桌"图块设置

结果如图 8-14 所示。这就是使用"插入块"命令调用图块文件的情形。

通过"插入块"命令布置居室就介绍到这里。剩余的家具图块均保存于"建筑基本图元.dwg"文件中，读者可参照图 8-15 自己完成。

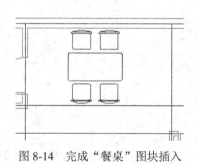

图 8-14　完成"餐桌"图块插入

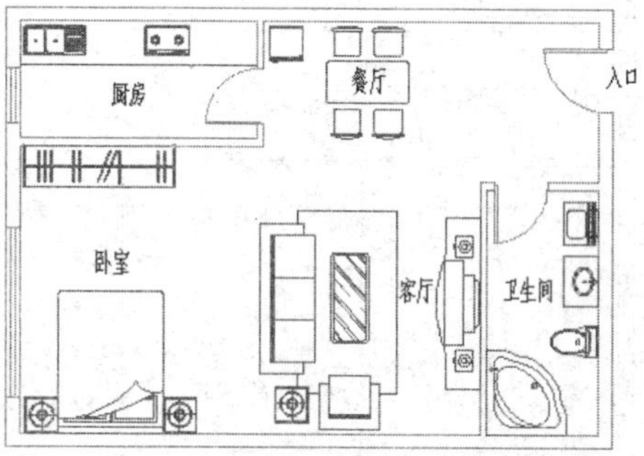

图 8-15　居室室内布置

高手支招

（1）创建图块之前，宜将待建图形放置到 0 图层上，这样生成的图块插入到其他图层中时，其图层特性跟随当前图层自动转化，如前面制作的餐桌图块。如果图形不放在 0 图层，制作的图块插入到其他图形文件中时，将携带原有图层信息。

（2）建议将图块图形以 1:1 的比例绘制，以便插入图块时进行比例缩放。

8.2.4　图块的属性

块的属性是指将数据附着到块上的标签或标记，需要单独定义，然后和图形捆绑在一起创建成为图块。块属性可以是常量属性，也可以是变量属性。常量属性在插入块时不提示输入值。插入带有变量属性的块时，会提示用户输入要与块一同存储的数据。此外，还可以将从图形中提取的属性信息用于电子表格或数据库，以生成构建列表或材料清单等。只要每个属性的标记都不相同，即可将多个属性与块关联。属性也可以"不可见"，即不在图形中显示出来。不可见属性不能显示和打印，但其属性信息存储在图形文件中，并且可以写入提取文件供数据库程序使用。

1．属性定义

【执行方式】

- ☑ 命令行：ATTDEF。
- ☑ 菜单栏：选择菜单栏中的"绘图"→"块"→"定义属性"命令。
- ☑ 功能区：单击"默认"选项卡"块"面板中的"定义属性"按钮✎或单击"插入"选项卡"块定义"面板中的"定义属性"按钮✎。

【操作实践——标注轴线编号】

打开"居室平面图 1.dwg"文件，如图 8-16 所示。操作步骤如下：

（1）制作轴号

① 将图层 0 设置为当前图层。

② 绘制一个直径为 400mm 的圆。

③ 单击"默认"选项卡"块"面板中的"定义属性"按钮✎，弹出"属性定义"对话框，按照图 8-17 所示进行设置。

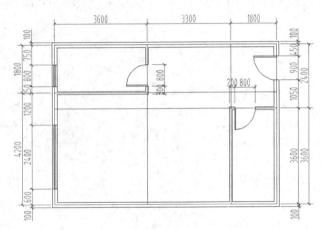
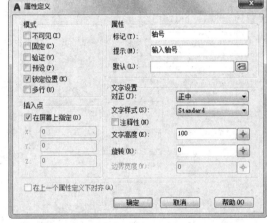

图 8-16　居室平面图　　　　　　　图 8-17　"属性定义"对话框

④ 单击"确定"按钮后将"轴号"二字指定到圆圈内，如图 8-18 所示。

⑤ 在命令行中输入"WBLOCK"命令，将圆圈和"轴号"字样全部选中，选取图 8-19 所示点为基点（也可以是其他点，以便于定位为准），将图块保存，文件名为"400mm 轴号.dwg"。

图 8-18　将"轴号"二字指定到圆圈内　　　图 8-19　基点选择

下面把"尺寸"图层设置为当前图层，将轴号图块插入到居室平面图中轴线尺寸超出的端点上。

⑥ 单击"默认"选项卡"块"面板中的"插入"按钮，通过弹出的"插入"对话框调入"400mm 轴号"图块，参数设置如图 8-20 所示。

⑦ 单击"确定"按钮，将轴号图块定位在左上角第一根轴线尺寸端点上，命令行提示与操作如下。

命令: INSERT ↙
指定插入点或 [基点(B)/比例(S)/旋转(R)/预览比例(PS)/预览旋转(PR)]:
输入属性值
请输入轴号: 1↙

结果如图 8-21 所示。

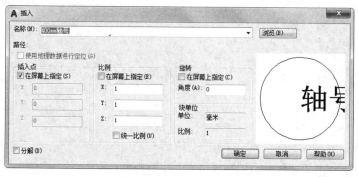

图 8-20 插入轴号并设置参数图

图 8-21   ①号轴线

采用同样的方法，可以标注其他轴号。也可以复制轴号①到其他位置，通过属性编辑来完成，下面详细介绍。

（2）编辑轴号

① 将轴号①逐个复制到其他轴线尺寸端部。

② 双击轴号，打开"增强属性编辑器"对话框，修改相应的属性值，完成所有的轴线编号，结果如图 8-22 所示。

【选项说明】

"属性定义"对话框中部分选项说明如下。

（1）"模式"栏

① "不可见"复选框：选中该复选框，属性为不可见显示方式，即插入图块并输入属性值后，属性值在图中并不显示出来。

② "固定"复选框：选中该复选框，属性值为常量，即属性值在属性定义时给定，在插入图块时 AutoCAD 不再提示输入属性值。

③ "验证"复选框：选中该复选框，当插入图块时 AutoCAD 重新显示属性值让用户验证该值是否正确。

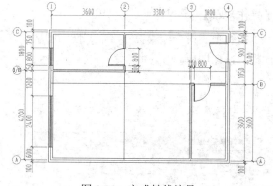

图 8-22 完成轴线编号

④ "预设"复选框：选中该复选框，当插入图块时 AutoCAD 自动把事先设置好的默认值赋予其属性，而不再提示输入属性值。

⑤ "锁定位置"复选框：选中该复选框，当插入图块时 AutoCAD 锁定块参照中属性的位置。解锁后，属性可以相对于使用夹点编辑的块的其他部分移动，并且可以调整多行属性的大小。

⑥ "多行"复选框：指定属性值可以包含多行文字。

（2）"属性"栏

① "标记"文本框：输入属性标签。属性标签可由除空格和感叹号以外的所有字符组成。AutoCAD 自动把小写字母改为大写字母。

② "提示"文本框：输入属性提示。属性提示是插入图块时 AutoCAD 要求输入属性值的提示。如果不在该文本框内输入文本，则以属性标签作为提示。如果在"模式"栏中选中"固定"复选框，即设置属性为常量，则不需设置属性提示。

③ "默认"文本框：设置默认的属性值。可把使用次数较多的属性值作为默认值，也可不设默认值。其他各栏比较简单，不再赘述。

2．编辑属性定义

【执行方式】

☑ 命令行：DDEDIT。

☑ 菜单栏：选择菜单栏中的"修改"→"对象"→"文字"→"编辑"命令。

【操作步骤】

命令: DDEDIT
选择注释对象或 [放弃(U)]:

在该提示下选择要修改的属性定义，AutoCAD 打开"编辑属性定义"对话框，如图 8-23 所示。可以在该对话框中修改属性定义。

3．增强属性编辑

【执行方式】

☑ 命令行：EATTEDIT。

☑ 菜单栏：选择菜单栏中的"修改"→"对象"→"属性"→"单个"命令。

☑ 工具栏：单击"修改 II"工具栏中的"编辑属性"按钮 。

☑ 功能区：单击"默认"选项卡"块"面板中的"编辑属性"按钮 。

【操作步骤】

执行上述命令，或者双击带属性的图块后，即可打开"增强属性编辑器"对话框，如图 8-24 所示，进行相应修改即可。

图 8-23 "编辑属性定义"对话框

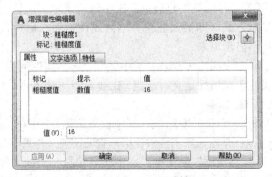

图 8-24 "增强属性编辑器"对话框

8.3 设计中心与工具选项板

设计中心为用户在当前图形文件与其他图形文件之间实现图形、块、图案填充以及其他图形内容的交换调配提供可能,为用户整合图形资源、提高绘图效益和效率提供了方便。工具选项板是选项卡形式的区域,提供了组织、共享和放置块及填充图案的有效方法。工具选项板还可以包含由第三方开发人员提供的自定义工具。设计中心中的图形内容可以拖到工具选项板上,从而将二者联系起来。本节将依次介绍这两项内容。

【预习重点】

- ☑　打开设计中心。
- ☑　利用设计中心操作图形。
- ☑　打开工具选项板。
- ☑　设置工具选项板参数。

8.3.1　设计中心

1. 认识设计中心

【执行方式】

- ☑　命令行:ADCENTER。
- ☑　菜单栏:选择菜单栏中的"工具"→"选项板"→"设计中心"命令。
- ☑　工具栏:单击"标准"工具栏中的"设计中心"按钮🖼。
- ☑　功能区:单击"视图"选项卡"选项板"面板中的"设计中心"按钮🖼。
- ☑　快捷键:Ctrl+2。

【操作步骤】

执行上述命令后,打开如图 8-25 所示的选项板。

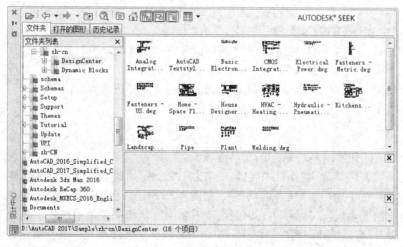

图 8-25　"设计中心"选项板

选项板左侧为资源管理器,右侧为内容显示区。资源管理器采用树形结构来显示资源,相当于 Windows 中的资源管理器,不同之处在于,它能够浏览到 AutoCAD 图形文件下的"标注样式""表格样式""块""图层"等 8 项内容,每一项中的具体内容可以进一步显示到右侧的图形内容区。

窗体上有 3 个选项卡。"文件夹"为默认打开的选项卡,从中可以浏览本机及网上邻居中的资源。"打开的图形"选项卡中显示当前打开的图形。"历史记录"选项卡中为设计中心使用记录。

2．设计中心功能

设计中心功能汇总如下：

（1）浏览用户计算机、网络驱动器和 Web 页上的图形或符号库。

（2）在定义表中查看图形文件中命名对象（如块、图层等）的定义，然后将定义插入、附着、复制和粘贴到当前图形中。

（3）更新块定义。

（4）创建指向常用图形、文件夹和 Internet 网址的快捷方式。

（5）向图形中添加内容，如外部参照、块和填充等。

（6）在新窗口中打开图形文件。

（7）将图形、块和图案填充拖动到工具选项板上以便于访问。

3．操作说明

（1）块操作：在内容显示区选中块对象右击，在弹出的快捷菜单中选择相应的命令即可进行具体操作，如图 8-26 所示。假如选择快捷菜单中的"插入为块"命令，则打开"插入"对话框，后面操作同 INSERT 命令。在内容显示区双击块，则默认为"插入块"。也可以将图块直接拖到绘图区，实现块插入。

图 8-26　快捷菜单

（2）对于图层、标注样式等，可以选中后拖到当前文件绘图区，从而为当前文件添加相应的设置。

8.3.2　工具选项板

1．认识工具选项板

【执行方式】

- ☑　命令行：TOOLPALETTES。
- ☑　菜单栏：选择菜单栏中的"工具"→"选项板"→"工具选项板"命令。
- ☑　工具栏：单击"标准"工具栏中的"工具选项板"按钮。
- ☑　功能区：单击"视图"选项卡"选项板"面板中的"工具选项板"按钮。
- ☑　快捷键：Ctrl+3。

【操作步骤】

执行上述命令后，打开如图 8-27 所示的工具选项板。

默认打开的是"动态块"选项板，其中包含"电力""机械""建筑"等选项卡。移动光标到标题处右击，打开快捷菜单，从中可以调出"所有选项板"，如图 8-28 所示。也可以选择"新建选项板"命令来新建选项板。对于不需要的选项板，可以移动光标到选项板名上，从快捷菜单中选择"删除"命令。选项板中的内容被称为"工具"，可以是几何图形、标注、块、图案填充、实体填充、渐变填充、光栅图像和外部参照等内容。使用时，单击选项板上的内容，拖动到绘图区，此时注意配合命令行提示进行操作，从而实现几何图形绘制、块插入或图案填充等。

2．从设计中心添加内容到工具选项板

可以从设计中心中的 4 个层次添加内容到工具选项板，即文件夹、图形文件、块、具体的块对象，如图 8-29 所示。

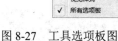

图 8-27　工具选项板图

图 8-28　从快捷菜单中打开其他选项板

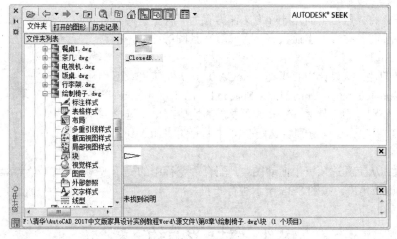

图 8-29　可添加到工具选项板的 4 个层次

（1）文件夹：选中需添加的文件夹并右击，在弹出的快捷菜单中选择"创建块的工具选项板"命令，如图 8-30 所示，即可把文件夹中的所有图形文件加入到工具选项板中，不过程序自动将每个图形文件中的图形生成一个块，如图 8-31 所示。

（2）图形文件或块：在设计中心中选中"图形文件名"或"块"，右击，选择快捷菜单中的"创建工具选项板"命令，即可把文件中的所有块加入到工具选项板中，并自动生成一个以文件名为名的选项板。至于具体单个的图块，若选择"创建工具选项板"命令，需要为此新建的工具选项板输入名称，如图 8-32 所示。

189

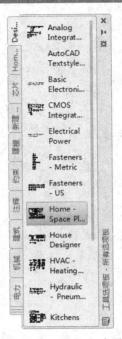

图 8-30　从文件夹创建块的工具选项板　　图 8-31　DesignCenter 选项板　　图 8-32　为单个图块加入新建选项板

【操作实践——居室布置】

为了进一步体验设计中心和工具选项板的功能，现将 8.2 节中绘制的居室平面图通过工具选项板的图块插入功能来重新布置。

（1）准备工作：将"居室平面图.dwg"文件另存为"居室室内布置.dwg"。新建一个家具图层（图层名与原有"家具"层不同），并置为当前状态。将原有家具图层冻结，不需要的图层也冻结。

（2）加入家具图块：从设计中心找到 AntoCAD 2017 安装目录下的\AutoCAD 2017\Sample\Design Center\Home-Space Planner.dwg 和 House designer.dwg 文件，分别选中文件名并右击，在弹出的快捷菜单中选择"创建块的工具选项板"命令，分别将这两个文件中的图块加入到工具选项板中。

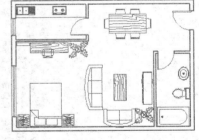

（3）室内布置：从工具选项板中拖动图块，配合命令行中的提示输入必要的比例和旋转角度，按图 8-33 所示进行布置。

图 8-33　通过工具选项板布置居室

8.4　对　象　约　束

约束能够精确地控制草图中的对象。草图约束有两种类型：尺寸约束和几何约束。

几何约束建立起草图对象的几何特性（如要求某一直线具有固定长度）以及两个或多个草图对象的关系类型（如要求两条直线垂直或平行，或是几个弧具有相同的半径）。在二维草图与注释环境下，可以单击"参数化"选项卡中的"全部显示"、"全部隐藏"或"显示"按钮来显示有关信息，并显示代表这些约束的直观标记（如图 8-34 所示的水平标记 ═ 和共线标记 ↗ 等）。

尺寸约束用于建立草图对象的大小（如直线的长度、圆弧的半径等）以及两个对象之间的关系（如两点之间的距离）。如图 8-35 所示为带有尺寸约束的示例。

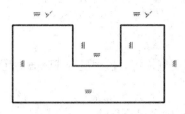

图 8-34　"几何约束"示意图　　　　图 8-35　"尺寸约束"示意图

【预习重点】

☑　了解对象约束菜单命令的使用。

☑　练习几何约束命令的执行方法。

☑　练习尺寸约束命令的执行方法。

8.4.1　建立几何约束

使用几何约束，可以指定草图对象必须遵守的条件，或是草图对象之间必须维持的关系。"几何"面板（在二维草图与注释环境下的"参数化"选项卡中）及"几何约束"工具栏，如图 8-36 所示，其主要几何约束选项的功能如表 8-1 所示。

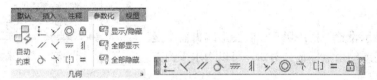

图 8-36　"几何"面板及"几何约束"工具栏

表 8-1　特殊位置点捕捉

约 束 模 式	功　　能
重合	约束两个点使其重合，或者约束一个点使其位于曲线（或曲线的延长线）上。可以使对象上的约束点与某个对象重合，也可以使其与另一对象上的约束点重合
共线	使两条或多条直线段沿同一直线方向
同心	将两个圆弧、圆或椭圆约束到同一个中心点，与将重合约束应用于曲线的中心点所产生的结果相同
固定	将几何约束应用于一对对象时，选择对象的顺序以及选择每个对象的点都可能会影响对象彼此间的放置方式
平行	使选定的直线位于彼此平行的位置。平行约束在两个对象之间应用
垂直	使选定的直线位于彼此垂直的位置。垂直约束在两个对象之间应用
水平	使直线或点位于与当前坐标系的 X 轴平行的位置。默认选择类型为对象
竖直	使直线或点位于与当前坐标系的 Y 轴平行的位置
相切	将两条曲线约束为保持彼此相切或其延长线保持彼此相切。相切约束在两个对象之间应用
平滑	将样条曲线约束为连续，并与其他样条曲线、直线、圆弧或多段线保持 G2 连续性
对称	使选定对象受对称约束，相对于选定直线对称
相等	将选定的圆弧和圆重新调整为相同的半径，或将选定的直线重新调整为长度相同

绘图中可指定二维对象或对象上的点之间的几何约束。之后编辑受约束的几何图形时，将保留约束。

因此，通过使用几何约束，可以在图形中包括设计要求。

8.4.2 几何约束设置

在使用 AutoCAD 绘图时，通过设置"约束设置"对话框，可以控制显示或隐藏的几何约束类型。

【执行方式】

- ☑ 命令行：CONSTRAINTSETTINGS（快捷命令：CSETTINGS）。
- ☑ 菜单栏：选择菜单栏中的"参数"→"约束设置"命令。
- ☑ 工具栏：单击"参数化"工具栏中的"约束设置"按钮。
- ☑ 功能区：单击"参数化"选项卡"几何"面板中的"对话框启动器"按钮 ↘。

图 8-37　"约束设置"对话框

【操作步骤】

执行上述命令后，系统打开"约束设置"对话框，该对话框中的"几何"选项卡如图 8-37 所示，利用该选项卡可以控制约束栏上约束类型的显示。

【选项说明】

（1）"约束栏显示设置"栏：用于控制图形编辑器中是否为对象显示约束栏或约束点标记。例如，可以为水平约束和竖直约束隐藏约束栏。

（2）"全部选择"按钮：用于选择几何约束类型。

（3）"全部清除"按钮：用于清除选定的几何约束类型。

（4）"仅为处于当前平面中的对象显示约束栏"复选框：仅为当前平面上受几何约束的对象显示约束栏。

（5）"约束栏透明度"栏：用于设置图形中约束栏的透明度。

（6）"将约束应用于选定对象后显示约束栏"复选框：手动应用约束后或使用 AUTOCONSTRAIN 命令时显示相关约束栏。

（7）"选定对象时显示约束栏"复选框：临时显示选定对象的约束栏。

8.4.3 建立尺寸约束

建立尺寸约束就是限制图形几何对象的大小，与在草图上标注尺寸相似，同样设置尺寸标注线，与此同时建立相应的表达式，不同的是可以在后续的编辑工作中实现尺寸的参数化驱动。"标注"面板（在"参数化"选项卡的"标注"面板中）及"标注约束"工具栏，如图 8-38 所示。

生成尺寸约束时，用户可以选择草图曲线、边、基准平面或基准轴上的点，以生成水平、竖直、平行、垂直或角度尺寸。

生成尺寸约束时，系统会生成一个表达式，其名称和值显示在一个打开的文本区域中，如图 8-39 所示，用户可以接着编辑该表达式的名称和值。

生成尺寸约束时，只要选中了几何体，其尺寸及其延伸线和箭头就会全部显示出来。将尺寸拖动到位后单击，即可完成尺寸的约束。完成尺寸约束后，用户可以随时更改。只需在绘图区选中该值并双击，即可使用与生成过程相同的方式，编辑其名称、值和位置。

图 8-38 "标注"面板及"标注约束"工具栏

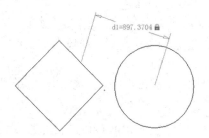

图 8-39 尺寸约束编辑

8.4.4 尺寸约束设置

在使用 AutoCAD 绘图时，通过"约束设置"对话框内的"标注"选项卡，可以控制显示标注约束时的系统配置。尺寸可以约束以下内容：

（1）对象之间或对象上的点之间的距离。

（2）对象之间或对象上的点之间的角度。

在"约束设置"对话框中选择"标注"选项卡，对话框显示如图 8-40 所示。通过设置该选项卡，可以控制约束类型的显示。

【选项说明】

（1）"标注约束格式"栏：在该栏中可以设置标注名称格式以及锁定图标的显示。

（2）"标注名称格式"下拉列表框：选择应用标注约束时显示的文字指定格式。将名称格式设置为显示名称、值或名称和表达式，例如，宽度=长度/2。

（3）"为注释性约束显示锁定图标"复选框：针对已应用注释性约束的对象显示锁定图标。

（4）"为选定对象显示隐藏的动态约束"复选框：显示选定时已设置为隐藏的动态约束。

8.4.5 自动约束

选择"约束设置"对话框中的"自动约束"选项卡，对话框显示如图 8-41 所示。通过设置该选项卡可以控制自动约束的相关参数。

图 8-40 "标注"选项卡

图 8-41 "自动约束"选项卡

【操作实践——绘制椅子】

绘制如图 8-42 所示的椅子。操作步骤如下：

（1）绘制直线。单击"默认"选项卡"绘图"面板中的"直线"按钮 。绘制初步轮廓的结果如图 8-43 所示。

（2）绘制圆弧。单击"默认"选项卡"绘图"面板中的"圆弧"按钮 ，命令行提示与操作如下。

命令：ARC↙
指定圆弧的起点或 [圆心(C)]：（用鼠标指定左上方竖线段端点 1，如图 8-43 所示）
指定圆弧的第二点或 [圆心(C)/端点(E)]：（用鼠标在上方两条竖线段正中间指定一点 2）
指定圆弧的端点：（用鼠标指定右上方竖线段端点 3）

（3）绘制直线。单击"默认"选项卡"绘图"面板中的"直线"按钮 ，命令行提示与操作如下。

命令：LINE↙
指定第一个点：（用鼠标在刚才绘制的圆弧上指定一点）
指定下一点或 [放弃(U)]：（在垂直方向上用鼠标在中间水平线段上指定一点）
指定下一点或 [放弃(U)]：↙

（4）用同样方法在圆弧上指定一点为起点，向下绘制另一条竖线段。再以图 8-43 中 1、3 两点下面的水平线段的端点为起点各向下适当距离绘制两条竖直线段，如图 8-44 所示。命令行提示与操作如下。

命令：ARC↙
指定圆弧的起点或 [圆心(C)]：（用鼠标指定左边第一条竖线段上端点 4，如图 8-44 所示）
指定圆弧的第二点或 [圆心(C)/端点(E)]：（用上面刚绘制的竖线段上端点 5）
指定圆弧的端点：（用鼠标指定左下方第二条竖线段上端点 6）

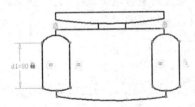

图 8-42　扶手长度为 80 的椅子

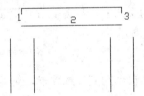

图 8-43　椅子初步轮廓

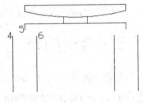

图 8-44　绘制过程

（5）用同样的方法绘制扶手位置的另外 3 段圆弧。命令行提示与操作如下。

命令：LINE↙
指定第一个点：（用鼠标在刚才绘制圆弧正中间指定一点）
指定下一点或 [放弃(U)]：（在垂直方向上用鼠标指定一点）
指定下一点或 [放弃(U)]：↙

（6）用同样的方法绘制另一条竖线段。命令行提示与操作如下。

命令：ARC
指定圆弧的起点或 [圆心(C)]：（用鼠标指定刚才绘制的线段的下端点）
指定圆弧的第二个点或 [圆心(C)/端点(E)]：E↙
指定圆弧的端点：（用鼠标指定刚才绘制的另一线段的下端点）

指定圆弧的中心点(按住 Ctrl 键以切换方向)或 [角度(A)/方向(D)/半径(R)]: D↙
指定圆弧起点的相切方向(按住 Ctrl 键以切换方向):（用鼠标指定圆弧的起点切向）

（7）最后完成的图形如图 8-45 所示。

（8）单击"参数化"选项卡"几何"面板中的"固定"按钮🔒，使椅子扶手上部两圆弧均建立固定的几何约束。

（9）重复使用"相等"命令，使最左端竖直线与右端各条竖直线建立相等的几何约束。

（10）单击"参数化"选项卡"几何"面板中的"对话框启动器"按钮 ↘，打开"约束设置"对话框，设置自动约束。选择"自动约束"选项卡，选择重合约束，取消其余约束方式，如图 8-46 所示。

图 8-45　椅子

图 8-46　"自动约束"选项卡

（11）单击"参数化"选项卡"几何"面板中的"自动约束"按钮🔠，然后选择全部图形，为图形中所有交点建立"重合"约束。

（12）单击"参数化"选项卡"标注"面板中的"竖直"按钮🔒，更改竖直尺寸。命令行提示与操作如下。

```
命令: _DcVertical
指定第一个约束点或 [对象(O)] <对象>:
指定第二个约束点:
指定尺寸线位置:
标注文字 = 100
```

修改结果如图 8-42 所示。

【选项说明】

（1）"自动约束"列表框：显示自动约束的类型以及优先级。可以通过"上移"和"下移"按钮调整优先级的先后顺序。可以单击✔图标选择或去掉某约束类型作为自动约束类型。

（2）"相切对象必须共用同一交点"复选框：指定两条曲线必须共用一个点（在距离公差范围内指定）以便应用相切约束。

（3）"垂直对象必须共用同一交点"复选框：指定直线必须相交或者一条直线的端点必须与另一条直线或直线的端点重合（在距离公差范围内指定）。

（4）"公差"栏：设置可接受的"距离"和"角度"公差值以确定是否可以应用约束。

8.5 视口与空间

视口和空间是有关图形显示和控制的两个重要概念，下面简要介绍。

【预习重点】
- ☑ 了解视口与空间的概念。
- ☑ 了解布局空间。

8.5.1 视口

绘图区可以被划分为多个相邻的非重叠视口。在每个视口中可以进行平移和缩放操作，也可以进行三维视图设置及三维动态观察，如图 8-47 所示。

1. 新建视口

【执行方式】
- ☑ 命令行：VPORTS。
- ☑ 菜单栏：选择菜单栏中的"视图"→"视口"→"新建视口"命令。
- ☑ 工具栏：单击"视口"工具栏中的"显示'视口'对话框"按钮。
- ☑ 功能区：单击"视图"选项卡"模型视口"面板中的"视口配置"下拉按钮，如图 8-48 所示。

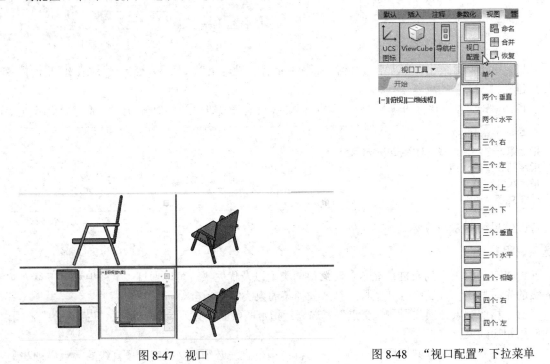

图 8-47　视口　　　　　　　　　　　　图 8-48　"视口配置"下拉菜单

【操作步骤】

执行上述命令后，系统打开如图 8-49 所示的"视口"对话框的"新建视口"选项卡，该选项卡中列出了一个标准视口配置列表，可用来创建层叠视口。如图 8-50 所示为按图 8-49 中设置创建的新图形视口，可以在多视口的单个视口中再创建多视口。

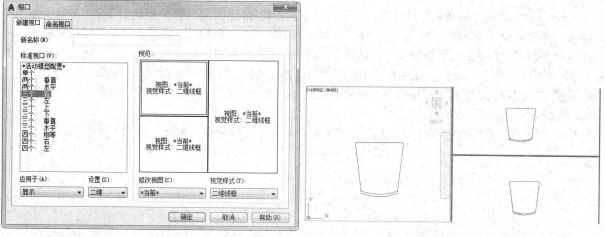

图 8-49　"新建视口"选项卡　　　　　　　　　　　图 8-50　创建视口

2．命名视口

【执行方式】

☑　菜单栏：选择菜单栏中的"视图"→"视口"→"命名视口"命令。

☑　工具栏：单击"视口"工具栏中的"显示'视口'对话框"按钮▣。

☑　功能区：单击"视图"选项卡"模型视口"面板中的"命名"按钮▣。

【操作步骤】

执行上述命令后，系统打开如图 8-51 所示的"视口"对话框的"命名视口"选项卡，该选项卡用来显示保存在图形文件中的视口配置。其中，"当前名称"提示行显示当前视口名；"命名视口"列表框用来显示保存的视口配置；"预览"显示框用来预览被选择的视口配置。

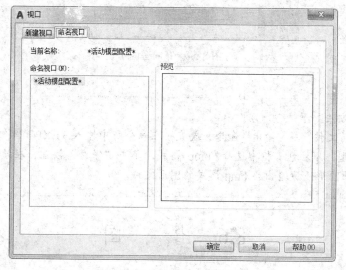

图 8-51　"命名视口"选项卡

8.5.2　模型空间与图纸空间

AutoCAD 可在两个环境中完成绘图和设计工作，即模型空间和图纸空间。模型空间又可分为平铺式和浮动式。大部分设计和绘图工作都是在平铺式模型空间中完成的，而图纸空间是模拟手工绘图的空间，它是为绘制平面图而准备的一张虚拟图纸，是一个二维空间的工作环境。从某种意义上说，图纸空间就是为布局图面、打印出图而设计的，还可在其中添加诸如边框、注释、标题和尺寸标注等内容。

在模型空间和图纸空间中，都可以进行输出设置。在绘图区底部有一个"模型"选项卡及一个或多个"布局"选项卡，如图 8-52 所示。

选择"模型"或"布局"选项卡，可以在二者之间进行空间的切换，如图 8-53 和图 8-54 所示。

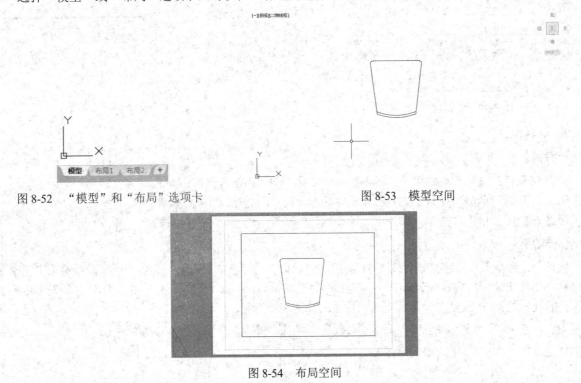

图 8-52　"模型"和"布局"选项卡　　　　　图 8-53　模型空间

图 8-54　布局空间

举一反三

输出图像文件的方法如下：

选择菜单栏中的"文件"→"输出"命令，或直接在命令行中输入"EXPORT"，系统将打开"输出"对话框，在"保存类型"下拉列表框中选择*.bmp 格式，单击"保存"按钮，在绘图区选中要输出的图形后按 Enter 键，被选图形便被输出为.bmp 格式的图形文件。

8.6　出　　图

出图是计算机绘图的最后一个环节，正确的出图需要正确的设置，下面简要介绍出图的基本设置。

【预习重点】

- ☑ 了解设置打印设备。
- ☑ 创建新布局。
- ☑ 出图设置。

8.6.1　打印设备的设置

最常见的打印设备有打印机和绘图仪。在输出图样时，首先要添加和配置要使用的打印设备。

1. 打开打印设备

【执行方式】

- ☑ 命令行：PLOTTERMANAGER。
- ☑ 菜单栏：选择菜单栏中的"文件"→"绘图仪管理器"命令。
- ☑ 功能区：单击"输出"选项卡"打印"面板中的"绘图仪管理器"按钮👌。

【操作步骤】

执行上述命令后，弹出如图 8-55 所示的窗口。

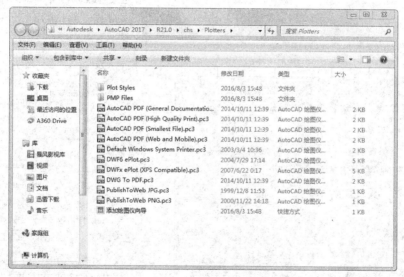

图 8-55　Plotters 窗口

除上述执行方式外，也可以通过"选项"对话框来打开 Plotters 窗口，具体操作步骤如下：

（1）选择菜单栏中的"工具"→"选项"命令，打开"选项"对话框。

（2）选择"打印和发布"选项卡，单击"添加或配置绘图仪"按钮，如图 8-56 所示。

（3）此时，系统打开 Plotters 窗口，如图 8-55 所示。要添加新的绘图仪器或打印机，可双击 Plotters 窗口中的"添加绘图仪向导"图标，打开"添加绘图仪-简介"对话框，如图 8-57 所示，按向导逐步完成添加。

2. 绘图仪配置编辑器

双击 Plotters 窗口中的绘图仪配置图标，如 DWF6 ePlot，打开"绘图仪配置编辑器"对话框，如图 8-58 所示，在其中对绘图仪进行相关设置。

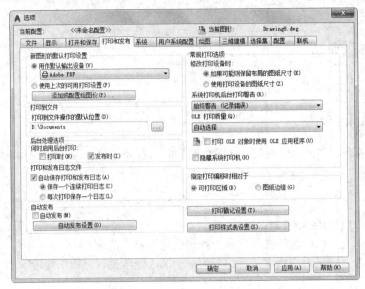

图 8-56 "打印和发布"选项卡

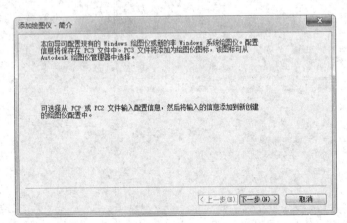

图 8-57 "添加绘图仪-简介"对话框

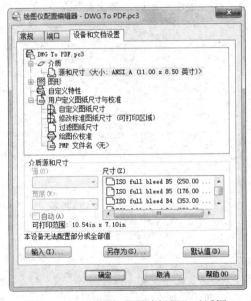

图 8-58 "绘图仪配置编辑器"对话框

在"绘图仪配置编辑器"对话框中，有 3 个选项卡，可根据需要进行重新配置。

8.6.2 创建布局

图纸空间是图纸布局环境，可以在此指定图纸大小、添加标题栏、显示模型的多个视图及创建图形标注和注释。

【执行方式】

☑ 命令行：LAYOUTWIZARD。

☑ 菜单栏：选择菜单栏中的"插入"→"布局"→"创建布局向导"命令。

【操作步骤】

（1）选择菜单栏中的"插入"→"布局"→"创建布局向导"命令，打开"创建布局-开始"对话框。在"输入新布局的名称"文本框中输入新布局名称，如图8-59所示。

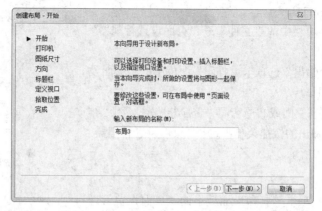

图 8-59　"创建布局-开始"对话框

（2）逐步设置，最后单击"完成"按钮，完成新布局"家具图"的创建。系统自动返回到布局空间，显示新创建的布局"家具图"，如图8-60所示。

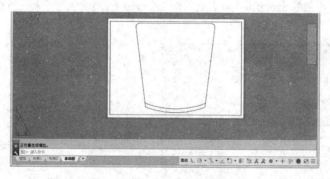

图 8-60　创建"家具图"布局

🎓 **高手支招**

当 AutoCAD 中图形显示比例较大时，圆和圆弧看起来由若干直线段组成，这并不影响打印结果，但在输出图像时，输出结果将与绘图区显示完全一致，因此，若发现有圆或圆弧显示为折线段时，应在输出图像前使用 VIEWRES 命令，对屏幕的显示分辨率进行优化，使圆和圆弧看起来尽量光滑、逼真。AutoCAD 中输出的图像文件，其分辨率为屏幕分辨率，即72dpi。如果该文件用于其他程序仅供屏幕显示，则该分辨率较合适。若最终要打印出来，就要在图像处理软件（如 Photoshop）中将图像的分辨率调高，一般设置为300dpi即可。

8.6.3　页面设置

页面设置可以对打印设备和其他影响最终输出外观和格式的参数进行设置，并将这些设置应用到其他布局中。在"模型"选项卡中完成图形的绘制之后，可以通过"布局"选项卡创建要打印的布局。页面设置中指定的各种设置和布局将一起存储在图形文件中，可以随时修改页面设置中的设置。

【执行方式】

- ☑ 命令行：PAGESETUP。
- ☑ 菜单栏：选择菜单栏中的"文件"→"页面设置管理器"命令。
- ☑ 功能区：单击"输出"选项卡"打印"面板中的"页面设置管理器"按钮 。
- ☑ 快捷菜单：在模型空间或布局空间中，右击"模型"或"布局"选项卡，在弹出的快捷菜单中选择"页面设置管理器"命令，如图 8-61 所示。

图 8-61 选择"页面设置管理器"命令

【操作步骤】

（1）单击"输出"选项卡"打印"面板中的"页面设置管理器"按钮 ，打开"页面设置管理器"对话框，如图 8-62 所示。在该对话框中，可以完成新建布局、修改原有布局、输入存在的布局和将某一布局置为当前等操作。

（2）在"页面设置管理器"对话框中，单击"新建"按钮，打开"新建页面设置"对话框，如图 8-63 所示。

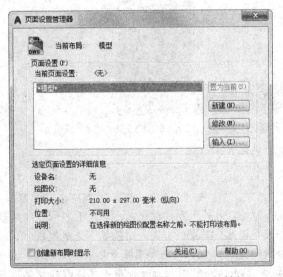

图 8-62 "页面设置管理器"对话框

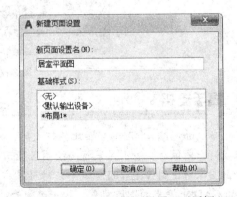

图 8-63 "新建页面设置"对话框

（3）在"新页面设置名"文本框中输入新建页面的名称，如"居室平面图"，单击"确定"按钮，打开"页面设置-模型"对话框，如图 8-64 所示。

（4）在"页面设置-模型"对话框中，可以设置布局和打印设备并预览布局的结果。对于一个布局，可通过"页面设置"对话框来完成其设置，虚线表示图纸中当前配置的图纸尺寸和绘图仪的可打印区域。设置完毕后，单击"确定"按钮退出设置即可。

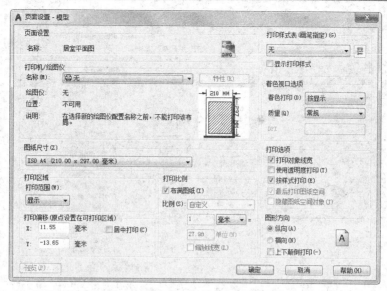

图 8-64　"页面设置-模型"对话框

8.6.4　从模型空间输出图形

从模型空间输出图形时，需要在打印时指定图纸尺寸，即在"打印"对话框中，选择要使用的图纸尺寸。在该对话框中列出的图纸尺寸取决于在"打印"或"页面设置"对话框中选定的打印机或绘图仪。

【执行方式】

- ☑　命令行：PLOT。
- ☑　菜单栏：选择菜单栏中的"文件"→"打印"命令。
- ☑　工具栏：单击"标准"工具栏中的"打印"按钮☺或单击快速访问工具栏中的"打印"按钮☺。
- ☑　功能区：单击"输出"选项卡"打印"面板中的"打印"按钮☺。

【操作步骤】

（1）打开需要打印的图形文件，如"居室平面图"。

（2）单击"输出"选项卡"打印"面板中的"打印"按钮☺，执行打印操作。

（3）打开"打印-模型"对话框，如图 8-65 所示，在该对话框中设置相关选项。

【选项说明】

"打印"对话框中的各项功能介绍如下。

（1）在"页面设置"栏中，列出了图形中已命名或已保存的页面设置，可以将这些已保存的页面设置作为当前页面设置；也可以单击"添加"按钮，基于当前设置创建一个新的页面设置。

（2）"打印机/绘图仪"栏用于指定打印时使用已配置的打印设备。在"名称"下拉列表框中列出了可用的 pc3 文件或系统打印机，可以从中选择。设备名称前面的图标识别其为 pc3 文件还是系统打印机。

（3）"打印份数"数值框用于指定要打印的份数。当打印到文件时，该选项不可用。

（4）单击"应用到布局"按钮，可将当前打印设置保存到当前布局中。

其他选项与"页面设置"对话框中的选项功能相同，此处不再赘述。

完成所有的设置后，单击"确定"按钮，开始打印。

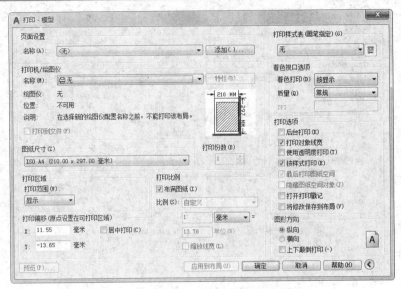

图 8-65 "打印-模型"对话框

预览按执行 PREVIEW 命令时在图纸上打印的方式显示图形。要退出打印预览并返回"打印"对话框，按 Esc 键，然后按 Enter 键；或右击，然后选择快捷菜单中的"退出"命令即可。打印预览效果如图 8-66 所示。

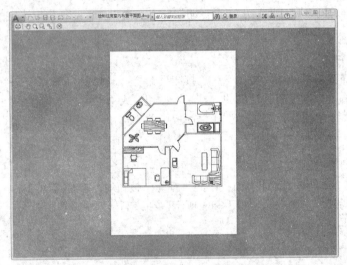

图 8-66 打印预览效果

8.6.5 从图纸空间输出图形

从图纸空间输出图形时，根据打印需要进行相关参数的设置，首先应在"页面设置"对话框中指定图纸的尺寸。

【操作步骤】

（1）打开需要打印的图形文件，将视图空间切换到"布局 1"，如图 8-67 所示。在"布局 1"选项卡上右击，在打开的快捷菜单中选择"页面设置管理器"命令。

（2）打开"页面设置管理器"对话框，如图 8-68 所示。单击"新建"按钮，打开"新建页面设置"对话框。

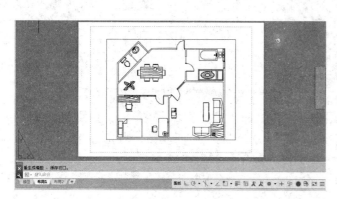

图 8-67　切换到"布局 1"选项

图 8-68　"页面设置管理器"对话框

（3）在"新建页面设置"对话框的"新页面设置名"文本框中输入"居室平面图"，如图 8-69 所示。

（4）单击"确定"按钮，打开"页面设置-布局 1"对话框，根据打印的需要进行相关参数的设置，如图 8-70 所示。

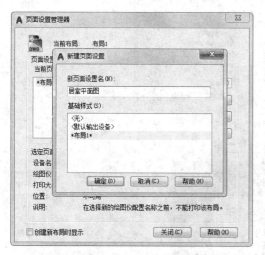

图 8-69　创建"居室平面图"新页面

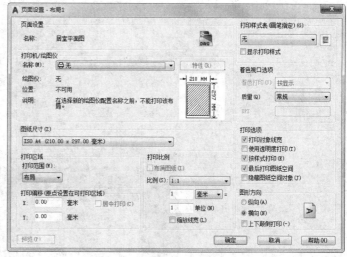

图 8-70　"页面设置-布局 1"对话框

（5）设置完成后，单击"确定"按钮，返回到"页面设置管理器"对话框。在"页面设置"列表框中选择"居室平面图"选项，单击"置为当前"按钮，将其置为当前布局，如图 8-71 所示。

（6）单击"关闭"按钮，完成"居室平面图"布局的创建，如图 8-72 所示。

（7）单击快速访问工具栏中的"打印"按钮🖨，打开"打印-布局 1"对话框，如图 8-73 所示，不需要重新设置，单击左下方的"预览"按钮，打印预览效果如图 8-74 所示。

（8）如果满意其效果，在预览窗口中右击，选择快捷菜单中的"打印"命令，进行居室平面图的打印。

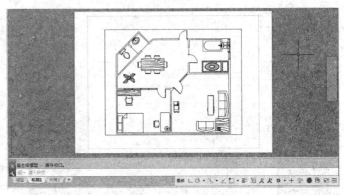

图 8-71 将"居室平面图"布局置为当前　　　　　图 8-72 完成"居室平面图"布局的创建

图 8-73 "打印-布局 1"对话框

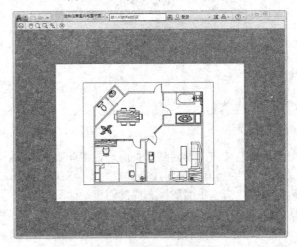

图 8-74 打印预览效果

在布局空间里，还可以先绘制图样，然后将图框与标题栏都以"块"的形式插入到布局空间中，组成一份完整的技术图纸。

8.7　综合演练——绘制住房室内布置平面图

本实例利用设计中心中的图块组合如图 8-75 所示的住房布局平面图。

【操作步骤】

（1）单击"标准"工具栏中的"工具选项板"按钮 ，打开工具选项板，如图 8-76 所示。再打开工具选项板菜单（打开方法见 8.3.2 节，不再赘述），如图 8-77 所示。

（2）新建工具选项板。在工具选项板菜单中选择"新建工具选项板"命令，建立新的工具选项板选项卡。在新建工具栏名称栏中输入"住房"后确认。新建的"住房"工具选项板选项卡如图 8-78 所示。

（3）向工具选项板中插入设计中心图块。单击"标准"工具栏中的"设计中心"按钮，打开设计中心，将设计中心中的 Kitchens、House Designer、Home Space Planner 图块拖动到工具选项板的"住房"选项卡上，如图 8-79 所示。

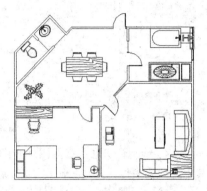

图 8-75　住房布置平面图

图 8-76　工具选项板

图 8-77　工具选项板菜单

图 8-78　"住房"工具选项板选项卡

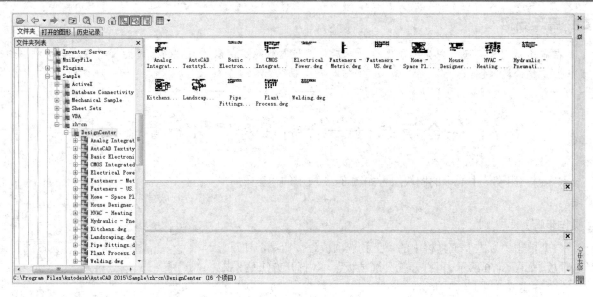

图 8-79 向工具选项板中插入设计中心图块

（4）绘制住房结构截面图。利用以前学过的绘图命令与编辑命令绘制住房结构截面图，如图 8-80 所示。其中进门为餐厅，左边为厨房，右边为卫生间，正对为客厅，客厅左边为寝室。

（5）布置餐厅。将工具选项板中的 Home Space Planner 图块拖动到当前图形中，利用缩放命令调整所插入的图块与当前图形的相对大小，如图 8-81 所示。

图 8-80 住房结构截面图

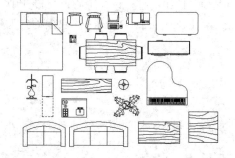

图 8-81 将 Home Space Planner 图块拖动到当前图形中

对该图块进行分解操作，将 Home Space Planner 图块分解成单独的小图块集。将图块集中的"饭桌"和"植物"图块拖动到餐厅的适当位置，如图 8-82 所示。

（6）布置寝室。将"双人床"图块移动到当前图形的寝室中，单击"修改"工具栏中的"旋转"按钮 ○ 和"移动"按钮 ✛，进行位置调整。重复"旋转"和"移动"命令，将"琴桌"、"书桌"、"台灯"和两个"椅子"图块旋转并移动到当前图形的寝室中，如图 8-83 所示。

（7）布置客厅。单击"修改"工具栏中的"旋转"按钮 ○ 和"移动"按钮 ✛，将"转角桌"、"电视机"、"茶几"和两个"沙发"图块旋转并移动到当前图形的客厅中，如图 8-84 所示。

（8）布置厨房。将工具选项板中的 House Designer 图块拖动到当前图形中，单击"修改"工具栏中的"缩放"按钮 ▣，调整所插入的图块与当前图形的相对大小，如图 8-85 所示。

① 单击"修改"工具栏中的"分解"按钮 ▥，对该图块进行分解操作，将 House Designer 图块分解成单独的小图块集。

图 8-82　布置餐厅

图 8-83　布置寝室

图 8-84　布置客厅

② 单击"修改"工具栏中的"旋转"按钮◎和"移动"按钮✛，将"灶台""洗菜盆""水龙头"图块旋转并移动到当前图形的厨房中，如图 8-86 所示。

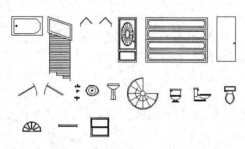

图 8-85　插入 House Designer 图块

图 8-86　布置厨房

（9）布置卫生间。单击"修改"工具栏中的"旋转"按钮◎和"移动"按钮✛，将"坐便器"和"洗脸盆"图块旋转并移动到当前图形的卫生间中；单击"修改"工具栏中的"复制"按钮⬚，复制"水龙头"图块，重复"旋转""移动"命令，将其旋转移动到洗脸盆上。单击"修改"工具栏中的"删除"按钮⬚，删除当前图形其他没有用处的图块，最终绘制出的图形如图 8-75 所示。

8.8　名师点拨——快速绘图技巧

1．设计中心的操作技巧

通过设计中心，用户可以组织对图形、块、图案填充和其他图形内容的访问，可以将源图形中的任何内容拖动到当前图形中，可以将图形、块和填充拖动到工具选项板上。源图形可以位于用户的计算机、网络位置或网站上。另外，如果打开了多个图形，则可以通过设计中心在图形之间复制和粘贴其他内容（如图层定义、布局和文字样式）来简化绘图过程。AutoCAD 制图人员一定要利用好设计中心的优势。

2．块的作用

用户可以将绘制的图例创建为块，即将图例以块为单位进行保存，并归类于每一个文件夹内，以后再次需要利用此图例制图时，只需插入该图块即可，同时还可以对块进行属性赋值。图块的使用可以大大提高制图效率。

3．内部图块与外部图块的区别

内部图块是在一个文件内定义的图块，可以在该文件内部自由作用，内部图块一旦被定义，就和文件同时被存储和打开。外部图块将"块"以主文件的形式写入磁盘，其他图形文件也可以使用它，要注意这是外部图块和内部图块的一个重要区别。

4. 对比模型空间与图纸空间

AutoCAD 有两个不同的空间，即模型空间和图纸空间（通过使用 LAYOUT 标签）。

模型空间中视口的特征如下。

（1）在模型空间中，可以绘制全比例的二维图形和三维模型，并带有尺寸标注。

（2）模型空间中，每个视口都包含对象的一个视图。例如，设置不同的视口会得到俯视图、正视图、侧视图和立体图等。

（3）用 VPORTS 命令创建视口和视口设置并保存起来，以备后用。

（4）视口是平铺的，不能重叠，总是彼此相邻。

（5）在某一时刻只有一个视口处于激活状态，十字光标只能出现在一个视口中，并且也只能编辑该活动的视口（如平移、缩放等）。

（6）只能打印活动的视口。如果 UCS 图标设置为 ON，该图标就会出现在每个视口中。

（7）系统变量 MAXACTVP 决定了视口的范围是 2～64。

图纸空间中视口的特征如下。

① 状态栏上的 PAPER 取代了 MODEL。

② VPORTS、PS、MS 和 VPLAYER 命令处于激活状态（只有激活了 MS 命令后，才可使用 PLAN、VPOINT 和 DVIEW 命令）。

③ 视口的边界是实体。可以删除、移动、缩放、拉伸视口。

④ 视口的形状没有限制。例如，可以创建圆形视口、多边形视口等。

⑤ 视口不是平铺的，可以用各种方法将其重叠、分离。

⑥ 每个视口都在创建它的图层上，视口边界与层的颜色相同，但边界的线型总是实线。出图时如不想打印视口，可将其单独置于一个图层上冻结即可。

⑦ 可以同时打印多个视口。

⑧ 十字光标可以不断延伸，穿过整个图形屏幕，与每个视口无关。

⑨ 可以通过 MVIEW 命令打开或关闭视口。使用 SOLVIEW 命令创建视口或者用 VPORTS 命令恢复在模型空间中保存的视口。在默认状态下，视口创建后都处于激活状态。关闭一些视口可以提高重绘速度。

⑩ 在打印图形且需要隐藏三维图形的隐藏线时，可以使用 MVIEW 命令拾取要隐藏的视口边界。

⑪ 系统变量 MAXACTVP 决定了活动状态下的视口数是 64。

通过上述讲解，相信大家对这两个空间已经有了明确的认识，但切记：当第一次进入图纸空间时，看不见视口，必须用 VPORTS 或 MVIEW 命令创建新视口或者恢复已有的视口配置（一般在模型空间保存）。可以利用 MS 命令和 PS 命令在模型空间和 LAYOUT（图纸空间）中来回切换。

8.9 上机实验

【练习1】利用"图块"方法绘制如图 8-87 所示的休闲桌椅。

1. 目的要求

在实际绘图过程中，会经常遇到重复性的图形单元。解决这类问题最简单、最快捷的办法是将重复性的图形单元制作成图块，然后将图块插入图形。本实践通过对休闲桌椅进行标注，使读者熟悉图块相关的操作。

2．操作提示

（1）打开前面绘制的椅子图形。

（2）定义成图块并保存。

（3）绘制圆桌。

（4）插入椅子图块。

（5）阵列处理。

【练习2】利用设计中心绘制居室布局图。

1．目的要求

如图 8-88 所示，设计中心最大的优点是简洁、方便、集中，读者可以在某个专门的设计中心组织自己需要的素材，快速简便地绘制图形。本实验的目的是通过绘制如图 8-88 所示的居室平面图，使读者灵活掌握利用设计中心进行快速绘图的方法。

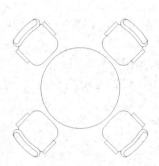

图 8-87　休闲桌椅

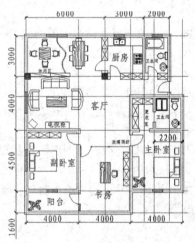

图 8-88　居室布置平面图

2．操作提示

打开设计中心，在设计中心选择适当的图块，插入到居室平面图中。

8.10　模　拟　考　试

（1）使用块的优点有（　　）。

　　A．一个块中可以定义多个属性　　　　　B．多个块可以共用一个属性

　　C．块必须定义属性　　　　　　　　　　D．A 和 B

（2）如果插入的块所使用的图形单位与为图形指定的单位不同，则（　　）。

　　A．对象以一定比例缩放以维持视觉外观

　　B．英制的放大 25.4 倍

C. 公制的缩小 25.4 倍

D. 块将自动按照两种单位相比的等价比例因子进行缩放

（3）用 BLOCK 命令定义的内部图块，下列说法正确的是（　　）。

A. 只能在定义它的图形文件内自由调用

B. 只能在另一个图形文件内自由调用

C. 既能在定义它的图形文件内自由调用，又能在另一个图形文件内自由调用

D. 两者都不能用

（4）利用 AutoCAD "设计中心"不可能完成的操作是（　　）。

A. 根据特定的条件快速查找图形文件

B. 打开所选的图形文件

C. 将某一图形中的块通过鼠标拖放添加到当前图形中

D. 删除图形文件中未使用的命名对象，例如，块定义、标注样式、图层、线型和文字样式等

（5）在 AutoCAD 的设计中心的（　　）选项卡中，可以查看当前图形中的图形信息。

A. 文件夹　　　　　　　　　　　　B. 打开的图形

C. 历史记录　　　　　　　　　　　D. 联机设计中心

（6）下列操作不能在设计中心完成的有（　　）。

A. 两个 DWG 文件的合并　　　　　B. 创建文件夹的快捷方式

C. 创建 Web 站点的快捷方式　　　D. 浏览不同的图形文件

（7）在设计中心中打开图形错误的方法是（　　）。

A. 在设计中心内容区中的图形图标上右击，在弹出的快捷菜单中选择"在应用程序窗口中打开"命令

B. 按住 Ctrl 键，同时将图形图标从设计中心内容区拖至绘图区域

C. 将图形图标从设计中心内容区拖动到应用程序窗口绘图区域以外的任何位置

D. 将图形图标从设计中心内容区拖动到绘图区域中

（8）无法通过设计中心更改的是（　　）。

A. 大小　　　　B. 名称　　　　C. 位置　　　　D. 外观

（9）什么是设计中心？设计中心有什么功能？

（10）什么是工具选项板？怎样利用工具选项板进行绘图？

民用家具设计

　　本章将以民用家具设计为例，详细讲述民用家具的绘制过程。在讲述过程中，带领读者逐步完成餐厅椅、坐便器、家庭餐桌、洗衣机、微波炉、双人床平面图、客厅沙发茶几组合等图的绘制，并介绍关于民用家具设计的相关知识和技巧。

9.1 椅凳类家具设计

本节主要介绍椅凳类家具设计，其中包括餐厅椅、躺椅，利用二维绘图命令详细讲解如何绘制家具轮廓，本节介绍的图形步骤相对简单，主要提高读者运用基本绘图命令的熟练程度，同时，读者也可以利用其他绘图命令绘制出本实例的图形，学会举一反三。

【预习重点】

☑ 掌握餐厅椅的绘制。

☑ 掌握躺椅的绘制。

9.1.1 绘制餐厅椅

本实例将绘制一个椅子，运用到绘制直线的命令（"绘图"→"直线"）。

本例不仅涉及图层及相关的内容，还将介绍圆角（"修改"→"圆角"）的应用命令。具体绘制方法是首先绘出椅子的轮廓线，再将其做圆角处理，最后补上缺失的直线。

1. 图层设计

新建两个图层，其属性如下：

（1）图层 1，颜色设为蓝色，其余属性默认。

（2）图层 2，颜色设为绿色，其余属性默认。

2. 绘制轮廓线

将当前图层设置为图层 1，单击"默认"选项卡"绘图"面板中的"直线"按钮⟍，命令行提示与操作如下。

```
命令: LINE↙
指定第一个点: 120,0↙
指定下一点或 [放弃(U)]: @-120,0↙
指定下一点或 [放弃(U)]: @0,500↙
指定下一点或 [闭合(C)/放弃(U)]: @120,0↙
指定下一点或 [闭合(C)/放弃(U)]: @0,-500↙
指定下一点或 [闭合(C)/放弃(U)]: @500,0↙
指定下一点或 [闭合(C)/放弃(U)]: @0,500↙
指定下一点或 [闭合(C)/放弃(U)]: @-500,0↙
指定下一点或 [闭合(C)/放弃(U)]: ↙
```

绘制结果如图 9-1 所示。

将当前图层设置为图层 2，单击"默认"选项卡"绘图"面板中的"直线"按钮⟍，命令行提示与操作如下。

```
命令: line↙
指定第一个点: 10,10↙
指定下一点或 [放弃(U)]: @600,0↙
指定下一点或 [放弃(U)]: @0,480↙
指定下一点或 [闭合(C)/放弃(U)]: @-600,0↙
```

指定下一点或 [闭合(C)/放弃(U)]: C✓
命令: LINE✓
指定第一个点: 130,10✓
指定下一点或 [放弃(U)]: @0,480✓
指定下一点或 [放弃(U)]: ✓

绘制结果如图 9-2 所示。

3. 圆角处理

单击"默认"选项卡"修改"面板中的"圆角"按钮◻，命令行提示与操作如下。

命令: _fillet✓
当前设置: 模式 = 修剪，半径 = 0.0000
选择第一个对象或 [放弃(U)/多段线(P)/半径(R)/修剪(T)/多个(M)]: r✓
指定圆角半径 <0.0000>: 90✓
选择第一个对象或 [放弃(U)/多段线(P)/半径(R)/修剪(T)/多个(M)]:（选择右上方的蓝色直线）✓
选择第二个对象，或按住 Shift 键选择对象以应用角点或 [半径(R)]:（选择右侧的竖直蓝色直线）✓

绘制结果如图 9-3 所示。

图 9-1　绘制轮廓线

图 9-2　绘制直线

图 9-3　圆角处理 1

☆ 贴心小帮手

"修改"面板中的"圆角"命令使用一段指定半径的圆弧为两段圆弧、圆、椭圆弧、直线、多段线、射线、样条曲线或构造线加圆角。FILLET 也可为三维实体加圆角。

如果 TRIMMODE 系统变量设置为 1，则 FILLET 将相交直线修剪到圆角圆弧的端点。如果选定的直线不相交，AutoCAD 将延伸或修剪直线以使其相交。

如果要加圆角的两个对象在同一图层上，则 AutoCAD 在该图层创建圆角线。否则，AutoCAD 在当前图层上创建圆角线。对于圆角的颜色、线宽和线型也是如此。

可以给多段线的直线线段加圆角，这些直线可以相邻、不相邻、相交或由线段隔开。如果多段线的线段不相邻，则被延伸以适应圆角。如果它们是相交的，则被修剪以适应圆角。图形界限检查打开时，要创建圆角，则多段线的线段必须收敛于图形界限之内。

结果是包含圆角（作为弧线段）的单个多段线。这条新多段线的所有特性（例如图层、颜色和线型）将继承所选的第一个多段线的特性。

✎注意

给关联填充（其边界通过直线线段定义）加圆角时，填充的关联性将被删除。如果其边界通过多段线定义，将保留关联性。

对所有的蓝色直线均进行圆角处理，右上角与右下角的两个圆角半径为 90，其余的圆角半径为 50。处理完毕，效果如图 9-4 所示。

4．继续圆角处理

按照以上的方式，对所有绿色直线均进行圆角处理，右上角与右下角的圆角半径为 90，其余圆角半径为 50，处理完毕后如图 9-5 所示。

在座椅的靠垫部分两条直线缺失，先补上直线，再进行圆角处理。将当前图层设置为图层 1，单击"默认"选项卡"绘图"面板中的"直线"按钮，命令行提示与操作如下。

```
命令: _line 指定第一个点:60,490✓
指定下一点或 [放弃(U)]: @100,0✓
指定下一点或 [放弃(U)]: ✓
命令: LINE ✓
指定第一个点: 60,10✓
指定下一点或 [放弃(U)]: @100,0✓
指定下一点或 [放弃(U)]: ✓
```

绘制结果如图 9-6 所示。

最后进行圆角处理，圆角半径为 50，结果如图 9-7 所示。

图 9-4　圆角处理 2　　　　图 9-5　圆角处理 3　　　　图 9-6　绘制直线　　　　图 9-7　椅子

9.1.2　绘制躺椅

本实例绘制的躺椅如图 9-8 所示。由图可知，该椅子主要由直线和矩形组成，可以用"直线"和"矩形"命令来绘制。

（1）单击"默认"选项卡"绘图"面板中的"矩形"按钮，取适当尺寸，命令行提示与操作如下。

```
命令: _rectang
指定第一个角点或 [倒角(C)/标高(E)/圆角(F)/厚度(T)/宽度(W)]:
指定另一个角点或 [面积(A)/尺寸(D)/旋转(R)]:
```

结果如图 9-9 所示。

（2）单击"默认"选项卡"绘图"面板中的"直线"按钮，在矩形的适当位置绘制一个小矩形，如图 9-10 所示。

（3）单击"默认"选项卡"绘图"面板中的"直线"按钮，绘制躺椅的椅身，如图 9-11 所示。

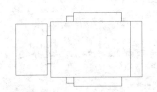   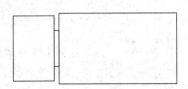

图 9-8　绘制躺椅头部　　　　图 9-9　绘制躺椅头部　　　　图 9-10　躺椅颈部　　　　图 9-11　躺椅椅身

（4）单击"默认"选项卡"绘图"面板中的"直线"按钮 ✏️，细化躺椅的椅身，如图 9-12 所示。

（5）单击"默认"选项卡"绘图"面板中的"直线"按钮 ✏️，绘制躺椅一侧的扶手，如图 9-13 所示。

（6）单击"默认"选项卡"修改"面板中的"镜像"按钮 ⚏，将绘制的躺椅扶手进行镜像处理，躺椅的绘制完成，如图 9-14 所示。

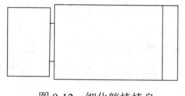 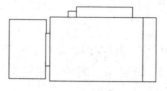 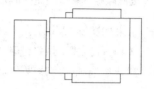

图 9-12　细化躺椅椅身　　　　图 9-13　绘制躺椅一侧扶手　　　　图 9-14　完成躺椅的绘制

9.2　洁具类家具设计

本节主要介绍洁具类家具设计，其中包括坐便器、洗手盆，在二维绘图命令的基础上利用少数编辑命令详细讲解如何绘制家具轮廓，本节运用的编辑命令相对简单，主要提高读者运用编辑命令的熟练程度。

【预习重点】

☑　掌握坐便器的绘制。

☑　掌握洗手盆的绘制。

9.2.1　绘制坐便器

本实例绘制的坐便器如图 9-15 所示。由图可知，该坐便器主要由圆弧、直线以及圆组成，可以用对应的二维绘图命令来绘制，然后利用"镜像""偏移""圆角"等命令对坐便器进行细节处理。

（1）单击"默认"选项卡"绘图"面板中的"圆弧"按钮 ⌒，绘制圆弧，命令行提示与操作如下。

命令: _arc

指定圆弧的起点或 [圆心(C)]:

指定圆弧的第二个点或 [圆心(C)/端点(E)]:

指定圆弧的端点:

结果如图 9-16 所示。

（2）单击"默认"选项卡"绘图"面板中的"直线"按钮 ✏️，绘制坐便器轮廓线，如图 9-17 所示。

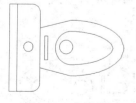 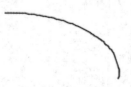 

图 9-15　坐便器　　　　图 9-16　绘制圆弧　　　　图 9-17　绘制轮廓线

（3）单击"默认"选项卡"修改"面板中的"镜像"按钮 ⚏，对坐便器轮廓线进行镜像，命令行提示与操作如下。

命令: _mirror
选择对象: 指定对角点: 找到 2 个
选择对象:
指定镜像线的第一点: 指定镜像线的第二点:
要删除源对象吗? [是(Y)/否(N)] <N>:

结果如图 9-18 所示。

（4）单击"默认"选项卡"修改"面板中的"合并"按钮，对坐便器圆弧轮廓线进行合并，然后单击"默认"选项卡"修改"面板中的"偏移"按钮，将坐便器圆弧轮廓线向内偏移适当距离，如图 9-19 所示。

（5）单击"默认"选项卡"绘图"面板中的"圆弧"按钮，绘制圆弧，如图 9-20 所示。

图 9-18　镜像轮廓线

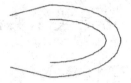
图 9-19　偏移轮廓线

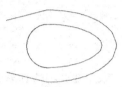
图 9-20　绘制圆弧

（6）单击"默认"选项卡"绘图"面板中的"直线"按钮，绘制水箱，如图 9-21 所示。

（7）单击"默认"选项卡"绘图"面板中的"直线"按钮，在水箱上绘制一条直线，如图 9-22 所示。

（8）单击"默认"选项卡"绘图"面板中的"圆"按钮，在水箱上绘制一个适当大小的圆，如图 9-23 所示。

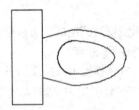
图 9-21　绘制水箱

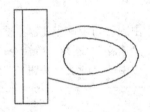
图 9-22　绘制直线

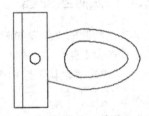
图 9-23　绘制圆

（9）单击"默认"选项卡"绘图"面板中的"矩形"按钮，在坐便器盖上绘制一个适当大小的矩形，如图 9-24 所示。

（10）单击"默认"选项卡"绘图"面板中的"圆"按钮，在坐便器内绘制圆形水漏，如图 9-25 所示。

（11）单击"默认"选项卡"修改"面板中的"圆角"按钮，对水箱进行圆角处理，坐便器绘制完成，如图 9-26 所示。

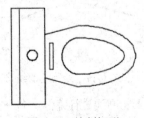
图 9-24　绘制矩形

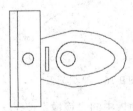
图 9-25　绘制水漏

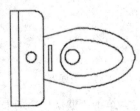
图 9-26　完成坐便器的绘制

9.2.2　绘制洗手盆

首先利用"直线"和"圆角"命令绘制轮廓线和水龙头,然后利用"多段线""圆"命令绘制水池和漏水孔,绘制洗手盆的结果如图 9-27 所示。

(1)单击"默认"选项卡"绘图"面板中的"直线"按钮 ✎,绘制洗手盆的外轮廓线,如图 9-28 所示。

(2)单击"默认"选项卡"修改"面板中的"圆角"按钮 ⬭,对洗手盆的外轮廓线进行圆角处理,半径为 400,如图 9-29 所示。

图 9-27　洗手盆

图 9-28　绘制外轮廓线

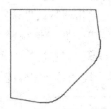
图 9-29　将外轮廓线进行圆角处理

(3)单击"默认"选项卡"绘图"面板中的"直线"按钮 ✎,绘制内部轮廓,如图 9-30 所示。

(4)单击"默认"选项卡"绘图"面板中的"直线"按钮 ✎,绘制水龙头,如图 9-31 所示。

(5)单击"默认"选项卡"绘图"面板中的"多段线"按钮 ⤵,绘制水池,如图 9-32 所示。

(6)单击"默认"选项卡"绘图"面板中的"圆"按钮 ⬯,绘制漏水孔,洗手盆的绘制完成,如图 9-33 所示。

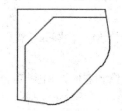
图 9-30　绘制内轮廓线

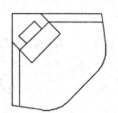
图 9-31　绘制水龙头

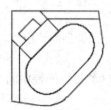
图 9-32　绘制水池

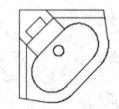
图 9-33　完成洗手盆的绘制

9.3　桌台类家具设计

本节详细介绍家庭餐桌和钢琴绘制的基本知识和绘图步骤,进一步提升读者对二维绘图命令及编辑命令的掌握程度。

【预习重点】
- ☑　掌握家庭餐桌的绘制。
- ☑　掌握钢琴的绘制。

9.3.1　绘制家庭餐桌

家庭餐桌属于典型的民用家具,由餐桌和配套的 4 个椅子组成。首先绘制桌子,然后把已经绘制好的椅子粘贴至桌子图形四边，最后利用"旋转"和"移动"等命令完成椅子的有序布置。绘制结果如图 9-34 所示。

（1）单击"默认"选项卡"绘图"面板中的"矩形"按钮▢，绘制 1890×1890 的矩形餐桌，如图 9-35 所示。

（2）单击"默认"选项卡"修改"面板中的"圆角"按钮▢，对矩形餐桌进行圆角处理，倒角半径为 108，如图 9-36 所示。

（3）单击"默认"选项卡"绘图"面板中的"直线"按钮✎，绘制适当大小的椅子，如图 9-37 所示。

（4）单击"默认"选项卡"修改"面板中的"圆角"按钮▢，对椅子进行圆角处理，倒角半径为 81，如图 9-38 所示。

（5）单击"默认"选项卡"绘图"面板中的"圆弧"按钮⌒，在适当位置绘制一段圆弧，完成椅子的绘制，如图 9-39 所示。

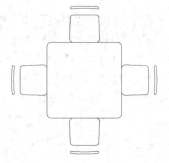

图 9-34　家庭餐桌

图 9-35　绘制矩形　　　　图 9-36　圆角处理　　　　图 9-37　椅子　　　　图 9-38　圆角处理

（6）单击"默认"选项卡"修改"面板中的"偏移"按钮⬟，将第（5）步中绘制的圆弧向外偏移 32，如图 9-40 所示。

（7）单击"默认"选项卡"绘图"面板中的"圆弧"按钮⌒，在两段圆弧的左侧绘制一段圆弧使得左端封闭，如图 9-41 所示。

（8）单击"默认"选项卡"修改"面板中的"镜像"按钮⚎，将左侧的圆弧镜像到右侧，如图 9-42 所示。

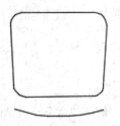   

图 9-39　绘制圆弧 1　　　图 9-40　偏移圆弧　　　图 9-41　绘制圆弧 2　　　图 9-42　镜像圆弧

（9）单击"默认"选项卡"修改"面板中的"修剪"按钮⊬，对绘制的圆弧进行修剪处理，如图 9-43 所示。

（10）单击"默认"选项卡"修改"面板中的"移动"按钮✥，将椅子移动到餐桌边缘的中点处，如图 9-44 所示。

（11）单击"默认"选项卡"修改"面板中的"复制"按钮❏和"旋转"按钮◯，将椅子分别复制到餐桌其他 3 条边中点处，家庭餐桌的绘制完成，如图 9-45 所示。

图 9-43　修剪处理　　　　图 9-44　移动椅子　　　　图 9-45　完成家庭餐桌的绘制

9.3.2　绘制钢琴

本实例绘制的钢琴如图 9-46 所示。由图可知，该钢琴主要由多段线、直线和矩形组成，可以用"多段线""直线""矩形"命令来绘制。

（1）单击"默认"选项卡"绘图"面板中的"多段线"按钮⊃，绘制钢琴轮廓线，如图 9-47 所示。

（2）单击"默认"选项卡"绘图"面板中的"直线"按钮╱，绘制钢琴键，如图 9-48 所示。

（3）单击"默认"选项卡"绘图"面板中的"矩形"按钮▢，绘制 1260×540 大小的坐凳，命令行提示与操作如下。

```
命令: _rectang
指定第一个角点或 [倒角(C)/标高(E)/圆角(F)/厚度(T)/宽度(W)]: F
指定矩形的圆角半径 <0.0000>: 90
指定第一个角点或 [倒角(C)/标高(E)/圆角(F)/厚度(T)/宽度(W)]:
指定另一个角点或 [面积(A)/尺寸(D)/旋转(R)]: D
指定矩形的长度 <10.0000>: 1260
指定矩形的宽度 <10.0000>: 540
指定另一个角点或 [面积(A)/尺寸(D)/旋转(R)]:
```

结果如图 9-49 所示。

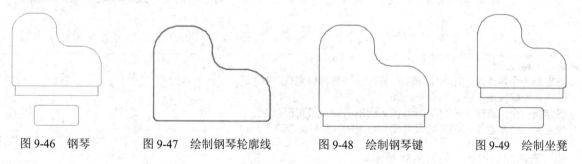

图 9-46　钢琴　　　图 9-47　绘制钢琴轮廓线　　　图 9-48　绘制钢琴键　　　图 9-49　绘制坐凳

9.4　电器类家具设计

本节主要详细介绍洗衣机、电话的绘制，其中在绘制洗衣机时用到了"圆角"命令，同时在绘制电话时多次用到"直线"命令并用直线绘制了电话线，使读者从中了解到矩形和直线的新的应用方法。

【预习重点】
☑　掌握洗衣机的绘制。

☑ 掌握电话的绘制。

9.4.1 绘制洗衣机

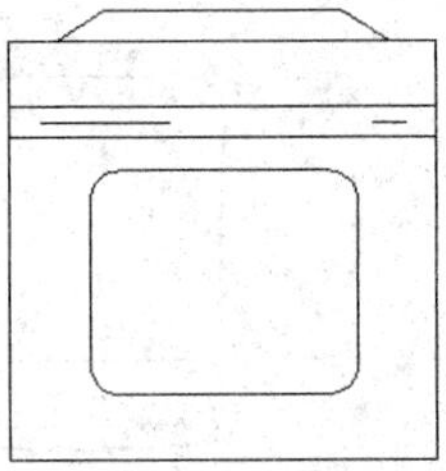

首先利用"矩形""直线""偏移"命令绘制洗衣机的大体轮廓，然后利用"倒角"命令绘制洗衣桶，结果如图 9-50 所示。

（1）单击"默认"选项卡"绘图"面板中的"矩形"按钮▢，绘制 650×670 的矩形洗衣机外观轮廓，如图 9-51 所示。

图 9-50　洗衣机

（2）单击"默认"选项卡"绘图"面板中的"直线"按钮╱，在矩形内适当位置绘制一条水平线，如图 9-52 所示。

（3）单击"默认"选项卡"修改"面板中的"偏移"按钮▣，将绘制的水平直线向下偏移 80，如图 9-53 所示。

（4）单击"默认"选项卡"绘图"面板中的"直线"按钮╱，在两条水平线之间再绘制两条水平线，如图 9-54 所示。

图 9-51　绘制矩形

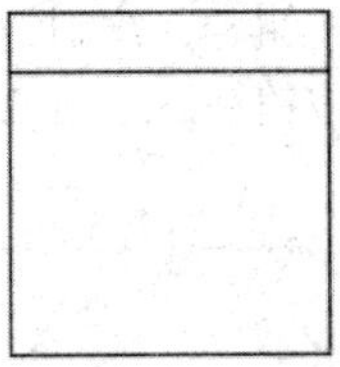

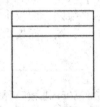
图 9-52　绘制直线

图 9-53　偏移直线

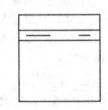
图 9-54　绘制水平直线 1

（5）单击"默认"选项卡"绘图"面板中的"直线"按钮╱，在矩形上方绘制适当长度的水平直线，如图 9-55 所示。

（6）单击"默认"选项卡"绘图"面板中的"直线"按钮╱，在绘制的水平线左侧绘制一条斜线与矩形连接，如图 9-56 所示。

（7）单击"默认"选项卡"修改"面板中的"镜像"按钮▲，对绘制的连接线进行镜像处理，如图 9-57 所示。

（8）单击"默认"选项卡"绘图"面板中的"矩形"按钮▢，绘制洗衣桶，命令行提示与操作如下。

```
命令: _rectang
指定第一个角点或 [倒角(C)/标高(E)/圆角(F)/厚度(T)/宽度(W)]: F
指定矩形的圆角半径 <0.0000>: 50
指定第一个角点或 [倒角(C)/标高(E)/圆角(F)/厚度(T)/宽度(W)]:
指定另一个角点或 [面积(A)/尺寸(D)/旋转(R)]: @425,-350
```

完成洗衣机的绘制，如图 9-58 所示。

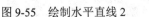
图 9-55　绘制水平直线 2

图 9-56　绘制斜线

图 9-57　镜像斜线

图 9-58　完成洗衣机的绘制

9.4.2　绘制电话

本实例绘制的电话如图 9-59 所示。由图可知，该电话主要由矩形和直线组成，可以用"矩形"和"直线"命令来绘制。

（1）单击"默认"选项卡"绘图"面板中的"矩形"按钮▢，绘制电话机外轮廓，命令行提示与操作如下。

```
命令: _rectang
当前矩形模式:  倒角=8.0000 × 8.0000
指定第一个角点或 [倒角(C)/标高(E)/圆角(F)/厚度(T)/宽度(W)]: C
指定矩形的第一个倒角距离 <8.0000>:12.5
指定矩形的第二个倒角距离 <8.0000>:12.5
指定第一个角点或 [倒角(C)/标高(E)/圆角(F)/厚度(T)/宽度(W)]:（在空白处指定一点）
指定另一个角点或 [面积(A)/尺寸(D)/旋转(R)]: D
指定矩形的长度 <1260.0000>: 650
指定矩形的宽度 <540.0000>: 890
```

绘制结果如图 9-60 所示。

（2）重复上述同样的"矩形"命令，绘制适当大小的话筒槽轮廓，如图 9-61 所示。

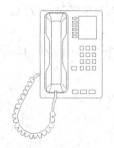
图 9-59　电话机

图 9-60　绘制电话机外轮廓

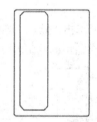
图 9-61　绘制话筒槽轮廓

（3）单击"默认"选项卡"绘图"面板中的"直线"按钮╱，绘制电话话筒外轮廓，如图 9-62 所示。

（4）单击"默认"选项卡"绘图"面板中的"直线"按钮╱，绘制电话话筒内轮廓，如图 9-63 所示。

（5）单击"默认"选项卡"绘图"面板中的"直线"按钮╱，绘制斜线连接内外轮廓，如图 9-64 所示。

（6）单击"默认"选项卡"绘图"面板中的"直线"按钮╱，绘制电话线路径线，如图 9-65 所示。

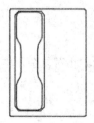
图 9-62　绘制话筒外轮廓

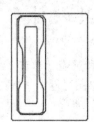
图 9-63　绘制话筒内轮廓

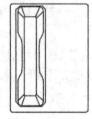
图 9-64　绘制斜线

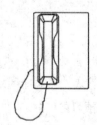
图 9-65　绘制路径线

（7）单击"默认"选项卡"绘图"面板中的"直线"按钮╱，沿着电话线路径线绘制电话线，如图 9-66 所示。

（8）单击"默认"选项卡"修改"面板中的"修剪"按钮，修剪电话线与电话机的连接处，如图 9-67

所示。

（9）单击"默认"选项卡"绘图"面板中的"矩形"按钮□，绘制适当大小的矩形作为显示屏，如图 9-68 所示。

（10）单击"默认"选项卡"绘图"面板中的"矩形"按钮□，在显示屏左侧绘制功能键，如图 9-69 所示。

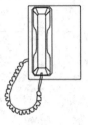 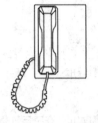 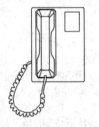 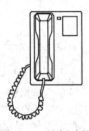

图 9-66　完成电话线的绘制　　图 9-67　修剪电话机　　图 9-68　绘制显示屏　　图 9-69　绘制功能键

（11）单击"默认"选项卡"修改"面板中的"复制"按钮❀，将绘制的功能键向下复制 5 次，如图 9-70 所示。

（12）单击"默认"选项卡"绘图"面板中的"矩形"按钮□，在显示屏的下方绘制数字键，如图 9-71 所示。

（13）单击"默认"选项卡"修改"面板中的"复制"按钮❀，对绘制的数字键进行复制，如图 9-72 所示。

（14）单击"默认"选项卡"绘图"面板中的"矩形"按钮□，在数值键左侧和电话机的最下面绘制功能键，完成电话的绘制，如图 9-73 所示。

   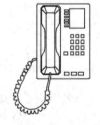

图 9-70　复制功能键　　　图 9-71　绘制数字键　　　图 9-72　复制数字键　　　图 9-73　完成电话的绘制

9.5　厨房用具设计

本节主要介绍厨房用具设计，其中包括灶具、微波炉和茶壶，本节介绍的图形步骤相对复杂，主要提高读者对基本绘图命令的熟练程度，同时，读者也可以在绘图过程中掌握一些技巧。

【预习重点】

　☑　掌握灶具的绘制。

　☑　掌握微波炉的绘制。

　☑　掌握茶壶的绘制。

9.5.1　绘制灶具

首先利用"矩形""偏移""修剪"等命令绘制灶具的外轮廓，然后利用"椭圆"命令绘制灶具的开关，最后利用"直线""圆""偏移""镜像"命令完成灶具的绘制，结果如图 9-74 所示。

（1）单击"默认"选项卡"绘图"面板中的"矩形"按钮 ▢，绘制 800×400 的矩形灶具的外轮廓，如图 9-75 所示。

（2）单击"默认"选项卡"修改"面板中的"偏移"按钮 ▣，将第（1）步中绘制的矩形向内偏移 20，如图 9-76 所示。

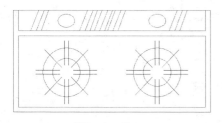

图 9-74　灶具

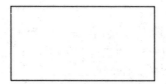

图 9-75　绘制外轮廓

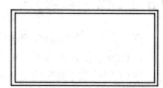

图 9-76　偏移矩形

（3）单击"默认"选项卡"修改"面板中的"分解"按钮 ▣，将偏移后的矩形分解，然后继续执行"偏移"命令，将分解后的矩形上面的直线依次向下偏移 80、20，如图 9-77 所示。

（4）单击"默认"选项卡"修改"面板中的"修剪"按钮 ▣，将偏移后的直线进行修剪，如图 9-78 所示。

（5）单击"默认"选项卡"修改"面板中的"删除"按钮 ▣ 和"延伸"按钮 ▣，删除分解后矩形的顶部直线，然后将竖直线延伸至外面矩形顶部，完成内部轮廓的绘制，如图 9-79 所示。

图 9-77　偏移直线

图 9-78　修剪直线

图 9-79　完成内部轮廓的绘制

（6）单击"默认"选项卡"绘图"面板中的"椭圆"按钮 ▣，绘制炉灶的两个开关，如图 9-80 所示。

（7）单击"默认"选项卡"绘图"面板中的"直线"按钮 ▣，细化开关区域，如图 9-81 所示。

（8）单击"默认"选项卡"绘图"面板中的"圆"按钮 ▣，绘制半径为 96 的圆，如图 9-82 所示。

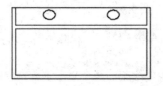

图 9-80　绘制炉灶开关

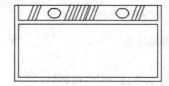

图 9-81　细化开关区域

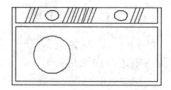

图 9-82　绘制圆

（9）单击"默认"选项卡"修改"面板中的"偏移"按钮 ▣，将第（8）步中绘制的圆向内偏移 40，如图 9-83 所示。

（10）单击"默认"选项卡"绘图"面板中的"直线"按钮 ▣ 和"修改"面板中的"镜像"按钮 ▣，绘制炉盘，如图 9-84 所示。

（11）单击"默认"选项卡"修改"面板中的"镜像"按钮，对炉盘进行镜像，灶具绘制完成，如图 9-85 所示。

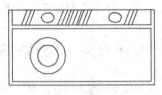

图 9-83　偏移圆

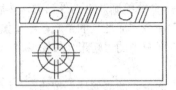

图 9-84　绘制炉盘

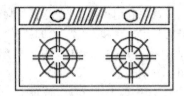

图 9-85　完成灶具的绘制

9.5.2　绘制微波炉

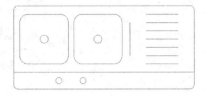

图 9-86　微波炉

本实例绘制的微波炉如图 9-86 所示。由图可知，该微波炉主要由矩形、直线以及圆组成，可以用"矩形""直线""圆"命令来绘制，然后使用"矩形阵列"命令完成微波炉的绘制。

（1）单击"默认"选项卡"绘图"面板中的"矩形"按钮，绘制 1625×725 大小的矩形微波炉外轮廓，命令行提示与操作如下。

```
命令: _rectang
指定第一个角点或 [倒角(C)/标高(E)/圆角(F)/厚度(T)/宽度(W)]: F
指定矩形的圆角半径 <0.0000>: 36
指定第一个角点或 [倒角(C)/标高(E)/圆角(F)/厚度(T)/宽度(W)]:
指定另一个角点或 [面积(A)/尺寸(D)/旋转(R)]: @1625,725
```

结果如图 9-87 所示。

（2）单击"默认"选项卡"绘图"面板中的"直线"按钮，在下部适当位置绘制一条直线，如图 9-88 所示。

（3）单击"默认"选项卡"绘图"面板中的"圆"按钮，在偏左下方绘制两个半径为 28 的圆，如图 9-89 所示。

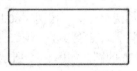

图 9-87　绘制外轮廓

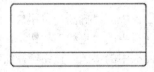

图 9-88　绘制一条直线

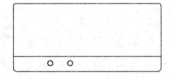

图 9-89　绘制两个圆

（4）单击"默认"选项卡"绘图"面板中的"矩形"按钮，绘制两个 435×435 大小，圆角半径为 72 的圆角矩形，如图 9-90 所示。

（5）单击"默认"选项卡"绘图"面板中的"圆"按钮，在第（4）步中绘制的两个矩形中分别绘制两个半径为 36 的圆，如图 9-91 所示。

（6）单击"默认"选项卡"绘图"面板中的"直线"按钮，绘制一条竖直线和一条水平线，如图 9-92 所示。

（7）单击"默认"选项卡"修改"面板中的"矩形阵列"按钮，打开"阵列创建"选项卡，阵列设置如图 9-93 所示，对水平直线进行阵列，微波炉的绘制完成，结果如图 9-94 所示。

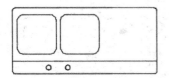

图 9-90　绘制圆角矩形

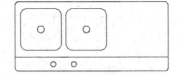

图 9-91　绘制两个圆

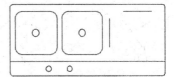

图 9-92　绘制直线

图 9-93　阵列设置

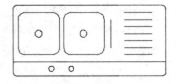

图 9-94　完成微波炉的绘制

9.5.3　绘制茶壶

本实例绘制的茶壶如图 9-95 所示。由图可知，该茶壶主要由多段线、直线以及圆弧组成，可以利用"多段线""直线""圆弧"命令来绘制。

图 9-95　茶壶

（1）单击"默认"选项卡"绘图"面板中的"多段线"按钮，绘制壶盖外轮廓，如图 9-96 所示。

（2）单击"默认"选项卡"绘图"面板中的"多段线"按钮，绘制壶嘴外轮廓，如图 9-97 所示。

（3）单击"默认"选项卡"绘图"面板中的"直线"按钮，绘制壶底轮廓，如图 9-98 所示。

图 9-96　绘制壶盖外轮廓

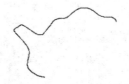

图 9-97　绘制壶嘴外轮廓

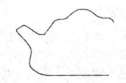

图 9-98　绘制壶底轮廓

（4）单击"默认"选项卡"绘图"面板中的"多段线"按钮，绘制壶把儿轮廓，茶壶外轮廓的绘制完成，如图 9-99 所示。

（5）单击"默认"选项卡"绘图"面板中的"多段线"按钮，绘制壶嘴连接处，如图 9-100 所示。

（6）单击"默认"选项卡"绘图"面板中的"多段线"按钮，绘制壶把儿连接处，如图 9-101 所示。

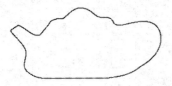

图 9-99　完成茶壶外轮廓的绘制

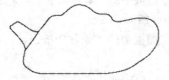

图 9-100　绘制壶嘴连接处

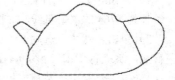

图 9-101　绘制壶把儿连接处

（7）单击"默认"选项卡"绘图"面板中的"多段线"按钮，绘制壶把儿内轮廓，如图 9-102 所示。

（8）单击"默认"选项卡"绘图"面板中的"直线"按钮，绘制壶盖形状，如图 9-103 所示。

（9）单击"默认"选项卡"绘图"面板中的"多段线"按钮，在壶盖处绘制一个圆弧，如图 9-104 所示。

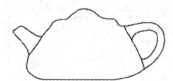

图 9-102　绘制壶把儿内轮廓

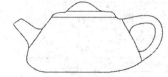

图 9-103　绘制壶盖形状

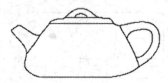

图 9-104　绘制圆弧

（10）单击"默认"选项卡"绘图"面板中的"圆弧"按钮 ，细化壶身，如图 9-105 所示。

（11）单击"默认"选项卡"绘图"面板中的"多段线"按钮 ，绘制壶身上的文字，如图 9-106 所示。使用同样的方法，绘制剩余字体，茶壶的绘制完成，如图 9-107 所示。

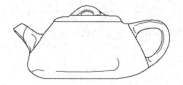

图 9-105　细化壶身

图 9-106　绘制文字

图 9-107　完成茶壶的绘制

9.6　卧室家具设计

本节主要详细介绍卧室中常用的两个家具，包括双人床平面图、衣柜、双人床立面图的绘制，其中，双人床立面图步骤相对复杂一点，在绘图过程中用到的圆弧和多段线比较多一点，使读者可以从中了解圆弧和多段线应用的一些技巧和方法。

【预习重点】

☑　掌握双人床平面图的绘制。

☑　掌握衣柜的绘制。

☑　掌握双人床立面图的绘制。

9.6.1　绘制双人床平面图

本实例绘制的双人床平面图如图 9-108 所示。由图可知，该双人床平面图主要由几个简单的二维绘图命令以及编辑命令绘制而成。

（1）单击"默认"选项卡"绘图"面板中的"直线"按钮 ，绘制一条长为 5764 的水平直线，如图 9-109 所示。

（2）单击"默认"选项卡"修改"面板中的"偏移"按钮 ，将水平直线向下偏移 110，如图 9-110 所示。

（3）单击"默认"选项卡"绘图"面板中的"直线"按钮 ，用竖直线连接两条水平直线，如图 9-111 所示。

（4）单击"默认"选项卡"绘图"面板中的"矩形"按钮 ，绘制 4180×3564 的矩形双人床，如图 9-112 所示。

（5）单击"默认"选项卡"修改"面板中的"圆角"按钮 ，对第（4）步中绘制的矩形进行圆角处理，圆角半径为 88，如图 9-113 所示。

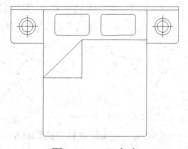

图 9-108　双人床

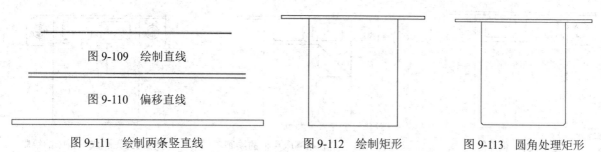

图 9-109　绘制直线

图 9-110　偏移直线

图 9-111　绘制两条竖直线　　　　图 9-112　绘制矩形　　　　图 9-113　圆角处理矩形

（6）单击"默认"选项卡"绘图"面板中的"直线"按钮 ，绘制被子折角，如图 9-114 所示。

（7）单击"默认"选项卡"绘图"面板中的"矩形"按钮 ，绘制 1188×693 大小的矩形枕头，如图 9-115 所示。

（8）单击"默认"选项卡"修改"面板中的"圆角"按钮 ，对枕头进行圆角处理，圆角半径为 88，如图 9-116 所示。

图 9-114　绘制被子折角　　　　图 9-115　绘制枕头　　　　图 9-116　圆角处理枕头

（9）单击"默认"选项卡"绘图"面板中的"矩形"按钮 ，在双人床左侧绘制 1100×1100 大小的床头柜，如图 9-117 所示。

（10）单击"默认"选项卡"修改"面板中的"圆角"按钮 ，对床头柜进行圆角处理，圆角半径为 88，如图 9-118 所示。

（11）单击"默认"选项卡"绘图"面板中的"圆"按钮 ，绘制半径为 275 的圆，如图 9-119 所示。

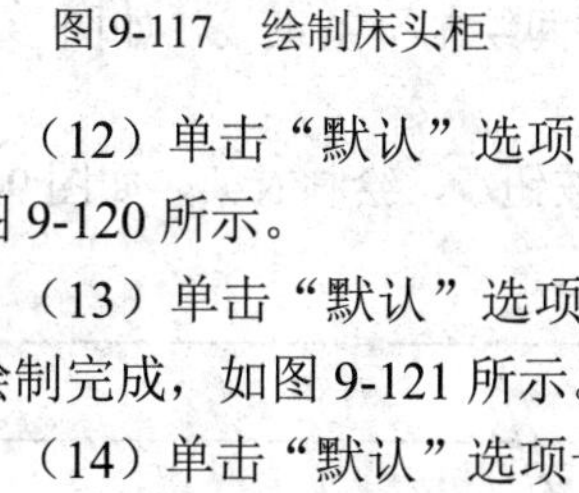

图 9-117　绘制床头柜 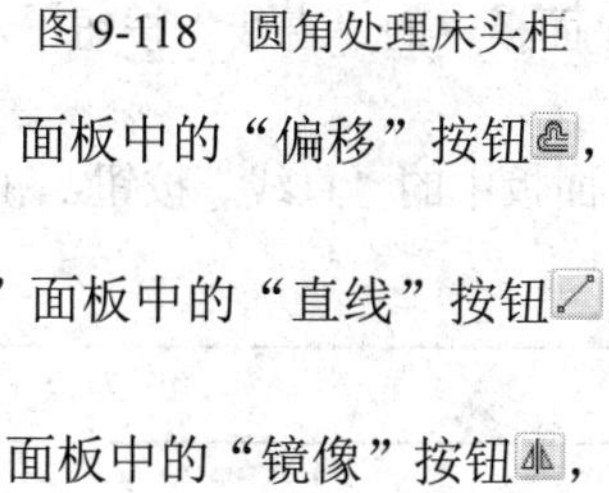　　　　图 9-118　圆角处理床头柜 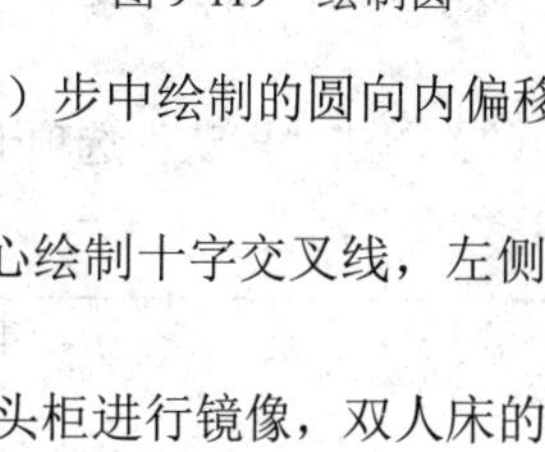　　　　图 9-119　绘制圆

（12）单击"默认"选项卡"修改"面板中的"偏移"按钮 ，将第（11）步中绘制的圆向内偏移 88，如图 9-120 所示。

（13）单击"默认"选项卡"绘图"面板中的"直线"按钮 ，经过圆心绘制十字交叉线，左侧床头柜绘制完成，如图 9-121 所示。

（14）单击"默认"选项卡"修改"面板中的"镜像"按钮 ，将左侧床头柜进行镜像，双人床的绘制完成，如图 9-122 所示。

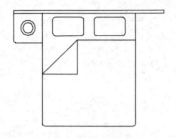

图 9-120　偏移圆

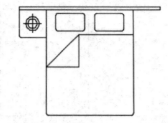

图 9-121　完成左侧床头柜的绘制

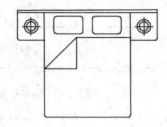

图 9-122　完成双人床的绘制

9.6.2　绘制衣柜

本实例绘制的衣柜如图 9-123 所示。由图可知，该衣柜主要由直线和圆弧组成，在利用"直线""圆弧"绘图命令的同时配合使用几个简单的编辑命令来完成衣柜的绘制。

（1）单击"默认"选项卡"绘图"面板中的"直线"按钮，绘制一条长为 4400 的水平直线，如图 9-124 所示。

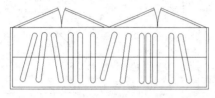

图 9-123　衣柜

图 9-124　绘制水平直线

（2）单击"默认"选项卡"绘图"面板中的"直线"按钮，分别以水平直线的左端点和右端点为起点绘制两条长为 1320 的竖直线，如图 9-125 所示。

（3）单击"默认"选项卡"绘图"面板中的"直线"按钮，连接两条竖直线的上端点，如图 9-126 所示。

（4）单击"默认"选项卡"修改"面板中的"偏移"按钮，将矩形两个竖向边和底部水平边向内偏移 44，如图 9-127 所示。

图 9-125　绘制竖直直线

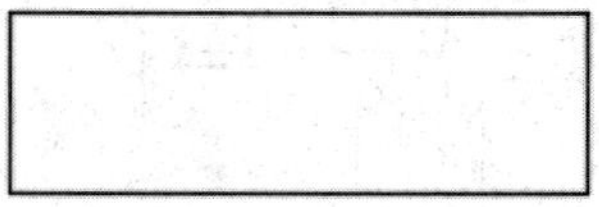

图 9-126　绘制水平直线

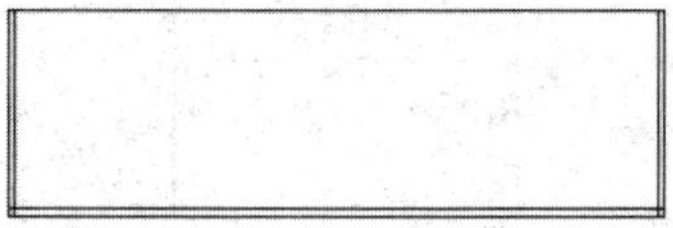

图 9-127　偏移直线

（5）单击"默认"选项卡"修改"面板中的"修剪"按钮，修剪偏移后的直线交叉处，如图 9-128 所示。

（6）单击"默认"选项卡"绘图"面板中的"直线"按钮，在柜子中间绘制一条直线，如图 9-129 所示。

（7）单击"默认"选项卡"绘图"面板中的"直线"按钮和"圆弧"按钮，绘制衣架，如图 9-130 所示。

图 9-128　修剪直线

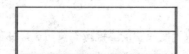

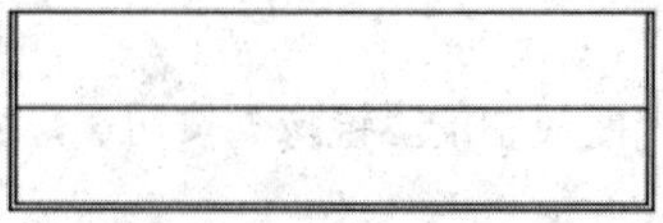

图 9-129　绘制直线

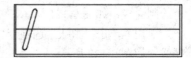

图 9-130　绘制衣架

（8）单击"默认"选项卡"修改"面板中的"复制"按钮和"旋转"按钮，对第（7）步中绘制的衣架进行复制，如图 9-131 所示。

（9）单击"默认"选项卡"绘图"面板中的"直线"按钮和"圆弧"按钮，绘制衣柜门，如图 9-132 所示。

（10）单击"默认"选项卡"修改"面板中的"镜像"按钮，对第（9）步绘制的衣柜门进行镜像，完成衣柜的绘制，如图 9-133 所示。

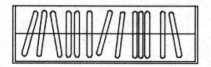 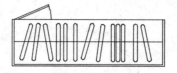 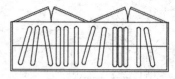

图 9-131　复制衣架　　　　图 9-132　绘制衣柜门　　　　图 9-133　完成衣柜的绘制

9.6.3　绘制双人床立面图

本实例绘制的双人床立面图如图 9-134 所示。由图可知，该双人床立面图主要由"多段线"和"直线"等二维绘图命令绘制，同时用到了"偏移""修剪""镜像"等二维编辑命令。

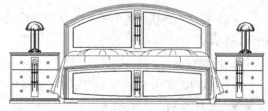

图 9-134　双人床立面图

1．绘制床头

（1）单击"默认"选项卡"绘图"面板中的"多段线"按钮，绘制床头外轮廓，如图 9-135 所示。

（2）单击"默认"选项卡"修改"面板中的"偏移"按钮，对第（1）步中绘制的多段线进行偏移，如图 9-136 所示。

（3）单击"默认"选项卡"绘图"面板中的"直线"按钮，用斜线连接床头拐角处，如图 9-137 所示。

图 9-135　绘制床头外轮廓　　　图 9-136　偏移多段线　　　　图 9-137　绘制斜线

（4）单击"默认"选项卡"绘图"面板中的"多段线"按钮，绘制床头上的花纹，如图 9-138 所示。

（5）单击"默认"选项卡"修改"面板中的"偏移"按钮，将第（4）步中绘制的花纹向内偏移适当距离，如图 9-139 所示。

（6）单击"默认"选项卡"绘图"面板中的"矩形"按钮，在多段线旁边绘制适当大小的矩形，如图 9-140 所示。

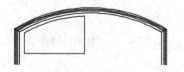 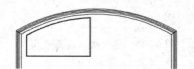 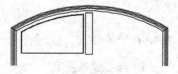

图 9-138　绘制花纹　　　　图 9-139　偏移多段线　　　　图 9-140　绘制矩形

（7）单击"默认"选项卡"绘图"面板中的"圆"按钮和"直线"按钮，在第（6）步中绘制的矩形内绘制图案，如图 9-141 所示。

（8）单击"默认"选项卡"修改"面板中的"镜像"按钮🔼，对绘制的花纹进行镜像，床头绘制完成，如图 9-142 所示。

2．绘制床单

（1）单击"默认"选项卡"绘图"面板中的"多段线"按钮⟳，绘制左侧床单的外轮廓，如图 9-143 所示。

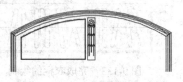 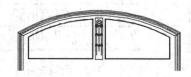 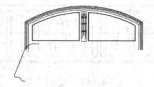

图 9-141　绘制装饰图案　　　　图 9-142　镜像图案　　　　图 9-143　绘制左侧床单

（2）单击"默认"选项卡"修改"面板中的"镜像"按钮🔼，对绘制的左侧床单进行镜像，如图 9-144 所示。

（3）单击"默认"选项卡"绘图"面板中的"直线"按钮╱，用直线连接左右两侧床单的上下部分，如图 9-145 所示。

3．绘制枕头

（1）单击"默认"选项卡"绘图"面板中的"多段线"按钮⟳，在床上适当的位置绘制左侧枕头的外轮廓线，如图 9-146 所示。

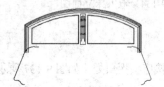 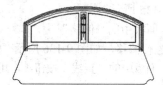 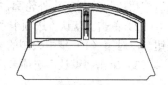

图 9-144　镜像左侧床单　　　　图 9-145　绘制直线　　　　图 9-146　绘制左侧枕头外轮廓线

（2）单击"默认"选项卡"绘图"面板中的"圆弧"按钮╱，绘制枕头上的折痕，如图 9-147 所示。

（3）单击"默认"选项卡"修改"面板中的"镜像"按钮🔼，对绘制的左侧枕头进行镜像，如图 9-148 所示。

（4）单击"默认"选项卡"修改"面板中的"修剪"按钮⊹，对床头与床单相交处的直线进行修剪处理，如图 9-149 所示。

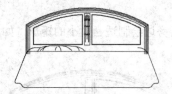 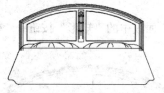 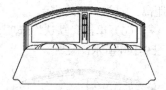

图 9-147　绘制左侧枕头上的折痕　　　图 9-148　镜像处理左侧枕头　　　图 9-149　修剪处理图形

4．绘制装饰图案

（1）单击"默认"选项卡"绘图"面板中的"多段线"按钮⟳，绘制床正面图案的外轮廓，如图 9-150 所示。

（2）单击"默认"选项卡"修改"面板中的"偏移"按钮，将绘制的外轮廓线依次向内偏移 12、12、12、24，如图 9-151 所示。

（3）单击"默认"选项卡"绘图"面板中的"直线"按钮，在偏移后的图形左右两角处用斜线将其连接，如图 9-152 所示。

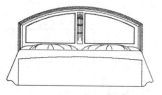
图 9-150　绘制图案外轮廓

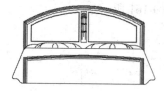
图 9-151　偏移外轮廓

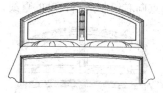
图 9-152　绘制斜线

（4）单击"默认"选项卡"绘图"面板中的"多段线"按钮，绘制轮廓线内左侧的图形，如图 9-153 所示。

（5）单击"默认"选项卡"修改"面板中的"偏移"按钮，将第（4）步中绘制的左侧图形向外偏移 6，如图 9-154 所示。

（6）单击"默认"选项卡"修改"面板中的"复制"按钮，将床头中间的图案复制到第（5）步中绘制图形的右侧适当位置，如图 9-155 所示。

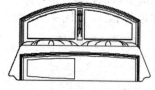
图 9-153　绘制左侧图形

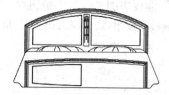
图 9-154　偏移图形

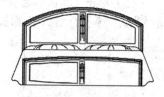
图 9-155　复制图案

（7）单击"默认"选项卡"修改"面板中的"镜像"按钮，将左侧绘制的图形镜像到右侧，如图 9-156 所示。

5. 绘制床底板

单击"默认"选项卡"绘图"面板中的"直线"按钮，绘制床底板，如图 9-157 所示。

6. 绘制床腿

（1）单击"默认"选项卡"绘图"面板中的"直线"按钮和"圆弧"按钮，绘制床腿，如图 9-158 所示。

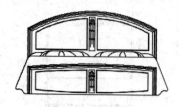
图 9-156　镜像图形

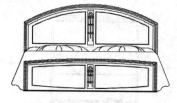
图 9-157　绘制床底板

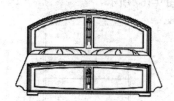
图 9-158　绘制床腿

（2）单击"默认"选项卡"绘图"面板中的"圆弧"按钮，绘制床单上的折痕，床的绘制完成，如图 9-159 所示。

7. 绘制左侧床头柜

（1）单击"默认"选项卡"绘图"面板中的"多段线"按钮，在空白处绘制床头柜的左侧外轮廓线，如图 9-160 所示。

（2）单击"默认"选项卡"绘图"面板中的"直线"按钮，以第（1）步中绘制轮廓线的上侧端点为起点向右绘制适当长度的直线，如图 9-161 所示。

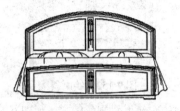

图 9-159　完成床的绘制

图 9-160　绘制左侧外轮廓

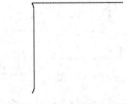

图 9-161　绘制水平直线

（3）单击"默认"选项卡"修改"面板中的"镜像"按钮，对绘制的左侧轮廓线进行镜像，如图 9-162 所示。

（4）单击"默认"选项卡"绘图"面板中的"直线"按钮，在轮廓线内用直线连接圆弧处，如图 9-163 所示。

（5）单击"默认"选项卡"修改"面板中的"分解"按钮，将左右两侧的多段线轮廓分解，然后单击"默认"选项卡"修改"面板中的"偏移"按钮，将左右两侧竖直线分别向内偏移 14.4，如图 9-164 所示。

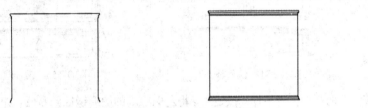

图 9-162　镜像处理图形

图 9-163　绘制直线

图 9-164　偏移竖直线

（6）单击"默认"选项卡"修改"面板中的"偏移"按钮，在内侧将第（4）步中绘制的最下侧直线向下依次偏移 7.8、196.8、6、202.8、6、196.8，如图 9-165 所示。

（7）单击"默认"选项卡"修改"面板中的"修剪"按钮，将偏移后的直线进行修剪，如图 9-166 所示。

（8）单击"默认"选项卡"绘图"面板中的"圆"按钮，在床头柜的左上侧绘制半径为 6.5 的圆，如图 9-167 所示。

图 9-165　偏移水平直线

图 9-166　修剪直线

图 9-167　绘制圆

（9）单击"默认"选项卡"修改"面板中的"偏移"按钮，将第（8）步中绘制的圆向外偏移 12，如图 9-168 所示。

（10）单击"默认"选项卡"修改"面板中的"复制"按钮，将绘制的圆进行复制，如图 9-169 所示。

（11）单击"默认"选项卡"绘图"面板中的"矩形"按钮，在两列圆中间处绘制适当大小的矩形，如图 9-170 所示。

图 9-168　偏移圆

图 9-169　复制圆

图 9-170　绘制矩形

（12）单击"默认"选项卡"绘图"面板中的"圆"按钮和"直线"按钮，在第（11）步中绘制的矩形内绘制图案，如图 9-171 所示。

（13）单击"默认"选项卡"修改"面板中的"修剪"按钮，对绘制的图案与水平线交叉处进行修剪处理，如图 9-172 所示。

（14）单击"默认"选项卡"绘图"面板中的"直线"按钮，在床头柜底部两侧绘制两条适当长度的竖直线，如图 9-173 所示。

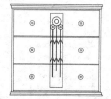

图 9-171　绘制装饰图案

图 9-172　修剪装饰图案

图 9-173　绘制直线

（15）单击"默认"选项卡"绘图"面板中的"直线"按钮，将绘制的竖直线用一条水平直线连接，如图 9-174 所示。

8．绘制左侧台灯

（1）单击"默认"选项卡"绘图"面板中的"矩形"按钮，在床头柜面上方中间处绘制适当大小的矩形，如图 9-175 所示。

（2）单击"默认"选项卡"绘图"面板中的"圆弧"按钮，在绘制的矩形上侧左右端点处各绘制两个圆弧，如图 9-176 所示。

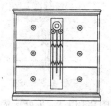

图 9-174　绘制连接直线

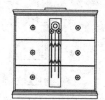

图 9-175　绘制矩形

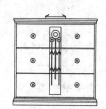

图 9-176　绘制圆弧

（3）单击"默认"选项卡"绘图"面板中的"直线"按钮，在绘制的圆弧内以及上方端点处各绘制一条水平线，如图 9-177 所示。

（4）单击"默认"选项卡"绘图"面板中的"直线"按钮，在台灯底座上绘制一条竖直线，如图 9-178 所示。

（5）单击"默认"选项卡"修改"面板中的"偏移"按钮 ，将绘制的竖直线依次向右偏移 8.69、35.62、8.69、8.36、8.69、34.51、8.69，如图 9-179 所示。

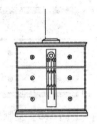

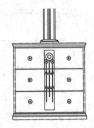

图 9-177　绘制直线　　　　　　　　图 9-178　绘制竖直线　　　　　　　图 9-179　偏移竖直线

（6）单击"默认"选项卡"绘图"面板中的"圆弧"按钮 ，在竖直线上方适当的位置绘制台灯帽，如图 9-180 所示。

（7）单击"默认"选项卡"修改"面板中的"修剪"按钮 ，对圆弧与竖直线交叉处的圆弧进行修剪，如图 9-181 所示。

（8）单击"默认"选项卡"绘图"面板中的"圆"按钮 ，绘制台灯帽上的装饰图形，如图 9-182 所示。

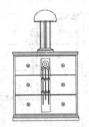

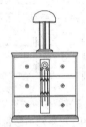

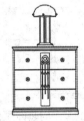

图 9-180　绘制台灯帽　　　　　　图 9-181　修剪图形　　　　　　图 9-182　绘制台灯帽装饰图

（9）单击"默认"选项卡"修改"面板中的"修剪"按钮 ，对绘制的两边圆进行修剪，如图 9-183 所示。

（10）单击"默认"选项卡"绘图"面板中的"圆弧"按钮 ，在底座处绘制装饰物，如图 9-184 所示。

（11）单击"默认"选项卡"修改"面板中的"修剪"按钮 ，修剪点装饰物与直线的交叉处，如图 9-185 所示。

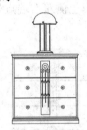

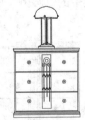

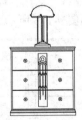

图 9-183　修剪圆　　　　　　图 9-184　绘制底座装饰物　　　　　　图 9-185　修剪底座装饰物

（12）单击"默认"选项卡"绘图"面板中的"多点"按钮 ，在灯帽和灯底座内绘出不均匀的点，台灯的绘制完成，如图 9-186 所示。

9．绘制右侧床头柜和台灯

（1）单击"默认"选项卡"修改"面板中的"移动"按钮 ，将绘制好的床头柜移动到双人床左边的适当位置，如图 9-187 所示。

（2）单击"默认"选项卡"修改"面板中的"修剪"按钮，对床头柜与床单交叉处进行修剪处理，如图 9-188 所示。

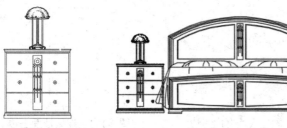
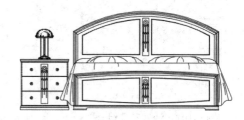

图 9-186　完成台灯的绘制　　　　图 9-187　移动床头柜　　　　图 9-188　修剪处理床头柜

（3）单击"默认"选项卡"修改"面板中的"镜像"按钮，对绘制的左侧床头柜进行镜像处理，如图 9-189 所示。

（4）单击"默认"选项卡"绘图"面板中的"直线"按钮，以左床头柜的底边最左侧为起点，右侧床头柜最右侧为终点绘制一条水平直线作为地面线，双人床立面图的绘制完成，如图 9-190 所示。

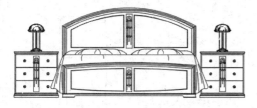
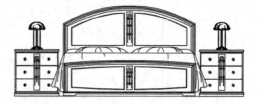

图 9-189　镜像处理床头柜　　　　　　　图 9-190　完成双人床立面图的绘制

9.7　家具组合设计

本节将详细介绍客厅沙发茶几组合和明式桌椅组合的绘制方法和技巧，本节实例相对来说较为复杂，通过绘制客厅沙发茶几组合和明式桌椅组合图形，帮助读者更熟练灵活地运用二维绘图命令。

【预习重点】
　　☑　掌握客厅沙发茶几组合的绘制。
　　☑　掌握明式桌椅组合的绘制。

9.7.1　客厅沙发茶几组合

本实例绘制的沙发茶几组合是民用家具中常见的家具组合，如图 9-191 所示。本实例中主要利用"圆弧"、"多段线"以及"直线"等二维绘图命令绘制出沙发、茶几、边几、地毯和电话，同时利用编辑命令完成组合沙发的绘制。

1. 绘制三人沙发

（1）单击"默认"选项卡"绘图"面板中的"直线"按钮和"圆弧"按钮，绘制三人沙发的三边，如图 9-192 所示。

（2）单击"默认"选项卡"绘图"面板中的"圆弧"按钮，将三边连起来，如图 9-193 所示。

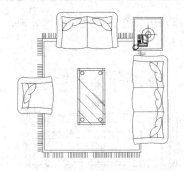

图 9-191　沙发茶几组合　　　　　图 9-192　绘制三人沙发的三边　　　　　图 9-193　连接沙发三边

（3）单击"默认"选项卡"绘图"面板中的"圆弧"按钮，绘制沙发三边的内轮廓，如图 9-194 所示。

（4）单击"默认"选项卡"绘图"面板中的"直线"按钮，在三边圈起来的沙发面内绘制两条水平线，如图 9-195 所示。

（5）单击"默认"选项卡"绘图"面板中的"圆弧"按钮，完成沙发扶手和沙发面的绘制，如图 9-196 所示。

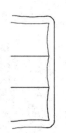

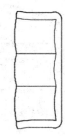

图 9-194　绘制沙发三边的内轮廓　　　图 9-195　绘制两条水平线　　　图 9-196　完成沙发扶手和沙发面的绘制

（6）单击"默认"选项卡"绘图"面板中的"多段线"按钮，绘制沙发上的靠枕，如图 9-197 所示。

（7）单击"默认"选项卡"绘图"面板中的"圆弧"按钮，用圆弧将各个靠枕连接起来，如图 9-198 所示。

2．绘制双人沙发

（1）单击"默认"选项卡"绘图"面板中的"直线"按钮和"圆弧"按钮，在适当位置绘制双人沙发的四边，如图 9-199 所示。

（2）单击"默认"选项卡"绘图"面板中的"圆弧"按钮，绘制圆弧连接 4 条边，如图 9-200 所示。

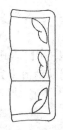

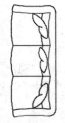

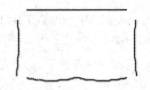

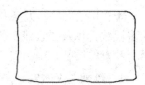

图 9-197　绘制靠枕　　　图 9-198　绘制圆弧 1　　　图 9-199　绘制双人沙发四边　　　图 9-200　绘制圆弧 2

（3）单击"默认"选项卡"绘图"面板中的"圆弧"按钮，绘制沙发内轮廓线，如图 9-201 所示。

（4）单击"默认"选项卡"绘图"面板中的"直线"按钮，在沙发内部绘制一条竖直线，如图 9-202

所示。

（5）单击"默认"选项卡"绘图"面板中的"多段线"按钮，绘制双人沙发的靠枕，如图 9-203 所示。

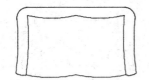

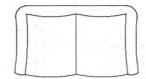

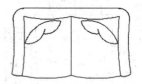

图 9-201　绘制双人沙发内轮廓线　　　　图 9-202　绘制直线　　　　图 9-203　绘制双人沙发靠枕

（6）单击"默认"选项卡"绘图"面板中的"圆弧"按钮，绘制圆弧将靠枕连接起来，如图 9-204 所示。

3．绘制单人沙发

（1）单击"默认"选项卡"绘图"面板中的"直线"按钮和"圆弧"按钮，在空白处适当的位置绘制单人沙发的四边，如图 9-205 所示。

（2）单击"默认"选项卡"绘图"面板中的"圆弧"按钮，绘制圆弧连接 4 条边，如图 9-206 所示。

（3）单击"默认"选项卡"绘图"面板中的"圆弧"按钮，绘制单人沙发的内轮廓，如图 9-207 所示。

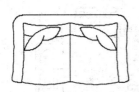

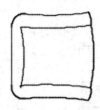

图 9-204　绘制圆弧3　　图 9-205　绘制单人沙发四边　　图 9-206　绘制圆弧4　　图 9-207　绘制单人沙发内轮廓线

（4）单击"默认"选项卡"绘图"面板中的"多段线"按钮，绘制单人沙发靠枕，如图 9-208 所示。

（5）单击"默认"选项卡"绘图"面板中的"圆弧"按钮，绘制圆弧连接靠枕与沙发两边扶手，如图 9-209 所示。

4．绘制地毯

（1）单击"默认"选项卡"修改"面板中的"移动"按钮，调整 3 个沙发到适当位置，如图 9-210 所示。

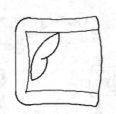

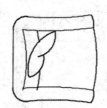

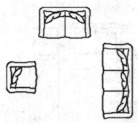

图 9-208　绘制单人沙发靠枕　　　　图 9-209　绘制圆弧连接线　　　　图 9-210　调整沙发位置

（2）单击"默认"选项卡"绘图"面板中的"直线"按钮，沿着沙发绘制地毯轮廓，如图 9-211 所示。

（3）单击"默认"选项卡"修改"面板中的"偏移"按钮，将绘制的水平直线分别向外偏移 56，竖直直线分别向外偏移 35，如图 9-212 所示。

（4）单击"默认"选项卡"修改"面板中的"修剪"按钮，对绘制的地毯进行修剪处理，如图 9-213

所示。

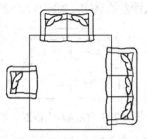
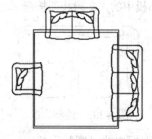
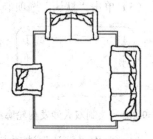

图 9-211　绘制地毯轮廓　　　　　图 9-212　偏移直线　　　　　　图 9-213　修剪地毯

（5）单击"默认"选项卡"绘图"面板中的"直线"按钮✐，绘制地毯的边沿线，如图 9-214 所示。

5．绘制桌面造型

（1）单击"默认"选项卡"绘图"面板中的"矩形"按钮▭，在三人沙发上方适当位置绘制一个 600×700 的矩形，如图 9-215 所示。

（2）单击"默认"选项卡"修改"面板中的"偏移"按钮▱，将绘制的矩形向内偏移 26.4，如图 9-216 所示。

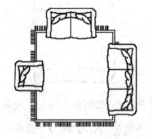
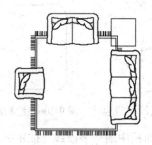
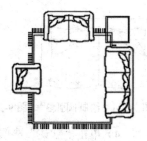

图 9-214　绘制地毯边沿线　　　　图 9-215　绘制矩形　　　　　　图 9-216　偏移矩形

（3）单击"默认"选项卡"绘图"面板中的"圆"按钮⊙，在绘制的边几内绘制半径为 63 的圆，如图 9-217 所示。

（4）单击"默认"选项卡"修改"面板中的"偏移"按钮▱，将绘制的圆向外偏移 65，如图 9-218 所示。

（5）单击"默认"选项卡"绘图"面板中的"直线"按钮✐，通过圆心绘制水平竖直的交叉线，如图 9-219 所示。

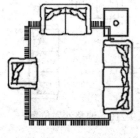
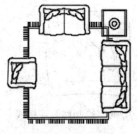
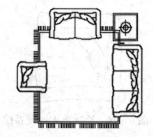

图 9-217　绘制圆　　　　　　　　图 9-218　偏移圆　　　　　　　图 9-219　绘制直线

6．绘制电话

（1）单击"默认"选项卡"绘图"面板中的"矩形"按钮▭，在边几的左下角绘制一个大小为 205×255 的矩形，如图 9-220 所示。

（2）单击"默认"选项卡"修改"面板中的"倒角"按钮，对绘制的矩形进行倒角处理，倒角距离为 4.5，如图 9-221 所示。

（3）单击"默认"选项卡"绘图"面板中的"直线"按钮，绘制电话话筒槽，如图 9-222 所示。

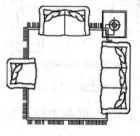

图 9-220　绘制矩形

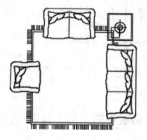

图 9-221　倒角处理矩形

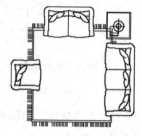

图 9-222　绘制话筒槽

（4）单击"默认"选项卡"绘图"面板中的"直线"按钮，在电话槽处绘制电话话筒，如图 9-223 所示。

（5）继续单击"默认"选项卡"绘图"面板中的"直线"按钮，绘制电话线，如图 9-224 所示。

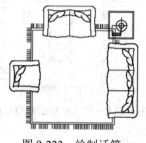

图 9-223　绘制话筒

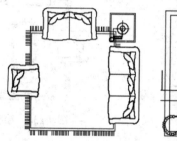
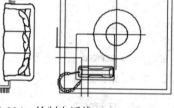

图 9-224　绘制电话线

（6）单击"默认"选项卡"修改"面板中的"修剪"按钮，修剪电话线与话筒连接处，如图 9-225 所示。

（7）单击"默认"选项卡"绘图"面板中的"直线"按钮，绘制电话按键，如图 9-226 所示。

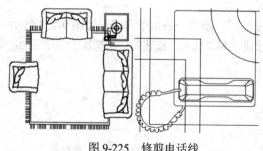

图 9-225　修剪电话线

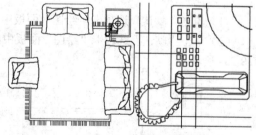

图 9-226　绘制按键

（8）单击"默认"选项卡"绘图"面板中的"直线"按钮，绘制电话显示屏，如图 9-227 所示。

7. 绘制茶几

（1）单击"默认"选项卡"绘图"面板中的"矩形"按钮，在地毯的适当位置绘制一个大小为 600×1200 的矩形茶几，如图 9-228 所示。

（2）单击"默认"选项卡"修改"面板中的"分解"按钮，对绘制的矩形进行分解，然后单击"默认"选项卡"修改"面板中的"偏移"按钮，将分解后的 4 条直线分别向内偏移 45，如图 9-229 所示。

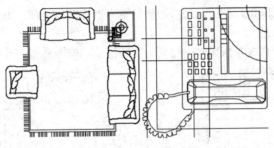

图 9-227　绘制显示屏

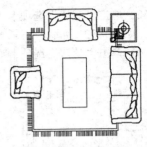

图 9-228　绘制矩形

（3）单击"默认"选项卡"绘图"面板中的"圆"按钮◎，在茶几的 4 个角分别绘制半径为 38 的圆，如图 9-230 所示。

（4）单击"默认"选项卡"绘图"面板中的"直线"按钮／，绘制茶几的图案纹路，客厅沙发茶几的组合绘制完成，如图 9-231 所示。

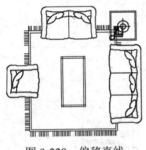

图 9-229　偏移直线

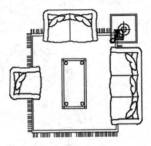

图 9-230　绘制圆

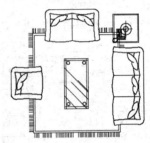

图 9-231　完成沙发茶几组合的绘制

9.7.2　明式桌椅组合

本实例绘制的明式桌椅组合如图 9-232 所示。由图可知，该明式桌椅组合主要由直线、圆弧、矩形以及样条曲线组成，可以用相应的二维绘图命令配合简单的二维编辑命令来绘制。

1．绘制椅面

（1）单击"默认"选项卡"绘图"面板中的"直线"按钮／，绘制一条水平直线，如图 9-233 所示。

（2）单击"默认"选项卡"绘图"面板中的"直线"按钮／和"圆弧"按钮／，绘制椅子的座位面，如图 9-234 所示。

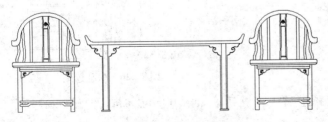

图 9-232　明式桌椅组合

图 9-233　绘制水平直线

图 9-234　绘制椅子座位面

2．绘制椅腿

（1）单击"默认"选项卡"绘图"面板中的"直线"按钮／，绘制左侧椅子腿，如图 9-235 所示。

（2）单击"默认"选项卡"修改"面板中的"镜像"按钮▲，对绘制的左侧椅子腿进行镜像处理，如

图 9-236 所示。

3．绘制脚蹬

（1）单击"默认"选项卡"绘图"面板中的"直线"按钮 和"圆弧"按钮 ，绘制椅子前面的脚蹬，如图 9-237 所示。

（2）单击"默认"选项卡"修改"面板中的"修剪"按钮 ，对第（1）步中绘制的椅子脚蹬与椅子腿交叉处进行修剪处理，如图 9-238 所示。

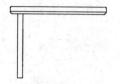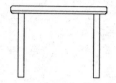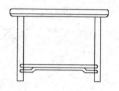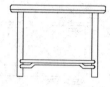

图 9-235　绘制椅子腿　　　图 9-236　镜像处理椅子腿　　　图 9-237　绘制椅子脚蹬　　　图 9-238　修剪处理椅子脚蹬

4．绘制前挡板

（1）单击"默认"选项卡"绘图"面板中的"直线"按钮 和"圆弧"按钮 ，在椅子腿上绘制前挡板，如图 9-239 所示。

（2）单击"默认"选项卡"修改"面板中的"镜像"按钮 ，对第（1）步中绘制的图形进行镜像处理，如图 9-240 所示。

（3）单击"默认"选项卡"修改"面板中的"修剪"按钮 ，对镜像后的图形进行修剪处理，如图 9-241 所示。

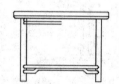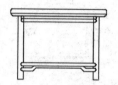

图 9-239　绘制椅子前挡板　　　　图 9-240　镜像处理图形　　　　图 9-241　修剪处理椅子前挡板

5．绘制装饰图案

（1）单击"默认"选项卡"绘图"面板中的"直线"按钮 和"圆弧"按钮 ，绘制椅子腿挡板下面的装饰物外轮廓，如图 9-242 所示。

（2）单击"默认"选项卡"绘图"面板中的"样条曲线拟合"按钮 ，绘制装饰物内部的图案，如图 9-243 所示。

（3）单击"默认"选项卡"修改"面板中的"修剪"按钮 ，对绘制的装饰物与椅子腿交叉处直线进行修剪处理，如图 9-244 所示。

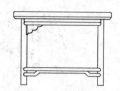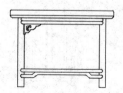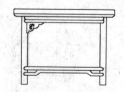

图 9-242　绘制装饰物外轮廓　　　图 9-243　绘制装饰物内部图案　　　图 9-244　修剪处理图形

（4）单击"默认"选项卡"修改"面板中的"镜像"按钮 ，对绘制的整个装饰物进行镜像处理，如图 9-245 所示。

（5）单击"默认"选项卡"修改"面板中的"修剪"按钮✂，对镜像后的装饰物与椅子腿交叉处的直线进行修剪处理，如图 9-246 所示。

6．绘制椅子靠背

（1）单击"默认"选项卡"绘图"面板中的"样条曲线拟合"按钮∿和"圆弧"按钮◜，绘制椅子的靠背，如图 9-247 所示。

图 9-245　镜像处理

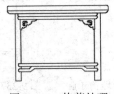
图 9-246　修剪处理

图 9-247　绘制椅子靠背

（2）单击"默认"选项卡"绘图"面板中的"样条曲线拟合"按钮∿，绘制椅子面与靠背的连接线，如图 9-248 所示。

（3）继续单击"默认"选项卡"绘图"面板中的"样条曲线拟合"按钮∿，绘制连接靠背的第 2 根木条，如图 9-249 所示。

（4）单击"默认"选项卡"绘图"面板中的"直线"按钮╱，绘制连接靠背的第 3 根木条，如图 9-250 所示。

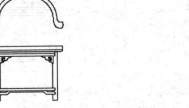

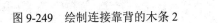

图 9-248　绘制连接靠背的木条 1　　　图 9-249　绘制连接靠背的木条 2　　　图 9-250　绘制连接靠背的木条 3

（5）单击"默认"选项卡"修改"面板中的"镜像"按钮⚎，对连接靠背的 3 根木条进行镜像处理，如图 9-251 所示。

（6）单击"默认"选项卡"绘图"面板中的"样条曲线拟合"按钮∿，绘制椅子中间的两根连接条，如图 9-252 所示。

（7）单击"默认"选项卡"绘图"面板中的"直线"按钮╱，在中间两根连接条之间绘制两根横向连接条，如图 9-253 所示。

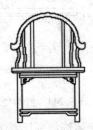
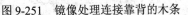
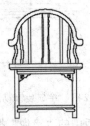
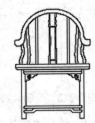
图 9-251　镜像处理连接靠背的木条　　　图 9-252　绘制中间连接靠背的木条　　　图 9-253　绘制横向的木条

（8）单击"默认"选项卡"绘图"面板中的"多段线"按钮↩，绘制第一个横向木条上方的图案外轮廓，如图 9-254 所示。

（9）单击"默认"选项卡"绘图"面板中的"样条曲线拟合"按钮〜，绘制图案内部的细节图形，如图 9-255 所示。

7．绘制桌子左侧一半

（1）单击"默认"选项卡"绘图"面板中的"直线"按钮✎，在椅子右侧绘制一条适当长度的水平直线，如图 9-256 所示。

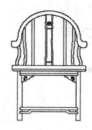
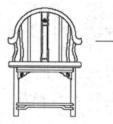

图 9-254 绘制图案外轮廓　　　图 9-255 绘制轮廓内部细节　　　图 9-256 绘制水平直线

（2）单击"默认"选项卡"修改"面板中的"偏移"按钮⊜，将第（1）步绘制的水平直线向下偏移 30，如图 9-257 所示。

（3）单击"默认"选项卡"绘图"面板中的"多段线"按钮↩，绘制桌子的左拐角处，如图 9-258 所示。

（4）单击"默认"选项卡"绘图"面板中的"直线"按钮✎，绘制左侧桌子腿，如图 9-259 所示。

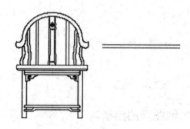
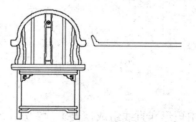
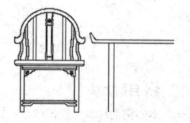

图 9-257 偏移水平直线　　　图 9-258 绘制拐角　　　图 9-259 绘制左侧桌子腿

（5）单击"默认"选项卡"绘图"面板中的"矩形"按钮▭，在桌子腿下部绘制适当大小的矩形作为放脚板，如图 9-260 所示。

（6）单击"默认"选项卡"绘图"面板中的"样条曲线拟合"按钮〜，在桌子腿部与桌面角处绘制装饰物，如图 9-261 所示。

（7）单击"默认"选项卡"绘图"面板中的"直线"按钮✎，从绘制的装饰物下端开始引直线到放脚板，如图 9-262 所示。

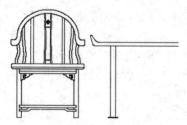
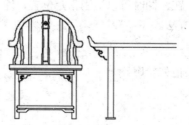
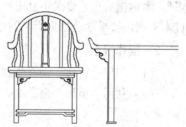

图 9-260 绘制放脚板　　　图 9-261 绘制装饰物　　　图 9-262 绘制竖直线

（8）单击"默认"选项卡"修改"面板中的"镜像"按钮▲，对绘制的装饰物及竖直线进行镜像处理，如图 9-263 所示。

8．绘制右侧另一半桌椅

单击"默认"选项卡"修改"面板中的"镜像"按钮▲，对绘制的所有图形进行镜像处理，完成明式桌椅的绘制，如图 9-264 所示。

图 9-263　镜像处理　　　　　　　　图 9-264　完成明式桌椅的绘制

9.8　上 机 实 验

【练习 1】绘制如图 9-265 所示的碗柜。

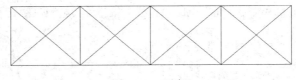

图 9-265　碗柜

1．目的要求

本实例的绘制比较简单，主要由矩形和直线组成，要求读者熟练掌握二维图形的绘制。

2．操作提示

（1）利用"矩形"命令绘制碗柜外轮廓线。

（2）利用"直线"命令绘制碗柜内轮廓线。

【练习 2】绘制如图 9-266 所示的立面床头柜。

1．目的要求

本实例绘制的是一个日常用品图形，涉及的命令有"直线"和"矩形"。本实例对尺寸要求不是很严格，在绘图时可以适当指定位置，通过本实例，要求读者掌握矩形的绘制方法。

2．操作提示

（1）利用"直线"命令绘制床头柜外轮廓。

（2）利用"矩形"命令细化床头柜。

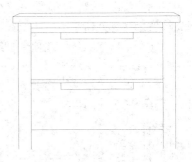

图 9-266　立面床头柜

办公家具设计

本章将以办公家具图为例，详细讲述其绘制过程。在讲述过程中，带领读者逐步完成电脑椅、小便器、办公桌、复印机等图的绘制，并介绍关于办公家具设计的相关知识和技巧。

10.1　椅凳类家具设计

本节主要详细介绍日常办公中椅凳类家具的绘制，包括绘制办公椅和电脑椅，两个图形相对来说比较简单，但在绘制过程中通过总结两个图形的相同点和不同点，使读者能够灵活自主地运用"圆弧"命令。

【预习重点】
- ☑　掌握办公椅的绘制。
- ☑　掌握电脑椅的绘制。

图 10-1　办公椅

10.1.1　绘制办公椅

本实例绘制的是办公中常见的办公椅，如图 10-1 所示。由图可知，该椅子主要由圆弧和矩形组成，可以用"圆弧"和"矩形"命令来绘制。

（1）单击"默认"选项卡"绘图"面板中的"矩形"按钮▭，在任意空白处绘制圆角矩形，命令行提示与操作如下。

```
命令：_rectang
当前矩形模式：圆角=100.0000
指定第一个角点或 [倒角(C)/标高(E)/圆角(F)/厚度(T)/宽度(W)]：F
指定矩形的圆角半径 <100.0000>:100
指定第一个角点或 [倒角(C)/标高(E)/圆角(F)/厚度(T)/宽度(W)]：
指定另一个角点或 [面积(A)/尺寸(D)/旋转(R)]：@1200,1200
```

结果如图 10-2 所示。

（2）单击"默认"选项卡"绘图"面板中的"矩形"按钮▭，在大矩形旁边绘制一个小圆角矩形扶手，命令行提示与操作如下。

```
命令：_rectang
指定第一个角点或 [倒角(C)/标高(E)/圆角(F)/厚度(T)/宽度(W)]：F
指定矩形的圆角半径 <100.0000>:
指定第一个角点或 [倒角(C)/标高(E)/圆角(F)/厚度(T)/宽度(W)]：
指定另一个角点或 [面积(A)/尺寸(D)/旋转(R)]：@-200,-1000
```

结果如图 10-3 所示。

（3）单击"默认"选项卡"修改"面板中的"镜像"按钮⚤，对第（2）步中绘制的扶手进行镜像，如图 10-4 所示。

（4）单击"默认"选项卡"绘图"面板中的"圆弧"按钮⟋，在椅子上部绘制一个圆弧，如图 10-5 所示。

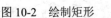

图 10-2　绘制矩形

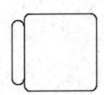

图 10-3　绘制扶手

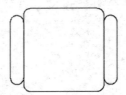

图 10-4　镜像扶手

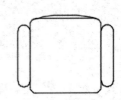

图 10-5　绘制圆弧

（5）单击"默认"选项卡"修改"面板中的"偏移"按钮 ，将第（4）步中绘制的圆弧向上偏移 146，如图 10-6 所示。

（6）单击"默认"选项卡"绘图"面板中的"圆弧"按钮 ，在绘制的两段圆弧左端点处绘制一段圆弧连接两圆弧，如图 10-7 所示。

（7）单击"默认"选项卡"修改"面板中的"镜像"按钮 ，对绘制的左侧圆弧进行镜像处理，办公椅的绘制完成，如图 10-8 所示。

 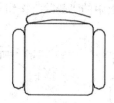 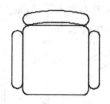

图 10-6　偏移圆弧　　　　　图 10-7　绘制圆弧　　　　　图 10-8　完成办公椅的绘制

10.1.2　绘制电脑椅

本实例绘制的电脑椅如图 10-9 所示。由图可知，该电脑椅主要由矩形、圆弧以及直线组成，同时在绘制的过程中还用到了"偏移""复制""删除"编辑命令。

（1）单击"默认"选项卡"绘图"面板中的"矩形"按钮 ，绘制一个 625×153 大小的矩形，如图 10-10 所示。

（2）单击"默认"选项卡"修改"面板中的"复制"按钮 ，复制一个 625×153 大小的矩形，如图 10-11 所示。

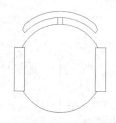 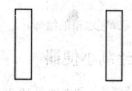

图 10-9　电脑椅　　　　　图 10-10　绘制矩形　　　　　图 10-11　复制矩形

（3）单击"默认"选项卡"绘图"面板中的"圆弧"按钮 ，绘制适当大小的圆弧，如图 10-12 所示。

（4）单击"默认"选项卡"修改"面板中的"镜像"按钮 ，对第（3）步中绘制的圆弧进行镜像处理，如图 10-13 所示。

（5）单击"默认"选项卡"绘图"面板中的"圆弧"按钮 ，在适当位置绘制一段圆弧，如图 10-14 所示。

（6）单击"默认"选项卡"修改"面板中的"偏移"按钮 ，将第（5）步中绘制的圆弧向上偏移 65，如图 10-15 所示。

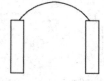

图 10-12　绘制圆弧 1　　　图 10-13　镜像圆弧　　　图 10-14　绘制圆弧 2　　　图 10-15　偏移圆弧

（7）单击"默认"选项卡"绘图"面板中的"圆弧"按钮⟋，用圆弧连接绘制的两条圆弧，如图 10-16 所示。

（8）单击"默认"选项卡"绘图"面板中的"直线"按钮⟋，以上面圆弧的中点为起点向上延伸绘制一段适当长度的竖直线，如图 10-17 所示。

（9）单击"默认"选项卡"修改"面板中的"偏移"按钮⟰，将绘制的竖直线分别向两边偏移 40，如图 10-18 所示。

（10）单击"默认"选项卡"修改"面板中的"删除"按钮⟋，将中间的竖直线删除，电脑椅的绘制完成，如图 10-19 所示。

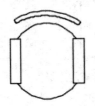 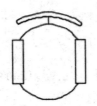  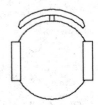

图 10-16　绘制圆弧 3　　　图 10-17　绘制直线　　　图 10-18　偏移直线　　　图 10-19　完成电脑椅的绘制

10.2　洁具类家具设计

本节将详细介绍办公家具中的洁具类家具的绘制，其中包括小便器、蹲便水箱的绘制，这些图形相对来说比较简单，在绘图过程中重复使用的命令比较多，更能帮助读者练习绘图能力和作图技巧。

【预习重点】
- ☑　掌握小便器的绘制。
- ☑　掌握蹲便水箱的绘制。

10.2.1　绘制小便器

本实例绘制的小便器如图 10-20 所示。首先利用"矩形""圆角"命令绘制小便器的水箱，然后利用"圆弧""修剪""偏移"命令完成小便器的绘制。

（1）单击"默认"选项卡"绘图"面板中的"矩形"按钮▭，绘制一个大小为 406×915 的矩形，如图 10-21 所示。

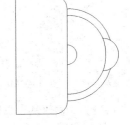

图 10-20　小便器

（2）单击"默认"选项卡"修改"面板中的"圆角"按钮▭，对第（1）步中绘制的矩形进行圆角处理，圆角半经为 100，如图 10-22 所示。

（3）单击"默认"选项卡"绘图"面板中的"圆弧"按钮⟋，绘制半径为 76 的圆弧，如图 10-23 所示。

 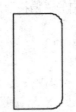 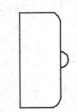

图 10-21　绘制一个矩形　　　图 10-22　圆角处理矩形　　　图 10-23　绘制圆弧

（4）单击"默认"选项卡"修改"面板中的"偏移"按钮 ⚏，将第（3）步中绘制的圆弧依次向外偏移 230、45，如图 10-24 所示。

（5）单击"默认"选项卡"绘图"面板中的"圆弧"按钮 ⌒，在中间的圆弧边上绘制适当大小的圆弧，如图 10-25 所示。

（6）单击"默认"选项卡"修改"面板中的"修剪"按钮 ⊬，对圆弧交叉部分进行修剪，完成小便器的绘制，如图 10-26 所示。

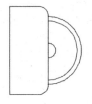
图 10-24 偏移圆弧

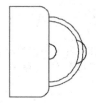
图 10-25 绘制圆弧

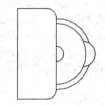
图 10-26 完成小便器的绘制

10.2.2 绘制蹲便水箱

本实例绘制的蹲便水箱如图 10-27 所示。由图可知，该蹲便水箱主要涉及"直线""多段线""圆弧"等命令，同时还用到了"偏移""删除""移动"等二维编辑命令。

（1）单击"默认"选项卡"绘图"面板中的"直线"按钮 ／，绘制一条长为 990 的直线，如图 10-28 所示。

（2）单击"默认"选项卡"修改"面板中的"偏移"按钮 ⚏，将第（1）步中绘制的直线向下偏移 22，如图 10-29 所示。

（3）单击"默认"选项卡"修改"面板中的"拉长"按钮 ⟋，分别向左右方向拉长，增量均为 55，如图 10-30 所示。

（4）单击"默认"选项卡"绘图"面板中的"圆弧"按钮 ⌒，分别以上述两条直线同侧的端点为圆弧的起点和端点绘制圆弧，如图 10-31 所示。

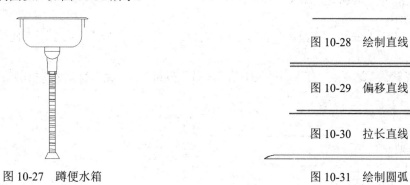

图 10-27 蹲便水箱

图 10-28 绘制直线

图 10-29 偏移直线

图 10-30 拉长直线

图 10-31 绘制圆弧

（5）单击"默认"选项卡"绘图"面板中的"多段线"按钮 ⟲，绘制水箱，命令行提示与操作如下。

```
命令:_pline
指定起点:（距离直线左端点 99 处）
当前线宽为 0.0000
指定下一个点或 [圆弧(A)/半宽(H)/长度(L)/放弃(U)/宽度(W)]:265
指定下一点或 [圆弧(A)/闭合(C)/半宽(H)/长度(L)/放弃(U)/宽度(W)]: A
```

指定圆弧的端点（按住 Ctrl 键以切换方向）或[角度(A)/圆心(CE)/闭合(CL)/方向(D)/半宽(H)/直线(L)/半径(R)/第二个点(S)/放弃(U)/宽度(W)]:

指定圆弧的端点（按住 Ctrl 键以切换方向）或[角度(A)/圆心(CE)/闭合(CL)/方向(D)/半宽(H)/直线(L)/半径(R)/第二个点(S)/放弃(U)/宽度(W)]: L

指定下一点或 [圆弧(A)/闭合(C)/半宽(H)/长度(L)/放弃(U)/宽度(W)]:

指定下一点或 [圆弧(A)/闭合(C)/半宽(H)/长度(L)/放弃(U)/宽度(W)]: A

指定圆弧的端点（按住 Ctrl 键以切换方向）或[角度(A)/圆心(CE)/闭合(CL)/方向(D)/半宽(H)/直线(L)/半径(R)/第二个点(S)/放弃(U)/宽度(W)]:

指定圆弧的端点（按住 Ctrl 键以切换方向）或[角度(A)/圆心(CE)/闭合(CL)/方向(D)/半宽(H)/直线(L)/半径(R)/第二个点(S)/放弃(U)/宽度(W)]: L

指定下一点或 [圆弧(A)/闭合(C)/半宽(H)/长度(L)/放弃(U)/宽度(W)]: 265

指定下一点或 [圆弧(A)/闭合(C)/半宽(H)/长度(L)/放弃(U)/宽度(W)]:

结果如图 10-32 所示。

（6）单击"默认"选项卡"绘图"面板中的"直线"按钮✏，在距离直线端点适当距离处绘制竖直线，如图 10-33 所示。

（7）单击"默认"选项卡"修改"面板中的"镜像"按钮▲，对绘制的竖直线进行镜像处理，如图 10-34 所示。

（8）单击"默认"选项卡"绘图"面板中的"圆弧"按钮✏，指定水箱底边中点为圆心，绘制适当大小的半圆，如图 10-35 所示。

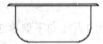 

图 10-32　绘制水箱　　　图 10-33　绘制竖直线　　　图 10-34　镜像处理竖直线　　　图 10-35　绘制圆弧

（9）单击"默认"选项卡"绘图"面板中的"矩形"按钮▭，以半圆弧的左端点为起点，使用捕捉命令捕捉到圆弧右端点，绘制适当宽度的矩形，如图 10-36 所示。

（10）单击"默认"选项卡"修改"面板中的"移动"按钮✣，将绘制的圆弧和矩形向下移动至图示位置，如图 10-37 所示。

（11）单击"默认"选项卡"绘图"面板中的"直线"按钮✏，捕捉圆弧上一点向下绘制倾斜线，如图 10-38 所示。

（12）单击"默认"选项卡"修改"面板中的"镜像"按钮▲，对第（11）步中绘制的倾斜线进行镜像，如图 10-39 所示。

图 10-36　绘制矩形　　　图 10-37　移动图形　　　图 10-38　绘制倾斜线　　　图 10-39　镜像处理倾斜线

（13）单击"默认"选项卡"绘图"面板中的"直线"按钮✏，在漏水管连接处绘制两条水平线，如图 10-40 所示。

（14）单击"默认"选项卡"绘图"面板中的"直线"按钮✏，在两条水平线之间绘制几条竖直线，如图 10-41 所示。

（15）单击"默认"选项卡"绘图"面板中的"直线"按钮✏，以管道中点为起点向下绘制适当长度的竖直线，如图 10-42 所示。

（16）单击"默认"选项卡"修改"面板中的"偏移"按钮⚎，将绘制的竖直线向左右各偏移 46，如图 10-43 所示。

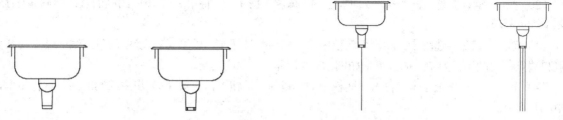

图 10-40　绘制水平线　　　图 10-41　绘制竖直线　　　图 10-42　绘制漏水管辅助线　　　图 10-43　偏移竖直线

（17）单击"默认"选项卡"修改"面板中的"删除"按钮⚎，将绘制的漏水管辅助线删除，如图 10-44 所示。

（18）单击"默认"选项卡"绘图"面板中的"直线"按钮⚎，在漏水管内绘制不均匀的水平直线，如图 10-45 所示。

（19）单击"默认"选项卡"绘图"面板中的"直线"按钮⚎，绘制底座，蹲便水箱的绘制完成，如图 10-46 所示。

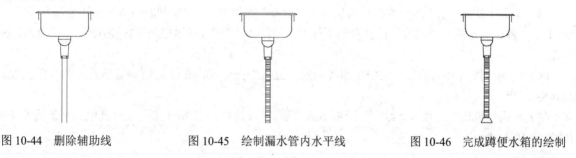

图 10-44　删除辅助线　　　　　图 10-45　绘制漏水管内水平线　　　　　图 10-46　完成蹲便水箱的绘制

10.3　桌台类家具设计

本节将详细介绍公司会议桌、办公桌的绘制，其中，在绘制公司会议桌时用到了"路径阵列"命令，同时也用到了二维编辑命令中的"合并"命令，使读者在熟练运用绘图命令的基础上掌握一些新命令和绘图技巧。

【预习重点】

☑　掌握公司会议桌的绘制。
☑　掌握办公桌的绘制。

10.3.1　绘制公司会议桌

本实例绘制的公司会议桌是办公中常见的家具，如图 10-47 所示。由图可知，该公司会议桌主要由椅子和会议桌组成，首先利用"直线""圆弧"等二维绘图命令以及简单的二维编辑命令绘制出会议桌，然后利用"直线""圆弧"命令绘

图 10-47　公司会议桌

制出椅子，最后利用"路径阵列"命令完成公司会议桌的绘制。

（1）单击状态栏上的"正交"按钮 ，使其处于打开状态，单击"默认"选项卡"绘图"面板中的"直线"按钮 ，绘制一条长为 4050 的竖直线，如图 10-48 所示。

（2）单击"默认"选项卡"修改"面板中的"偏移"按钮 ，将第（1）步中绘制的直线向右偏移 1500，如图 10-49 所示。

（3）单击"默认"选项卡"绘图"面板中的"圆弧"按钮 ，以第（2）步中两条直线的端点为圆弧的起点和端点，绘制半径为 750 的圆弧，如图 10-50 所示。

（4）单击"默认"选项卡"修改"面板中的"镜像"按钮 ，对第（3）步中绘制的圆弧进行镜像，如图 10-51 所示。

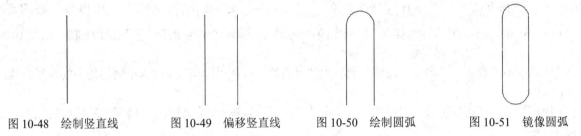

图 10-48　绘制竖直线　　　图 10-49　偏移竖直线　　　图 10-50　绘制圆弧　　　图 10-51　镜像圆弧

（5）单击"默认"选项卡"修改"面板中的"合并"按钮 ，将绘制的圆弧和直线全部合并在一起，然后单击"默认"选项卡"修改"面板中的"偏移"按钮 ，将合并后的图形向外偏移 1270，如图 10-52 所示。

（6）单击"默认"选项卡"绘图"面板中的"直线"按钮 ，在桌旁绘制适当长度的椅子三边，如图 10-53 所示。

（7）单击"默认"选项卡"绘图"面板中的"圆弧"按钮 ，在椅子未封闭位置绘制两条圆弧作为靠背，如图 10-54 所示。

图 10-52　偏移图形　　　　　图 10-53　绘制椅子三边　　　　图 10-54　绘制圆弧作为椅子靠背

（8）单击"默认"选项卡"修改"面板中的"路径阵列"按钮 ，打开"阵列创建"选项卡，如图 10-55 所示。选择椅子为阵列对象，会议桌为阵列路径，将其进行阵列，会议桌的绘制完成，结果如图 10-56 所示。

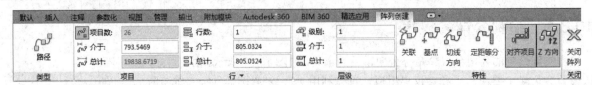

图 10-55　阵列设置

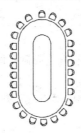

图 10-56　完成会议桌的绘制

10.3.2　绘制办公桌

本实例绘制的办公桌如图 10-57 所示。由图可知，首先利用"多段线""直线""矩形"命令绘制出办公桌，然后利用"直线""圆弧""复制"命令绘制出办公椅 1，利用同样的命令绘制出办公椅 2，最后利用"复制"命令复制办公椅 2，完成办公桌总图的绘制。

（1）单击"默认"选项卡"绘图"面板中的"多段线"按钮⊃，绘制办公桌，如图 10-58 所示。

（2）单击"默认"选项卡"绘图"面板中的"矩形"按钮▭，在旁边绘制小办公桌，如图 10-59 所示。

（3）单击"默认"选项卡"绘图"面板中的"直线"按钮╱，绘制办公护栏，如图 10-60 所示。

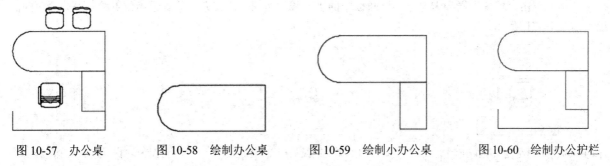

图 10-57　办公桌　　　图 10-58　绘制办公桌　　　图 10-59　绘制小办公桌　　　图 10-60　绘制办公护栏

（4）单击"默认"选项卡"绘图"面板中的"直线"按钮╱，在绘制的办公桌下方绘制适当大小的办公椅 1 的三边，如图 10-61 所示。

（5）单击"默认"选项卡"绘图"面板中的"圆弧"按钮╱，绘制圆弧连接两个转角处，如图 10-62 所示。

（6）单击"默认"选项卡"绘图"面板中的"圆弧"按钮╱，绘制椅子靠背，如图 10-63 所示。

（7）单击"默认"选项卡"修改"面板中的"复制"按钮，将绘制的圆弧向内复制适当距离，如图 10-64 所示。

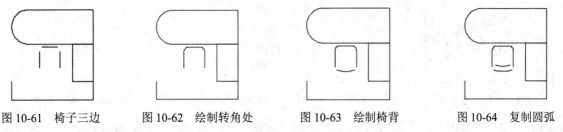

图 10-61　椅子三边　　　图 10-62　绘制转角处　　　图 10-63　绘制椅背　　　图 10-64　复制圆弧

（8）单击"默认"选项卡"绘图"面板中的"圆弧"按钮╱，绘制圆弧将两圆弧端点连接，如图 10-65 所示。

（9）单击"默认"选项卡"修改"面板中的"镜像"按钮，对绘制的圆弧进行镜像处理，如图 10-66 所示。

（10）单击"默认"选项卡"绘图"面板中的"圆弧"按钮，在椅子面上绘制 3 条圆弧，如图 10-67 所示。

（11）单击"默认"选项卡"绘图"面板中的"直线"按钮，在椅子上左侧绘制两条不一样长的竖直线，如图 10-68 所示。

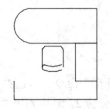 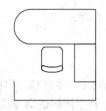 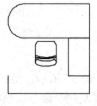 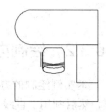

图 10-65　绘制圆弧 1　　　　图 10-66　镜像圆弧　　　　图 10-67　绘制圆弧 2　　　　图 10-68　绘制直线

（12）单击"默认"选项卡"绘图"面板中的"圆弧"按钮，补充绘制椅子左侧扶手，如图 10-69 所示。

（13）单击"默认"选项卡"修改"面板中的"镜像"按钮，对左侧的椅子扶手进行镜像处理，如图 10-70 所示。

（14）单击"默认"选项卡"绘图"面板中的"直线"按钮，在办公桌外适当位置绘制办公椅 2 的四边，如图 10-71 所示。

 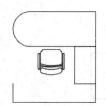 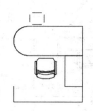

图 10-69　完成左侧扶手的绘制　　　　图 10-70　镜像处理左侧扶手　　　　图 10-71　绘制办公椅 2 四边

（15）单击"默认"选项卡"绘图"面板中的"圆弧"按钮，绘制办公椅 2 的 4 个转角处，如图 10-72 所示。

（16）单击"默认"选项卡"绘图"面板中的"圆弧"按钮，用圆弧绘制椅子靠背，如图 10-73 所示。

（17）单击"默认"选项卡"修改"面板中的"偏移"按钮，将绘制的圆弧向外偏移 45，如图 10-74 所示。

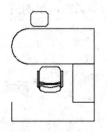 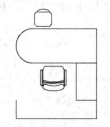 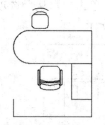

图 10-72　绘制转角处　　　　图 10-73　绘制圆弧 3　　　　图 10-74　偏移圆弧

（18）单击"默认"选项卡"绘图"面板中的"圆弧"按钮，在两个圆弧做端点处绘制圆弧来连接，如图 10-75 所示。

（19）单击"默认"选项卡"绘图"面板中的"圆弧"按钮，在办公椅 2 靠背内绘制一条圆弧，办公椅 2 绘制完成，如图 10-76 所示。

（20）单击"默认"选项卡"修改"面板中的"复制"按钮，复制办公椅 2 到合适位置，办公桌的绘制完成，如图 10-77 所示。

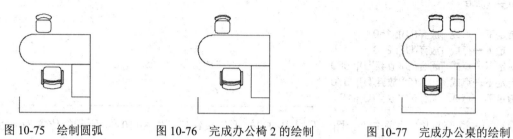

图 10-75　绘制圆弧　　　　图 10-76　完成办公椅 2 的绘制　　　　图 10-77　完成办公桌的绘制

10.4　电器类家具设计

本节将详细介绍几个电器类家具绘制的基本知识和绘制步骤，其中包括复印机、电脑的绘制，这些图形相对来说比较简单，主要由直线和矩形组成，能够提高读者运用二维绘图命令的熟练程度。

【预习重点】

- ☑ 掌握复印机的绘制。
- ☑ 掌握电脑的绘制。

10.4.1　绘制复印机

本实例绘制的复印机如图 10-78 所示。由图可知，该复印机主要由矩形和直线组成，可以用"矩形"和"直线"命令配合二维编辑命令来绘制完成。

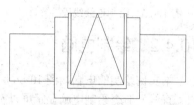

图 10-78　复印机

（1）单击"默认"选项卡"绘图"面板中的"矩形"按钮，绘制一个 660×810 的矩形，如图 10-79 所示。

（2）单击"默认"选项卡"修改"面板中的"分解"按钮，将刚绘制的矩形分解，然后单击"默认"选项卡"修改"面板中的"偏移"按钮，将矩形的左右两边分别向内偏移 30，下边向内偏移 45，如图 10-80 所示。

（3）单击"默认"选项卡"修改"面板中的"修剪"按钮，对偏移后的直线进行修剪，如图 10-81 所示。

（4）单击"默认"选项卡"绘图"面板中的"直线"按钮，连接里面直线的两端点和最上边水平线的中点，如图 10-82 所示。

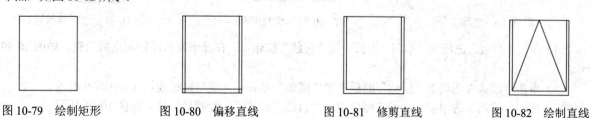

图 10-79　绘制矩形　　　图 10-80　偏移直线　　　图 10-81　修剪直线　　　图 10-82　绘制直线

（5）单击"默认"选项卡"绘图"面板中的"直线"按钮 ✐，绘制如图 10-83 所示的图形，命令行提示与操作如下。

```
命令: _line
指定第一个点:
指定下一点或 [放弃(U)]: 150
指定下一点或 [放弃(U)]: 870
指定下一点或 [闭合(C)/放弃(U)]: 960
指定下一点或 [闭合(C)/放弃(U)]: 870
指定下一点或 [闭合(C)/放弃(U)]:150
```

（6）单击"默认"选项卡"绘图"面板中的"矩形"按钮 ▫，以图 10-84 所示的位置为起点，绘制一个 510×510 大小的矩形，如图 10-84 所示。

（7）单击"默认"选项卡"修改"面板中的"镜像"按钮 ▲，对刚绘制的矩形进行镜像，复印机的绘制完成，如图 10-85 所示。

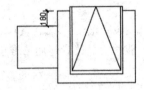
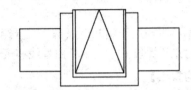

| 图 10-83　绘制连续线段 | 图 10-84　绘制矩形 | 图 10-85　完成复印机的绘制 |

10.4.2　绘制电脑

本实例绘制的电脑如图 10-86 所示。由图可知，该电脑主要由矩形、直线和圆弧组成，首先利用"矩形"和"直线"命令绘制电脑显示屏以及电脑桌，然后利用"圆弧""直线"命令绘制鼠标线和鼠标垫，再利用"直线""圆弧"命令绘制鼠标，最后利用"矩形"命令绘制出键盘。

（1）单击"默认"选项卡"绘图"面板中的"矩形"按钮 ▫，绘制一个 1075×870 大小的矩形，如图 10-87 所示。

（2）单击"默认"选项卡"绘图"面板中的"矩形"按钮 ▫，绘制一个适当大小的矩形作为显示屏，如图 10-88 所示。

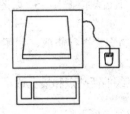

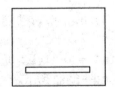

| 图 10-86　电脑 | 图 10-87　绘制矩形 | 图 10-88　绘制显示屏 |

（3）单击"默认"选项卡"绘图"面板中的"直线"按钮 ✐，在显示屏后面绘制电脑后壳，如图 10-89 所示。

（4）单击"默认"选项卡"绘图"面板中的"圆弧"按钮 ⌒，绘制鼠标线，如图 10-90 所示。

（5）单击"默认"选项卡"绘图"面板中的"直线"按钮 ✐，绘制鼠标垫，如图 10-91 所示。

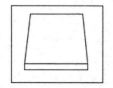

图 10-89　绘制后壳

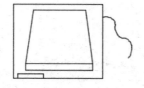

图 10-90　绘制鼠标线

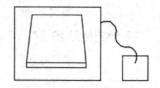

图 10-91　绘制鼠标垫

（6）单击"默认"选项卡"绘图"面板中的"直线"按钮和"圆弧"按钮，绘制鼠标外轮廓，如图 10-92 所示。

（7）单击"默认"选项卡"绘图"面板中的"直线"按钮，绘制鼠标按键，如图 10-93 所示。

（8）单击"默认"选项卡"绘图"面板中的"矩形"按钮，绘制一个大小为 970×415 的矩形作为键盘轮廓，如图 10-94 所示。

（9）单击"默认"选项卡"绘图"面板中的"矩形"按钮，绘制两个大小分别为 155×256、665×256 的矩形作为电脑键盘的数字区和字母区，电脑的绘制完成，如图 10-95 所示。

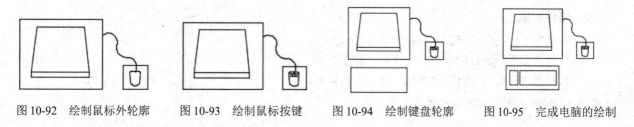

图 10-92　绘制鼠标外轮廓　　　图 10-93　绘制鼠标按键　　　图 10-94　绘制键盘轮廓　　　图 10-95　完成电脑的绘制

10.5　上机实验

【练习 1】绘制如图 10-96 所示的隔断办公桌。

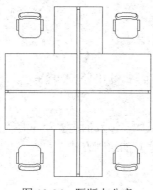

图 10-96　隔断办公桌

1．目的要求

本实例的绘制比较简单，通过本实例，要求读者熟练掌握桌台类家具的绘制方法。

2．操作提示

（1）打开前面绘制的办公椅图形。

（2）利用"直线"和"矩形"命令绘制办公桌轮廓线。

（3）进行两次镜像处理。

【练习2】 绘制如图 10-97 所示的接待台。

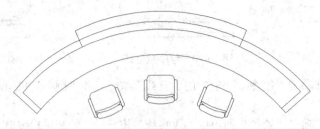

图 10-97　接待台

1．目的要求

本实例绘制的接待台由桌子和椅子组成，涉及的主要命令有"直线""圆弧""偏移""旋转""复制"，通过本实例，要求读者熟练掌握桌台类家具的绘制方法。

2．操作提示

（1）利用"直线""圆弧""偏移"命令绘制桌子。

（2）打开前面绘制好的椅子并复制到当前图形。

（3）利用"移动""旋转""复制"命令布置椅子。

【练习3】 绘制如图 10-98 所示的会议桌。

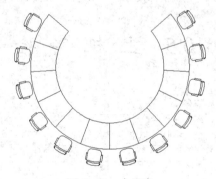

图 10-98　会议桌

1．目的要求

本实例绘制的会议桌由桌子和椅子组成，涉及的主要命令有"直线""圆弧""偏移""旋转""阵列"，通过本实例，要求读者熟练掌握桌台类家具的绘制方法。

2．操作提示

（1）利用"直线""圆弧""偏移"命令绘制桌子。

（2）打开前面绘制好的椅子并复制到当前图形。

（3）利用"移动""旋转""阵列"命令布置椅子。

第11章

商业服务家具设计

　　本章将以商业服务家具设计为例，详细讲述商业服务家具图的绘制过程。在讲述过程中，带领读者逐步完成美容椅、浴缸、茶座、饮水机等图的绘制，并介绍关于商业服务家具设计的相关知识和技巧。

11.1 椅凳类家具设计

本节将详细介绍靠背高脚凳、美容椅以及洗发椅的绘制方法，这些图形比较简单，主要训练读者的作图能力和绘图效率。

【预习重点】

☑ 掌握靠背高脚凳的绘制。

☑ 掌握美容椅的绘制。

☑ 掌握洗发椅的绘制。

11.1.1 绘制靠背高脚凳

本实例绘制的椅子如图 11-1 所示。由图可知，该椅子主要由圆和圆弧组成，可以用"圆""圆弧""直线"命令来绘制。

图 11-1 椅子

（1）单击"默认"选项卡"绘图"面板中的"圆"按钮 ⊘ ，绘制椅子主体。命令行提示与操作如下。

```
命令: _circle
指定圆的圆心或 [三点(3P)/两点(2P)/切点、切点、半径(T)]: 0,0
指定圆的半径或 [直径(D)]: 200（结果如图 11-2 所示）
```

（2）单击"默认"选项卡"绘图"面板中的"圆弧"按钮 ⌒ ，绘制圆弧。命令行提示与操作如下。

```
命令: _arc
指定圆弧的起点或 [圆心(C)]: C
指定圆弧的圆心: 0,0
指定圆弧的起点: @250<45
指定圆弧的端点(按住 Ctrl 键以切换方向)或 [角度(A)/弦长(L)]: A
指定夹角(按住 Ctrl 键以切换方向): 90
```

同理，绘制另外一条半径为 300 的圆弧，结果如图 11-3 所示。

（3）单击"默认"选项卡"绘图"面板中的"直线"按钮 ∕ ，连接圆弧。命令行提示与操作如下。

```
命令: LINE✓
指定第一个点: 150,200✓
指定下一点或 [放弃(U)]: 120,160✓
```

同理，绘制坐标为{（130,210）,（100,170）}、{（-150,200）,（-120,160）}、{（-130,210）,（-100,170）}的 3 条直线，结果如图 11-4 所示。

（4）继续单击"默认"选项卡"绘图"面板中的"圆弧"按钮 ⌒ ，绘制圆弧。命令行提示与操作如下。

```
命令: _arc
指定圆弧的起点或 [圆心(C)]: （打开对象捕捉，捕捉半径为 250 的圆弧的右端点）
指定圆弧的第二个点或 [圆心(C)/端点(E)]: E
指定圆弧的端点: （捕捉半径为 300 的圆弧的右端点）
```

指定圆弧的中心点(按住 Ctrl 键以切换方向)或 [角度(A)/方向(D)/半径(R)]: R
指定圆弧的半径(按住 Ctrl 键以切换方向): 45

同理，绘制左边的圆弧，靠背高脚凳的绘制完成，如图 11-5 所示。

   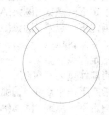

图 11-2　绘制圆　　　图 11-3　绘制圆弧　　　图 11-4　绘制直线　　　图 11-5　完成靠背高脚凳的绘制

11.1.2　绘制美容椅

本实例绘制的美容椅如图 11-6 所示。由图可知，该椅子主要由直线和矩形组成，可以用"直线"和"矩形"命令来绘制。

（1）单击"默认"选项卡"绘图"面板中的"矩形"按钮□，绘制椅子主体。命令行提示与操作如下。

命令: _rectang
指定第一个角点或 [倒角(C)/标高(E)/圆角(F)/厚度(T)/宽度(W)]:
指定另一个角点或 [面积(A)/尺寸(D)/旋转(R)]: @885,1330（结果如图 11-7 所示）

（2）单击"默认"选项卡"绘图"面板中的"直线"按钮✐，绘制美容椅躺枕。命令行提示与操作如下。

命令: _line
指定第一个点:
指定下一点或 [放弃(U)]: 245
指定下一点或 [放弃(U)]: <正交 开> 815
指定下一点或 [闭合(C)/放弃(U)]: 245
指定下一点或 [闭合(C)/放弃(U)]: 815（结果如图 11-8 所示）

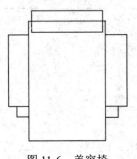

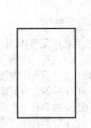
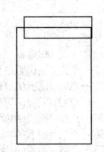

图 11-6　美容椅　　　　　图 11-7　绘制美容椅主体　　　　　图 11-8　绘制美容椅躺枕

（3）单击"默认"选项卡"修改"面板中的"移动"按钮✛，将第（2）步中绘制的美容椅躺枕移动到适当的位置，如图 11-9 所示。

（4）单击"默认"选项卡"绘图"面板中的"多段线"按钮⏩，在如图 11-10 所示位置绘制美容椅的扶手。命令行提示与操作如下。

命令: _pline
指定起点:
当前线宽为 0.0000
指定下一个点或 [圆弧(A)/半宽(H)/长度(L)/放弃(U)/宽度(W)]: 234
指定下一点或 [圆弧(A)/闭合(C)/半宽(H)/长度(L)/放弃(U)/宽度(W)]: 800
指定下一点或 [圆弧(A)/闭合(C)/半宽(H)/长度(L)/放弃(U)/宽度(W)]: 234
命令: _pline
指定起点:
当前线宽为 0.0000
指定下一个点或 [圆弧(A)/半宽(H)/长度(L)/放弃(U)/宽度(W)]: 138
指定下一点或 [圆弧(A)/闭合(C)/半宽(H)/长度(L)/放弃(U)/宽度(W)]: 120
指定下一点或 [圆弧(A)/闭合(C)/半宽(H)/长度(L)/放弃(U)/宽度(W)]: 138

（5）单击"默认"选项卡"修改"面板中的"镜像"按钮▲，对第（4）步中绘制的扶手进行镜像，美容椅的绘制完成，如图 11-11 所示。

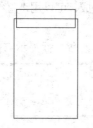

图 11-9　移动躺枕

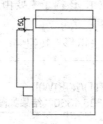

图 11-10　绘制扶手

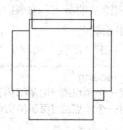

图 11-11　完成美容椅的绘制

11.1.3　绘制洗发椅

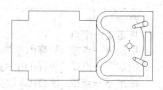

图 11-12　洗发椅

本实例绘制的洗发椅如图 11-12 所示。由图可知，该椅子主要由多段线、圆弧、圆以及直线组成，可以用"直线"和"多段线"等命令来绘制。

（1）单击"默认"选项卡"绘图"面板中的"多段线"按钮⟳，绘制洗发椅主体。命令行提示与操作如下。

命令: _pline
指定起点: 0,0
当前线宽为 0.0000
指定下一个点或 [圆弧(A)/半宽(H)/长度(L)/放弃(U)/宽度(W)]: 225,0
指定下一点或 [圆弧(A)/闭合(C)/半宽(H)/长度(L)/放弃(U)/宽度(W)]: 225,-120
指定下一点或 [圆弧(A)/闭合(C)/半宽(H)/长度(L)/放弃(U)/宽度(W)]: 900,-120
指定下一点或 [圆弧(A)/闭合(C)/半宽(H)/长度(L)/放弃(U)/宽度(W)]: 900,0
指定下一点或 [圆弧(A)/闭合(C)/半宽(H)/长度(L)/放弃(U)/宽度(W)]: 1125,0
指定下一点或 [圆弧(A)/闭合(C)/半宽(H)/长度(L)/放弃(U)/宽度(W)]: 1125,660
指定下一点或 [圆弧(A)/闭合(C)/半宽(H)/长度(L)/放弃(U)/宽度(W)]: 900,660
指定下一点或 [圆弧(A)/闭合(C)/半宽(H)/长度(L)/放弃(U)/宽度(W)]: 900,780
指定下一点或 [圆弧(A)/闭合(C)/半宽(H)/长度(L)/放弃(U)/宽度(W)]: 225,780
指定下一点或 [圆弧(A)/闭合(C)/半宽(H)/长度(L)/放弃(U)/宽度(W)]: 225,660
指定下一点或 [圆弧(A)/闭合(C)/半宽(H)/长度(L)/放弃(U)/宽度(W)]: 0,660
指定下一点或 [圆弧(A)/闭合(C)/半宽(H)/长度(L)/放弃(U)/宽度(W)]: C（结果如图 11-13 所示）

（2）单击"默认"选项卡"绘图"面板中的"直线"按钮✐，绘制洗发椅的洗水池三边，如图 11-14 所示。

（3）单击"默认"选项卡"绘图"面板中的"圆弧"按钮✐，完成洗发椅的洗水池轮廓的绘制，如图 11-15 所示。

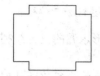

图 11-13　绘制洗发椅主体

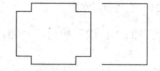

图 11-14　绘制洗水池三边

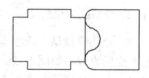

图 11-15　完成轮廓绘制

（4）单击"默认"选项卡"修改"面板中的"偏移"按钮▱，将第（3）步中绘制的图形向内偏移 54，如图 11-16 所示。

（5）单击"默认"选项卡"绘图"面板中的"直线"按钮✐，绘制洗发椅的洗水池内轮廓，如图 11-17 所示。

（6）单击"默认"选项卡"修改"面板中的"镜像"按钮▲，镜像第（5）步中绘制的直线，如图 11-18 所示。

（7）单击"默认"选项卡"绘图"面板中的"圆"按钮◉，在图示位置绘制两个大小不一样的圆，如图 11-19 所示。

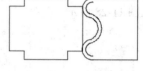

图 11-16　偏移圆弧

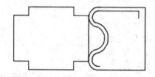

图 11-17　绘制洗发池内轮廓

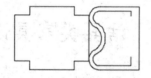

图 11-18　镜像图形

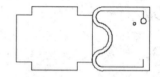

图 11-19　绘制圆

（8）单击"默认"选项卡"绘图"面板中的"直线"按钮✐，绘制斜直线连接两个不同大小的圆，完成水龙头开关的绘制，如图 11-20 所示。

（9）单击"默认"选项卡"修改"面板中的"镜像"按钮▲，对第（8）步中绘制的水龙头开关进行镜像，如图 11-21 所示。

（10）单击"默认"选项卡"绘图"面板中的"圆弧"按钮✐，以绘制的两个水龙头开关的两个中点分别为圆弧的起点和端点绘制一段圆弧，如图 11-22 所示。

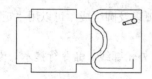

图 11-20　绘制水龙头开关

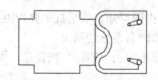

图 11-21　镜像水龙头开关

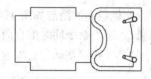

图 11-22　绘制圆弧

（11）单击"默认"选项卡"绘图"面板中的"直线"按钮✐，在水池边上绘制一个适当大小的矩形凹槽，如图 11-23 所示。

（12）单击"默认"选项卡"绘图"面板中的"圆"按钮◉，在水池内绘制一个适当大小的圆形水漏，如图 11-24 所示。

（13）单击"默认"选项卡"修改"面板中的"偏移"按钮▱，将第（12）步中绘制的圆向外偏移 13，如图 11-25 所示。

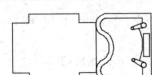

图 11-23　绘制矩形凹槽

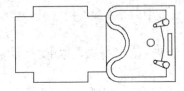

图 11-24　绘制圆形水漏

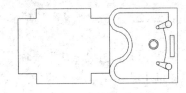

图 11-25　偏移圆

（14）单击"默认"选项卡"绘图"面板中的"直线"按钮 ，通过水池内圆形水漏的直径绘制垂直和水平相交的直线，如图 11-26 所示。

（15）单击"默认"选项卡"修改"面板中的"修剪"按钮 ，对通过水漏的直线进行修剪处理，如图 11-27 所示。

（16）单击"默认"选项卡"修改"面板中的"删除"按钮 ，将偏移后的圆删除，洗发椅的绘制完成，如图 11-28 所示。

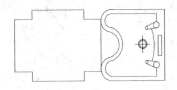

图 11-26　绘制"十"字交叉线

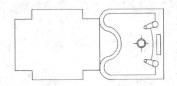

图 11-27　修剪"十"字交叉线

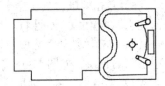

图 11-28　完成洗发椅的绘制

11.2　洁具类家具设计

本节将详细介绍洁具类家具的绘制，其中包括浴缸、淋浴帘的绘制，主要运用二维绘图命令，图中重复使用的命令较多，使读者在绘图的基础上能够更加熟练地运用各命令。

【预习重点】

☑　掌握浴缸的绘制。

☑　掌握淋浴帘的绘制。

11.2.1　绘制浴缸

本实例绘制的浴缸如图 11-29 所示。由图可知，该浴缸主要由矩形、圆弧以及圆组成，可以用"矩形""圆弧""圆"命令同时配合简单的二维编辑命令来绘制。

（1）单击"默认"选项卡"绘图"面板中的"矩形"按钮 ，绘制浴缸外轮廓线。命令行提示与操作如下。

```
命令: _rectang
指定第一个角点或 [倒角(C)/标高(E)/圆角(F)/厚度(T)/宽度(W)]:（绘图区任意一点）
指定另一个角点或 [面积(A)/尺寸(D)/旋转(R)]: @825,1650（结果如图 11-30 所示）
```

（2）单击"默认"选项卡"绘图"面板中的"圆弧"按钮 ，绘制浴缸内轮廓线，如图 11-31 所示。

（3）单击"默认"选项卡"绘图"面板中的"圆弧"按钮 ，绘制浴缸洗浴水池线，如图 11-32 所示。

（4）单击"默认"选项卡"修改"面板中的"圆角"按钮 ，对绘制的内外圆弧线的四角进行圆角处理，圆角半径为 75，如图 11-33 所示。

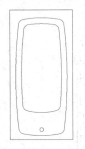
图 11-29　浴缸

图 11-30　绘制浴缸轮廓线

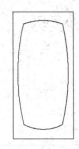
图 11-31　绘制浴缸内轮廓

（5）单击"默认"选项卡"绘图"面板中的"圆"按钮◎，在两个浴缸内轮廓线间绘制圆形水漏，半径为 25，浴缸的绘制完成，如图 11-34 所示。

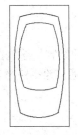
图 11-32　绘制浴缸洗浴水池线

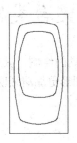
图 11-33　圆角处理圆弧

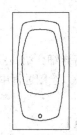
图 11-34　完成浴缸的绘制

11.2.2　绘制淋浴帘

本实例绘制的淋浴帘如图 11-35 所示。由图可知，该淋浴帘主要由直线、圆弧以及圆组成，因此，利用"直线""圆弧""圆"命令配合使用"偏移"命令来完成绘制。

（1）单击"默认"选项卡"绘图"面板中的"直线"按钮✎，绘制一条长为 1160 的竖直线和一条长为 1000 的水平直线，且两条直线相交，如图 11-36 所示。

（2）单击"默认"选项卡"修改"面板中的"偏移"按钮◓，将第（1）步中绘制的水平线和竖直线分别向内偏移 30、30，如图 11-37 所示。

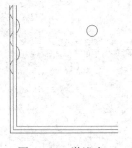
图 11-35　淋浴帘

图 11-36　绘制直线

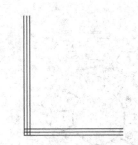
图 11-37　偏移直线

（3）单击"默认"选项卡"修改"面板中的"修剪"按钮✁，对偏移后的直线进行修剪，如图 11-38 所示。

（4）单击"默认"选项卡"绘图"面板中的"圆"按钮◎，在帘内绘制一个半径为 50 的圆，如图 11-39 所示。

（5）单击"默认"选项卡"绘图"面板中的"圆弧"按钮✐，在竖直线之间绘制圆弧，淋浴帘的绘制完成，如图 11-40 所示。

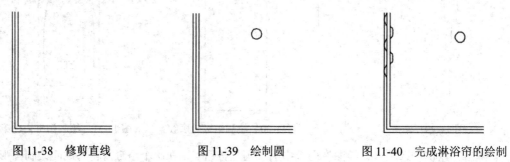

图 11-38　修剪直线　　　　　　　图 11-39　绘制圆　　　　　　　图 11-40　完成淋浴帘的绘制

11.3　桌台类家具设计

本节将详细介绍商业服务中的桌台类家具的绘制，其中包括饭店餐桌、茶座的绘制，这些图像相对来说较为复杂，绘图过程中通过设置图层使得图形更加清晰明了，读者在本节中可以通过绘制图形掌握如何创建图层。

【预习重点】

☑　掌握饭店餐桌的绘制。
☑　掌握茶座的绘制。

11.3.1　绘制饭店餐桌

本实例绘制的饭店餐桌如图 11-41 所示。由图可知，该饭店餐桌主要由圆桌、椅子以及碟筷组成，首先利用"圆""偏移"命令绘制圆桌，然后利用"直线"、"椭圆"、"圆"以及二维编辑命令绘制出碟筷，再利用"直线""圆弧"命令绘制椅子，最后利用"环形阵列"命令完成饭店餐桌的绘制。

（1）单击"默认"选项卡"图层"面板中的"图层特性"按钮 🛢，打开"图层特性管理器"选项板，如图 11-42 所示。

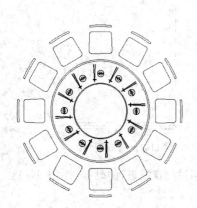

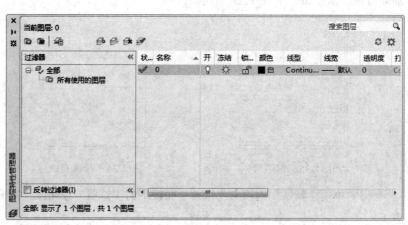

图 11-41　饭店餐桌　　　　　　　　　　图 11-42　"图层特性管理器"选项板

（2）单击"新建图层"按钮 👉，创建图层，如图 11-43 所示。

（3）单击"默认"选项卡"图层"面板中的"图层特性"下拉列表框处的"2"图层，将图层 2 设置为当前图层，然后单击"默认"选项卡"绘图"面板中的"圆"按钮⊘，绘制一个半径为 530 的圆，如图 11-44 所示。

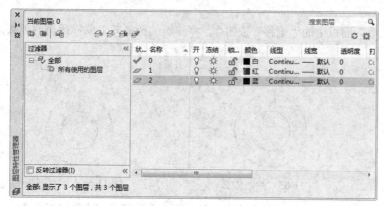

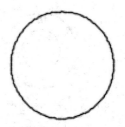

<table>
<tr><td>图 11-43　创建图层</td><td>图 11-44　绘制圆</td></tr>
</table>

（4）单击"默认"选项卡"修改"面板中的"偏移"按钮叠，将第（3）步中绘制的圆向外依次偏移 15、430、27，并选中外面的两个大圆，将其置为图层 1，如图 11-45 所示。

（5）单击"默认"选项卡"绘图"面板中的"直线"按钮╱，在圆桌上绘制筷子，如图 11-46 所示。

（6）单击"默认"选项卡"绘图"面板中的"椭圆"按钮⊙和"圆弧"按钮⌒，在筷子头部绘制筷托，如图 11-47 所示。

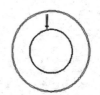

图 11-45　偏移圆弧并置换图层　　　图 11-46　绘制筷子　　　图 11-47　绘制筷托

（7）单击"默认"选项卡"绘图"面板中的"圆"按钮⊘，在筷子旁边绘制一个半径为 30 的圆，如图 11-48 所示。

（8）单击"默认"选项卡"修改"面板中的"偏移"按钮叠，将第（7）步中绘制的圆向外依次偏移 32、3，如图 11-49 所示。

（9）单击"默认"选项卡"绘图"面板中的"圆弧"按钮╱和"直线"按钮╱，绘制碟子的底部花纹，碟子的绘制完成，如图 11-50 所示。

（10）将图层切换到图层 1，单击"默认"选项卡"绘图"面板中的"直线"按钮╱，绘制椅子四边，如图 11-51 所示。

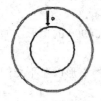
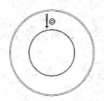
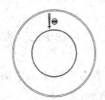

图 11-48　绘制圆　　　图 11-49　偏移圆　　　图 11-50　完成碟子的绘制　　　图 11-51　绘制椅子四边

（11）单击"默认"选项卡"绘图"面板中的"圆弧"按钮，用圆弧连接椅子面拐角处，如图 11-52 所示。

（12）继续单击"默认"选项卡"绘图"面板中的"圆弧"按钮，在距离椅子面适当位置处绘制一段圆弧，如图 11-53 所示。

（13）单击"默认"选项卡"修改"面板中的"偏移"按钮，将绘制的圆弧向上偏移适当的距离，如图 11-54 所示。

 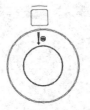 

图 11-52　绘制椅子面拐角处　　　　图 11-53　绘制圆弧　　　　图 11-54　偏移圆弧

（14）单击"默认"选项卡"绘图"面板中的"圆弧"按钮和"直线"按钮，绘制圆弧和直线连接偏移前后的圆弧，如图 11-55 所示。

（15）单击"默认"选项卡"修改"面板中的"镜像"按钮，对第（14）步中绘制的图形进行镜像处理，椅子的靠背绘制完成，如图 11-56 所示。

（16）单击"默认"选项卡"修改"面板中的"环形阵列"按钮，以绘制的餐具和椅子为阵列对象，设置阵列中心点为圆心，项目数为 12，将其进行阵列，饭店餐桌的绘制完成，如图 11-57 所示。

  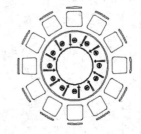

图 11-55　绘制椅子靠背连接处　　　图 11-56　完成椅子靠背的绘制　　　图 11-57　完成饭店餐桌的绘制

11.3.2　绘制茶座

本实例绘制的茶座如图 11-58 所示。由图可知，该茶座主要由椅子和圆桌组成，可以用"圆""偏移"命令来绘制圆桌，然后利用"矩形""直线""偏移""旋转"等命令绘制椅子，最后利用"环形阵列"命令完成茶座的绘制。

（1）单击"默认"选项卡"绘图"面板中的"圆"按钮，绘制一个半径为 540 的圆，如图 11-59 所示。

（2）单击"默认"选项卡"修改"面板中的"偏移"按钮，将第（1）步中绘制的圆向外偏移 180，茶桌的绘制完成，如图 11-60 所示。

（3）单击"默认"选项卡"绘图"面板中的"矩形"按钮，在茶桌旁绘制一个 900×990 的矩形，如图 11-61 所示。

（4）单击"默认"选项卡"修改"面板中的"旋转"按钮，将第（3）步中绘制的矩形以左下角的角点为基点旋转 45°，如图 11-62 所示。

（5）单击"默认"选项卡"修改"面板中的"移动"按钮，将旋转后的矩形移动到靠近茶桌的适当位置，如图 11-63 所示。

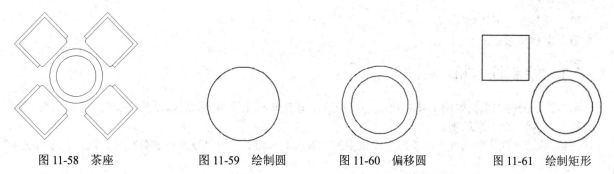

图 11-58　茶座　　　　　图 11-59　绘制圆　　　　　图 11-60　偏移圆　　　　　图 11-61　绘制矩形

（6）单击"默认"选项卡"修改"面板中的"圆角"按钮□，对矩形靠近茶桌的两个角进行圆角处理，圆角半径为 72，如图 11-64 所示。

图 11-62　旋转矩形　　　　　图 11-63　移动矩形　　　　　图 11-64　圆角处理矩形

（7）单击"默认"选项卡"修改"面板中的"分解"按钮⊡，对处理后的矩形进行分解，然后单击"默认"选项卡"修改"面板中的"偏移"按钮▣，将分解后的矩形除靠近茶桌的边外的其他三边都向外偏移 90，如图 11-65 所示。

（8）单击"默认"选项卡"绘图"面板中的"直线"按钮☑，将偏移后的直线闭合，椅子绘制完成，如图 11-66 所示。

（9）单击"默认"选项卡"修改"面板中的"环形阵列"按钮❖，以绘制好的椅子为阵列对象，设置阵列中心为茶桌的圆心，项目数为 4，进行阵列，茶座的绘制完成，如图 11-67 所示。

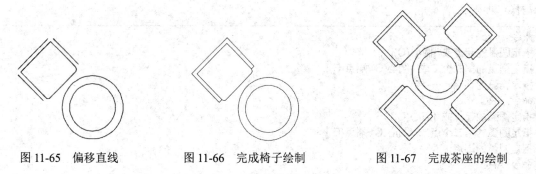

图 11-65　偏移直线　　　　　图 11-66　完成椅子绘制　　　　　图 11-67　完成茶座的绘制

11.4　电器类家具设计

本节将详细介绍商业服务中电器类家具的绘制，其中包括饮水机、电视机的绘制，图形比较简单，主要提升读者的绘图熟练程度和作图技巧。

【预习重点】

☑ 掌握饮水机的绘制。

☑ 掌握电视机的绘制。

11.4.1 绘制饮水机

本实例绘制的饮水机如图 11-68 所示。由图可知，该饮水机主要由圆、圆弧以及直线组成，可以用"圆""圆弧""直线"命令来绘制。

（1）单击"默认"选项卡"绘图"面板中的"直线"按钮，绘制饮水机的外轮廓三边，命令行提示与操作如下。

```
命令: _line
指定第一个点:
指定下一点或 [放弃(U)]: <正交 开> 660
指定下一点或 [放弃(U)]: 600
指定下一点或 [闭合(C)/放弃(U)]: *取消*
命令: LINE
指定第一个点:
指定下一点或 [放弃(U)]: 600
```

结果如图 11-69 所示。

图 11-68　饮水机　　　　　图 11-69　绘制饮水机三边

（2）单击"默认"选项卡"绘图"面板中的"圆弧"按钮，绘制圆弧连接饮水机的外轮廓，命令行提示与操作如下。

```
命令: _arc
指定圆弧的起点或 [圆心(C)]:
指定圆弧的第二个点或 [圆心(C)/端点(E)]:
指定圆弧的端点:
命令: ARC
指定圆弧的起点或 [圆心(C)]:
指定圆弧的第二个点或 [圆心(C)/端点(E)]:
指定圆弧的端点:
命令: ARC
指定圆弧的起点或 [圆心(C)]:
指定圆弧的第二个点或 [圆心(C)/端点(E)]:
指定圆弧的端点:
```

结果如图 11-70 所示。

（3）单击"默认"选项卡"绘图"面板中的"圆"按钮，以外轮廓线的中点交点为圆心，在外轮廓内绘制一个半径为 200 的圆，如图 11-71 所示。

（4）单击"默认"选项卡"修改"面板中的"偏移"按钮🖾，将第（3）步中绘制的圆向外偏移 60，饮水机的绘制完成，如图 11-72 所示。

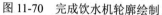
图 11-70　完成饮水机轮廓绘制

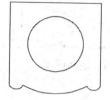
图 11-71　绘制圆

图 11-72　完成饮水机的绘制

11.4.2　绘制电视机

本实例绘制的电视机如图 11-73 所示。由图可知，该电视机主要由直线和圆弧组成，可以用"直线"和"圆弧"命令配合使用几个简单的二维编辑命令来绘制。

（1）单击"默认"选项卡"绘图"面板中的"直线"按钮✏，绘制电视轮廓，命令行提示与操作如下。

```
命令:_line
指定第一个点:
指定下一点或 [放弃(U)]: 300
指定下一点或 [放弃(U)]: 900
指定下一点或 [闭合(C)/放弃(U)]: 300
```

结果如图 11-74 所示。

（2）单击"默认"选项卡"绘图"面板中的"圆弧"按钮✏，连接未封闭的两个端点绘制一条弧线作为电视屏，如图 11-75 所示。

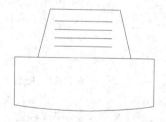
图 11-73　电视机

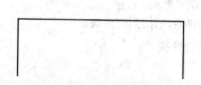
图 11-74　绘制轮廓线

图 11-75　绘制弧线

（3）单击"默认"选项卡"绘图"面板中的"直线"按钮✏，打开"对象捕捉"工具栏，单击"捕捉自"按钮⌐，自左上端点处沿水平线向右捕捉 150，绘制一条长为 600 的直线，如图 11-76 所示。

（4）单击"默认"选项卡"修改"面板中的"偏移"按钮🖾，将第（3）步中绘制的直线向上偏移 300，如图 11-77 所示。

（5）选中上面偏移的直线，利用夹点功能将直线左右两端各缩短 75，如图 11-78 所示。

（6）单击"默认"选项卡"绘图"面板中的"直线"按钮✏，连接绘制的两条水平线的端点，使其封闭，电视机的后壳绘制完成，如图 11-79 所示。

（7）单击"默认"选项卡"绘图"面板中的"直线"按钮✏，在电视机的后壳绘制 4 条水平直线，电视机的绘制完成，如图 11-80 所示。

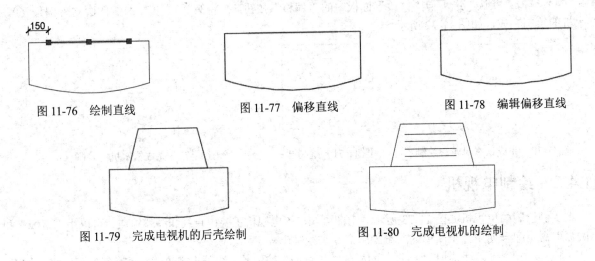

图 11-76　绘制直线　　　　　　图 11-77　偏移直线　　　　　　图 11-78　编辑偏移直线

图 11-79　完成电视机的后壳绘制　　　　　图 11-80　完成电视机的绘制

11.5　上机实验

【练习 1】绘制如图 11-81 所示的吧台。

1．目的要求

本实例主要要求读者通过练习进一步熟悉和掌握吧台的绘制方法。通过本实例，可以帮助读者学会吧台绘制的全过程。

2．操作提示

（1）利用"直线""镜像"命令绘制吧台。

（2）利用"圆""圆弧"命令绘制吧椅。

（3）利用"复制"命令复制绘制的吧椅到吧台前。

【练习 2】绘制如图 11-82 所示的玫瑰椅。

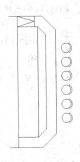

图 11-81　吧台

1．目的要求

本实例绘制的是一个中式家具图形，涉及的命令有"直线""矩形""圆弧""样条曲线""插入块"。通过本实例使读者熟练掌握二维图形的绘制和编辑。

2．操作提示

（1）利用"直线"和"圆弧"命令绘制玫瑰椅轮廓。

（2）利用"样条曲线"和"插入块"命令绘制花纹图形。

（3）利用"矩形"命令细化图形。

图 11-82　玫瑰椅

第12章

会场、剧院家具设计

　　本章将以会场、剧院家具设计为例，详细讲述会场、剧院家具图的绘制过程。在讲述过程中，带领读者逐步完成舞厅沙发、卧推器、蒸汽房房间等图的绘制，并介绍关于会场、剧院家具设计的相关知识和技巧。

12.1 椅凳类家具设计

本节主要介绍几个常用的椅凳类家具设计,其中包括舞厅沙发和会场椅的绘制,本节介绍的图形绘制步骤相对简单,在绘制舞厅沙发时用到了"点样式"和"定数等分"命令,提高读者对基本绘图命令的掌握程度,同时帮助读者温故知新。

【预习重点】
☑ 掌握舞厅沙发的绘制。
☑ 掌握会场椅的绘制。

12.1.1 绘制舞厅沙发

本实例绘制的舞厅沙发如图 12-1 所示。由图可知,该舞厅沙发主要由圆和直线组成,可以用"圆"和"直线"命令再加上"偏移""修剪"等二维编辑命令来绘制。

(1)单击"默认"选项卡"绘图"面板中的"圆"按钮⊙,绘制一个半径为 266 的圆,如图 12-2 所示。

(2)单击"默认"选项卡"修改"面板中的"偏移"按钮叠,将圆向外依次偏移 76、456、152,如图 12-3 所示。

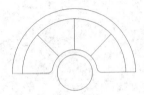

图 12-1　舞厅沙发

图 12-2　绘制圆

图 12-3　偏移圆

(3)单击"默认"选项卡"绘图"面板中的"直线"按钮✐,经过最大圆的半径绘制一条水平线,结果如图 12-4 所示。

(4)单击"默认"选项卡"修改"面板中的"修剪"按钮✄,对以上绘制的图形进行修剪,如图 12-5 所示。

(5)单击"默认"选项卡"修改"面板中的"圆角"按钮◻,对最里面的半圆弧进行圆角处理,圆角半径为 76,如图 12-6 所示。

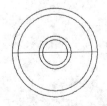

图 12-4　绘制水平线

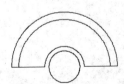

图 12-5　修剪图形

图 12-6　圆角处理半圆

(6)单击"默认"选项卡"实用工具"面板中的"点样式"按钮☑,打开"点样式"对话框,如图 12-7 所示,设置点样式为"×"形式。

(7)单击"默认"选项卡"绘图"面板中的"定数等分"按钮✍,将最里面的圆弧平分成 4 等份,命令行提示与操作如下。

命令: _divide
选择要定数等分的对象:
输入线段数目或 [块(B)]: 4

同理，将第二层圆弧也平均分为 4 等份。

（8）单击"默认"选项卡"绘图"面板中的"直线"按钮，将等分点用直线连接，如图 12-8 所示。

（9）单击"默认"选项卡"修改"面板中的"删除"按钮，将等分点删除，舞厅沙发的绘制完成，如图 12-9 所示。

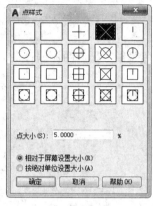

图 12-7　"点样式"对话框

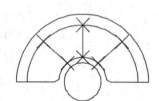

图 12-8　连接均分点

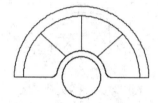

图 12-9　完成舞厅沙发的绘制

12.1.2　绘制会场椅

本实例绘制的会场椅如图 12-10 所示。由图可知，该会场椅由简单的二维绘图命令以及"偏移""镜像""删除"等二维编辑命令绘制而成。

（1）单击"默认"选项卡"绘图"面板中的"直线"按钮，绘制椅子面三边，如图 12-11 所示。

（2）单击"默认"选项卡"绘图"面板中的"圆弧"按钮，绘制椅子面另一边并连接拐角处，如图 12-12 所示。

图 12-10　会场椅

图 12-11　绘制椅面三边

图 12-12　完成椅面的绘制

（3）单击"默认"选项卡"绘图"面板中的"圆弧"按钮，在距离椅子面适当位置处绘制一段圆弧，如图 12-13 所示。

（4）单击"默认"选项卡"修改"面板中的"偏移"按钮，将第（3）步中绘制的圆弧向上偏移一定距离，如图 12-14 所示。

（5）单击"默认"选项卡"绘图"面板中的"圆弧"按钮，在两个圆弧端点处用圆弧来连接使其成为封闭状态，如图 12-15 所示。

图 12-13　绘制弧线

图 12-14　偏移弧线

图 12-15　绘制圆弧连接

（6）单击"默认"选项卡"修改"面板中的"镜像"按钮▲，对第（5）步中绘制的圆弧进行镜像处理，完成椅子靠背的绘制，如图 12-16 所示。

（7）单击"默认"选项卡"绘图"面板中的"直线"按钮✎，连接椅面和靠背的中点绘制一条竖直线，如图 12-17 所示。

（8）单击"默认"选项卡"修改"面板中的"偏移"按钮❀，将绘制的竖直线分别向两侧偏移 75，如图 12-18 所示。

图 12-16　镜像处理圆弧

图 12-17　绘制直线

图 12-18　偏移直线

（9）单击"默认"选项卡"修改"面板中的"删除"按钮✐，删除中间绘制的竖直线，如图 12-19 所示。

（10）单击"默认"选项卡"绘图"面板中的"多段线"按钮⊃，在会场椅旁边绘制会场桌，如图 12-20 所示。

（11）单击"默认"选项卡"修改"面板中的"修剪"按钮✂，对会场椅和会场桌重合的部分进行修剪，会场椅的绘制完成，如图 12-21 所示。

图 12-19　删除直线

图 12-20　绘制会场桌

图 12-21　完成会场椅的绘制

12.2　健身器材类家具设计

本节主要介绍健身器材类家具设计，其中包括卧推器、张力器以及健骑机的绘制，利用二维绘图命令详细讲解如何绘制家具轮廓，在绘图过程中多次用到"镜像"命令，主要帮助读者练习对"镜像"命令的使用，从而举一反三，提升绘图技巧。

【预习重点】

☑　掌握卧推器的绘制。

☑　掌握张力器的绘制。

☑　掌握健骑机的绘制。

12.2.1　绘制卧推器

本实例绘制的卧推器如图 12-22 所示。由图可知，该卧推器主要由矩形和直线组成，可以用"矩形""镜像""直线"命令来绘制。

（1）单击"默认"选项卡"绘图"面板中的"矩形"按钮□，绘制一个尺寸为 880×3400 的矩形，如图 12-23 所示。

（2）单击"默认"选项卡"绘图"面板中的"矩形"按钮□，绘制尺寸分别为 93×1300、138×118、110×211 的 3 个矩形，如图 12-24 所示。

图 12-22　卧推器　　　　　　　　图 12-23　绘制矩形　　　　　　　　图 12-24　绘制手推轮

（3）单击"默认"选项卡"修改"面板中的"镜像"按钮⚏，对绘制的手推轮进行镜像，如图 12-25 所示。

（4）单击"默认"选项卡"绘图"面板中的"直线"按钮╱，绘制手推轮之间的连杆，如图 12-26 所示。

（5）单击"默认"选项卡"绘图"面板中的"直线"按钮╱，细化卧推器，卧推器的绘制完成，如图 12-27 所示。

图 12-25　镜像手推轮　　　　　　　图 12-26　绘制连杆　　　　　　　图 12-27　完成卧推器的绘制

12.2.2　绘制张力器

本实例绘制的张力器如图 12-28 所示。由图可知，该张力器主要由直线和圆弧组成，可以用"直线"和"圆弧"命令以及简单的二维编辑命令完成绘制。

（1）单击"默认"选项卡"绘图"面板中的"直线"按钮╱，绘制张力器杆，如图 12-29 所示。

（2）单击"默认"选项卡"绘图"面板中的"直线"按钮╱，在张力器杆下面绘制一条水平直线进行连接，如图 12-30 所示。

（3）单击"默认"选项卡"绘图"面板中的"直线"按钮╱，以左侧张力器杆端部为起点向下绘制一条斜直线，如图 12-31 所示。

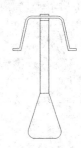

图 12-28　张力器

（4）单击"默认"选项卡"绘图"面板中的"圆弧"按钮 ，以斜直线的下端点为圆弧起点绘制一个适当大小的圆弧，左侧底座绘制完成，如图 12-32 所示。

图 12-29　张力器杆　　　　图 12-30　绘制水平直线　　　　图 12-31　绘制斜直线　　　　图 12-32　绘制圆弧

（5）单击"默认"选项卡"修改"面板中的"镜像"按钮 ，对左侧底座进行镜像处理，如图 12-33 所示。

（6）单击"默认"选项卡"绘图"面板中的"直线"按钮 ，绘制一条水平直线连接两个圆弧端点，张力器底座绘制完成，如图 12-34 所示。

（7）单击"默认"选项卡"绘图"面板中的"直线"按钮 ，绘制张力器顶部支撑张力杆处的节点，如图 12-35 所示。

（8）单击"默认"选项卡"绘图"面板中的"多段线"按钮 ，在节点处绘制手握杆左半部分，如图 12-36 所示。

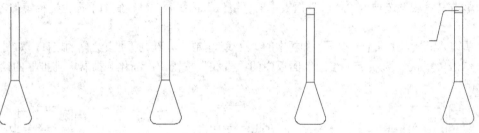

图 12-33　镜像处理左侧底座　　　图 12-34　绘制直线　　　图 12-35　绘制顶部节点　　　图 12-36　绘制多段线

（9）单击"默认"选项卡"修改"面板中的"镜像"按钮 ，对第（8）步中绘制的多段线进行镜像处理，如图 12-37 所示。

（10）单击"默认"选项卡"修改"面板中的"偏移"按钮 ，将第（9）步中绘制的多段线向上偏移一定距离，如图 12-38 所示。

（11）单击"默认"选项卡"绘图"面板中的"直线"按钮 ，将绘制的两条多段线用直线连接起来，使其封闭，张力杆的绘制完成，如图 12-39 所示。

（12）单击"默认"选项卡"修改"面板中的"修剪"按钮 ，对节点处与张力杆连接处进行修剪，张力器的绘制完成，如图 12-40 所示。

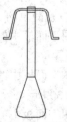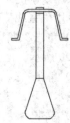

图 12-37　镜像多段线　　　图 12-38　偏移多段线　　　图 12-39　完成张力杆的绘制　　　图 12-40　完成张力器的绘制

12.2.3　绘制健骑机

本实例绘制的健骑机如图 12-41 所示。由图可知，该健骑机主要由车身、车把、车座以及脚蹬组成，可以用"直线""矩形"等简单的二维绘图和编辑命令来绘制。

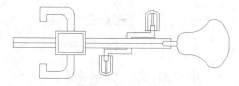

图 12-41　健骑机

（1）单击"默认"选项卡"绘图"面板中的"直线"按钮✎，绘制一条适当长度的水平直线，如图 12-42 所示。

（2）单击"默认"选项卡"修改"面板中的"偏移"按钮⬤，将绘制的水平直线向上下各偏移 36，如图 12-43 所示。

（3）单击"默认"选项卡"绘图"面板中的"直线"按钮✎，绘制两条竖直线连接水平线的两端点，如图 12-44 所示。

图 12-42　绘制水平直线　　　　　图 12-43　偏移直线 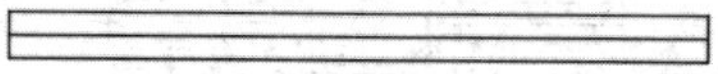　　　　　图 12-44　绘制竖直线

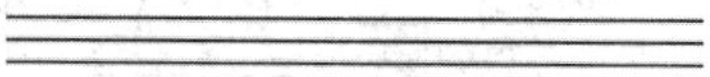

（4）单击"默认"选项卡"绘图"面板中的"矩形"按钮▢，在前面绘制的图形前端适当位置绘制一个矩形，如图 12-45 所示。

（5）单击"默认"选项卡"修改"面板中的"偏移"按钮⬤，将绘制的矩形向外偏移适当的距离，如图 12-46 所示。

（6）单击"默认"选项卡"修改"面板中的"修剪"按钮✂，将绘制的矩形内部的线段修剪掉，如图 12-47 所示。

图 12-45　绘制矩形　　　　　图 12-46　偏移矩形　　　　　图 12-47　修剪处理图形

（7）单击"默认"选项卡"绘图"面板中的"直线"按钮✎，绘制健骑机手把的主要轮廓线，如图 12-48 所示。

（8）单击"默认"选项卡"绘图"面板中的"圆弧"按钮✎，绘制健骑机手把的拐角处，如图 12-49 所示。

（9）单击"默认"选项卡"修改"面板中的"镜像"按钮⬥，对第（8）步中绘制的手把进行镜像处理，结果如图 12-50 所示。

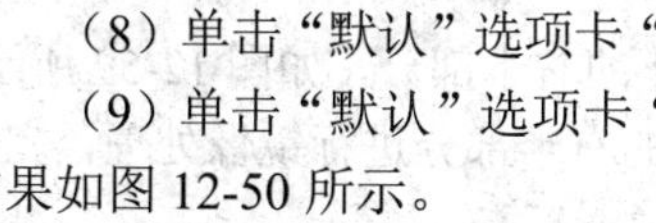

图 12-48　绘制手把主要轮廓线 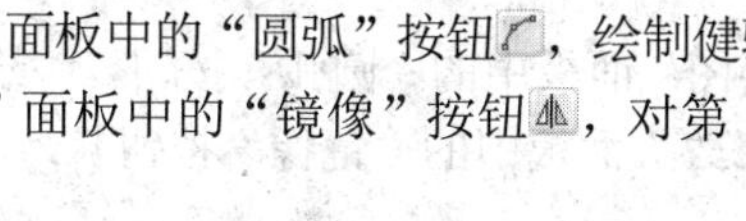　　　图 12-49　绘制手把拐角处 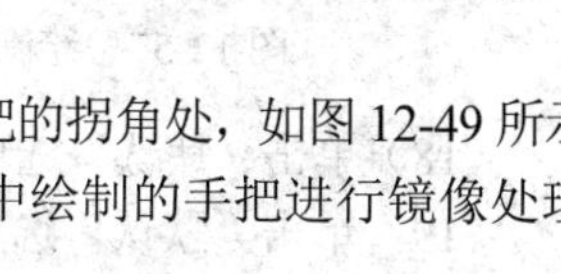　　　图 12-50　镜像手把

（10）单击"默认"选项卡"绘图"面板中的"直线"按钮✎，绘制连接脚蹬的中轴，如图 12-51 所示。

（11）单击"默认"选项卡"绘图"面板中的"直线"按钮┛和"圆弧"按钮┗，在中轴处绘制脚蹬的外轮廓，如图 12-52 所示。

（12）单击"默认"选项卡"修改"面板中的"偏移"按钮┗，将绘制的圆弧和两侧边分别向内偏移相同的距离，如图 12-53 所示。

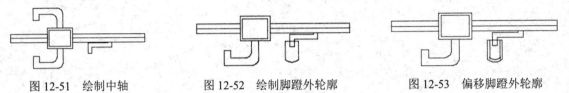

图 12-51　绘制中轴　　　　　图 12-52　绘制脚蹬外轮廓　　　　图 12-53　偏移脚蹬外轮廓

（13）单击"默认"选项卡"修改"面板中的"修剪"按钮┲，对偏移后的图形进行修剪处理，如图 12-54 所示。

（14）单击"默认"选项卡"修改"面板中的"镜像"按钮┻，对绘制的中轴和脚蹬进行镜像处理，如图 12-55 所示。

（15）继续单击"默认"选项卡"修改"面板中的"镜像"按钮┻，将镜像处理后的脚蹬进一步进行镜像，并删除多余的脚蹬，如图 12-56 所示。

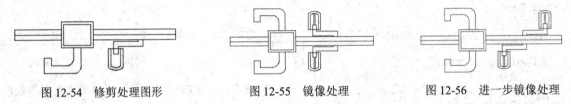

图 12-54　修剪处理图形　　　　图 12-55　镜像处理　　　　图 12-56　进一步镜像处理

（16）单击"默认"选项卡"绘图"面板中的"直线"按钮┛，绘制车主梁与车座的连接处，如图 12-57 所示。

（17）单击"默认"选项卡"修改"面板中的"修剪"按钮┲，将车座与主梁内部的线段修剪掉，如图 12-58 所示。

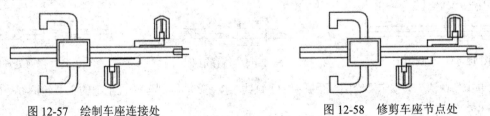

图 12-57　绘制车座连接处　　　　　　　图 12-58　修剪车座节点处

（18）单击"默认"选项卡"绘图"面板中的"圆弧"按钮┗，绘制车座的右半部分，如图 12-59 所示。

（19）单击"默认"选项卡"修改"面板中的"镜像"按钮┻，对车座的右半部分进行镜像处理，完成健骑机的绘制，如图 12-60 所示。

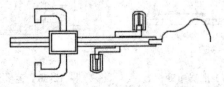
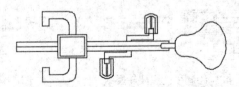

图 12-59　绘制车座右半部分　　　　　　图 12-60　完成健骑机的绘制

12.3 桑拿水疗类家具设计

本节简单讲述绘制桑拿水疗类家具的方法，其中包括芬兰浴房间、蒸汽房房间、桑拿门以及更衣柜的绘制，利用二维绘图命令详细讲解如何绘制家具轮廓，在绘制芬兰浴房间时用到了"插入块"命令、"多线样式"设置等新命令，使读者在熟练绘图的基础上循序渐进地学习新命令。

【预习重点】
- ☑ 掌握芬兰浴房间的绘制。
- ☑ 掌握蒸汽房房间的绘制。
- ☑ 掌握桑拿门的绘制。
- ☑ 掌握更衣柜的绘制。

12.3.1 芬兰浴房间

芬兰浴房间可以设计成各种形状，如方形、菱形、八角形等。下面以方形房间为例进行说明。

（1）单击"默认"选项卡"绘图"面板中的"矩形"按钮□，绘制一个尺寸为 1500mm×1500mm 的矩形，如图 12-61 所示。

（2）单击"默认"选项卡"修改"面板中的"偏移"按钮⊆，将矩形向内偏移 60mm，如图 12-62 所示。

（3）单击"默认"选项卡"块"面板中的"插入"按钮⬚，选择随书光盘中的"源文件\图库\门"图块，如图 12-63 所示，并设置好插入的比例和插入点，插入后对图形进行修剪操作，结果如图 12-64 所示。

图 12-61 绘制矩形　　　　图 12-62 偏移矩形

图 12-63 "门"图块

（4）单击"默认"选项卡"绘图"面板中的"直线"按钮✐，在矩形内部三等分点的位置绘制水平直线，将矩形内部等分为 3 部分，如图 12-65 所示。

（5）单击"默认"选项卡"绘图"面板中的"矩形"按钮□，在最上面的部分绘制 3 个尺寸为 60mm×400mm 的矩形，作为芬兰浴房间中的小座椅，如图 12-66 所示。

  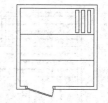

图 12-64 插入"门"图块　　　图 12-65 绘制等分直线　　　图 12-66 绘制小座椅

（6）选择菜单栏中的"格式"→"多线样式"命令，在弹出的对话框中单击"新建"按钮，打开"新建多线样式"对话框，新建多线样式名称为"样式一"，按图 12-67 所示的参数进行设置。

（7）选择菜单栏中的"绘图"→"多线"命令，在图中绘制地板分割线，如图 12-68 所示。

图 12-67　设置多线样式

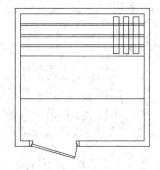

图 12-68　绘制地板分割线

（8）由于小座椅在地板的上部，单击"默认"选项卡"修改"面板中的"修剪"按钮 ✂，将覆盖在座椅上的地板线删除，如图 12-69 所示。采用相同的方法，绘制其他区域的地板线，结果如图 12-70 所示。

（9）单击"默认"选项卡"绘图"面板中的"矩形"按钮 ▭，在图形的右下角绘制尺寸为 600mm×400mm 的矩形，如图 12-71 所示。

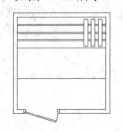

图 12-69　删除多余直线

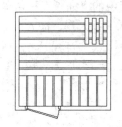

图 12-70　绘制其他地板线

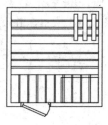

图 12-71　绘制矩形

（10）单击"默认"选项卡"修改"面板中的"修剪"按钮 ✂，将矩形内部的线段修剪掉，如图 12-72 所示。

（11）单击"默认"选项卡"修改"面板中的"偏移"按钮 ⬚，将矩形向内侧偏移 30mm，如图 12-73 所示。

（12）将内部矩形分解，并修改直线，结果如图 12-74 所示。

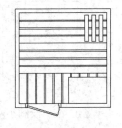

图 12-72　修剪多余线段

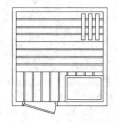

图 12-73　偏移矩形

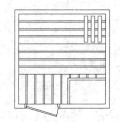

图 12-74　修改直线

（13）单击"默认"选项卡"绘图"面板中的"直线"按钮 ╱ 和"圆"按钮 ⊙，绘制矩形内部的炭炉，结果如图 12-75 所示。

（14）单击"默认"选项卡"修改"面板中的"移动"按钮✦，将绘制的炭炉插入到图中，如图 12-76 所示，至此"芬兰浴"图块绘制完成。

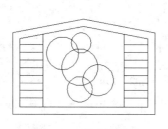

图 12-75　绘制炭炉

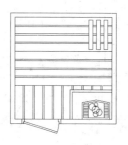

图 12-76　"芬兰浴"图块

12.3.2　蒸汽房房间

蒸汽房即带自动蒸汽功能的淋浴房，可以通过高温对人体进行净化，缓解疲劳。蒸汽房按容纳人数的不同有不同的设置，人数可以从 2～20 人不等。下面以小型 8 人蒸汽房为例进行介绍。

（1）单击"默认"选项卡"绘图"面板中的"矩形"按钮▭，绘制尺寸为 2500mm×1900mm 的矩形，如图 12-77 所示。

（2）单击"默认"选项卡"修改"面板中的"偏移"按钮▦，将矩形向内侧偏移 60mm，如图 12-78 所示。

（3）使用与"芬兰浴"插入图块相同的方法，单击"默认"选项卡"块"面板中的"插入"按钮➡，选择随书光盘中的"源文件\图库\门"图块插入，如图 12-79 所示。

图 12-77　绘制矩形

图 12-78　偏移矩形

图 12-79　插入"门"图块

（4）单击"默认"选项卡"绘图"面板中的"矩形"按钮▭，在图中绘制尺寸为 500mm×500mm 的矩形。再单击"默认"选项卡"修改"面板中的"偏移"按钮▦，将矩形向内侧偏移20mm，如图 12-80 所示。

（5）选中矩形，单击矩形上边缘的关键点（蓝色点，左、右各两个），在命令行中分别输入"@-30,0"（对右侧关键点）和"@30,0"（对左侧关键点），分别对外部和内部的矩形进行此操作，如图 12-81 所示，结果如图 12-82 所示。

（6）单击"默认"选项卡"修改"面板中的"圆角"按钮▱，对修改后图形的上部角点进行倒圆角，圆角半径为30mm，结果如图 12-83 所示，完成座椅图形的绘制。

（7）单击"默认"选项卡"修改"面板中的"复制"按钮❏，将座椅图形复制到矩形中，如图 12-84 所示。

（8）单击"默认"选项卡"修改"面板中的"镜像"按钮◮，选择左下角的座椅图块，单击"对象捕捉"工具栏中的"捕捉到中点"按钮✎，以矩形的水平中线作为对称轴，镜像座椅，如图 12-85 所示。

（9）采用相同的方法复制和镜像座椅，结果如图 12-86 所示。将图形保存为"蒸汽房"图块，以便以后绘图时调用。

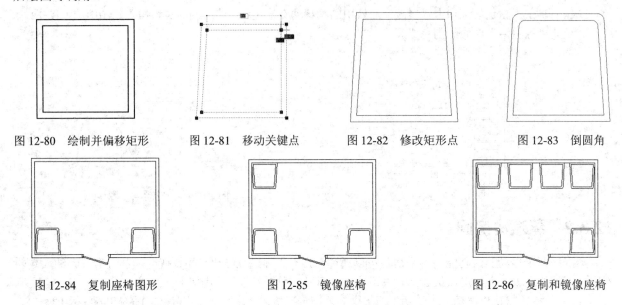

图 12-80 绘制并偏移矩形　　图 12-81 移动关键点　　图 12-82 修改矩形点　　图 12-83 倒圆角

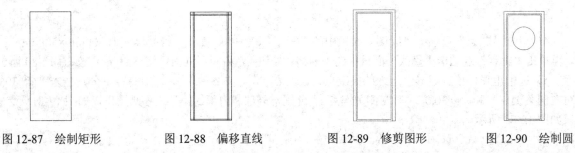

图 12-84 复制座椅图形　　　　　图 12-85 镜像座椅　　　　　图 12-86 复制和镜像座椅

12.3.3 桑拿门

桑拿门一般采用木制和玻璃等防水材料制作，绘制时注意门的造型设计。下面以一种普通的门造型为例进行说明。

（1）单击"默认"选项卡"绘图"面板中的"矩形"按钮▭，绘制尺寸为 730mm×1890mm 的矩形，如图 12-87 所示；再单击"默认"选项卡"修改"面板中的"分解"按钮，将矩形分解。

（2）单击"默认"选项卡"修改"面板中的"偏移"按钮，将两侧竖直边向内依次偏移 50mm 和 70mm，上侧边向下依次偏移 40mm 和 60mm，下侧边向上偏移 20mm，如图 12-88 所示。

（3）单击"默认"选项卡"修改"面板中的"修剪"按钮，对图形进行修剪，结果如图 12-89 所示。

（4）单击"默认"选项卡"绘图"面板中的"圆"按钮，在门的中部上侧绘制直径为 400mm 的圆，如图 12-90 所示。

图 12-87 绘制矩形　　　　图 12-88 偏移直线　　　　图 12-89 修剪图形　　　　图 12-90 绘制圆

（5）单击"默认"选项卡"修改"面板中的"偏移"按钮，将圆向内侧偏移 30mm，如图 12-91 所示。

（6）单击"默认"选项卡"绘图"面板中的"矩形"按钮▭和"直线"按钮，在门轴部位绘制门轴合叶，如图 12-92 所示。

（7）单击"默认"选项卡"绘图"面板中的"矩形"按钮▭，在门的右侧中部绘制尺寸为 200mm×200mm 的矩形，如图 12-93 所示，作为门把手。

（8）选择菜单栏中的"格式"→"多线样式"命令，新建多线样式 1，参数设置如图 12-94 所示。

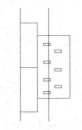

图 12-91　偏移圆　　　　　图 12-92　绘制门轴合叶　　　　图 12-93　绘制门把手

（9）选择菜单栏中的"绘图"→"多线"命令，在门板上绘制竖直的多线，作为门的花纹，如图 12-95 所示。

（10）单击"默认"选项卡"修改"面板中的"修剪"按钮，将窗户和把手内的多线修剪掉，如图 12-96 所示。

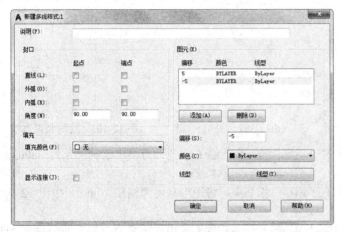

图 12-94　设置多线样式　　　　　　图 12-95　绘制花纹　　图 12-96　修剪多余的花纹

（11）单击"默认"选项卡"绘图"面板中的"直线"按钮，在窗户内部绘制斜线，作为玻璃的花纹，如图 12-97 所示。

（12）单击"默认"选项卡"绘图"面板中的"图案填充"按钮，按图 12-98 所示设置填充样式，填充门把手，效果如图 12-99 所示。

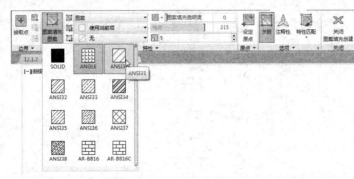
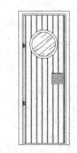

图 12-97　绘制玻璃花纹　　　　　图 12-98　设置填充样式　　　　图 12-99　填充门把手

（13）单击"默认"选项卡"块"面板中的"创建"按钮，将图形保存为"桑拿门"图块，方便以后绘图时调用。

12.3.4　更衣柜

更衣柜是洗浴房中不可缺少的设施，包括木制和铁制更衣柜等。

（1）单击"默认"选项卡"绘图"面板中的"矩形"按钮▢，在图中绘制尺寸为 2000mm×2200mm 的矩形，如图 12-100 所示。

（2）单击"默认"选项卡"绘图"面板中的"直线"按钮╱，在距离底边 80mm 的位置绘制水平直线，如图 12-101 所示。

（3）单击"默认"选项卡"修改"面板中的"复制"按钮⬚，将直线向上复制两次，间隔分别为 708mm 和 706mm，如图 12-102 所示。

（4）单击"默认"选项卡"绘图"面板中的"定数等分"按钮⬚，将最下部的水平直线等分为 4 份。单击"默认"选项卡"绘图"面板中的"直线"按钮╱，绘制竖直直线，如图 12-103 所示。

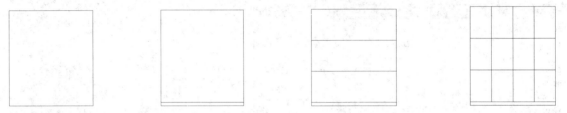

图 12-100　绘制矩形 1　　　图 12-101　绘制水平直线　　　图 12-102　复制直线　　　图 12-103　绘制竖直直线

（5）单击"默认"选项卡"绘图"面板中的"矩形"按钮▢，在左上角的方格中绘制尺寸为 380mm×586mm 的矩形，如图 12-104 所示。

（6）单击"默认"选项卡"修改"面板中的"偏移"按钮⬚，将矩形向内侧偏移 10mm，如图 12-105 所示。

（7）单击"默认"选项卡"绘图"面板中的"图案填充"按钮▨，弹出"图案填充创建"选项卡，选择图 12-106 所示的填充图案。单击"拾取点"按钮⬚，选择偏移后的矩形进行填充，如图 12-107 所示。

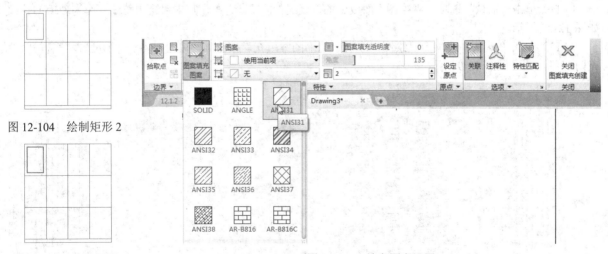

图 12-104　绘制矩形 2

图 12-105　偏移矩形　　　　　　　　　　图 12-106　填充图案设置

（8）单击"默认"选项卡"修改"面板中的"矩形阵列"按钮⬚，根据命令行提示选择刚刚绘制的矩形和填充图案为阵列对象，设置列数为 4，行数为 1，列间距为 500，按 Enter 键确认，结果如图 12-108 所示。

（9）单击"默认"选项卡"修改"面板中的"复制"按钮 ⅗，选择第（8）步中的阵列对象为复制对象进行复制，如图 12-109 所示。

图 12-107　填充矩形

图 12-108　阵列图形

图 12-109　复制图形

（10）单击"默认"选项卡"绘图"面板中的"圆"按钮 ⊘，在柜门的角部绘制直径为 30mm 的圆，作为开关按钮，如图 12-110 所示。

（11）在图中添加柜门编号和尺寸标注，完成更衣柜的绘制，最终效果如图 12-111 所示。将图形保存为"更衣柜"图块，方便以后绘图时调用。

图 12-110　绘制开关按钮

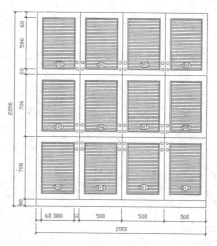

图 12-111　更衣柜最终效果

12.4　上机实验

【练习 1】绘制如图 12-112 所示的太师椅。

1. 目的要求

本实例主要要求读者通过练习熟悉和掌握太师椅的绘制方法。通过本实例，可以帮助读者练习完成太师椅绘制的全过程。

2. 操作提示

（1）利用"直线""偏移""样条曲线"命令绘制外轮廓。

（2）利用简单的二维绘图及编辑命令绘制内部图案。

（3）利用"图案填充"命令填充内部图形。

（4）标注尺寸。

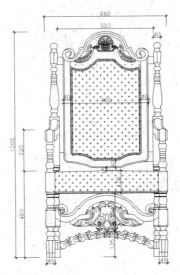

图 12-112　太师椅

【练习 2】绘制如图 12-113 所示的方凳。

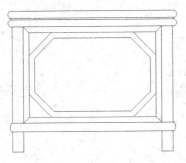

图 12-113　方凳

1. 目的要求

本实例绘制的是一个中式家具图形，涉及的命令有"直线""圆弧""偏移"。通过本实例使读者熟练掌握二维图形的绘制和编辑。

2. 操作提示

（1）利用"直线"和"圆弧"命令绘制凳面。

（2）利用"直线"命令绘制凳腿。

（3）利用"直线"和"偏移"命令细化图形。

其他家具设计

本章将以其他家具设计为例，详细讲述门和屏风类家具、饰物类家具、盆景类家具的绘制过程。在讲述过程中，带领读者逐步完成家具图的绘制，并介绍关于家具的相关知识和技巧。

13.1　门和屏风类家具设计

本节将详细介绍门和屏风类家具设计，包括房间门、防盗门、双开门以及屏风的绘制，其中，屏风的绘制步骤相对复杂一点，但命令简单，通过学习，读者可掌握用简单的命令绘制复杂的图形的方法和技巧。

【预习重点】

☑　掌握房间门的绘制。
☑　掌握防盗门的绘制。
☑　掌握双开门的绘制。
☑　掌握屏风的绘制。

13.1.1　绘制房间门

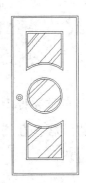

本实例绘制的房间门如图 13-1 所示。由图可知，首先利用"矩形""偏移""修剪"命令绘制出房间门的外轮廓，然后利用"直线""圆弧""偏移""修剪"命令绘制门上部图案，再利用"镜像"命令对绘制的图形进行镜像处理，最后利用"圆""直线""偏移"命令绘制门中间图案以及门把手。

（1）选择菜单栏中的"格式"→"图形界限"命令，设置图幅为 297×210。

（2）单击"默认"选项卡"绘图"面板中的"矩形"按钮▭，绘制一个矩形，命令行提示与操作如下。

图 13-1　房间门

```
命令: _rectang
指定第一个角点或 [倒角(C)/标高(E)/圆角(F)/厚度(T)/宽度(W)]: 0,0
指定另一个角点或 [面积(A)/尺寸(D)/旋转(R)]: 985,2300
```

结果如图 13-2 所示。

（3）单击"默认"选项卡"修改"面板中的"偏移"按钮▣，将矩形向内偏移 22，结果如图 13-3 所示。

（4）单击"默认"选项卡"绘图"面板中的"直线"按钮╱，绘制门上图案的造型，命令行提示与操作如下。

```
命令: _line
指定第一个点: 216,1512
指定下一点或 [放弃(U)]: 216,2075
指定下一点或 [放弃(U)]: 760,2075
指定下一点或 [闭合(C)/放弃(U)]: 760,1512
```

结果如图 13-4 所示。

（5）单击"默认"选项卡"绘图"面板中的"圆弧"按钮╱，绘制一段圆弧，命令行提示与操作如下。

```
命令: _arc
指定圆弧的起点或 [圆心(C)]:216,1512
指定圆弧的第二个点或 [圆心(C)/端点(E)]:488,1602
指定圆弧的端点:760,1512
```

结果如图 13-5 所示。

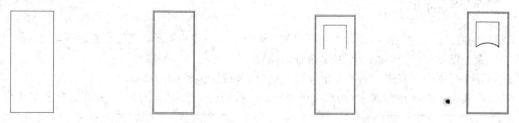

图 13-2 绘制矩形　　　图 13-3 偏移矩形　　　图 13-4 绘制图案轮廓　　　图 13-5 绘制圆弧

（6）单击"默认"选项卡"修改"面板中的"偏移"按钮△，将绘制的图案轮廓线向内偏移 22，结果如图 13-6 所示。

（7）单击"默认"选项卡"修改"面板中的"修剪"按钮⊁，对偏移后的图形进行修剪，结果如图 13-7 所示。

（8）单击"默认"选项卡"绘图"面板中的"直线"按钮✎，细化门上的图案，结果如图 13-8 所示。

（9）单击"默认"选项卡"修改"面板中的"镜像"按钮▲，对绘制好的图案进行镜像，结果如图 13-9 所示。

（10）单击"默认"选项卡"绘图"面板中的"圆"按钮⊙，以门的中心为圆心绘制一个半径为 237 的圆，结果如图 13-10 所示。

图 13-6 偏移轮廓线　　图 13-7 修剪轮廓线　　图 13-8 细化图案　　图 13-9 镜像图案　　图 13-10 绘制圆

（11）单击"默认"选项卡"修改"面板中的"偏移"按钮△，将绘制的圆向外偏移 22，结果如图 13-11 所示。

（12）单击"默认"选项卡"绘图"面板中的"直线"按钮✎，在圆内绘制几条斜线细化该图案，结果如图 13-12 所示。

（13）单击"默认"选项卡"绘图"面板中的"圆"按钮⊙，在门的左中侧绘制半径为 22 的圆，结果如图 13-13 所示。

（14）单击"默认"选项卡"修改"面板中的"偏移"按钮△，将第（13）步中绘制的圆向外偏移 22，房间门的绘制完成，结果如图 13-14 所示。

图 13-11 偏移圆　　　图 13-12 绘制斜线　　　图 13-13 绘制圆　　　图 13-14 完成房间门的绘制

13.1.2 绘制防盗门

本实例绘制的防盗门如图 13-15 所示。由图可知，该防盗门主要由矩形、直线和圆组成，可以用"矩形""直线""圆"命令以及一些简单的二维编辑命令来绘制。

（1）选择菜单栏中的"格式"→"图形界限"命令，设置图幅为 297×210。

（2）单击"默认"选项卡"绘图"面板中的"矩形"按钮□，绘制一个矩形，命令行提示与操作如下。

命令: _rectang
指定第一个角点或 [倒角(C)/标高(E)/圆角(F)/厚度(T)/宽度(W)]:0,0
指定另一个角点或 [面积(A)/尺寸(D)/旋转(R)]:900,1974

结果如图 13-16 所示。

（3）单击"默认"选项卡"修改"面板中的"偏移"按钮▣，将矩形向内偏移 26，结果如图 13-17 所示。

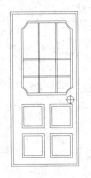

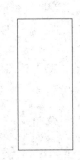

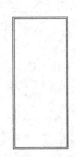

图 13-15 防盗门　　　　　　　　图 13-16 绘制矩形　　　　　　　　图 13-17 偏移处理

（4）单击"默认"选项卡"绘图"面板中的"多段线"按钮⤵，绘制门上图案的外轮廓线，命令行提示与操作如下。

命令: _pline
指定起点: 144,1006
当前线宽为 0.0000
指定下一个点或 [圆弧(A)/半宽(H)/长度(L)/放弃(U)/宽度(W)]: 144,1753
指定下一点或 [圆弧(A)/闭合(C)/半宽(H)/长度(L)/放弃(U)/宽度(W)]: A
指定圆弧的端点(按住 Ctrl 键以切换方向)或 [角度(A)/圆心(CE)/闭合(CL)/方向(D)/半宽(H)/直线(L)/半径(R)/第二个点(S)/放弃(U)/宽度(W)]: S
指定圆弧上的第二个点: 196,1797
指定圆弧的端点: 231,1855
指定圆弧的端点(按住 Ctrl 键以切换方向)或 [角度(A)/圆心(CE)/闭合(CL)/方向(D)/半宽(H)/直线(L)/半径(R)/第二个点(S)/放弃(U)/宽度(W)]: I
指定下一点或 [圆弧(A)/闭合(C)/半宽(H)/长度(L)/放弃(U)/宽度(W)]: 739,1855
指定下一点或 [圆弧(A)/闭合(C)/半宽(H)/长度(L)/放弃(U)/宽度(W)]: A
指定圆弧的端点(按住 Ctrl 键以切换方向)或 [角度(A)/圆心(CE)/闭合(CL)/方向(D)/半宽(H)/直线(L)/半径(R)/第二个点(S)/放弃(U)/宽度(W)]: S
指定圆弧上的第二个点: 770,1794
指定圆弧的端点: 824,1751
指定圆弧的端点(按住 Ctrl 键以切换方向)或 [角度(A)/圆心(CE)/闭合(CL)/方向(D)/半宽(H)/直线(L)/半径(R)/第二个点(S)/放弃(U)/宽度(W)]: I

指定下一点或 [圆弧(A)/闭合(C)/半宽(H)/长度(L)/放弃(U)/宽度(W)]: 824,999

指定下一点或 [圆弧(A)/闭合(C)/半宽(H)/长度(L)/放弃(U)/宽度(W)]: A

指定圆弧的端点(按住 Ctrl 键以切换方向)或 [角度(A)/圆心(CE)/闭合(CL)/方向(D)/半宽(H)/直线(L)/半径(R)/第二个点(S)/放弃(U)/宽度(W)]: S

指定圆弧上的第二个点: 768,967

指定圆弧的端点: 737,910

指定圆弧的端点(按住 Ctrl 键以切换方向)或 [角度(A)/圆心(CE)/闭合(CL)/方向(D)/半宽(H)/直线(L)/半径(R)/第二个点(S)/放弃(U)/宽度(W)]: L

指定下一点或 [圆弧(A)/闭合(C)/半宽(H)/长度(L)/放弃(U)/宽度(W)]: 219,910

指定下一点或 [圆弧(A)/闭合(C)/半宽(H)/长度(L)/放弃(U)/宽度(W)]: A

指定圆弧的端点(按住 Ctrl 键以切换方向)或 [角度(A)/圆心(CE)/闭合(CL)/方向(D)/半宽(H)/直线(L)/半径(R)/第二个点(S)/放弃(U)/宽度(W)]: S

指定圆弧上的第二个点: 195,968

指定圆弧的端点: 144,1006

结果如图 13-18 所示。

（5）单击"默认"选项卡"修改"面板中的"偏移"按钮 ⚌，将绘制的图案轮廓线向内偏移 25，结果如图 13-19 所示。

（6）单击"默认"选项卡"绘图"面板中的"直线"按钮 ╱，绘制一条竖直线，结果如图 13-20 所示。

（7）单击"默认"选项卡"修改"面板中的"偏移"按钮 ⚌，将绘制的竖直线依次向右偏移 10、200、10，结果如图 13-21 所示。

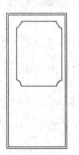 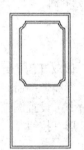 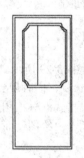 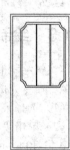

图 13-18　绘制门上图案的外轮廓　　图 13-19　偏移轮廓线　　图 13-20　绘制竖直线　　图 13-21　偏移竖直线

（8）单击"默认"选项卡"绘图"面板中的"直线"按钮 ╱，在门上的图案内部绘制一条水平直线，结果如图 13-22 所示。

（9）单击"默认"选项卡"修改"面板中的"偏移"按钮 ⚌，将绘制的水平直线依次向上偏移 19、270、19，结果如图 13-23 所示。

（10）单击"默认"选项卡"绘图"面板中的"矩形"按钮 ▭，在门下部绘制一个大小为 244×250 的矩形，结果如图 13-24 所示。

（11）单击"默认"选项卡"修改"面板中的"偏移"按钮 ⚌，将第（10）步中绘制的矩形向外偏移 26，结果如图 13-25 所示。

（12）单击"默认"选项卡"修改"面板中的"复制"按钮 ❀，将绘制好的门下部的图案进行复制，结果如图 13-26 所示。

（13）单击"默认"选项卡"绘图"面板中的"圆"按钮 ⊘，在门的中部偏右侧绘制一个半径为 47 的圆，结果如图 13-27 所示。

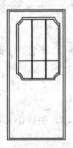

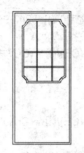
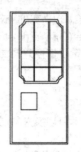
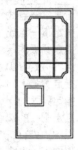

图 13-22　绘制水平直线　　图 13-23　偏移水平直线　　图 13-24　绘制矩形　　图 13-25　偏移矩形

（14）单击"默认"选项卡"绘图"面板中的"直线"按钮，经过圆心绘制竖直线和水平线，完成防盗门的绘制，结果如图 13-28 所示。

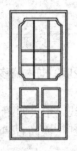
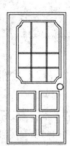
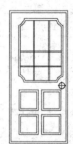

图 13-26　完成门下部图案的绘制　　图 13-27　绘制圆　　图 13-28　完成防盗门的绘制

13.1.3　绘制双开门

本实例绘制的双开门如图 13-29 所示。由图可知，该双开门的绘图思路是首先绘制出一扇门，然后使用"镜像"命令完成双开门的绘制，同时用到"矩形""直线"等命令。

（1）选择菜单栏中的"格式"→"图形界限"命令，设置图幅为 297×210。

（2）单击"默认"选项卡"绘图"面板中的"矩形"按钮，绘制一个大小为 820×2560 的矩形，结果如图 13-30 所示。

（3）单击"默认"选项卡"绘图"面板中的"直线"按钮，在门上绘制一条竖直线，结果如图 13-31 所示。

（4）单击"默认"选项卡"绘图"面板中的"直线"按钮，以门上绘制的竖直线上端点为起点绘制一条适当长度的斜直线，结果如图 13-32 所示。

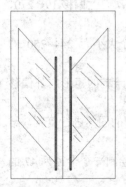

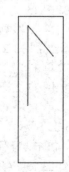

图 13-29　双开门　　图 13-30　绘制矩形　　图 13-31　绘制竖直线　　图 13-32　绘制斜直线

（5）单击"默认"选项卡"修改"面板中的"复制"按钮 ，将第（4）步中绘制的斜直线复制到竖直线的下端点处，结果如图 13-33 所示。

（6）单击"默认"选项卡"绘图"面板中的"直线"按钮 和"圆弧"按钮 ，绘制门把手，结果如图 13-34 所示。

（7）单击"默认"选项卡"绘图"面板中的"直线"按钮 ，细化玻璃，完成单扇门的绘制，结果如图 13-35 所示。

（8）单击"默认"选项卡"修改"面板中的"镜像"按钮 ，镜像绘制好的单扇门，完成双开门的绘制，结果如图 13-36 所示。

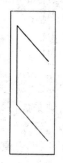  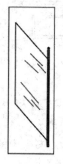 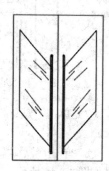

图 13-33　复制斜直线　　图 13-34　绘制门把手　　图 13-35　完成单扇门的绘制　　图 13-36　完成双开门的绘制

13.1.4　绘制屏风

本实例绘制的屏风如图 13-37 所示。由图可知，该屏风主要由直线和圆弧组成，同时重复使用"镜像""偏移"命令来减少绘图步骤，简化绘制过程。

（1）选择菜单栏中的"格式"→"图形界限"命令，设置图幅为 297×210。

（2）单击"默认"选项卡"绘图"面板中的"矩形"按钮 ，绘制一个大小为 750×4670 的矩形，结果如图 13-38 所示。

（3）单击"默认"选项卡"修改"面板中的"分解"按钮 ，将第（2）步中绘制的矩形进行分解，然后单击"默认"选项卡"修改"面板中的"偏移"按钮 ，将上下两边分别向内偏移 30、20，左右两边向内偏移 20、20，结果如图 13-39 所示。

（4）单击"默认"选项卡"修改"面板中的"修剪"按钮 ，对偏移后的直线进行修剪，结果如图 13-40 所示。

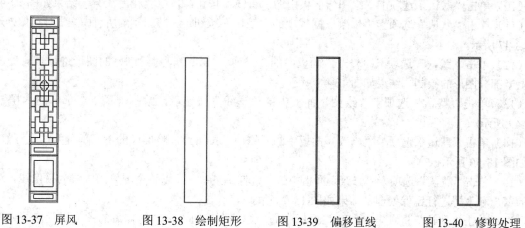

图 13-37　屏风　　　　图 13-38　绘制矩形　　　图 13-39　偏移直线　　　图 13-40　修剪处理

（5）单击"默认"选项卡"绘图"面板中的"直线"按钮✏，绘制屏风内上部的窗户，结果如图 13-41 所示。

（6）单击"默认"选项卡"绘图"面板中的"直线"按钮✏，绘制屏风上的木楞，结果如图 13-42 所示。

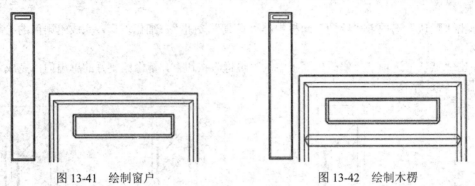

图 13-41　绘制窗户　　　　　　　图 13-42　绘制木楞

（7）单击"默认"选项卡"绘图"面板中的"直线"按钮✏，绘制屏风上部的图案，结果如图 13-43 所示。

（8）单击"默认"选项卡"修改"面板中的"镜像"按钮⚑，对第（7）步中绘制的图形进行镜像处理，结果如图 13-44 所示。

（9）单击"默认"选项卡"绘图"面板中的"直线"按钮✏，绘制水平直线，将镜像后的图形底部用直线连接，结果如图 13-45 所示。

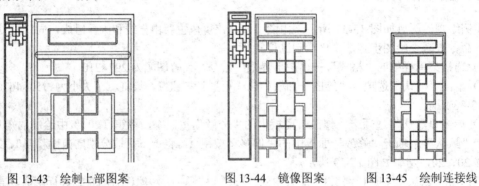

图 13-43　绘制上部图案　　　　图 13-44　镜像图案　　　图 13-45　绘制连接线

（10）单击"默认"选项卡"绘图"面板中的"直线"按钮✏，绘制花形图案，结果如图 13-46 所示。

（11）单击"默认"选项卡"修改"面板中的"镜像"按钮⚑，将绘制的所有图案进行镜像处理，结果如图 13-47 所示。

（12）单击"默认"选项卡"修改"面板中的"修剪"按钮✂，对绘制好的图形进行修剪处理，完成屏风上半部分图形的绘制，结果如图 13-48 所示。

（13）单击"默认"选项卡"绘图"面板中的"直线"按钮✏，绘制屏风下半部分的木楞，结果如图 13-49 所示。

（14）单击"默认"选项卡"修改"面板中的"修剪"按钮✂，将屏风的下半部分木楞进行修剪处理，结果如图 13-50 所示。

（15）单击"默认"选项卡"修改"面板中的"镜像"按钮⚑，以整个屏风的中线为镜像线，对最上部绘制的窗户和木楞进行镜像处理，结果如图 13-51 所示。

（16）单击"默认"选项卡"修改"面板中的"修剪"按钮✂，对镜像后的图形进行修剪处理，结果如图 13-52 所示。

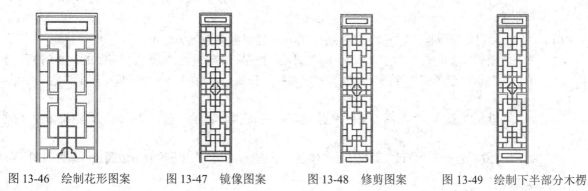

图 13-46　绘制花形图案　　图 13-47　镜像图案　　图 13-48　修剪图案　　图 13-49　绘制下半部分木楞

（17）单击"默认"选项卡"绘图"面板中的"直线"按钮，在屏风下面两个木楞之间绘制如图 13-53 所示的图形，完成屏风的绘制。

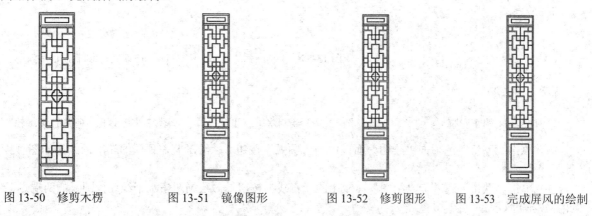

图 13-50　修剪木楞　　　图 13-51　镜像图形　　　图 13-52　修剪图形　　图 13-53　完成屏风的绘制

13.2　饰物类家具设计

本节主要介绍饰物类家具设计，包括古董瓷瓶、风筝摆饰、女神摆饰以及壁画的绘制方法和步骤，在绘图过程中用到了图层命令，同时也多次使用了"多段线"和"样条曲线"命令来绘制摆饰的图案。通过本节的学习，读者可进一步掌握图层命令的用法并加深对多段线和样条曲线的认识，同时对多次用到的命令更加熟悉。

【预习重点】
- ☑　掌握古董瓷瓶的绘制。
- ☑　掌握风筝摆饰的绘制。
- ☑　掌握女神摆饰的绘制。
- ☑　掌握壁画的绘制。

13.2.1　绘制古董瓷瓶

本实例绘制的古董瓷瓶如图 13-54 所示。由图可知，该古董瓷瓶相对来说比较复杂，主要采用"圆弧"

"多段线""直线"等二维绘图命令绘制，配合使用"复制""镜像"等编辑命令来减少绘图的复杂步骤。

1. 绘制瓶盖

（1）选择菜单栏中的"格式"→"图形界限"命令，设置图幅为 297×210。

（2）单击"默认"选项卡"绘图"面板中的"圆弧"按钮，绘制一个圆弧，结果如图 13-55 所示。

（3）单击"默认"选项卡"绘图"面板中的"直线"按钮，绘制一条适当长度的水平线，结果如图 13-56 所示。

（4）单击"默认"选项卡"绘图"面板中的"圆弧"按钮，绘制瓶盖顶端的轮廓，结果如图 13-57 所示。

（5）单击"默认"选项卡"修改"面板中的"镜像"按钮，在水平线下绘制一段圆弧，结果如图 13-58 所示。

图 13-55　绘制圆弧

图 13-57　绘制瓶盖顶端轮廓

图 13-54　古董瓷瓶

图 13-56　绘制水平直线

图 13-58　镜像处理瓶盖顶端轮廓

（6）单击"默认"选项卡"绘图"面板中的"圆弧"按钮，绘制瓶盖顶端的轮廓，结果如图 13-59 所示。

（7）单击"默认"选项卡"绘图"面板中的"直线"按钮，绘制两条水平线连接圆弧的两端点，结果如图 13-60 所示。

（8）单击"默认"选项卡"绘图"面板中的"多段线"按钮，绘制瓶盖处外轮廓，结果如图 13-61 所示。

（9）单击"默认"选项卡"绘图"面板中的"直线"按钮，绘制适当长度的水平直线，结果如图 13-62 所示。

图 13-59　绘制圆弧　　　　图 13-60　绘制直线　　　　图 13-61　绘制瓶盖处外轮廓　　　图 13-62　绘制水平直线

2. 绘制瓶身

（1）单击"默认"选项卡"修改"面板中的"偏移"按钮，将绘制的水平直线向下偏移一定距离，结果如图 13-63 所示。

（2）单击"默认"选项卡"绘图"面板中的"圆弧"按钮，绘制圆弧连接两条水平直线，结果如图 13-64 所示。

（3）继续单击"默认"选项卡"绘图"面板中的"圆弧"按钮和"直线"按钮，绘制古董瓶颈部，结果如图 13-65 所示。

（4）单击"默认"选项卡"绘图"面板中的"圆弧"按钮，绘制古董瓶腹部外轮廓左侧，结果如图 13-66 所示。

图 13-63　偏移水平直线　　　　　图 13-64　绘制圆弧连接水平直线　　　　图 13-65　绘制古董瓶颈部

（5）单击"默认"选项卡"绘图"面板中的"直线"按钮 ✐ 和"圆弧"按钮 ✐，继续绘制左外轮廓，结果如图 13-67 所示。

（6）单击"默认"选项卡"修改"面板中的"镜像"按钮 ▲，对绘制的左外轮廓进行镜像，结果如图 13-68 所示。

图 13-66　绘制圆弧　　　　图 13-67　继续绘制古董瓶左外轮廓　　　　图 13-68　镜像左外轮廓

3．绘制瓶底

（1）单击"默认"选项卡"绘图"面板中的"直线"按钮 ✐ 和"圆弧"按钮 ✐，绘制古董瓶的收口处，结果如图 13-69 所示。

（2）单击"默认"选项卡"绘图"面板中的"直线"按钮 ✐，绘制古董瓷瓶底部，结果如图 13-70 所示。

4．绘制瓶足

（1）单击"默认"选项卡"绘图"面板中的"多段线"按钮 ⎯ 和"圆"按钮 ⊙，绘制古董瓷瓶左侧足底，结果如图 13-71 所示。

图 13-69　绘制古董瓶收口处　　　　图 13-70　绘制古董瓷瓶底部　　　　图 13-71　绘制古董瓷瓶左侧足底

（2）继续单击"默认"选项卡"绘图"面板中的"多段线"按钮 ⎯ 和"圆"按钮 ⊙，绘制古董瓷瓶的中间足底，结果如图 13-72 所示。

（3）单击"默认"选项卡"修改"面板中的"镜像"按钮 ▲，对古董瓷瓶左侧足底进行镜像处理，结果如图 13-73 所示。

（4）单击"默认"选项卡"绘图"面板中的"直线"按钮 ✐，用直线把 3 个足底连接起来，结果如图 13-74 所示。

5．绘制装饰图案

（1）单击"默认"选项卡"绘图"面板中的"直线"按钮 ✐，绘制古董瓷瓶内部的直线，结果如图 13-75 所示。

（2）单击"默认"选项卡"绘图"面板中的"圆弧"按钮 ✐，绘制古董瓷瓶瓶盖上的图案 1，结果如图 13-76 所示。

图 13-72　绘制古董瓷瓶中间足底　　　图 13-73　镜像古董瓷瓶左侧足底　　　图 13-74　绘制直线

（3）继续单击"默认"选项卡"绘图"面板中的"圆弧"按钮 ，绘制古董瓷瓶瓶盖上的图案 2，结果如图 13-77 所示。

图 13-75　绘制内部直线　　　图 13-76　绘制瓶盖上的图案 1　　　图 13-77　绘制瓶盖上的图案 2

（4）单击"默认"选项卡"修改"面板中的"镜像"按钮 ，对古董瓷瓶瓶盖上的图案 2 进行镜像，结果如图 13-78 所示。

（5）单击"默认"选项卡"绘图"面板中的"圆"按钮 ，绘制古董瓷瓶底部花纹，结果如图 13-79 所示。

（6）单击"默认"选项卡"绘图"面板中的"多段线"按钮 ，绘制古董瓷瓶瓶腹上的花纹，完成古董瓷瓶的绘制，结果如图 13-80 所示。

图 13-78　镜像瓶盖上图案 2　　　图 13-79　绘制瓷瓶底部花纹　　　图 13-80　绘制瓷瓶瓶腹花纹

13.2.2　绘制风筝摆饰

本实例绘制的风筝摆饰如图 13-81 所示。由图可知，该风筝摆饰主要由样条曲线和直线组成，在绘图过程中需要切换图层，以使图形显得更加清晰。

（1）选择菜单栏中的"格式"→"图形界限"命令，设置图幅为 297×210。

（2）单击"默认"选项卡"图层"面板中的"图层特性"按钮 ，打开"图层特性管理器"选项板，创建图层，图层设置如图 13-82 所示。

图 13-81 风筝摆饰

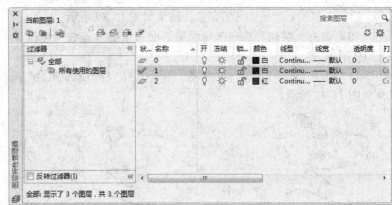

图 13-82 设置"图层特性管理器"选项板

（3）单击"默认"选项卡"绘图"面板中的"样条曲线拟合"按钮～，绘制风筝左上部分外轮廓，结果如图 13-83 所示。

（4）继续单击"默认"选项卡"绘图"面板中的"样条曲线拟合"按钮～，绘制风筝左下部分外轮廓，结果如图 13-84 所示。

（5）单击"默认"选项卡"绘图"面板中的"直线"按钮／，细化风筝左边的尾巴，结果如图 13-85 所示。

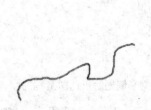

图 13-83 绘制左上部外轮廓

图 13-84 绘制左下部外轮廓

图 13-85 细化风筝尾巴

（6）单击"默认"选项卡"修改"面板中的"镜像"按钮 ⚮，对绘制的风筝左半部分外轮廓进行镜像处理，结果如图 13-86 所示。

（7）单击"默认"选项卡"绘图"面板中的"样条曲线拟合"按钮～，绘制风筝左半部分内部轮廓，结果如图 13-87 所示。

（8）单击"默认"选项卡"修改"面板中的"镜像"按钮 ⚮，对绘制的风筝左半部分内轮廓进行镜像处理，完成风筝轮廓的绘制，结果如图 13-88 所示。

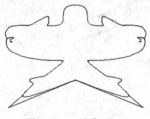

图 13-86 镜像处理

图 13-87 绘制左侧内轮廓

图 13-88 完成风筝轮廓的绘制

（9）将图层切换到图层 2，单击"默认"选项卡"绘图"面板中的"直线"按钮／和"样条曲线"按钮⌇，绘制风筝图案老鹰头部的花纹，结果如图 13-89 所示。

（10）单击"默认"选项卡"绘图"面板中的"直线"按钮∕，绘制风筝图案老鹰的嘴部，结果如图 13-90 所示。

（11）单击"默认"选项卡"绘图"面板中的"样条曲线拟合"按钮∿，绘制风筝图案老鹰胸部的花纹，结果如图 13-91 所示。

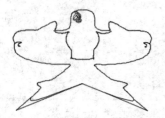  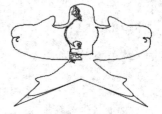

图 13-89　绘制头部的花纹　　　　图 13-90　绘制嘴部　　　　图 13-91　绘制胸部花纹

（12）单击"默认"选项卡"绘图"面板中的"样条曲线拟合"按钮∿，绘制左侧翅膀上部图案，结果如图 13-92 所示。

（13）单击"默认"选项卡"绘图"面板中的"多段线"按钮⊃，绘制左侧翅膀下部图案，结果如图 13-93 所示。

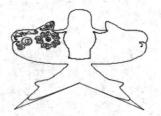 

图 13-92　绘制左侧翅膀上部图案　　　　图 13-93　绘制左侧翅膀下部图案

（14）单击"默认"选项卡"绘图"面板中的"样条曲线拟合"按钮∿和"直线"按钮∕，绘制左侧尾巴上的图案，完成风筝左侧图案的绘制，结果如图 13-94 所示。

（15）单击"默认"选项卡"修改"面板中的"镜像"按钮⚎，对绘制的风筝左侧图案进行镜像处理，完成风筝摆饰的绘制，结果如图 13-95 所示。

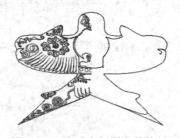 

图 13-94　完成左侧图案的绘制　　　　图 13-95　完成风筝摆饰的绘制

13.2.3　绘制女神摆饰

本实例绘制的女神摆饰如图 13-96 所示。由图可知，该女神摆饰主要由多段线和圆弧组成，可以用"多段线"和"圆弧"命令来绘制，帮助读者练习使用这两种命令，从而举一反三，提升绘图技巧。

（1）选择菜单栏中的"格式"→"图形界限"命令，设置图幅为 297×210。

（2）单击"默认"选项卡"图层"面板中的"图层特性"按钮，打开"图层特性管理器"选项板，创建图层，图层设置如图 13-97 所示。

图 13-96　女神摆饰

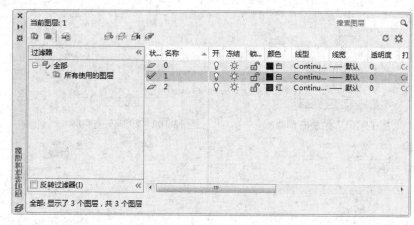

图 13-97　设置"图层特性管理器"选项板

（3）单击"默认"选项卡"绘图"面板中的"多段线"按钮，绘制女神摆饰左侧外轮廓，结果如图 13-98 所示。

（4）单击"默认"选项卡"绘图"面板中的"多段线"按钮，绘制女神摆饰右侧外轮廓，结果如图 13-99 所示。

（5）单击"默认"选项卡"绘图"面板中的"矩形"按钮，绘制摆饰台，完成摆饰的大致轮廓绘制，结果如图 13-100 所示。

图 13-98　绘制左侧外轮廓　　　图 13-99　绘制右侧外轮廓　　　图 13-100　完成摆饰的轮廓绘制

（6）单击"默认"选项卡"绘图"面板中的"多段线"按钮，绘制右侧胳膊，结果如图 13-101 所示。用同样的方法绘制左侧胳膊，结果如图 13-102 所示。

（7）继续单击"默认"选项卡"绘图"面板中的"多段线"按钮，绘制女神身体上部轮廓，结果如图 13-103 所示。

（8）单击"默认"选项卡"绘图"面板中的"圆弧"按钮和"多段线"按钮，绘制女神右腿轮廓，结果如图 13-104 所示。用同样的方法绘制左腿轮廓，结果如图 13-105 所示。

（9）将图层切换到图层 2，单击"默认"选项卡"绘图"面板中的"圆弧"按钮，绘制女神头发，结果如图 13-106 所示。

（10）单击"默认"选项卡"绘图"面板中的"圆弧"按钮，绘制女神五官，结果如图 13-107 所示。

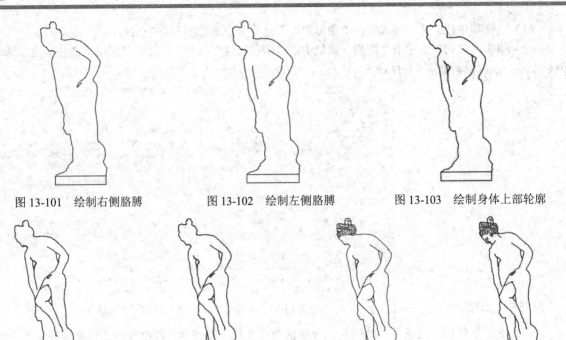

图 13-101　绘制右侧胳膊　　　　图 13-102　绘制左侧胳膊　　　　图 13-103　绘制身体上部轮廓

图 13-104　绘制右腿轮廓　　　图 13-105　绘制左腿轮廓　　　图 13-106　绘制头发　　　图 13-107　绘制五官

（11）单击"默认"选项卡"绘图"面板中的"圆弧"按钮 ，绘制女神上身细节，结果如图 13-108 所示。

（12）单击"默认"选项卡"绘图"面板中的"多段线"按钮 ，绘制女神手指，结果如图 13-109 所示。

（13）单击"默认"选项卡"绘图"面板中的"多段线"按钮 和"圆弧"按钮 ，绘制衣服纹路，结果如图 13-110 所示。

图 13-108　绘制上身细节　　　　图 13-109　绘制手指　　　　图 13-110　绘制衣服纹路

（14）单击"默认"选项卡"绘图"面板中的"圆弧"按钮 ，绘制女神脚趾，结果如图 13-111 所示。

（15）单击"默认"选项卡"绘图"面板中的"圆弧"按钮 ，绘制摆饰台上的纹路，结果如图 13-112 所示。

（16）将图层切换到图层 1，单击"默认"选项卡"绘图"面板中的"直线"按钮 ，在绘制摆饰台中间绘制一条直线，完成女神摆饰的绘制，结果如图 13-113 所示。

图 13-111　绘制脚趾　　　　图 13-112　绘制摆饰台纹路　　　图 13-113　完成女神摆饰的绘制

13.2.4　绘制壁画

本实例绘制的壁画如图 13-114 所示。由图可知，该壁画主要由圆弧和样条曲线组成，主要考察读者运用这两种命令的熟练程度。

（1）选择菜单栏中的"格式"→"图形界限"命令，设置图幅为 297×210。

（2）单击"默认"选项卡"绘图"面板中的"矩形"按钮 □，绘制一个大小为 2016×1440 的矩形，结果如图 13-115 所示。

（3）单击"默认"选项卡"修改"面板中的"偏移"按钮 ▣，将第（2）步中绘制的矩形向内偏移 72 两次，结果如图 13-116 所示。

图 13-114　壁画　　　　　　图 13-115　绘制矩形　　　　　图 13-116　偏移矩形

（4）单击"默认"选项卡"绘图"面板中的"直线"按钮 ╱，在偏移后的最内侧矩形的 4 个转角处各绘制一条斜线连接两个矩形的角，结果如图 13-117 所示。

（5）单击"默认"选项卡"修改"面板中的"分解"按钮 ▥，把最内侧矩形分解，然后单击"默认"选项卡"修改"面板中的"偏移"按钮 ▣，将上下两边向内偏移 24，左右两边向内偏移 36，结果如图 13-118 所示。

（6）单击"默认"选项卡"修改"面板中的"修剪"按钮 ╱，修剪第（5）步中偏移的直线，结果如图 13-119 所示。

（7）单击"默认"选项卡"绘图"面板中的"椭圆弧"按钮 ☉，绘制壁画里的花盆，结果如图 13-120 所示。

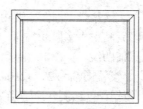
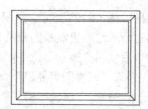
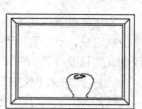

图 13-117　连接对角点　　图 13-118　偏移直线　　　图 13-119　修剪直线　　　图 13-120　绘制花盆

（8）单击"默认"选项卡"绘图"面板中的"直线"按钮，绘制花盆上的图案，结果如图 13-121 所示。

（9）单击"默认"选项卡"绘图"面板中的"多段线"按钮，绘制地面，结果如图 13-122 所示。

（10）单击"默认"选项卡"绘图"面板中的"椭圆弧"按钮，绘制花杆，结果如图 13-123 所示。

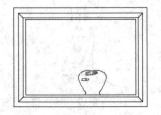 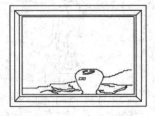 

图 13-121　绘制花盆图案　　　　图 13-122　绘制地面　　　　图 13-123　绘制花杆

（11）单击"默认"选项卡"绘图"面板中的"椭圆弧"按钮，绘制花蕊，结果如图 13-124 所示。

（12）单击"默认"选项卡"绘图"面板中的"直线"按钮，绘制花瓣，结果如图 13-125 所示。

（13）继续单击"默认"选项卡"绘图"面板中的"直线"按钮和"椭圆弧"按钮，绘制其他花朵，完成壁画的绘制，结果如图 13-126 所示。

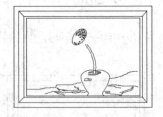  

图 13-124　绘制花蕊　　　　图 13-125　绘制花瓣　　　　图 13-126　完成壁画的绘制

13.3　盆景类家具设计

本节将详细介绍盆景类家具设计，包括盆景平面图和盆景立面图的绘制，其中，盆景中花朵和叶子的纹路绘制比较复杂，在绘图过程中用到的圆弧和多段线比较多，从而使读者更加熟练地运用圆弧和多段线绘制图形。

【预习重点】

☑　掌握盆景平面图的绘制。

☑　掌握盆景立面图的绘制。

13.3.1　绘制盆景平面图

本实例绘制的盆景平面图如图 13-127 所示。由图可知，该盆景平面图主要由多段线组成，首先利用"圆"命令绘制出盆景的范围，然后利用"多段线"命令绘制花瓣以及叶子、花枝，最后使用"删除"命令删除圆辅助线。

图 13-127　盆景平面图

（1）选择菜单栏中的"格式"→"图形界限"命令，设置图幅为 297×210。

（2）单击"默认"选项卡"绘图"面板中的"圆"按钮，绘制一个适当大小的圆，结果如图 13-128 所示。

（3）单击"默认"选项卡"绘图"面板中的"多段线"按钮 ↩，在第（2）步中绘制的圆内绘制花瓣形状，结果如图 13-129 所示。

（4）继续单击"默认"选项卡"绘图"面板中的"多段线"按钮 ↩，沿圆大小绘制其他花瓣，结果如图 13-130 所示。

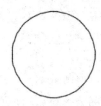  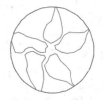

图 13-128　绘制圆　　　　　图 13-129　绘制花瓣　　　　　图 13-130　绘制其他花瓣

（5）单击"默认"选项卡"绘图"面板中的"多段线"按钮 ↩，绘制叶子投影的平面形状，结果如图 13-131 所示。

（6）用同样的方法绘制叶子使得花瓣之间充满叶子，结果如图 13-132 所示。

（7）单击"默认"选项卡"修改"面板中的"删除"按钮 ✐，将绘制的圆删除，完成盆景平面图的绘制，结果如图 13-133 所示。

图 13-131　绘制叶子投影　　　　图 13-132　布满叶子　　　　图 13-133　完成盆景平面图的绘制

13.3.2　绘制盆景立面图

本实例绘制的盆景立面图如图 13-134 所示。由图可知，该盆景立面图主要由花盆和花组成，可以首先利用"多段线""圆弧""直线"命令来绘制花盆，然后利用"多段线"和"圆弧"命令绘制盆景。

（1）选择菜单栏中的"格式"→"图形界限"命令，设置图幅为 297×210。

（2）单击"默认"选项卡"绘图"面板中的"多段线"按钮 ↩，绘制花盆的外轮廓，结果如图 13-135 所示。

（3）单击"默认"选项卡"绘图"面板中的"直线"按钮 ✐，绘制花盆图案轮廓，结果如图 13-136 所示。

图 13-134　盆景立面图　　　图 13-135　绘制花盆轮廓　　　图 13-136　绘制图案轮廓

（4）单击"默认"选项卡"绘图"面板中的"直线"按钮，绘制花盆图案，结果如图 13-137 所示。

（5）单击"默认"选项卡"修改"面板中的"复制"按钮，对第（4）步中绘制的图案进行复制，结果如图 13-138 所示。

图 13-137　绘制花盆图案　　　　　　　　　图 13-138　复制图案

（6）单击"默认"选项卡"绘图"面板中的"直线"按钮，绘制花盆图案的下半部分，结果如图 13-139 所示。

（7）使用同样的方法绘制花盆下部同样的图案，如图 13-140 所示。

（8）单击"默认"选项卡"绘图"面板中的"圆弧"按钮，在花盆上绘制一条弧线，结果如图 13-141 所示。

（9）单击"默认"选项卡"绘图"面板中的"直线"按钮，从第（8）步中绘制的圆弧向下引直线，完成花盆的绘制，结果如图 13-142 所示。

图 13-139　绘制图案下半部分　　图 13-140　绘制花盆下部图案　　图 13-141　绘制圆弧　　图 13-142　引直线

（10）单击"默认"选项卡"绘图"面板中的"多段线"按钮，绘制花叶轮廓，结果如图 13-143 所示。

（11）继续单击"默认"选项卡"绘图"面板中的"多段线"按钮，绘制花叶使其成为整片叶，结果如图 13-144 所示。

（12）继续单击"默认"选项卡"绘图"面板中的"多段线"按钮，绘制其他叶子轮廓，结果如图 13-145 所示。

图 13-143　绘制花叶轮廓　　　　　图 13-144　完成整片花叶轮廓绘制　　　　　图 13-145　绘制其他叶片

（13）单击"默认"选项卡"绘图"面板中的"多段线"按钮，绘制花朵外轮廓，结果如图 13-146 所示。

（14）单击"默认"选项卡"绘图"面板中的"圆弧"按钮，绘制花朵的脉络，结果如图 13-147 所示。

（15）单击"默认"选项卡"绘图"面板中的"多段线"按钮和"圆弧"按钮，绘制花蕊，完成花朵的绘制，结果如图 13-148 所示。使用同样的方法绘制另一个花朵，结果如图 13-149 所示。

图 13-146　绘制花朵外轮廓　　　图 13-147　绘制花朵脉络　　　图 13-148　绘制花蕊　　　图 13-149　绘制花朵

（16）单击"默认"选项卡"绘图"面板中的"多段线"按钮，绘制花杆并与叶子和花朵连接起来，结果如图 13-150 所示。

（17）单击"默认"选项卡"绘图"面板中的"多段线"按钮，绘制外层花瓣的轮廓，结果如图 13-151 所示。

（18）单击"默认"选项卡"绘图"面板中的"多段线"按钮，绘制内层花瓣的轮廓，结果如图 13-152 所示。

图 13-150　绘制花杆　　　　　图 13-151　绘制外层花瓣轮廓　　　　图 13-152　绘制内层花瓣轮廓

（19）单击"默认"选项卡"绘图"面板中的"圆弧"按钮，绘制花朵脉络，结果如图 13-153 所示。

（20）单击"默认"选项卡"绘图"面板中的"圆弧"按钮，绘制叶子脉络，完成盆景立面图的绘制，结果如图 13-154 所示。

图 13-153　绘制花朵脉络　　　　图 13-154　完成盆景立面图的绘制

13.4 上机实验

【练习1】 绘制如图 13-155 所示的古典柜子。

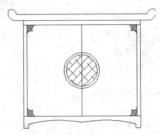

图 13-155 古典柜子

1. 目的要求

本实例绘制的是一款中国古典家具，涉及的命令有"直线""偏移""圆弧""样条曲线""图案填充"。通过本实例使读者熟练掌握二维图形的绘制和编辑。

2. 操作提示

（1）利用"直线"和"圆弧"命令绘制古典柜子轮廓。

（2）利用"样条曲线"和"图案填充"命令绘制四角花纹。

（3）利用"圆"、"偏移"以及"图案填充"命令细化图形。

【练习2】 绘制如图 13-156 所示的古典梳妆台。

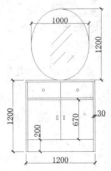

图 13-156 古典梳妆台

1. 目的要求

本实例绘制的是一个古典梳妆台，涉及的命令有"直线""圆""椭圆""偏移"。通过本实例使读者熟练掌握二维图形的绘制和编辑。

2. 操作提示

（1）利用"直线"和"偏移"命令绘制古典梳妆台的桌子。

（2）利用"圆"和"直线"命令绘制梳妆台桌子上的细部图形。

（3）利用"椭圆"和"直线"命令绘制镜子。

（4）标注尺寸。

第14章

卡拉 OK 歌舞厅室内家具设计综合实例

　　为了让读者进一步掌握 AutoCAD 中文版在室内制图中的应用，同时也借此机会让读者熟悉不同建筑类型的室内设计，本章将选取一个卡拉 OK 歌舞厅的室内制图作为范例。该歌舞厅包括酒吧、舞厅、KTV 包房、屋顶花园等几大部分，涉及面较广，比较典型。

　　本章在软件方面，除了进一步介绍各种绘图、编辑命令的使用，还结合实例介绍"设计中心""工具选项板""图纸集管理器"的应用；在设计图方面，除了照常介绍平面图、立面图、顶棚图以外，还重点介绍各种详图的绘制。本章的知识点既是对前面各章节知识的一个深化，又是对各章节内容的一个回顾和总结。

14.1　卡拉 OK 歌舞厅室内设计要点及实例简介

本节首先简单介绍卡拉 OK 普通歌舞厅室内设计的基本知识和设计要点,然后简要介绍本章采用的实例概况,为后面的讲解做准备。

【预习重点】

　　☑　掌握卡拉 OK 歌舞厅室内设计要点。

　　☑　了解卡拉 OK 歌舞厅实例简介。

14.1.1　卡拉 OK 歌舞厅室内设计要点概述

卡拉 OK 歌舞厅是当今社会常见的一种公共娱乐场所,集歌舞厅、酒吧、茶室、咖啡厅等功能于一身。卡拉 OK 歌舞厅的室内活动空间可以分为入口区、歌舞区及服务区三大部分,一般功能分区如图 14-1 所示。入口区往往设服务台、出纳结账和衣帽寄存等空间,有的歌舞厅设有门厅,并在门厅处布置休息区。歌舞区是卡拉 OK 厅中主要的活动场所,其中又包括舞池、舞台、坐席区、酒吧等部分,这几个部分相互临近、布置灵活,体现热情洋溢、生动活泼的气氛。较高级的歌舞厅还专门设置卡拉 OK 包房,是演唱卡拉 OK 较私密性的空间。卡拉 OK 包房内常设沙发、茶几、卡拉 OK 设备,较大的包房设置一个小舞池,供客人兴趣所致时翩翩起舞。在歌舞区,宾客可以进行唱歌、跳舞、听音乐、观赏表演、喝茶饮酒、喝咖啡、交友谈天等活动。服务区一般设置声光控制室、化妆室、餐饮供应、卫生间、办公室等空间。声光控制室、化妆室一般要临近舞台。餐饮供应需要根据歌舞厅的大小及功能定位来确定,有的歌舞厅根据餐饮的需要设置专门的厨房。至于卫生间,应该男女分开,蹲位足够,临近歌舞区、路程短。办公室的设置可以根据具体情况和业主的需要来确定。卡拉 OK 歌舞厅常常处于人流较大的商业建筑区,不少歌舞厅是利用既有建筑的局部空间改造而成,而业主往往要求充分利用室内空间,这时,室内设计师就要合理地处理好各功能空间的组合布局。

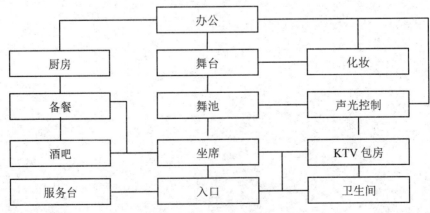

图 14-1　普通歌舞厅功能分区图

在塑造歌舞厅室内环境时,光环境、声环境的运用发挥着重要的作用。在歌舞区,舞台处的灯光应具有较高的照度,稍微降低各种光色的变化;然而在舞池区域,则要降低光的照度,增加各种光色的变化。常见做法是,采用成套的歌舞厅照明系统来创造流光四溢、扑朔迷离的光照环境。有的舞池地面采用架空的钢化玻璃，玻璃下设置各种反照灯光加倍渲染舞池气氛。在座席区和包房中多采用一般照明和局部照明相结合的方式来完成。总体说来，所需的照度都比较低，最好是照度可调的形式，然后在局部用适当光色的点光源来渲染气氛。至于吧台、服务台，应注意适当提高光照度和显色性，以便工作的需要。在这样的大前提下，设计师可以发挥自己的创造力，利用不同的灯具形式和照明方式来塑造特定的歌舞厅光照气氛。此外，室内音响设计也是一个重要环节，采用较高品质的音响设备，配合合理的音响布置，有利于形成良好的声音环境。

材质的选择非常重要。卡拉 OK 歌舞厅常用的室内装饰材料有木材、石材、玻璃、织物皮革、墙纸、地毯等。木材使用广泛，如用于地面、墙面、顶棚、家具陈设，不同木材形式可以用在不同的地方。石材主要指花岗岩和大理石，多用于舞池地面、入口地面、墙面等。玻璃的使用也比较广泛，可用于地面、隔断、家具陈设等，各式玻璃配合光照形成特殊的艺术效果。织物和皮革具有装饰、吸声、隔声的作用，多用于舞厅、包房的墙面。墙纸多用于舞厅、包房的墙面。地毯多用于坐席区地面、公共走道、包房的地面，具有装饰、吸声、隔声、保暖等作用。

14.1.2　实例简介

该实例是一个目前国内比较典型的歌舞厅室内设计。该歌舞厅楼层处于某市商业区的一座钢筋混凝土框架房屋的顶层。该楼层原为餐馆，业主现打算将其改为卡拉 OK 歌舞厅，室内设歌舞区、酒吧、KTV 包房等活动场所，并利用与该楼相齐平的局部屋顶设计一个屋顶花园，考虑在花园内设少量茶座。与屋顶花园临近的室内部分原为餐馆的厨房。建筑平面如图 14-2 所示。

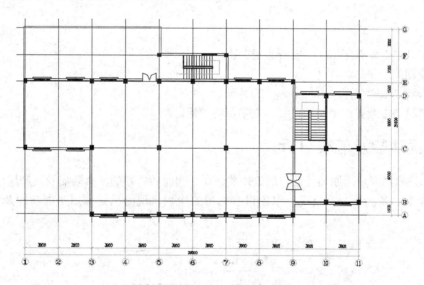

图 14-2　某歌舞厅建筑平面图

14.2　歌舞厅室内平面图绘制

针对该实例的具体情况，本节首先给出室内功能及交通流线分析图，然后讲解主要功能区的平面图形的绘制，分别是入口区、酒吧、歌舞区、KTV 包房区、屋顶花园等几个部分。最后简单介绍尺寸标注、文字标注、插入图框的要点，结果如图 14-3 所示。

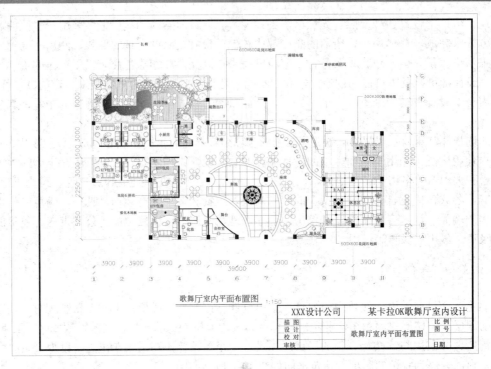

图 14-3　歌舞厅室内平面图

【预习重点】

☑　了解卡拉 OK 歌舞厅平面功能及流线分析。

☑　掌握绘图前准备。

☑　掌握卡拉 OK 歌舞厅平面各个部分的绘制。

☑　掌握卡拉 OK 歌舞厅平面的尺寸、文字及符号标注。

14.2.1　平面功能及流线分析

如前所述，该歌舞厅场地原为餐馆，现改作歌舞厅，因而其内部的所有隔墙及装饰层需要全部清除掉。为了把握歌舞厅室内各区域分布情况，以便讲解图形的绘制，现给出该楼层平面功能及流线分析图，如图 14-4 所示。

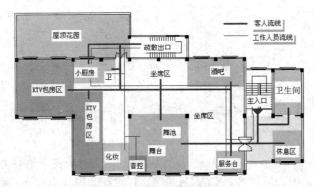

图 14-4　功能及流线分析图

14.2.2　绘图前的准备

该建筑平面比较规整，绘制的难度不大，为了节约篇幅，在此不叙述其绘制过程。在本书的光盘内已经给出了如图 14-2 所示的平面，读者可以打开直接利用，感兴趣的读者也可遵照该图练习绘制。

打开附带光盘 "X:\源文件\第 14 章\建筑平面.dwg" 文件，将其另存于刚才的文件夹内，命名为"歌舞厅室内设计.dwg"，结果如图 14-5 所示。

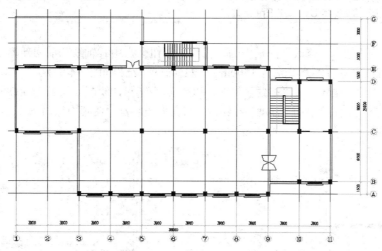

图 14-5　另存为"歌舞厅室内设计"

在这张图样的基础上，接着绘制室内部分的平面图形。读者可以看到该文件中包含了现有图形所需的图层、图块及文字、尺寸、标注等样式。在下面的绘制中，若需要增加新的图层，可以应用图层特性管理器来补充。

14.2.3　入口区的绘制

如图 14-4 所示，入口区包括楼梯口处的门厅、休息区布置、服务台布置等内容。首先绘制隔墙、隔断，然后布置家具陈设，最后绘制地面材料图案。

1．隔墙、隔断

（1）卫生间入口处的隔墙

单击"视图"选项卡"导航"面板中的"范围"下拉菜单中的"窗口"按钮，将门厅区放大显示，如图 14-6 所示，然后单击"默认"选项卡"修改"面板中的"偏移"按钮，将 C 轴线向下偏移复制出一条轴线，偏移距离为 1500mm，结果如图 14-7 所示。

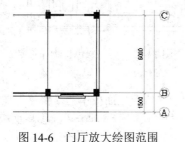

图 14-6　门厅放大绘图范围

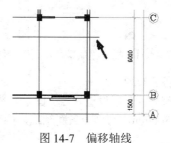

图 14-7　偏移轴线

选择菜单栏中的"绘图"→"多线"命令，将多线的对正方式设为"无"，比例设为 100，沿新增轴线由右向左绘制多线，绘制结果及尺寸如图 14-8 所示。命令行提示与操作如下。

```
命令: MLINE
当前设置: 对正 = 无，比例 = 100.00，样式 = MLSTYLE01
指定起点或 [对正(J)/比例(S)/样式(ST)]:
指定下一点: @-3000,0（按 Enter 键）
指定下一点或 [放弃(U)]: @0,-400（按 Enter 键）
指定下一点或 [闭合(C)/放弃(U)]:（按 Enter 键）
```

（2）入口屏风

① 单击"默认"选项卡"修改"面板中的"偏移"按钮，由⑧轴线和前面新增的轴线分别向右和向下偏移复制出两条轴线，偏移距离分别为 1500mm、2250mm，结果如图 14-9 所示。这两条直线交于 A 点。

② 选择菜单栏中的"绘图"→"多线"命令，以 A 点为起点，绘制一条长为 3000mm 的多线，然后单击"默认"选项卡"修改"面板中的"移动"按钮，将其向下移动，使其中点与 A 点重合，结果如图 14-10 所示，屏风绘制完成。

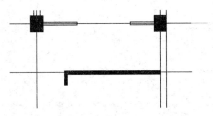 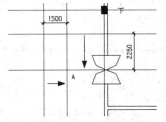 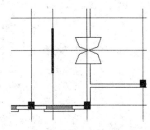

图 14-8　用"多线"命令绘制隔墙　　图 14-9　偏移复制定位轴线　　图 14-10　绘制屏风

2. 家具陈设布置

（1）休息区布置

将"家具"图层设置为当前图层，下面插入"家具"图块。单击"默认"选项卡"块"面板中的"插入"按钮，弹出"插入"对话框，在对话框中可以更改"插入点"、"缩放比例"和"旋转角度"等参数，单击"确定"按钮，将"歌舞厅沙发"插入到图 14-11 所示的位置。

将"植物"图层设置为当前图层。从工具选项板中插入植物到茶几面上，结果如图 14-12 所示。

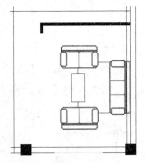 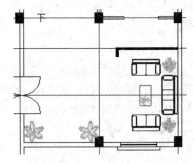

图 14-11　插入"歌舞厅沙发"到休息区　　图 14-12　插入绿色植物

（2）服务台布置

① 将"家具"图层设置为当前图层。单击"默认"选项卡"修改"面板中的"偏移"按钮，由 A 轴线向上偏移 1800mm，得到一条新轴线，如图 14-13 所示。单击"默认"选项卡"绘图"面板中的"矩形"

318

按钮🔲，以图中 C 点为起点，绘制一个 500mm×1550mm 的矩形作为衣柜的轮廓；重复"矩形"命令，分别以 A、B 点作为起点和终点绘制一个矩形作为陈列柜的轮廓。

② 单击"默认"选项卡"绘图"面板中的"直线"按钮╱，在矩形内部作适当分隔，并将柜子轮廓的颜色设为蓝色，结果如图 14-14 所示。

③ 单击"默认"选项卡"绘图"面板中的"样条曲线拟合"按钮╱，在柜子的前面绘制出台面的外边线，然后单击"默认"选项卡"修改"面板中的"偏移"按钮⬕，向内偏移 400mm 得到内边线，最后将这两条样条曲线颜色设为蓝色，如图 14-15 所示。

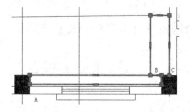
图 14-13　服务台柜子绘制示意图 1

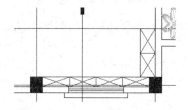
图 14-14　服务台柜子绘制示意图 2

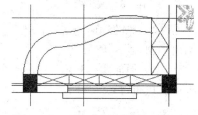
图 14-15　服务台柜子绘制示意图 3

④ 采用前面讲述的方法从图库中找到吧台椅子，并将其插入到服务台前。单击"默认"选项卡"修改"面板中的"旋转"按钮◯和"复制"按钮🔳，插入另外一个椅子，结果如图 14-16 所示。

⑤ 至此，服务台区的家具陈设平面图形基本绘制结束。

3．地面图案

入口处的地面采用 600mm×600mm 的花岗岩铺地，门前地面上设计一个铺地拼花。

（1）从"设计中心"内拖入"地面材料"图层，或者新建该图层，并将其设置为当前图层。将"植物""家具"图层关闭，并将"轴线"图层解锁。

（2）绘制网格。单击"默认"选项卡"修改"面板中的"偏移"按钮⬕，由⑨轴线向右偏移 1950mm，得到一条辅助线，沿该辅助线在门厅区域内绘制一条直线；另外，以大门的中点为起点绘制一条水平直线，如图 14-17 所示。将这两条直线分别向两侧偏移 300mm，得到 4 条直线，如图 14-18 所示。然后将这 4 条直线向四周阵列得出铺地网格，阵列间距为 600mm，结果如图 14-19 所示。

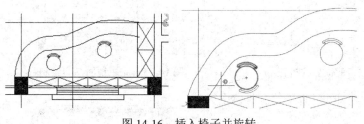
图 14-16　插入椅子并旋转

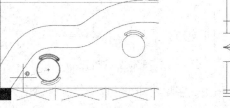
图 14-17　绘制地面图案的控制基线

（3）绘制地面拼花。总体思路是在绘图区适当的位置绘制好拼花图案后，再将其移动到具体位置。首先，按图 14-20 所示的尺寸绘制一个正方形线条图案，然后在线框内填充色块。

此处介绍一种填充图案的新方法。单击选项工具板"ISO 图案填充"栏中的一个色块，如图 14-21 所示，然后移动光标在图案线框内需要的位置上单击，即可完成一个区域的填充。按 Enter 键重复执行"图案填充"命令，完成剩余色块的填充，结果如图 14-22 所示。

最后，将图案移动到图 14-19 中的 A 点，单击"默认"选项卡"修改"面板中的"缩放"按钮🔲，将图形缩放至合适的大小，结果如图 14-23 所示。

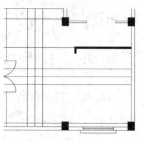
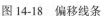

图 14-18　偏移线条

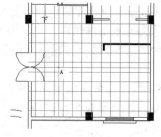

图 14-19　铺地网格

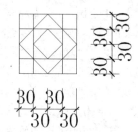

图 14-20　拼花图案尺寸

（4）修改地面图案。打开"家具""植物"图层。将那些与家具重合的线条及不需要的线条修剪掉，结果如图 14-24 所示。

（5）地面图案补充。绘制一个边长为 150mm 的正方形，将其旋转 45°，并在其中填充相同的色块。将该色块布置到地面网格节点上，结果如图 14-25 所示。

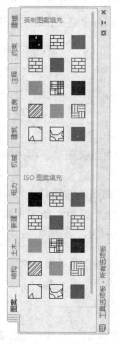

图 14-21　工具选项板

图 14-22　填充后的拼花

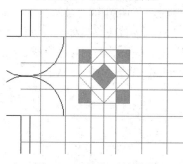

图 14-23　就位后的拼花

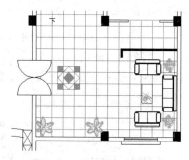

图 14-24　修剪后的地面图案

图 14-25　完成地面图案绘制

若在服务台区地面铺地毯，采用文字说明即可，以不绘制具体图案。

14.2.4　酒吧的绘制

酒吧区的绘制内容包括吧台、酒柜、椅子等。将如图 14-26 所示的酒吧区域放大显示，将"家具"图层设置为当前图层，下面开始绘制。

1. 吧台

（1）绘制吧台外轮廓。单击"默认"选项卡"绘图"面板中的"样条曲线拟合"按钮，绘制如图 14-26 所示的样条曲线。

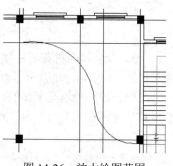

图 14-26　放大绘图范围

注意 如果对一次绘出的曲线形式不满意，可以用鼠标将其选中，然后用鼠标指针拖动节点进行调整，如图 14-27 所示。调整时建议将"对象捕捉"功能关闭。

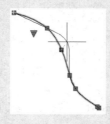

图 14-27　偏移轴线

（2）单击"默认"选项卡"修改"面板中的"偏移"按钮，将吧台外轮廓向内偏移 500mm，完成吧台的绘制，并将吧台轮廓选中，颜色设置为蓝色，结果如图 14-28 所示。

2. 酒柜

在吧台的内部依吧台的弧线形式设计一个酒柜，酒柜内部墙角处作储藏用。此处直接给出酒柜的形式及尺寸，读者可自己完成，结果如图 14-29 所示。

3. 布置椅子

单击"默认"选项卡"块"面板中的"插入"按钮，在图库中找到吧台椅，将其插入到吧台前，单击"默认"选项卡"修改"面板中的"旋转"按钮，旋转定位，结果如图 14-30 所示。

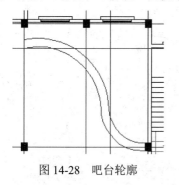

图 14-28　吧台轮廓

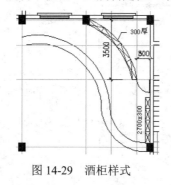

图 14-29　酒柜样式

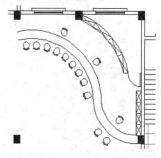

图 14-30　布置椅子

地面图案在此不绘出，只采用文字说明。

14.2.5　歌舞区的绘制

歌舞区绘制内容包括舞池、舞台、声光控制室、化妆室、坐席等。下面逐一介绍。

1. 舞池、舞台

（1）辅助定位线绘制。将"轴线"图层设置为当前图层。单击"默认"选项卡"绘图"面板中的"射线"按钮，以图 14-31 中的 A 点为起点、B 点为通过点，绘制一条射线。命令行提示与操作如下。

```
命令: _ray
指定起点:（用鼠标捕捉 A 点）
指定通过点:（用鼠标捕捉 B 点）
指定通过点:（按 Enter 键或右击确定）
```

（2）绘制舞池、舞台。首先，建立一个"舞池舞台"图层，参数设置如图 14-32 所示，置为当前。

图 14-31 绘制射线   图 14-32 "舞池舞台"图层

（3）单击"默认"选项卡"绘图"面板中的"圆"按钮⊙，依次在图中绘制 3 个圆，如图 14-33 所示。绘制参数如下。

圆 1：以点 B 为圆心，然后捕捉柱角 D 点确定半径。

圆 2：以点 C 为圆心，然后捕捉柱角 E 点确定半径。

圆 3：以点 A 为圆心，然后捕捉柱角 B 点确定半径。

接着，单击"默认"选项卡"修改"面板中的"修剪"按钮，对刚才绘制的 3 个圆进行修剪，结果如图 14-34 所示。然后用"偏移"命令将两条大弧向外偏移 300mm 得到舞池台阶，单击"默认"选项卡"绘图"面板中的"直线"按钮，补充左端缺口，交接处多余线条用"修剪"命令处理，结果如图 14-35 所示。

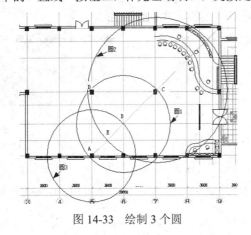

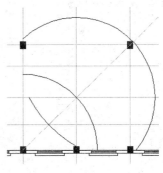

图 14-33 绘制 3 个圆   图 14-34 修剪后剩下的圆弧

为了把舞池周边的 3 根柱子排除在舞池之外，在柱周边绘制 3 个半径为 900mm 的小圆，如图 14-36 所示，然后利用"修剪"命令将不需要的部分修剪掉，结果如图 14-37 所示。

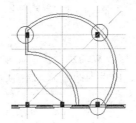

图 14-35 偏移出舞池台阶   图 14-36 绘制 3 个小圆   图 14-37 小圆修剪结果

2．歌舞区隔墙、隔断

（1）将"墙体"图层设置为当前图层。将舞台后的圆弧置换到"轴线"图层。

（2）化妆室、声光控制室隔墙。选择菜单栏中的"绘图"→"多线"命令，首先绘制出化妆室隔墙，如图 14-38 所示。对于弧墙，不便用"多线"命令绘制，因此单击"默认"选项卡"绘图"面板中的"多段线"按钮 ，沿图中 A、B、C、D 点绘制一条多段线，注意，BD 段设置为弧线。由这条线向两侧各偏移 50mm 得到弧墙，接着将初始的多段线删除，结果如图 14-39 所示。

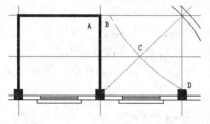

图 14-38　绘制化妆室隔墙

图 14-39　声光控制室弧墙

（3）按图 14-40 所示标注，用"多线"命令绘制化妆室内更衣室隔墙，多线比例更改为 50。

（4）参照图 14-41 所示绘制平面门。首先单击"默认"选项卡"修改"面板中的"分解"按钮 ，将多线分解开；其次修剪出门洞；最后绘制一个门图案，也可以单击"默认"选项卡"块"面板中的"插入"按钮 ，插入以前图样中的门图块。注意将门图案置换到"门窗"图层中以便于管理。

（5）门绘制结束后，可以考虑将墙体涂黑。首先，将"轴线"图层关闭，并把待填充的区域放大显示。然后，单击工具选项板"ISO 图案填充"栏中的黑色块，接着单击封闭的填充区域，如图 14-42 所示。

图 14-40　更衣室隔墙

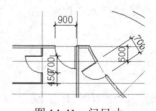

图 14-41　门尺寸

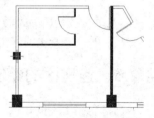

图 14-42　填充操作示意

3．坐席区隔断

在如图 14-43 所示的区域设两组卡座，坐席间用隔断划分。

（1）选择菜单栏中的"格式"→"多线样式"命令，建立一个两端封闭、不填充的多线样式。

（2）选择菜单栏中的"绘图"→"多线"命令，绘制如图 14-44 所示的隔断，多线比例设为 100，长为 2400mm。

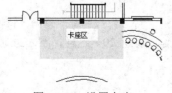

图 14-43　设置卡座

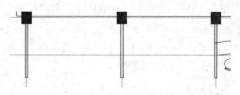

图 14-44　沙发坐席隔断

4．家具陈设布置

（1）声光控制室、化妆室布置。这些家具布置操作比较简单，结果如图 14-45 所示。

① 绘制转折型柜子、操作台时，建议用"多段线"命令绘制轮廓，这样轮廓形成一个整体，便于更换颜色。

② 插入图块的方式有多种，读者可以根据自己的喜好选择，也可以选择自己所需的其他图块。本章中的有关图块放在"X:\源文件\图库"中。

③ 此处窗帘的绘制方法是：首先绘制一条直线，然后将其线型设置为 ZIGZAG。

（2）坐席区布置。沙发、桌子从工具选项板上插入，结果如图 14-46 所示。

5．地面图案

此处主要表示舞池地面图案。舞池地面铺 600mm×600mm 的花岗岩，中央设计一个圆形拼花图案。

（1）将"地面材料"图层设置为当前图层。将舞池区在屏幕上全部显示出来。

（2）单击"默认"选项卡"绘图"面板中的"图案填充"按钮，设置填充图案为 NET，比例为 180，采用"点拾取"的方式选取填充区域，然后完成填充，结果如图 14-47 所示。

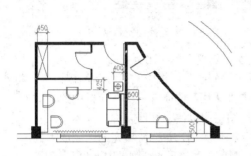 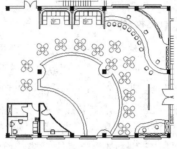 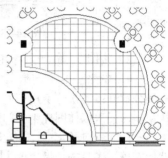

　图 14-45　声光控制室、化妆室布置　　　图 14-46　坐席区布置　　　图 14-47　舞池地面图案填充

（3）单击"默认"选项卡"块"面板中的"插入"按钮，将"地面拼花"图块插入到图中合适的位置，最后将被拼花覆盖的网格修剪掉。

14.2.6　包房区的绘制

包房区包括 I 区和 II 区两部分。I 区设 4 个小包房，II 区设两个大包房。I 区中间设置 1500mm 宽的过道（轴线距离）。隔墙均采用 100mm 厚的金属骨架隔墙。包房内设置沙发、茶几及电视机等卡拉 OK 设备。I 区包房地面满铺地毯；II 区包房内先满铺木地板，然后再局部铺地毯。

1．隔墙绘制

如图 14-48 所示，将包房区隔墙（包括厨房及两个小卫生间）绘制出来。然后将厨房外墙删除，绘制一道卷帘门；在走道尽头的横墙上开一道窗。

下面介绍一下如何利用"多段线"和"特性"功能来绘制卷帘门线条。

（1）单击"默认"选项卡"绘图"面板中的"多段线"按钮，绘制一条直线。

（2）将该直线选中，单击"视图"选项卡"选项板"面板中的"特性"按钮，弹出"特性"选项板。

（3）将"线型"改为虚线、"线型比例"改为 40、"全局宽度"改为 20。这样，刚才绘制的多段线即变成粗虚线，如图 14-49 中部所示。

2．家具陈设布置

总体思路是布置出一个房间，然后单击"默认"选项卡"修改"面板中的"复制"按钮和"镜像"按钮来布置其他房间。

（1）小包房布置。小包房的布置结果如图 14-50 所示。

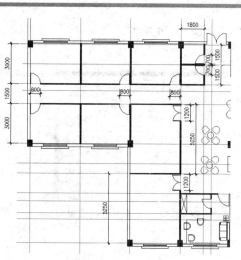

图 14-48　包房区隔墙

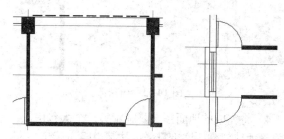

图 14-49　卷帘门及新增窗

① 沙发椅、双人沙发、三人沙发、电视机、植物均由"工具选项板"插入。

② 电视柜矩形尺寸为 1500mm×500mm，倒角 100mm。圆形茶几直径为 500mm。异型玻璃面茶几采用样条曲线绘制。

③ 窗帘图案的绘制方法与化妆室窗帘的绘制方法相同。

（2）对于大包房的布置，将小包房布置复制到大包房中，进行调整即可，结果如图 14-51 所示。

（3）将大小包房的布局分布到其他包房中，结果如图 14-52 所示。在分布时，可以考虑先将"墙体""柱""门窗"等图层锁定，这样，在选取家具陈设时，即使将墙体、柱、门窗的图线选在其内，也不会产生影响。

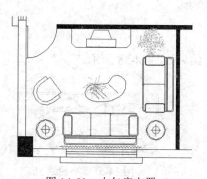

图 14-50　小包房布置

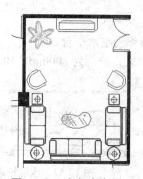

图 14-51　大包房布置

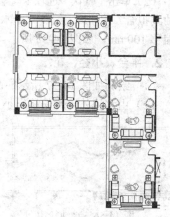

图 14-52　包房家具陈设布置

3．地面图案

此处仅绘制大包房地面材料图案。

（1）在包房地面中部绘制一条样条曲线作为木地面与地毯的交接线，如图 14-53 所示。注意将样条曲线两端与墙线相交。

（2）将接近门的一端填充木地面图案。为了便于系统分析填充条件，请将如图 14-53 所示的绘图区放大显示。

（3）单击"默认"选项卡"绘图"面板中的"图案填充"按钮，打开"图案填充创建"选项卡，设置填充图案为 LINE，比例为 60，选择填充区域填充图形，结果如图 14-54 所示。

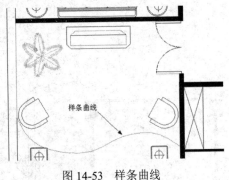
图 14-53 样条曲线

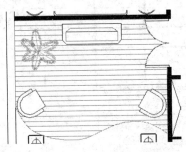
图 14-54 木地面填充效果

（4）将完成的地面图案复制到另一个大包房。

关于地毯部分，这里只采用文字说明。

14.2.7 屋顶花园绘制

该屋顶花园内包含水池、花坛、山石、小径、茶座等内容，下面介绍如何用 AutoCAD 2017 绘制。

1．水池

绘制思路是采用"样条曲线"命令绘制水池轮廓，然后在其中填充水的图案。

（1）建立一个"花园"图层，参数设置如图 14-55
所示，并将其设置为当前图层。

（2）单击"默认"选项卡"绘图"面板中的"样
条曲线拟合"按钮，绘制一个水池轮廓，然后向外
侧偏移 100mm，如图 14-56 所示。

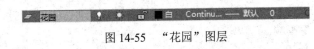
图 14-55 "花园"图层

2．平台、小径、花坛

（1）绘制如图 14-57 所示的两个矩形作为临水平台。

（2）由水池外轮廓偏移出小径，偏移间距分别为 800mm、100mm，结果如图 14-58 所示。

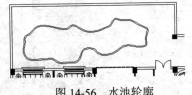
图 14-56 水池轮廓

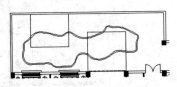
图 14-57 水池轮廓

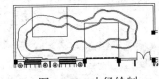
图 14-58 小径绘制

（3）综合利用"修改"命令，将花园调整为如图 14-59 所示样式。进一步将图线补充、修改为如图 14-60
所示的样式。

3．家具布置

在平台上布置茶座和长椅，位置如图 14-61 所示。

4．图案填充

对各部分进行图案填充，结果如图 14-61 所示。填充参数如下。

（1）水池：采用渐变填充，颜色为蓝色，参数设置如图 14-62 所示。

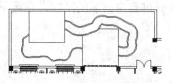

图 14-59　图线调整

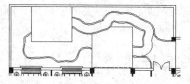

图 14-60　图线进一步调整

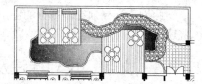

图 14-61　填充结果

图 14-62　"水池"填充参数

（2）平台：参数设置如图 14-63 所示。

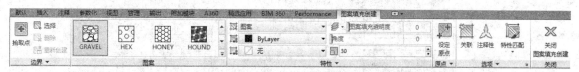

图 14-63　"平台"填充参数

（3）小径：参数设置如图 14-64 所示。

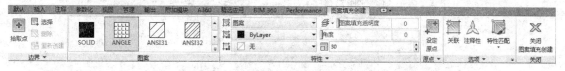

图 14-64　"小径"填充参数

（4）门口地面：参数设置如图 14-65 所示。

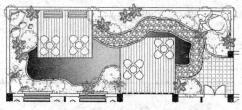

图 14-65　"门口地面"填充参数

5. 绿化布置

首先，将"植物"图层设置为当前图层，单击"默认"选项卡"块"面板中的"插入"按钮 ，插入各种绿色植物到花坛内；然后，单击"默认"选项卡"绘图"面板中的"直线"按钮 或"多段线"按钮 ，绘制山石图样；最后，单击"默认"选项卡"绘图"面板中的"多点"按钮 ，在花坛内的空白处打一些点，作为草坪，结果如图 14-66 所示。

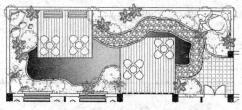

图 14-66　填充结果

到此为止，屋顶花园部分的图形基本绘制完毕。该实例中厨房、厕所部分可参考前面的绘制，在此不再赘述。

14.2.8　文字、尺寸标注及符号标注

首先对图面比例进行调整，然后从设计中心内拖入标注样式，完成相关标注，最后插入图框。由于后面将会多次用到"室内平面图.dwg"，所以，这里暂时将该图另存为"图1.dwg"，然后在图1中完成以下操作，而室内平面图则保持目前的状态，以便后面参考引用。

1．图面比例调整

该平面图绘制时以 1:100 的比例绘制，假如将其放在 A3 图框中，则会超出图框，所以先将其改为 1:150 的比例。操作步骤是将上面完成的平面图全部选中，单击"默认"选项卡"修改"面板中的"缩放"按钮 ，输入比例因子 0.66667，完成比例调整。

2．标注

单击"默认"选项卡"注释"面板中的"多行文字"按钮 A，在图中标注文字说明。考虑到酒吧、舞池、包房将用详图表示，本图标注得比较简单，如图 14-67 所示。不足之处以后再补充。

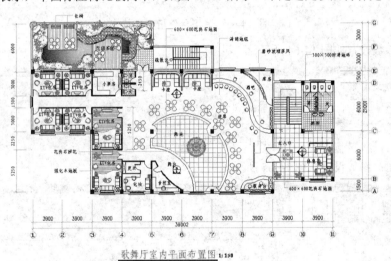

图 14-67　标注后的平面图

3．插入图框

插入图框的方法有多种，此处将绘制好的图框以图块的方式插入到模型空间内。具体操作是：单击"默认"选项卡"块"面板中的"插入"按钮 ，找到光盘图库中的"A3 横式.dwg"文件，输入插入比例 100，将其插入到模型空间内。最后，将图标中的文字做相应的修改，如图 14-68 所示。

XXX设计公司	某卡拉OK歌舞厅室内设计		
描　图		比　例	
设　计	歌舞厅室内平面布置图	图　号	
校　对			
审　核		日　期	

图 14-68　图标文字修改

第 14 章 卡拉 OK 歌舞厅室内家具设计综合实例

注意 也可以通过"插入"→"布局"→"创建布局向导"的方式来插入图框，请读者自己尝试。

14.3 歌舞厅室内立面图绘制

本节主要介绍比较有特色的 3 个立面图。第 1 个是入口立面，第 2 个是舞台立面，第 3 个是卡座处墙面。在每个立面图中，对必要的节点详图展开绘制。在每个图中，首先给出绘制结果，然后说明要点，结果如图 14-69 和图 14-70 所示。

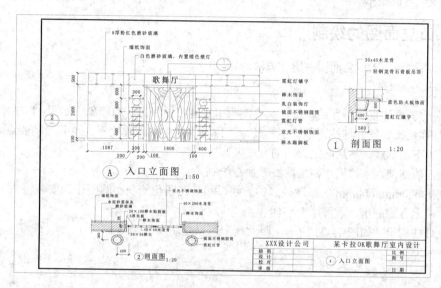

图 14-69 入口立面图

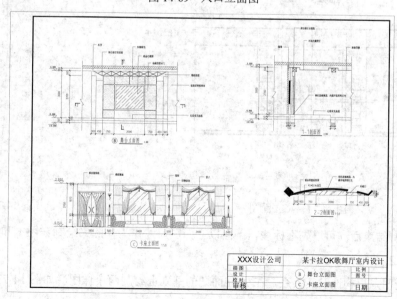

图 14-70 B、C 立面图

329

【预习重点】

- ☑ 掌握立面图绘图前准备。
- ☑ 掌握卡拉 OK 歌舞厅入口立面图的绘制。
- ☑ 掌握卡拉 OK 歌舞厅 B、C 立面图的绘制。

14.3.1 绘图前的准备

绘图之前，可以以光盘图库中的"A3 图框.dwt"作为样板来新建一个文件，也可以将前面绘制好的"室内平面图.dwg"另存为一张新图。然后建立一个"立面"图层，用来放置主要的立面图线。绘制时比例采用 1:100，绘好图线后再调整比例。

14.3.2 入口立面图的绘制

下面将大致讲述一下入口立面图的绘制方法。

1. A 立面图

入口处的装修既要体现歌舞厅的特征，又要能吸引宾客，加深宾客的印象。如图 14-71 所示，入口立面图包括大门、墙面装饰、霓虹灯柱、招牌字样及标注内容。绘制操作难度不大，其绘制要点如下：

（1）绘制上下轮廓线，然后确定大门的宽度及高度。

（2）绘制门的细部，木纹用"样条曲线"命令绘制。

（3）绘制出 600mm×600mm 的磨砂玻璃砖方块，然后在四角绘制小圆圈作为安装钮。

（4）在大门上方绘制出"歌舞厅"字样。

（5）霓虹灯柱的尺寸如图 14-72 所示，照此尺寸可以绘制出来。

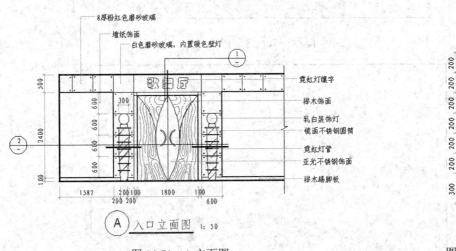

图 14-71　A 立面图

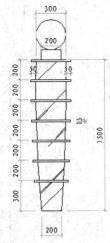

图 14-72　霓虹灯柱

（6）图线绘制结束后，可以先不标注，下面以立面图尺寸作为参照来绘制详图 1 和 2。

2. 详图 1 和 2

为了进一步说明入口构造及其关系，在 A 立面图的基础上绘制两个详图，如图 14-73 和图 14-74 所示。要点说明如下：

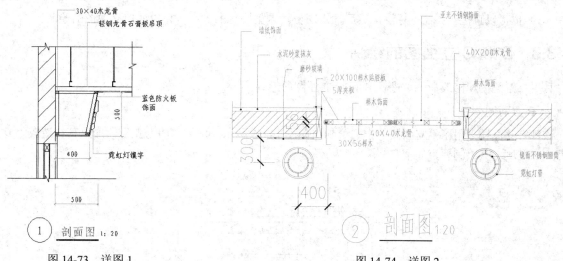

图 14-73　详图 1　　　　　　　　　　　　　　　　图 14-74　详图 2

（1）以立面图作为水平参照（详图 1）和竖直参照（详图 2）绘制详图。

（2）绘制详图时，要细心、仔细，多借助辅助线条来确定尺寸。

（3）图 14-73 和图 14-74 中所示的详图比较简单，在实际工程中，需根据具体情况做必要的调整和补充。如果这些详图仍不足以表达设计意图，可以进一步用详图来表达。

3．图面调整、标注及布图

要点说明如下：

（1）由于需要将立面图、详图比例放大，所以首先将这 3 个图之间拉开一些距离。

（2）立面图的图面比例取 1:50，所以将其比例放大 2 倍；详图的图面比例取 1:20，所以将其放大 5 倍。

（3）下面进行标注。在标注样式设置中，对于 1:50 的图样，样式中的测量比例因子设置为 0.5；对于 1:20 的图样，样式中的测量比例因子设置为 0.2。

（4）标注结束后，插入图框，结果如图 14-75 所示。

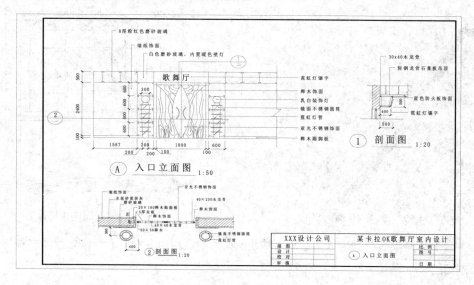

图 14-75　入口立面图效果

（5）也可以直接在原图上标注，然后插入图框，调整图框的大小，完成入口立面图的绘制。

14.3.3　B 和 C 立面图的绘制

利用二维绘图和修改命令，进行 B 和 C 立面图的绘制。

1．B 立面图

该舞台立面图采用了剖立面图的方式绘制，如图 14-76 所示。由于墙面为弧形，加上其构造较为复杂，稍有一点难度。其绘制要点如下：

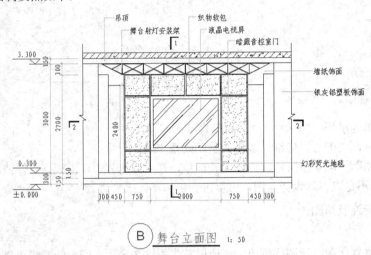

图 14-76　B 立面图

（1）首先，完善舞台平面图部分，如图 14-77 所示，然后以此作为立面、剖面绘制参照。

（2）复制舞台墙体装修平面，并旋转成水平状态，作为 B 立面图水平尺寸的参照，如图 14-78 所示。

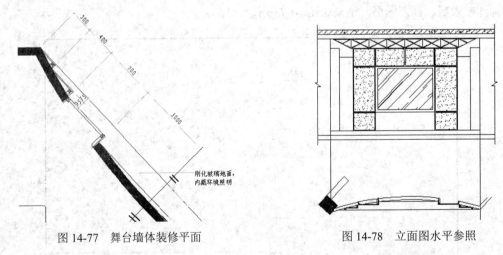

图 14-77　舞台墙体装修平面　　　　　　　图 14-78　立面图水平参照

（3）绘制舞台射灯安装架。可以先绘制出轴线网架，然后用"多线"命令沿轴线绘制杆件。

2．1-1 剖面图

为了进一步说明构造关系，在 B 立面图的基础上绘制 1-1 剖面图，如图 14-79 所示。

要点说明如下：

（1）绘制 1-1 剖面图时，复制墙体平面并将其旋转成竖直状态，如图 14-80 所示。

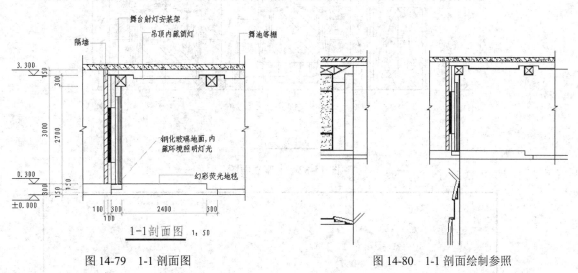

图 14-79　1-1 剖面图　　　　　　　　　　　图 14-80　1-1 剖面绘制参照

（2）绘制剖面时，注意竖向各层次的标高关系。

3．2-2 剖面图

把如图 14-77 所示的墙体装修平面整理成为 2-2 剖面图，结果如图 14-81 所示。

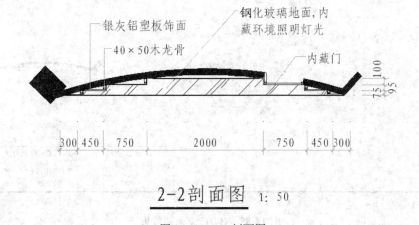

图 14-81　2-2 剖面图

4．C 立面图

C 立面为卡座处的墙面，绘制难度不大，注意处理好各图形之间的关系，其结果如图 14-82 所示。

5．图面调整、标注及布图

要点说明如下：

（1）"B、C 立面图.dwg"中的所有图形比例均取 1:50，按照"入口立面图.dwg"的方法首先将这 3 个图比例放大 2 倍。

（2）将"入口立面图.dwg"的图框复制过来，调整图面，修改图标。

（3）完成标注，结果如图 14-83 所示。

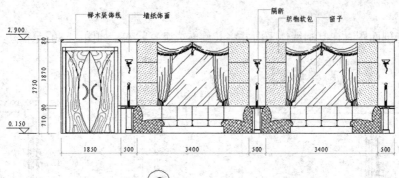

图 14-82　卡座立面图

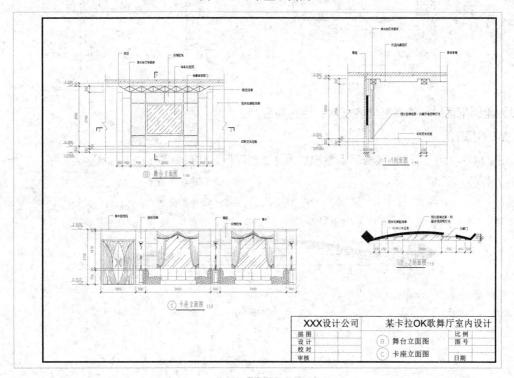

图 14-83　B、C 立面图效果

14.4　歌舞厅室内顶棚图绘制

该歌舞厅顶棚图的绘制思路及步骤与前面章节的顶棚图绘制部分是基本相同的，因此，其基本图线绘制操作不作重点讲解。本节重点介绍歌舞厅的详图绘制。

【预习重点】

☑　掌握歌舞厅顶棚总平面图的绘制。

☑　掌握卡拉 OK 歌舞厅详图的绘制。

14.4.1　歌舞厅顶棚总平面图

该歌舞厅顶棚总平面图绘制结果如图 14-84 所示。

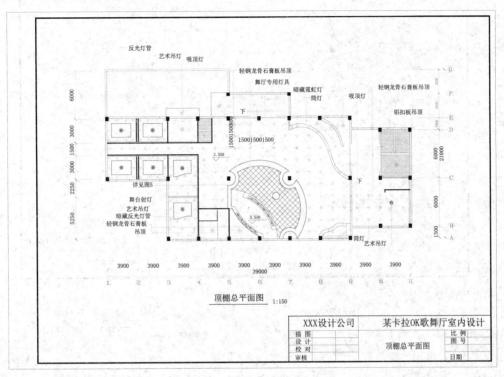

图 14-84　歌舞厅顶棚总平面图

（1）将"歌舞厅室内平面图.dwg"另存为"歌舞厅室内顶棚图.dwg"，将"门窗""地面材料""花园"
"植物""山石"等不需要的图层关闭，然后分别建立"顶棚""灯具"图层。

（2）删除不需要的家具平面图，修整剩下的图线，使其符合顶棚图要求。

（3）按设计要求绘制顶棚图线。

（4）最后进行标注、插入图框等操作。

14.4.2　详图绘制

在本实例中，舞池、KTV 包房及酒吧部分均可以采用详图的方式来进一步详细表达，下面以舞池、舞
台及周边区域为例来介绍，KTV 包房及酒吧部分由读者参照完成，结果如图 14-85 所示。

1．绘图前的准备

（1）将"歌舞厅顶棚总平面图.dwg"另存为"详图.dwg"。

（2）删除舞池、舞台周边不需要的各种图形，整理结果如图 14-86 所示。将其整体比例放大 1.5 倍，
即还原为 1:100 的比例。比例缩放时，注意将"轴线"图层同时缩放。

2．尺寸、标高、符号、文字标注

对舞池、舞台顶棚图线进行尺寸、标高、符号、文字标注，结果如图 14-87 所示。

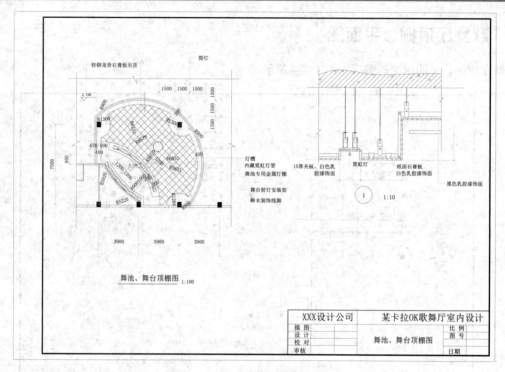

图 14-85　详图

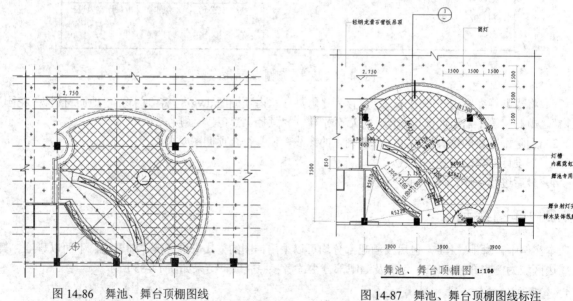

图 14-86　舞池、舞台顶棚图线　　　　　　图 14-87　舞池、舞台顶棚图线标注

要点说明：图中倾斜的尺寸用"标注"面板中的"对齐"按钮 ◇ 实现；弧线的标注用"半径标注"按钮 ◎ 实现；筒灯间距可以用"连续"按钮 ⊞ 实现。

3．详图 1 绘制

如图 14-87 所示，剖面详图 1 剖切到座席区吊顶和舞池区吊顶的交接位置，因此，图中需要表示出不同的吊顶做法及交接处理，绘制结果如图 14-88 所示。该详图的图面比例为 1:10，所以，图线绘制完后放大

10 倍，标注样式中的"测量比例因子"设为 0.1。

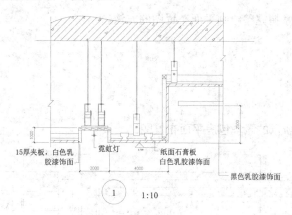

① 1:10

图 14-88　详图 1

注意　读者在学习工作中，多收集各种节点做法的详图，在面对具体设计任务时，就可以根据具体情况选择利用、局部修改，而不必对每个详图都从头绘制。

4．布图

将舞台、舞池顶棚图和详图 1 放在一张 A3 图中，图标填写如图 14-89 所示。

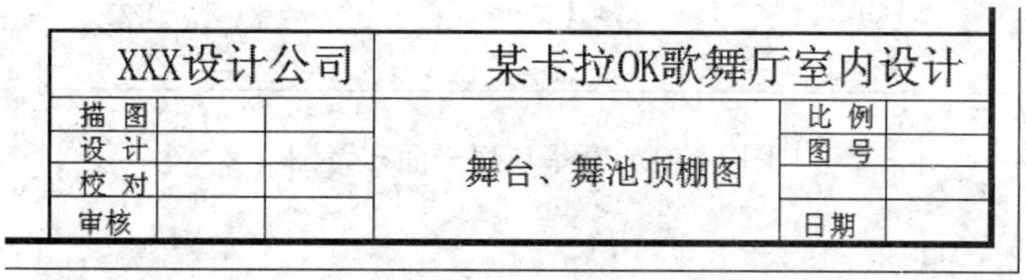

XXX设计公司		某卡拉OK歌舞厅室内设计		
描 图		舞台、舞池顶棚图	比例	
设 计			图号	
校 对				
审 核			日期	

图 14-89　布图的图标

14.5　上机实验

【练习1】绘制如图 14-90 所示的按摩包房平面布置图。

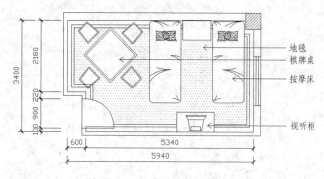

图 14-90　按摩包房平面布置图

1. 目的要求

通过本实例，要求读者掌握完整绘制平面布置图的方法。

2. 操作提示

（1）绘制墙体。

（2）绘制家具。

（3）标注尺寸和文字。

【练习2】绘制如图 14-91 所示的豪华包房平面布置图。

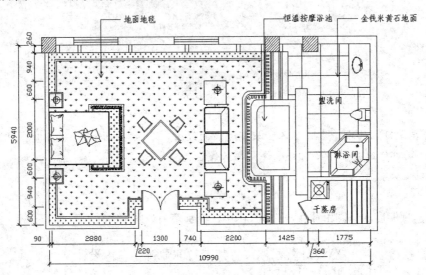

图 14-91　豪华包房平面布置图

1. 目的要求

通过本实例，要求读者进一步熟悉二维图形的绘制和编辑操作。

2. 操作提示

（1）绘制辅助线。

（2）绘制墙体。

（3）绘制家具。

（4）标注尺寸和文字。

第15章

三维造型基础知识

    随着 AutoCAD 技术的普及，越来越多的工程技术人员使用 AutoCAD 进行工程设计。虽然在工程设计中，通常都使用二维图形描述三维实体，但是由于三维图形的逼真效果，可以通过三维立体图直接得到透视图或平面效果图。因此，计算机三维设计越来越受到工程技术人员的青睐。

    本章主要介绍三维坐标系统、创建三维坐标系、动态观察三维图形、三维点的绘制、三维直线的绘制、三维构造线的绘制、三维多段线的绘制、三维曲面的绘制等知识。

15.1 三维坐标系统

【预习重点】

☑ 了解三维坐标的应用。

AutoCAD 2017 使用的是笛卡尔坐标系，其使用的直角坐标系有两种类型：一种是世界坐标系（WCS）；另一种是用户坐标系（UCS）。绘制二维图形时，常用的坐标系是世界坐标系（WCS），由系统默认提供。世界坐标系又称通用坐标系或绝对坐标系，对于二维绘图来说，世界坐标系足以满足要求。为了方便创建三维模型，AutoCAD 2017 允许用户根据自己的需要设定坐标系，即用户坐标系（UCS）。合理创建 UCS，可以方便地创建三维模型。

AutoCAD 有模型空间和图纸空间两种视图显示方式。模型空间使用单一视图显示，通常使用的都是这种显示方式；图纸空间能够在绘图区创建图形的多视图，用户可以对其中每一个视图进行单独操作。在默认情况下，当前 UCS 与 WCS 重合。如图 15-1（a）所示为模型空间下的 UCS 坐标系图标，通常放在绘图区左下角处；也可以指定放在当前 UCS 的实际坐标原点位置，如图 15-1（b）所示。如图 15-1（c）所示为布局空间下的坐标系图标。

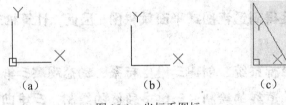

图 15-1 坐标系图标

【预习重点】

☑ 观察坐标系应用。
☑ 练习打开与关闭坐标系。

15.1.1 右手法则与坐标系

在 AutoCAD 中通过右手法则确定直角坐标系 Z 轴的正方向和绕轴线旋转的正方向，称之为"右手定则"。因此用户只需要简单地使用右手即可确定所需要的坐标信息。

在 AutoCAD 中输入坐标可以采用绝对坐标和相对坐标两种形式，格式如下。

绝对坐标格式：X,Y,Z；

相对坐标格式：@X,Y,Z。

AutoCAD 可以用柱坐标和球坐标定义点的位置。

柱面坐标系统类似于 2D 极坐标输入，由该点在 XY 平面的投影点到 Z 轴的距离、该点与坐标原点的连线在 XY 平面的投影与 X 轴的夹角及该点沿 Z 轴的距离来定义。格式如下：

绝对坐标形式：XY 距离<角度，Z 距离；

相对坐标形式：@XY 距离<角度，Z 距离。

例如，绝对坐标 10<60，20 表示在 XY 平面的投影点距离 Z 轴 10 个单位，该投影点与原点在 XY 平面的连线相对于 X 轴的夹角为 60°，沿 Z 轴离原点 20 个单位的一个点，如图 15-2 所示。

球面坐标系统中，3D 球面坐标的输入也类似于 2D 极坐标的输入。球面坐标系统由坐标点到原点的距离、该点与坐标原点的连线在 XY 平面内的投影与 X 轴的夹角该点与坐标原点的连线与 XY 平面的夹角来定义。具体格式如下：

绝对坐标形式：XYZ 距离<XY 平面内投影角度<与 XY 平面夹角；

相对坐标形式：@XYZ 距离<XY 平面内投影角度<与 XY 平面夹角。

例如，坐标 10<60<15 表示该点距离原点为 10 个单位，与原点连线的投影在 XY 平面内与 X 轴成 60°夹角，连线与 XY 平面成 15°夹角，如图 15-3 所示。

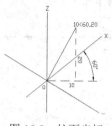

图 15-2　柱面坐标

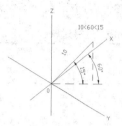

图 15-3　球面坐标

15.1.2　创建坐标系

【执行方式】

☑　命令行：UCS。

☑　菜单栏：选择菜单栏中的"工具"→"新建 UCS"命令。

☑　工具栏：单击 UCS 工具栏中的 UCS 按钮⌐。

☑　功能区：单击"视图"选项卡"坐标"面板中的 UCS 按钮⌐，如图 15-4 所示。

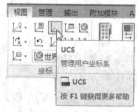

图 15-4　"坐标"面板

【操作步骤】

```
命令: UCS↙
当前 UCS 名称: *左视*
指定 UCS 的原点或 [面(F)/命名(NA)/对象(OB)/上一个(P)/视图(V)/世界(W)/X/Y/Z/Z 轴(ZA)] <世界>:
```

【选项说明】

（1）指定 UCS 的原点：使用一点、两点或三点定义一个新的 UCS。如果指定单个点 1，当前 UCS 的原点将会移动而不会更改 X、Y 和 Z 轴的方向。选择该选项，命令行提示与操作如下。

指定 X 轴上的点或 <接受>: 继续指定 X 轴通过的点 2 或直接按 Enter 键，接受原坐标系 X 轴为新坐标系的 X 轴
指定 XY 平面上的点或 <接受>: 继续指定 XY 平面通过的点 3 以确定 Y 轴或直接按 Enter 键，接受原坐标系 XY 平面为新坐标系的 XY 平面，根据右手法则，相应的 Z 轴也同时确定

示意图如图 15-5 所示。

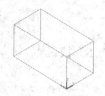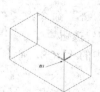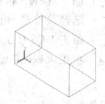

图 15-5　指定原点

（2）面(F)：将 UCS 与三维实体的选定面对齐。要选择一个面，请在此面的边界内或面的边上单击，被选中的面将亮显，UCS 的 X 轴将与找到的第一个面上最近的边对齐。选择该选项，命令行提示与操作如下。

选择实体面、曲面或网格:（选择面）
输入选项 [下一个(N)/X 轴反向(X)/Y 轴反向(Y)] <接受>:✓ （结果如图 15-6 所示）

如果选择"下一个"选项，系统将 UCS 定位于邻接的面或选定边的后向面。

（3）对象(OB)：根据选定三维对象定义新的坐标系，如图 15-7 所示。新建 UCS 的拉伸方向（Z 轴正方向）与选定对象的拉伸方向相同。选择该选项，命令行提示与操作如下。

选择对齐 UCS 的对象: 选择对象

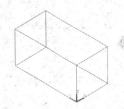 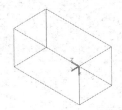

图 15-6　选择面确定坐标系　　　　　图 15-7　选择对象确定坐标系

对于大多数对象，新 UCS 的原点位于离选定对象最近的顶点处，并且 X 轴与一条边对齐或相切。对于平面对象，UCS 的 XY 平面与该对象所在的平面对齐。对于复杂对象，将重新定位原点，但是轴的当前方向保持不变。

（4）视图(V)：以垂直于观察方向（平行于屏幕）的平面为 XY 平面，创建新的坐标系。UCS 原点保持不变。

（5）世界(W)：将当前用户坐标系设置为世界坐标系。WCS 是所有用户坐标系的基准，不能被重新定义。

🎓 **高手支招**

> 该选项不能用于下列对象：三维多段线、三维网格和构造线。

（6）X、Y、Z：绕指定轴旋转当前 UCS。
（7）Z 轴(ZA)：利用指定的 Z 轴正半轴定义 UCS。

15.1.3　坐标系设置

可以利用相关命令对坐标系进行设置。

【执行方式】

☑　命令行：UCSMAN（快捷命令：UC）。
☑　菜单栏：选择菜单栏中的"工具"→"命名 UCS"命令。
☑　工具栏：单击 UCS II 工具栏中的"命名 UCS"按钮 ⏛。
☑　功能区：单击"视图"选项卡"坐标"面板中的"UCS，命名 UCS"按钮 ⏛。

【操作步骤】

执行上述操作后，系统打开如图 15-8 所示的 UCS 对话框。

【选项说明】

（1）"命名 UCS" 选项卡

该选项卡用于显示已有的 UCS 并设置当前坐标系，如图 15-8 所示。

在"命名 UCS"选项卡中，用户可以将世界坐标系、上一次使用的 UCS 或某一命名的 UCS 设置为当前坐标。其具体方法是：从列表框中选择某一坐标系，单击"置为当前"按钮。还可以利用选项卡中的"详细信息"按钮，了解指定坐标系相对于某一坐标系的详细信息。其具体步骤是：单击"详细信息"按钮，系统打开如图 15-9 所示的"UCS 详细信息"对话框，该对话框详细说明了用户所选坐标系的原点及 X、Y 和 Z 轴的方向。

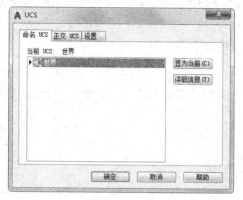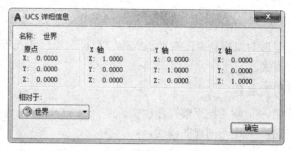

图 15-8　UCS 对话框　　　　　图 15-9　"UCS 详细信息"对话框

（2）"正交 UCS"选项卡

该选项卡用于将 UCS 设置成某一正交模式，如图 15-10 所示。其中，"深度"列用来定义用户坐标系 XY 平面上的正投影与通过用户坐标系原点平行平面之间的距离。

（3）"设置"选项卡

该选项卡用于设置 UCS 图标的显示形式、应用范围等，如图 15-11 所示。

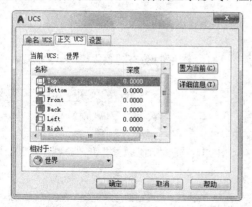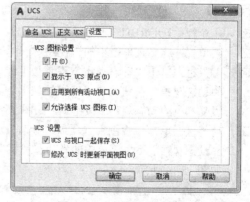

图 15-10　"正交 UCS"选项卡　　　　　图 15-11　"设置"选项卡

15.1.4　动态坐标系

打开动态坐标系的具体操作方法是单击状态栏中的"将 UCS 捕捉到活动实体平面"（动态 UCS）按钮。可以使用动态 UCS 在三维实体的平整面上创建对象，而无须手动更改 UCS 方向。在执行命令的过程中，当将光标移动到面上方时，动态 UCS 会临时将 UCS 的 XY 平面与三维实体的平整面对齐，如图 15-12 所示。

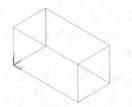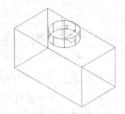

图 15-12　动态 UCS

动态 UCS 激活后，指定的点和绘图工具（如极轴追踪和栅格）都将与动态 UCS 建立的临时 UCS 相关联。

15.2　观察模式

图形的观察功能，有动态观察、相机、漫游和飞行以及运动路径动画等模式。本节主要介绍最常用的观察模式。

【预习重点】

☑　了解不同观察视图模式。

☑　对比不同视图模式。

15.2.1　动态观察

AutoCAD 2017 提供了具有交互控制功能的三维动态观测器，利用三维动态观测器，用户可以实时地控制和改变当前视口中创建的三维视图，以得到期望的效果。动态观察分为受约束的动态观察、自由动态观察和连续动态观察 3 类。

1．受约束的动态观察

【执行方式】

☑　命令行：3DORBIT（快捷命令：3DO）。

☑　菜单栏：选择菜单栏中的"视图"→"动态观察"→"受约束的动态观察"命令。

☑　工具栏：单击"动态观察"工具栏中的"受约束的动态观察"按钮或"三维导航"工具栏中的"受约束的动态观察"按钮，如图 15-13 所示。

☑　功能区：单击"视图"选项卡"导航"面板上的"动态观察"下拉菜单中的"动态观察"按钮，如图 15-14 所示。

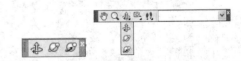

图 15-13　"动态观察"和"三维导航"工具栏

图 15-14　"动态观察"下拉菜单

☑　快捷菜单：启用交互式三维视图后，在视口中右击，打开快捷菜单，如图 15-15 所示，选择"受约束的动态观察"命令。

【操作步骤】

执行上述操作后，视图的目标将保持静止，而视点围绕目标移动。但是，从用户的视点看起来就像三维模型正在随着光标的移动而旋转，用户可以此方式指定模型的任意视图。

系统显示三维动态观察光标图标。如果水平拖动鼠标，相机将沿平行于世界坐标系（WCS）的 XY 平面移动。如果垂直拖动鼠标，相机将沿 Z 轴移动，如图 15-16 所示。

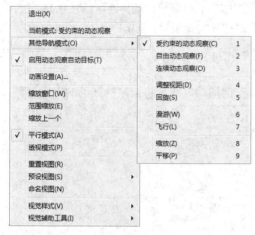

图 15-15　快捷菜单

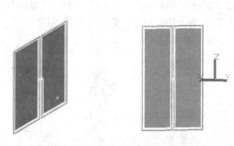

图 15-16　受约束的三维动态观察

🎓 高手支招

3DORBIT 命令处于活动状态时，无法编辑对象。

2. 自由动态观察

【执行方式】

☑　命令行：3DFORBIT。

☑　菜单栏：选择菜单栏中的"视图"→"动态观察"→"自由动态观察"命令。

☑　工具栏：单击"动态观察"工具栏中的"自由动态观察"按钮◎或"三维导航"工具栏中的"自由动态观察"按钮◎。

☑　功能区：单击"视图"选项卡"导航"面板上的"动态观察"下拉菜单中的"自由动态观察"按钮◎。

☑　快捷菜单：启用交互式三维视图后，在视口中右击，打开快捷菜单，如图 15-15 所示，选择"自由动态观察"命令。

【操作步骤】

执行上述操作后，在当前视口出现一个绿色的大圆，在大圆上有 4 个绿色的小圆，如图 15-17 所示。此时通过拖动鼠标即可对视图进行旋转观察。

在三维动态观测器中，查看目标的点被固定，用户可以利用鼠标控制相机位置绕观察对象得到动态的观测效果。当光标在绿色大圆的不同位置进行拖动时，光标的表现形式是不同的，视图的旋转方向也不同。视图的旋转由光标的表现形式和其位置决定，光标在不同位置有⊙、⊙、⇔、⇕几种表现形式，可分别对对象进行不同形式的旋转。

3. 连续动态观察

【执行方式】

☑ 命令行：3DCORBIT。

☑ 菜单栏：选择菜单栏中的"视图"→"动态观察"→"连续动态观察"命令。

☑ 工具栏：单击"动态观察"工具栏中的"连续动态观察"按钮 或"三维导航"工具栏中的"连续动态观察"按钮 。

☑ 功能区：单击"视图"选项卡"导航"面板上"动态观察"下拉菜单中的"连续动态观察"按钮 。

☑ 快捷菜单：启用交互式三维视图后，在视口中右击，打开快捷菜单，如图 15-15 所示，选择"连续动态观察"命令。

【操作步骤】

执行上述操作后，绘图区出现动态观察图标，按住鼠标左键拖动，图形将按鼠标拖动的方向旋转，旋转速度为鼠标拖动的速度，如图 15-18 所示。

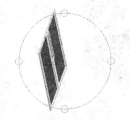

图 15-17　自由动态观察　　　　　图 15-18　连续动态观察

高手支招

如果设置了相对于当前 UCS 的平面视图，就可以在当前视图用绘制二维图形的方法在三维对象的相应面上绘制图形。

15.2.2　相机

相机是 AutoCAD 提供的另外一种三维动态观察模式。相机观察中视点相对对象位置不发生变化；而动态观察中视点相对对象位置发生变化。

1. 创建相机

【执行方式】

☑ 命令行：CAMERA。

☑ 菜单栏：选择菜单栏中的"视图"→"创建相机"命令。

☑ 功能区：单击"可视化"选项卡"相机"面板中的"创建相机"按钮 ，如图 15-19 所示。

图 15-19　"相机"面板

【操作步骤】

命令: CAMERA
当前相机设置: 高度=0 镜头长度=50mm
指定相机位置:（指定位置）

指定目标位置：（指定位置）
输入选项 [?/名称(N)/位置(LO)/高度(H)/坐标(T)/镜头(LE)/剪裁(C)/视图(V)/退出(X)] <退出>：

设置完毕后，界面出现一个相机符号，表示创建了一个相机。

【选项说明】

（1）位置(LO)：指定相机的位置。

（2）高度(H)：更改相机高度。

（3）坐标(T)：指定相机的目标。

（4）镜头(LE)：更改相机的焦距。

（5）剪裁(C)：定义前后剪裁平面并设置其值。选择该项，系统提示如下。

是否启用前向剪裁平面？[是(Y)/否(N)] <否>：（指定"是"启用前向剪裁）
指定从坐标平面的后向剪裁平面偏移 <0>：（输入距离）
是否启用后向剪裁平面？[是(Y)/否(N)] <否>：（指定"是"启用后向剪裁）
指定从坐标平面的后向剪裁平面偏移 <0>：（输入距离）

剪裁范围内的对象不可见，图 15-20 中，设置剪裁平面后单击相机符号，系统显示对应的相机预览视图。

（6）视图(V)：设置当前视图以匹配相机设置。选择该选项，系统提示如下。

是否切换到相机视图？[是(Y)/否(N)] <否>

2．调整距离

【执行方式】

- ☑ 命令行：3DDISTANCE。
- ☑ 菜单栏：选择菜单栏中的"视图"→"相机"→"调整视距"命令。
- ☑ 工具栏：单击"相机调整"工具栏中的"调整视距"按钮🔎或单击"三维导航"工具栏中的"调整视距"按钮🔎。
- ☑ 快捷菜单：启用交互式三维视图后，在视口中右击，在弹出的快捷菜单中选择"调整视距"命令。

【操作步骤】

命令: 3DDISTANCE↙
按 Esc 或 Enter 键退出，或者右击显示快捷菜单

执行该命令后，系统将光标更改为具有上箭头和下箭头的直线。单击并向屏幕顶部垂直拖动光标使相机靠近对象，从而使对象显示得更大。单击并向屏幕底部垂直拖动光标使相机远离对象，从而使对象显示得更小，如图 15-21 所示。

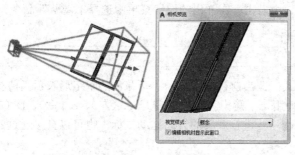 

图 15-20　相机及其对应的相机预览　　　　　　　　　图 15-21　调整距离

3. 回旋

【执行方式】

☑ 命令行：3DSWIVEL。

☑ 菜单栏：选择菜单栏中的"视图"→"相机"→"回旋"命令。

☑ 工具栏：单击"相机调整"工具栏中的"回旋"按钮[图]或单击"三维导航"工具栏中的"回旋"按钮[图]。

☑ 快捷菜单：启用交互式三维视图后，在视口中右击，在弹出的快捷菜单中选择"回旋"命令。

【操作步骤】

命令: 3DSWIVEL↙
按 Esc 或 Enter 键退出，或者右击显示快捷菜单

执行该命令后，系统在拖动方向上模拟平移相机，查看的目标将更改。可以沿 XY 平面或 Z 轴回旋视图，如图 15-22 所示。

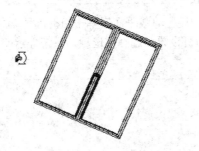

图 15-22　回旋

15.2.3　漫游和飞行

使用漫游和飞行模式，可以产生一种在 XY 平面行走或飞越视图的观察效果。

1. 漫游

【执行方式】

☑ 命令行：3DWALK。

☑ 菜单栏：选择菜单栏中的"视图"→"漫游和飞行"→"漫游"命令。

☑ 工具栏：单击"漫游和飞行"工具栏中的"漫游"按钮[图]或单击"三维导航"工具栏中的"漫游"按钮[图]。

☑ 快捷菜单：启用交互式三维视图后，在视口中右击，在弹出的快捷菜单中选择"漫游"命令。

【操作步骤】

命令: 3DWALK↙

执行该命令后，系统在当前视口中激活漫游模式，在当前视图上显示一个绿色的十字形表示当前漫游位置，同时系统打开"定位器"选项板。在键盘上使用 4 个箭头键或 W（前）、A（左）、S（后）、D（右）键和鼠标来确定漫游的方向。要指定视图的方向，请沿要进行观察的方向拖动鼠标，也可以直接通过定位器调节目标指示器设置漫游位置，如图 15-23 所示。

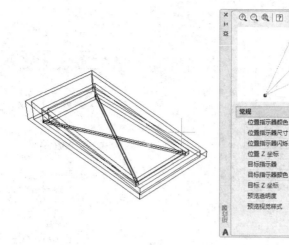

图 15-23 漫游设置

2. 飞行

【执行方式】

☑ 命令行：3DFLY。

☑ 菜单栏：选择菜单栏中的"视图"→"漫游和飞行"→"飞行"命令。

☑ 工具栏：单击"漫游和飞行"工具栏中的"飞行"按钮或单击"三维导航"工具栏中的"飞行"按钮。

☑ 快捷菜单：启用交互式三维视图后，在视口中右击，在弹出的快捷菜单中选择"飞行"命令。

【操作步骤】

命令: 3DFLY✓

执行该命令后，系统在当前视口中激活飞行模式，同时系统打开"定位器"选项板。可以离开 XY 平面，就像在模型中飞越或环绕模型飞行一样。在键盘上使用 4 个箭头键或 W（前）、A（左）、S（后）、D（右）键和鼠标来确定飞行的方向，如图 15-24 所示。

3. 漫游和飞行设置

【执行方式】

☑ 命令行：WALKFLYSETTINGS。

☑ 菜单栏：选择菜单栏中的"视图"→"漫游和飞行"→"漫游和飞行设置"命令。

☑ 工具栏：单击"漫游和飞行"工具栏中的"漫游和飞行设置"按钮或单击"三维导航"工具栏中的"漫游和飞行设置"按钮。

☑ 快捷菜单：启用交互式三维视图后，在视口中右击，在弹出的快捷菜单中选择"飞行"命令。

【操作步骤】

命令: WALKFLYSETTINGS✓

执行该命令后，系统打开"漫游和飞行设置"对话框，如图 15-25 所示，可以通过该对话框设置漫游和飞行的相关参数。

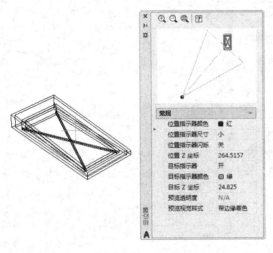

图 15-24 飞行设置   图 15-25 "漫游和飞行设置"对话框

15.2.4 运动路径动画

使用运动路径动画模式，可以设置观察的运动路径，并输出运动观察过程动画文件。

【执行方式】

☑ 命令行：ANIPATH。

☑ 菜单栏：选择菜单栏中的"视图"→"运动路径动画"命令。

【操作步骤】

命令: ANIPATH↙

执行该命令后，系统打开"运动路径动画"对话框，如图 15-26 所示。其中，"相机"和"目标"栏中分别有"点"和"路径"两个单选按钮，可以分别设置相机或目标为点或路径。设置"相机"为"路径"，单击右侧 ⊞ 按钮，选择图 15-27 中左边的样条曲线为路径。设置"将目标链接至"为"点"，单击右侧 ⊞ 按钮，选择图 15-27 中右边的实体上一点为目标点。"动画设置"栏中"角减速"表示相机转弯时，以较低的速率移动相机。"反转"表示反转动画的方向。

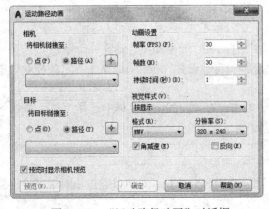

图 15-26 "运动路径动画"对话框

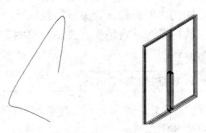

图 15-27 路径和目标

设置好各个参数后，单击"确定"按钮，系统生成动画，同时给出动画预览，如图 15-28 所示，可以使用各种播放器播放产生的动画。

图 15-28　动画预览

15.2.5　控制盘

在 AutoCAD 2017 中，使用该功能，可以方便地观察图形对象。

【执行方式】

- ☑　命令行：NAVSWHEEL。
- ☑　菜单栏：选择菜单栏中的"视图"→Steeringwheels 命令。
- ☑　工具栏：单击"导航栏"中的"全导航控制盘"下拉菜单，如图 15-29 所示。

【操作步骤】

命令：NAVSWHEEL✓

执行该命令后，控制盘显示控制盘，如图 15-30 所示，控制盘随着鼠标一起移动，在控制盘中选择某项显示命令，并按住鼠标左键，移动鼠标，图形对象进行相应的显示变化。单击控制盘上的◎按钮，系统打开如图 15-31 所示的快捷菜单，可以进行相关操作。单击控制盘上的✕按钮，则关闭控制盘。

图 15-29　Steeringwheels 下拉菜单

图 15-30　控制盘

图 15-31　快捷菜单

15.2.6 运动显示器

在 AutoCAD 2017 中，使用该功能可以建立运动。

【执行方式】

☑ 命令行：NAVSMOTION。

☑ 菜单栏：选择菜单栏中的"视图"→ShowMotion 命令。

【操作步骤】

命令: NAVSMOTION✓

执行上面的命令后，系统打开"运动显示器"工具栏，如图 15-32 所示。单击其中的🔘按钮，系统打开"新建视图/快照特性"对话框，如图 15-33 所示，对其中各项特性进行设置后，即可建立一个运动。

如图 15-34 所示为设置建立运动后的界面，如图 15-35 所示为单击"运动显示器"工具栏中的▷按钮，然后执行动作后的结果界面。

图 15-32　"运动显示器"工具栏

图 15-33　"新建视图/快照特性"对话框

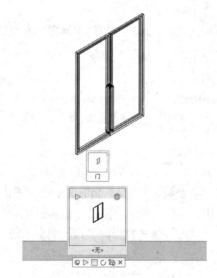

图 15-34　建立运动后的界面

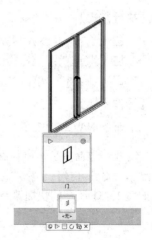

图 15-35　执行运动后的界面

15.3　显示形式

在 AutoCAD 中，三维实体有多种显示形式，包括二维线框、三维线框、三维消隐、真实、概念和消隐显示等。

【预习重点】

☑ 观察模型不同的显示形式。

15.3.1 消隐

【执行方式】

☑ 命令行：HIDE（快捷命令：HI）。
☑ 菜单栏：选择菜单栏中的"视图"→"消隐"命令。
☑ 工具栏：单击"渲染"工具栏中的"隐藏"按钮 🌐 。
☑ 功能区：单击"视图"选项卡"视觉样式"面板中的"隐藏"按钮 🔷 ，如图 15-36 所示。

【操作步骤】

命令：HIDE✓

执行上述操作后，系统将被其他对象挡住的图线隐藏起来，以增强三维视觉效果，效果如图 15-37 所示。

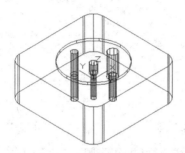

图 15-36　"视觉样式"面板

图 15-37　消隐效果

15.3.2 视觉样式

【执行方式】

☑ 命令行：VSCURRENT。
☑ 菜单栏：选择菜单栏中的"视图"→"视觉样式"→"二维线框"命令。
☑ 工具栏：单击"视觉样式"工具栏中的"二维线框"按钮 □ 。
☑ 功能区：单击"视图"选项卡"视觉样式"面板中的"视觉样式"下拉菜单，如图 15-38 所示。

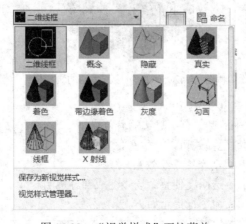

图 15-38　"视觉样式"下拉菜单

【操作步骤】

> 命令: VSCURRENT↙
> 输入选项 [二维线框(2)/线框(W)/隐藏(H)/真实(R)/概念(C)/着色(S)/带边缘着色(E)/灰度(G)/勾画(SK)/X 射线(X)/其他(O)] <二维线框>:

【选项说明】

（1）二维线框(2)：用直线和曲线表示对象的边界。光栅和 OLE 对象、线型和线宽都是可见的。即使将 COMPASS 系统变量的值设置为 1，它也不会出现在二维线框视图中。如图 15-39 所示为 UCS 坐标和手柄二维线框图。

（2）线框(W)：显示对象时利用直线和曲线表示边界。显示一个已着色的三维 UCS 图标。光栅和 OLE 对象、线型及线宽不可见。可将 COMPASS 系统变量设置为 1 来查看坐标球，将显示应用到对象的材质颜色。如图 15-40 所示为 UCS 坐标和手柄三维线框图。

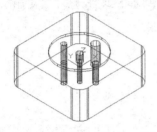

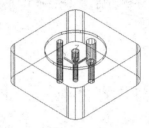

图 15-39　UCS 坐标和手柄的二维线框图　　　　图 15-40　UCS 坐标和手柄的三维线框图

（3）隐藏(H)：显示用三维线框表示的对象并隐藏表示后向面的直线。如图 15-41 所示为 UCS 坐标和手柄的消隐图。

（4）真实(R)：着色多边形平面间的对象，并使对象的边平滑化。如果已为对象附着材质，将显示已附着的对象材质。如图 15-42 所示为 UCS 坐标和手柄的真实图。

（5）概念(C)：着色多边形平面间的对象，并使对象的边平滑化。着色使用冷色和暖色之间的过渡，效果缺乏真实感，但是可以更方便地查看模型的细节。如图 15-43 所示为 UCS 坐标和手柄的概念图。

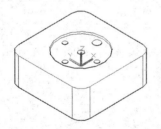

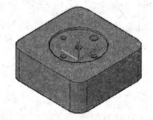

图 15-41　UCS 坐标和手柄的消隐图　　图 15-42　UCS 坐标和手柄的真实图　　图 15-43　UCS 坐标和手柄的概念图

（6）着色(S)：产生平滑的着色模型。

（7）带边缘着色(E)：产生平滑、带有可见边的着色模型。

（8）灰度(G)：使用单色面颜色模式可以产生灰色效果。

（9）勾画(SK)：使用外伸和抖动产生手绘效果。

（10）X 射线(X)：更改面的不透明度使整个场景变成部分透明。

（11）其他(O)：选择该选项，命令行提示如下。

> 输入视觉样式名称 [?]:

可以输入当前图形中的视觉样式名称，也可以输入"?"，以显示名称列表并重复该提示。

15.3.3　视觉样式管理器

【执行方式】

- ☑ 命令行：VISUALSTYLES。
- ☑ 菜单栏：选择菜单栏中的"视图"→"视觉样式"→"视觉样式管理器"命令或"工具"→"选项板"→"视觉样式"命令。
- ☑ 工具栏：单击"视觉样式"工具栏中的"管理视觉样式"按钮🗐。
- ☑ 功能区：单击"视图"选项卡"视觉样式"面板上"视觉样式"下拉菜单中的"视觉样式管理器"按钮或单击"视图"选项卡"视觉样式"面板中的"对话框启动器"按钮🔳或单击"视图"选项卡"选项板"面板中的的"视觉样式管理器"按钮⊗。

【操作步骤】

命令: VISUALSTYLES✓

执行上述操作后，系统打开"视觉样式管理器"选项板，可以对视觉样式的各参数进行设置，如图 15-44 所示。如图 15-45 所示为按图 15-44 所示参数进行设置的概念图显示结果，读者可以与图 15-43 进行比较，总结二者之间的差别。

图 15-44　"视觉样式管理器"选项板

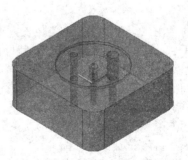

图 15-45　显示结果

15.4　渲染实体

渲染是对三维图形对象加上颜色和材质因素，或灯光、背景、场景等因素的操作，能够更真实地表达图形的外观和纹理。渲染是输出图形前的关键步骤，尤其是在效果图的设计中。

【预习重点】

☑ 练习贴图、材质命令。
☑ 练习渲染命令。
☑ 对比渲染前后的实体模型。

15.4.1 贴图

贴图的功能是在实体附着带纹理的材质后，调整实体或面上纹理贴图的方向。当材质被映射后，调整材质以适应对象的形状，将合适的材质贴图类型应用到对象中，可以使之更加适合对象。

【执行方式】

☑ 命令行：MATERIALMAP。
☑ 菜单栏：选择菜单栏中的"视图"→"渲染"→"贴图"命令，显示贴图子菜单，如图 15-46 所示。
☑ 工具栏：单击"渲染"工具栏中的"贴图"按钮（见图 15-47）或"贴图"工具栏中的按钮（见图 15-48）。

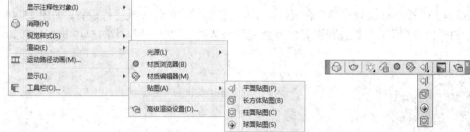

图 15-46　贴图子菜单　　　　　　　　　　图 15-47　"渲染"工具栏　图 15-48　"贴图"工具栏

【操作步骤】

命令: MATERIALMAP↙
选择选项 [长方体(B)/平面(P)/球面(S)/柱面(C)/复制贴图至(Y)/重置贴图(R)] <长方体>:

【选项说明】

（1）长方体(B)：将图像映射到类似长方体的实体上。该图像将在对象的每个面上重复使用。

（2）平面(P)：将图像映射到对象上，就像将其从幻灯片投影器投影到二维曲面上一样，图像不会失真，但是会被缩放以适应对象。该贴图最常用于面。

（3）球面(S)：在水平和垂直两个方向上同时使图像弯曲。纹理贴图的顶边在球体的"北极"压缩为一个点；同样，底边在"南极"压缩为一个点。

（4）柱面(C)：将图像映射到圆柱形对象上，水平边将一起弯曲，但顶边和底边不会弯曲。图像的高度将沿圆柱体的轴进行缩放。

（5）复制贴图至(Y)：将贴图从原始对象或面应用到选定对象。

（6）重置贴图(R)：将 UV 坐标重置为贴图的默认坐标。

15.4.2 材质

自 AutoCAD 2017 版本开始，附着材质的方式与以前版本有很大的不同，分为"材质浏览器"和"材质编辑器"两种编辑方式。

1. 附着材质

【执行方式】

- ☑ 命令行：RMAT 或_matbrowseropen。
- ☑ 菜单栏：选择菜单栏中的"视图"→"渲染"→"材质浏览器"命令。
- ☑ 工具栏：单击"渲染"工具栏中的"材质浏览器"按钮 ⊗ 。
- ☑ 功能区：单击"视图"选项卡"选项板"面板中的"材质浏览器"按钮 ⊗ （见图 15-49）或单击"可视化"选项卡"材质"面板中的"材质浏览器"按钮 ⊗ （见图 15-50）。

图 15-49　"选项板"面板　　　　图 15-50　"材质"面板

【操作步骤】

将常用的材质都集成到工具选项板中，如图 15-51 所示。具体附着材质的步骤如下。

选择需要的材质类型，直接拖动到对象上，如图 15-52 所示，这样材质即附着到对象上。当将视觉样式转换成"真实"时，显示出附着材质后的图形，如图 15-53 所示。

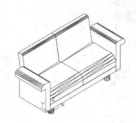

图 15-51　"材质浏览器"选项板　　　图 15-52　指定对象　　　图 15-53　附着材质后

2．设置材质

【执行方式】

- ☑ 命令行：RMAT 或 mateditoropen。
- ☑ 菜单栏：选择菜单栏中的"视图"→"渲染"→"材质编辑器"命令。
- ☑ 工具栏：单击"渲染"工具栏中的"材质编辑器"按钮 。
- ☑ 功能区：单击"视图"选项卡"选项板"面板中的"材质编辑器"按钮 。

【操作步骤】

执行上述操作后，系统打开如图 15-54 所示的"材质编辑器"选项板。通过该选项板，可以对材质的有关参数进行设置。

15.4.3 渲染

1．高级渲染设置

【执行方式】

- ☑ 命令行：RPREF（快捷命令：RPR）。
- ☑ 菜单栏：选择菜单栏中的"视图"→"渲染"→"高级渲染设置"命令。

图 15-54 "材质编辑器"选项板

- ☑ 工具栏：单击"渲染"工具栏中的"高级渲染设置"按钮 。
- ☑ 功能区：单击"视图"选项卡"选项板"面板中的"高级渲染设置"按钮 （如图 15-55 所示）。

【操作步骤】

执行上述操作后，系统打开如图 15-56 所示的"高级渲染设置"选项板。通过该选项板，可以对渲染的有关参数进行设置。

图 15-55 "选项板"下拉菜单

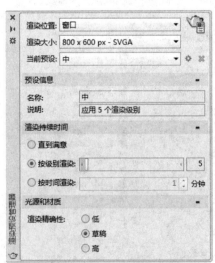

图 15-56 "高级渲染设置"选项板

2. 渲染

【执行方式】

☑   命令行：RENDER（快捷命令：RR）。

☑   功能区：单击"可视化"选项卡"渲染"面板中的"渲染到尺寸"按钮 。

【操作步骤】

执行上述操作后，系统打开如图 15-57 所示的"渲染"对话框，显示渲染结果和相关参数。

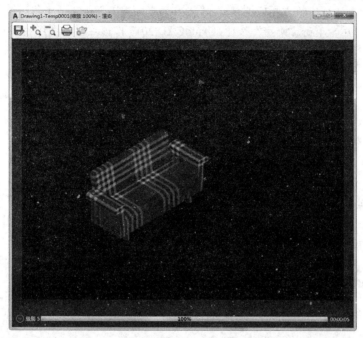

图 15-57   "渲染"对话框

15.5 视 点 设 置

对三维造型而言，从不同的角度和视点观察的效果完全不同，所谓"横看成岭侧成峰"。为了以合适的角度观察物体，需要设置观察的视点。AutoCAD 为用户提供了相关的功能。

【预习重点】

☑   了解视点预设应用范围。

☑   练习如何设置观察视点。

15.5.1 利用对话框设置视点

AutoCAD 提供了"视点预设"功能，帮助读者事先设置观察视点。

【执行方式】

☑   命令行：DDVPOINT。

☑ 菜单栏：选择菜单栏中的"视图"→"三维视图"→"视点预设"命令。

【操作步骤】

命令：DDVPOINT✓

执行 DDVPOINT 命令或选择相应的菜单，AutoCAD 弹出"视点预设"对话框，如图 15-58 所示。

在"视点预设"对话框中，左侧的图形用于确定视点和原点的连线在 XY 平面的投影与 X 轴正方向的夹角；右侧的图形用于确定视点和原点的连线与其在 XY 平面的投影的夹角。用户也可以在"自：X 轴"和"自：XY 平面"两个文本框中输入相应的角度。"设置为平面视图"按钮用于将三维视图设置为平面视图。用户设置好视点的角度后，单击"确定"按钮，AutoCAD 2017 按该点显示图形。

15.5.2　利用罗盘确定视点

在 AutoCAD 中，用户可以通过罗盘和三轴架确定视点。罗盘是以二维显示的地球仪，其中心是北极（0,0,1），相当于视点位于 Z 轴的正方向；内部的圆环为赤道（n,n,0）；外部的圆环为南极（0,0,-1），相当于视点位于 Z 轴的负方向。

【执行方式】

☑ 命令行：VPOINT。

☑ 菜单栏：选择菜单栏中的"视图"→"三维视图"→"视点"命令。

【操作步骤】

命令：VPOINT
当前视图方向：VIEWDIR=0.0000,0.0000,1.0000
指定视点或 [旋转(R)] <显示指南针和三轴架>：

"显示指南针和三轴架"是系统默认的选项，直接按 Enter 键即执行此命令，AutoCAD 出现如图 15-59 所示的罗盘和三轴架。

在图 15-59 中，罗盘相当于球体的俯视图，十字光标表示视点的位置。确定视点时，拖动鼠标使光标在坐标球上移动，三轴架的 X、Y 轴也会绕 Z 轴转动。三轴架转动的角度与光标在坐标球上的位置相对应，光标位于坐标球的不同位置，对应的视点也不相同。当光标位于内环内部时，相当于视点在球体的上半球；当光标位于内环与外环之间时，相当于视点在球体的下半球。用户根据需要确定好视点的位置后按 Enter 键，AutoCAD 按该视点显示三维模型。

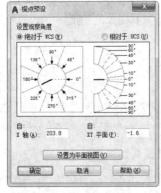

图 15-58　"视点预设"对话框

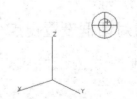

图 15-59　罗盘和三轴架

15.6　基本三维绘制

在三维图形中，有一些最基本的图形元素。下面依次进行讲解。

【预习重点】

☑　熟练掌握基本三维的绘制方法。

15.6.1　绘制三维点

点是图形中最简单的单元。前面已经学过二维点的绘制方法，三维点的绘制方法与二维类似，下面简要讲述。

【执行方式】

☑　命令行：POINT。
☑　菜单栏：选择菜单栏中的"绘图"→"点"命令。
☑　工具栏：单击"绘图"工具栏中的"点"按钮 。
☑　功能区：单击"默认"选项卡"绘图"面板中的"多点"按钮 。

【操作步骤】

命令: POINT↙
当前点模式: PDMODE=0　PDSIZE=0.0000
指定点:

另外，绘制三维直线、构造线和样条曲线时，具体绘制方法与二维相似，这里不再赘述。

15.6.2　绘制三维多段线

在前面学习过二维多段线，三维多段线与二维多段线类似，也是由具有宽度的线段和圆弧组成。只是这些线段和圆弧是位于空间的。下面具体讲述其绘制方法。

【执行方式】

☑　命令行：3DPLOY。
☑　菜单栏：选择菜单栏中的"绘图"→"三维多段线"命令。
☑　功能区：单击"默认"选项卡"绘图"面板中的"三维多段线"按钮 。

【操作步骤】

命令: 3DPLOY↙
指定多段线的起点:（指定某一点或者输入坐标点）
指定直线的端点或 [放弃(U)]:（指定下一点）

15.6.3　绘制三维面

三维面是指以空间 3 个点或 4 个点组成一个面。可以通过任意指定 3 点或 4 点来绘制三维面。下面具体讲述其绘制方法。

【执行方式】

☑ 命令行：3DFACE（快捷命令：3F）。

☑ 菜单栏：选择菜单栏中的"绘图"→"建模"→"网格"→"三维面"命令。

【操作步骤】

命令: 3DFACE↙

指定第一点或 [不可见(I)]: 指定某一点或输入 I

【选项说明】

（1）指定第一点：输入某一点的坐标或用鼠标确定某一点，以定义三维面的起点。在输入第一点后，可按顺时针或逆时针方向输入其余的点，以创建普通三维面。如果在输入 4 点后按 Enter 键，则以指定第 4 点生成一个空间的三维平面。如果在提示下继续输入第二个平面上的第 3 点和第 4 点坐标，则生成第二个平面。该平面以第一个平面的第 3 点和第 4 点作为第二个平面的第一点和第二点，创建第二个三维平面。继续输入点可以创建用户要创建的平面，按 Enter 键结束。

（2）不可见(I)：控制三维面各边的可见性，以便创建有孔对象的正确模型。如果在输入某一边之前输入"I"，则可以使该边不可见。如图 15-60 所示为创建一长方体时某一边不使用 I 命令和使用 I 命令的视图比较。

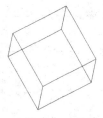 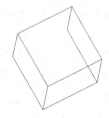

（a）可见边 （b）不可见边

图 15-60 "不可见"命令选项视图比较

15.6.4 绘制多边网格面

在 AutoCAD 中，可以指定多个点来组成空间平面，下面简要介绍其具体方法。

【执行方式】

☑ 命令行：PFACE。

【操作步骤】

命令: PFACE↙

为顶点 1 指定位置: 输入点 1 的坐标或指定一点

为顶点 2 或 <定义面> 指定位置: 输入点 2 的坐标或指定一点

...

为顶点 n 或 <定义面> 指定位置: 输入点 n 的坐标或指定一点

在输入最后一个顶点的坐标后，在提示下直接按 Enter 键，命令行提示与操作如下。

输入顶点编号或 [颜色(C)/图层(L)]: 输入顶点编号或输入选项

输入平面上顶点的编号后，根据指定的顶点序号，AutoCAD 会生成一平面。当确定了一个平面上的所有顶点之后，在提示状态下按 Enter 键，AutoCAD 则指定另外一个平面上的顶点。

15.6.5　绘制三维网格

在 AutoCAD 中，可以指定多个点来组成三维网格，这些点按指定的顺序来确定其空间位置。下面简要介绍其具体方法。

【执行方式】

☑　命令行：3DMESH。

【操作步骤】

```
命令: 3DMESH↙
输入 M 方向上的网格数量: 输入 2～256 之间的值
输入 N 方向上的网格数量: 输入 2～256 之间的值
指定顶点(0,0)的位置: 输入第 1 行第 1 列的顶点坐标
指定顶点(0,1)的位置: 输入第 1 行第 2 列的顶点坐标
指定顶点(0,2)的位置: 输入第 1 行第 3 列的顶点坐标
…
指定顶点(0,N-1)的位置: 输入第 1 行第 N 列的顶点坐标
指定顶点(1,0)的位置: 输入第 2 行第 1 列的顶点坐标
指定顶点(1,1)的位置: 输入第 2 行第 2 列的顶点坐标
…
指定顶点(1,N-1)的位置: 输入第 2 行第 N 列的顶点坐标
…
指定顶点(M-1,N-1)的位置: 输入第 M 行第 N 列的顶点坐标
```

如图 15-61 所示为绘制的三维网格表面。

15.6.6　绘制三维螺旋线

【执行方式】

☑　命令行：HELIX。
☑　菜单栏：选择菜单栏中的"绘图"→"螺旋"命令。
☑　工具栏：单击"建模"工具栏中的"螺旋"按钮▓。
☑　功能区：单击"默认"选项卡"绘图"面板中的"螺旋"按钮▓。

图 15-61　三维网格表面

【操作步骤】

```
命令: HELIX↙
圈数 = 3.000 0    扭曲=CCW（螺旋线的当前设置）
指定底面的中心点:（指定螺旋线底面的中心点。该底面与当前 UCS 或动态 UCS 的 XY 面平行）
指定底面半径或 [直径(D)]:（输入螺旋线的底面半径或通过"直径(D)"选项输入直径）
指定顶面半径或 [直径(D)]:（输入螺旋线的顶面半径或通过"直径(D)"选项输入直径）
指定螺旋高度或 [轴端点(A)/圈数(T)/圈高(H)/扭曲(W)]:
```

【选项说明】

（1）指定螺旋高度：指定螺旋线的高度。执行该选项，即输入高度值后按 Enter 键，即可绘制出对应的螺旋线。

📢 **提示**

可以通过拖曳的方式动态确定螺旋线的各尺寸。

（2）轴端点(A)：确定螺旋线轴的另一端点位置。执行该选项，AutoCAD 提示如下。

指定轴端点：

在此提示下指定轴端点的位置即可。指定轴端点后，所绘螺旋线的轴线沿螺旋线底面中心点与轴端点的连线方向，即螺旋线底面不再与 UCS 的 XY 面平行。

（3）圈数(T)：设置螺旋线的圈数（默认值为 3，最大值为 500）。执行该选项，AutoCAD 提示如下。

输入圈数：

在此提示下输入圈数值即可。

（4）圈高(H)：指定螺旋线一圈的高度（即圈间距，又称为节距，指螺旋线旋转一圈后，沿轴线方向移动的距离）。执行该选项，AutoCAD 提示如下。

指定圈间距：

根据提示响应即可。

（5）扭曲(W)：确定螺旋线的旋转方向（即旋向）。执行该选项，AutoCAD 提示如下。

输入螺旋的扭曲方向 [顺时针(CW)/逆时针(CCW)] <CCW>：

根据提示响应即可。

如图 15-62 所示为底面半径为 50，顶面半径为 30，高度为 60 的螺旋线。

图 15-62　螺旋线

15.7　综合演练——观察饮水机模型

本实例观察的饮水机模型如图 15-63 所示。

图 15-63　观察饮水机模型

手把手教你学

> 熟悉了基本的三维观察模式之后，下面将通过实际的案例来进一步熟悉这些三维观察功能。本实例创建 UCS 坐标、设置视点、使用动态观察命令观察饮水机等都是在 AutoCAD 三维造型中必须要掌握和运用的基本方法。

【操作步骤】

（1）打开图形文件"饮水机.dwg"，打开配套光盘中的"\源文件\第 15 章\"，从中选择"饮水机.dwg"文件，单击"打开"按钮，或双击该文件名，即可将该文件打开。

（2）运用"视觉样式"隐藏实体中不可见的图线，单击"视图"选项卡"视觉样式"面板中的"隐藏"按钮◎。此时，命令行显示如下。

输入选项 [二维线框(2)/线框(W)/隐藏(H)/真实(R)/概念(C)/着色(S)/带边缘着色(E)/灰度(G)/勾画(SK)/X 射线(X)/其他(O)] <真实>: _H

（3）坐标设置。打开 UCS 图标显示并创建 UCS 坐标系，将 UCS 坐标系原点设置在饮水机的上端顶面中心点上。

① 选择菜单栏中的"视图"→"显示"→"UCS 图标/开"命令，若选择"开"，则屏幕显示图标，否则隐藏图标。

② 在命令行中输入"UCS"命令，根据系统提示选择饮水机顶面圆的圆心后按 Enter 键，将坐标系原点设置到饮水机的上端顶面中心点。

③ 在命令行中输入"UCSICON"命令，可打开或关闭坐标系显示，结果如图 15-64 所示。

图 15-64 UCS 移到顶面结果

（4）设置三维视点。

① 选择菜单栏中的"视图"→"三维视图"→"视点"命令，打开坐标轴和三轴架图，如图 15-65 所示。

② 在命令行提示下选择坐标球上一点作为视点图。在坐标球上使用鼠标移动十字光标，同时三轴架根据坐标指示的观察方向旋转。

（5）单击"视图"选项卡"导航"面板上的"动态观察"下拉菜单中的"自由动态观察"按钮◎，此时，绘图区显示图标，如图 15-66 所示。使用鼠标移动视图，将饮水机移动到合适的位置，如图 15-67 所示。

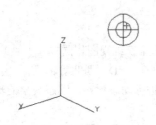

图 15-65 坐标轴和三轴架图

图 15-66 显示图标

图 15-67 转动饮水机

15.8 名师点拨——透视立体模型

1. 鼠标中键的用法

（1）Ctrl+鼠标中键可以实现类似其他软件的游动漫游。

（2）双击鼠标中键相当于 ZOOM 命令。

2. 如何设置视点

在视点预置对话框中，如果选用了相对于 UCS 的选择项，关闭对话框，再执行 VPOINT 命令时，系统默认为相对于当前的 UCS 设置视点。其中，视点只确定观察的方向，没有距离的概念。

3. 网格面绘制技巧

如果在顶点的序号前加负号，则生成的多边形网格面的边界不可见。系统变量 SPLFRAME 控制不可见边界的显示。如果变量值非 0，不可见边界变成可见，而且能够进行编辑。如果变量值为 0，则保持边界的不可见性。

4. 三维坐标系显示设置

在三维视图中用动态观察器旋转模型，以不同角度观察模型，单击"西南等轴测"按钮，返回原坐标系；单击"前视""后视""左视""右视"等按钮，观察模型后，再单击"西南等轴测"按钮，坐标系发生变化。

15.9 上 机 实 验

【练习】利用三维动态观察器观察如图 15-68 所示的写字台图形。

1. 目的要求

为了更清楚地观察三维图形，了解三维图形各部分各方位的结构特征，需要从不同视角观察三维图形，利用三维动态观察器能够方便地对三维图形进行多方位观察。通过本练习，要求读者掌握从不同视角观察物体的方法。

2. 操作提示

（1）打开三维动态观察器。
（2）灵活利用三维动态观察器的各种工具进行动态观察。

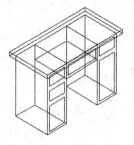

图 15-68 写字台

15.10 模 拟 考 试

（1）使用 VPOINT 命令，输入视点坐标（-1,-1,-1）后，结果与以下哪个三维视图相同？（ 　　 ）

　　A. 西南等轴测 　　　　B. 东南等轴测 　　　　C. 东北等轴测 　　　　D. 西北等轴测

（2）在 Streeringwheels 控制盘中，单击动态观察选项，可以围绕轴心进行动态观察，动态观察的轴心使用鼠标+（ 　　 ）键可以调整。

　　A. Shift 　　　　　　B. Ctrl 　　　　　　C. Alt 　　　　　　D. Tab

（3）VIEWCUBE 默认放置在绘图窗口的（ 　　 ）位置。

　　A. 右上 　　　　　　B. 右下 　　　　　　C. 左上 　　　　　　D. 左下

第16章

基本三维造型绘制

　　三维造型是 AutoCAD 三维建模中比较重要的一部分。实体模型能够完整地描述对象的 3D 模型，比三维线框、三维曲面更能表达实物。本章主要介绍基本三维网格的绘制、三维网格的绘制、基本三维实体的创建、布尔运算及由二维图形生成三维造型等内容。

16.1 绘制基本三维网格

三维基本图元与三维基本形体表面类似，有长方体表面、圆柱体表面、棱锥面、楔体表面、球面、圆锥面和圆环面等。

【预习重点】

☑ 对比三维网格与三维实体模型。

☑ 练习网格长方体应用。

16.1.1 绘制网格长方体

【执行方式】

☑ 命令行：MESH。

☑ 菜单栏：选择菜单栏中的"绘图"→"建模"→"网格"→"图元"→"长方体"命令。

☑ 工具栏：单击"平滑网格图元"工具栏中的"网格长方体"按钮▦。

☑ 功能区：单击"三维工具"选项卡"建模"面板中的"网格长方体"按钮▦。

【操作步骤】

```
命令: MESH
当前平滑度设置为: 0
输入选项 [长方体(B)/圆锥体(C)/圆柱体(CY)/棱锥体(P)/球体(S)/楔体(W)/圆环体(T)/设置(SE)] <长方体>:B
指定第一个角点或 [中心(C)]:
指定其他角点或 [立方体(C)/长度(L)]: l
指定长度 <782.3985>:
指定宽度 <752.1930>:
指定高度或 [两点(2P)] <15>:
```

【选项说明】

（1）指定第一角点：设置网格长方体的第一个角点。

（2）中心(C)：设置网格长方体的中心。

（3）立方体(C)：将长方体的所有边设置为长度相等。

（4）宽度：设置网格长方体沿 Y 轴的宽度。

（5）高度：设置网格长方体沿 Z 轴的高度。

（6）两点(2P)（高度）：基于两点之间的距离设置高度。

其他基本三维网格的绘制方法与长方体网格类似，这里不再赘述。

16.1.2 绘制网格圆锥体

【执行方式】

☑ 命令行：MESH。

☑ 菜单栏：选择菜单栏中的"绘图"→"建模"→"网格"→"图元"→"圆锥体"命令。

☑ 工具栏：单击"平滑网格图元"工具栏中的"网格圆锥体"按钮◭。

☑ 功能区：单击"三维工具"选项卡"建模"面板中的"网格圆锥体"按钮◭。

【操作步骤】

命令: _MESH
当前平滑度设置为: 0
输入选项 [长方体(B)/圆锥体(C)/圆柱体(CY)/棱锥体(P)/球体(S)/楔体(W)/圆环体(T)/设置(SE)] <长方体>: _CONE
指定底面的中心点或 [三点(3P)/两点(2P)/切点、切点、半径(T)/椭圆(E)]:
指定底面半径或 [直径(D)]:
指定高度或 [两点(2P)/轴端点(A)/顶面半径(T)] <100.0000>:

【选项说明】

（1）指定底面的中心点：设置网格圆锥体底面的中心点。

（2）三点(3P)：通过指定三点设置网格圆锥体的位置、大小和平面。

（3）两点(2P)（直径）：根据两点定义网格圆锥体的底面直径。

（4）切点、切点、半径(T)：定义具有指定半径，且半径与两个对象相切的网格圆锥体的底面。

（5）椭圆(E)：指定网格圆锥体的椭圆底面。

（6）指定底面半径：设置网格圆锥体底面的半径。

（7）直径(D)：设置圆锥体的底面直径。

（8）指定高度：设置网格圆锥体沿与底面所在平面垂直的轴的高度。

（9）两点(2P)（高度）：通过指定两点之间的距离定义网格圆锥体的高度。

（10）轴端点(A)：设置圆锥体的顶点的位置或圆锥体平截面顶面的中心位置。轴端点的方向可以为三维空间中的任意位置。

（11）顶面半径(T)：指定创建圆锥体平截面时圆锥体的顶面半径。

16.1.3　绘制网格圆柱体

【执行方式】

☑　命令行：MESH。

☑　菜单栏：选择菜单栏中的"绘图"→"建模"→"网格"→"图元"→"圆柱体"命令。

☑　工具栏：单击"平滑网格图元"工具栏中的"网格圆柱体"按钮⬚。

☑　功能区：单击"三维工具"选项卡"建模"面板中的"网格圆柱体"按钮⬚。

【操作步骤】

命令: _MESH
当前平滑度设置为: 0
输入选项 [长方体(B)/圆锥体(C)/圆柱体(CY)/棱锥体(P)/球体(S)/楔体(W)/圆环体(T)/设置(SE)] <圆柱体>:
_CYLINDER
指定底面的中心点或 [三点(3P)/两点(2P)/切点、切点、半径(T)/椭圆(E)]:
指定底面半径或 [直径(D)]:
指定高度或 [两点(2P)/轴端点(A)] <100>:

【选项说明】

（1）指定底面的中心点：设置网格圆柱体底面的中心点。

（2）三点(3P)：通过指定三点设置网格圆柱体的位置、大小和平面。

（3）两点(2P)（直径）：通过指定两点设置网格圆柱体底面的直径。

（4）切点、切点、半径(T)：定义具有指定半径，且半径与两个对象相切的网格圆柱体的底面。如果指定的条件可生成多种结果，则使用最近的切点。

（5）椭圆(E)：指定网格圆柱体的椭圆底面。

（6）指定底面半径：设置网格圆柱体底面的半径。

（7）直径(D)：设置圆柱体的底面直径。

（8）指定高度：设置网格圆柱体沿与底面所在平面垂直的轴的高度。

（9）两点(2P)（高度）：通过指定两点之间的距离定义网格圆柱体的高度。

（10）轴端点(A)：设置圆柱体顶面的位置。轴端点的方向可以为三维空间中的任意位置。

16.1.4 绘制网格棱锥体

【执行方式】

- ☑ 命令行：MESH。
- ☑ 菜单栏：选择菜单栏中的"绘图"→"建模"→"网格"→"图元"→"棱锥体"命令。
- ☑ 工具栏：单击"平滑网格图元"工具栏中的"网格棱锥体"按钮△。
- ☑ 功能区：单击"三维工具"选项卡"建模"面板中的"网格棱锥体"按钮△。

【操作步骤】

```
命令: _MESH
当前平滑度设置为: 0
输入选项 [长方体(B)/圆锥体(C)/圆柱体(CY)/棱锥体(P)/球体(S)/楔体(W)/圆环体(T)/设置(SE)] <圆柱体>:
_PYRAMID
4 个侧面   外切
指定底面的中心点或 [边(E)/侧面(S)]:
指定底面半径或 [内接(I)] <50>:
指定高度或 [两点(2P)/轴端点(A)/顶面半径(T)] <100>:
```

【选项说明】

（1）指定底面的中心点：设置网格棱锥体底面的中心点。

（2）边(E)：设置网格棱锥体底面一条边的长度，同指定的两点所指明的长度一样。

（3）侧面(S)：设置网格棱锥体的侧面数，输入 3～32 之间的正值。

（4）指定底面半径：设置网格棱锥体底面的半径。

（5）内接(I)：指定网格棱锥体的底面是内接的，还是绘制在底面半径内。

（6）指定高度：设置网格棱锥体沿与底面所在的平面垂直的轴的高度。

（7）两点(2P)（高度）：通过指定两点之间的距离定义网格棱锥体的高度。

（8）轴端点(A)：设置棱锥体顶点的位置，或棱锥体平截面顶面的中心位置。轴端点的方向可以为三维空间中的任意位置。

（9）顶面半径(T)：指定创建棱锥体平截面时网格棱锥体的顶面半径。

（10）外切：指定棱锥体的底面是外切的，还是绕底面半径绘制。

16.1.5 绘制网格球体

【执行方式】

- ☑ 命令行：MESH。
- ☑ 菜单栏：选择菜单栏中的"绘图"→"建模"→"网格"→"图元"→"球体"命令。

☑　工具栏：单击"平滑网格图元"工具栏中的"网格球体"按钮 ⊕。
☑　功能区：单击"三维工具"选项卡"建模"面板中的"网格球体"按钮 ⊕。

【操作步骤】

命令：_MESH
当前平滑度设置为: 0
输入选项 [长方体(B)/圆锥体(C)/圆柱体(CY)/棱锥体(P)/球体(S)/楔体(W)/圆环体(T)/设置(SE)] <棱锥体>:
_SPHERE
指定中心点或 [三点(3P)/两点(2P)/切点、切点、半径(T)]:
指定半径或 [直径(D)] <214.2721>:

【选项说明】

（1）指定中心点：设置球体的中心点。
（2）三点(3P)：通过指定三点设置网格球体的位置、大小和平面。
（3）两点(2P)：通过指定两点设置网格球体的直径。
（4）切点、切点、半径(T)：使用与两个对象相切的指定半径定义网格球体。

16.1.6　绘制网格楔体

【执行方式】

☑　命令行：MESH。
☑　菜单栏：选择菜单栏中的"绘图"→"建模"→"网格"→"图元"→"楔体"命令。
☑　工具栏：单击"平滑网格图元"工具栏中的"网格楔体"按钮 ◩。
☑　功能区：单击"三维工具"选项卡"建模"面板中的"网格楔体"按钮 ◩。

【操作步骤】

命令：_MESH
当前平滑度设置为: 0
输入选项 [长方体(B)/圆锥体(C)/圆柱体(CY)/棱锥体(P)/球体(S)/楔体(W)/圆环体(T)/设置(SE)] <楔体>: _WEDGE
指定第一个角点或 [中心(C)]:
指定其他角点或 [立方体(C)/长度(L)]:L
指定长度 <782.3985>:
指定宽度 <752.1930>:
指定高度或 [两点(2P)] <84.3347>:

【选项说明】

（1）立方体(C)：将网格楔体底面的所有边设为长度相等。
（2）长度(L)：设置网格楔体底面沿 X 轴的长度。
（3）宽度：设置网格长方体沿 Y 轴的宽度。
（4）指定高度：设置网格楔体的高度。输入正值将沿当前 UCS 的 Z 轴正方向绘制高度。输入负值将沿 Z 轴负方向绘制高度。
（5）两点(2P)：通过指定两点之间的距离定义网格楔体的高度。

16.1.7　绘制网格圆环体

【执行方式】

☑　命令行：MESH。

☑ 菜单栏：选择菜单栏中的"绘图"→"建模"→"网格"→"图元"→"圆环体"命令。

☑ 工具栏：单击"平滑网格图元"工具栏中的"网格圆环体"按钮◉。

☑ 功能区：单击"三维工具"选项卡"建模"面板中的"网格圆环体"按钮◉。

【操作实践——绘制手镯】

绘制如图 16-1 所示的手镯。操作步骤如下：

（1）单击"可视化"选项卡"视图"面板中的"西南等轴测"按钮◈，设置视图方向。

（2）在命令行中输入"DIVMESHTORUSPATH"命令，将圆环体网格的边数设置为20。命令行提示与操作如下。

```
命令: DIVMESHTORUSPATH
输入 DIVMESHTORUSPATH 的新值 <8>: 20
```

（3）单击"三维工具"选项卡"建模"面板中的"网格圆环体"按钮◉，绘制手镯网格。命令行提示与操作如下。

```
命令: _MESH
当前平滑度设置为: 0
输入选项 [长方体(B)/圆锥体(C)/圆柱体(CY)/棱锥体(P)/球体(S)/楔体(W)/圆环体(T)/设置(SE)] <圆环体>: _TORUS
指定中心点或 [三点(3P)/两点(2P)/切点、切点、半径(T)]: 0,0,0
指定半径或 [直径(D)]: 50
指定圆管半径或 [两点(2P)/直径(D)]: 8
```

结果如图 16-2 所示。

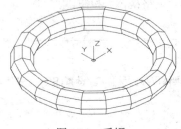

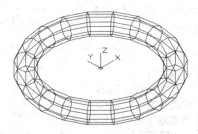

图 16-1　手镯　　　　　　　　　　　　　图 16-2　手镯网格

（4）用消隐命令（HIDE）对图形进行处理。最终结果如图 16-1 所示。

【选项说明】

（1）指定中心点：设置网格圆环体的中心点。

（2）三点(3P)：通过指定三点设置网格圆环体的位置、大小和旋转面。圆管的路径通过指定的点。

（3）两点(2P)（圆环体直径）：通过指定两点设置网格圆环体的直径。直径从圆环体的中心点开始计算，直至圆管的中心点。

（4）切点、切点、半径(T)：定义与两个对象相切的网格圆环体半径。

（5）指定半径（圆环体）：设置网格圆环体的半径，从圆环体的中心点开始测量，直至圆管的中心点。

（6）直径(D)（圆环体）：设置网格圆环体的直径，从圆环体的中心点开始测量，直至圆管的中心点。

（7）指定圆管半径：设置沿网格圆环体路径扫掠的轮廓半径。

（8）两点(2P)（圆管半径）：基于指定的两点之间的距离设置圆管轮廓的半径。

（9）直径(D)（圆管直径）：设置网格圆环体圆管轮廓的直径。

16.1.8　通过转换创建网格

【执行方式】

- ☑ 命令行：MESHSMOOTH。
- ☑ 菜单栏：选择菜单栏中的"绘图"→"建模"→"网格"→"网格"→"平滑网格"命令。

【操作步骤】

```
命令：_MESHSMOOTH
选择要转换的对象：（三维实体或曲面）
```

【选项说明】

（1）可以转换的对象类型：将图元实体对象转换为网格时可获得最稳定的结果。也就是说，结果网格与原实体模型的形状非常相似。尽管转换结果可能与期望的有所差别，但也可转换其他类型的对象。这些对象包括扫掠曲面和实体、传统多边形和多面网格对象、面域、闭合多段线和使用创建的对象。对于上述对象，通常可以通过调整转换设置来改善结果。

（2）调整网格转换设置：如果转换未获得预期效果，请尝试更改"网格镶嵌选项"对话框中的设置。例如，如果"平滑网格优化"网格类型致使转换不正确，可以将镶嵌形状设置为"三角形"或"主要象限点"。

还可以通过设置新面的最大距离偏移、角度、宽高比和边长来控制与原形状的相似程度。

16.2　绘制三维网格

在三维造型的生成过程中，有一种思路是通过二维图形来生成三维网格。AutoCAD 提供了 4 种方法来实现。

【预习重点】

- ☑ 对比基本网格与网格曲面。

16.2.1　直纹网格

【执行方式】

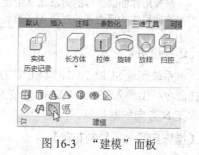

图 16-3　"建模"面板

- ☑ 命令行：RULESURF。
- ☑ 菜单栏：选择菜单栏中的"绘图"→"建模"→"网格"→"直纹网格"命令。
- ☑ 功能区：单击"三维工具"选项卡"建模"面板中的"直纹曲面"按钮（如图 16-3 所示）。

【操作步骤】

```
命令：_rulesurf
当前线框密度：SURFTAB1=6
选择第一条定义曲线：
选择第二条定义曲线：
```

16.2.2 平移网格

【执行方式】

- ☑ 命令行：TABSURF。
- ☑ 菜单栏：选择菜单栏中的"绘图"→"建模"→"网格"→"平移网格"命令。
- ☑ 功能区：单击"三维工具"选项卡"建模"面板中的"平移曲面"按钮 。

【操作步骤】

```
命令: _tabsurf
当前线框密度: SURFTAB1=6
选择用作轮廓曲线的对象:（选择一个已经存在的轮廓曲线）
选择用作方向矢量的对象:（选择一个方向线）
```

【选项说明】

（1）轮廓曲线：可以是直线、圆弧、圆、椭圆、二维或三维多段线。AutoCAD 默认从轮廓曲线上离选定点最近的点开始绘制曲面。

（2）方向矢量：指出形状的拉伸方向和长度。在多段线或直线上选定的端点决定拉伸的方向。

16.2.3 边界网格

【执行方式】

- ☑ 命令行：EDGESURF。
- ☑ 菜单栏：选择菜单栏中的"绘图"→"建模"→"网格"→"边界网格"命令。
- ☑ 功能区：单击"三维工具"选项卡"建模"面板中的"边界曲面"按钮 。

【操作步骤】

```
命令: _edgesurf
当前线框密度: SURFTAB1=6    SURFTAB2=6
选择用作曲面边界的对象 1:（指定第 1 条边界线）
选择用作曲面边界的对象 2:（指定第 2 条边界线）
选择用作曲面边界的对象 3:（指定第 3 条边界线）
选择用作曲面边界的对象 4:（指定第 4 条边界线）
```

图 16-4 花篮

【选项说明】

系统变量 SURFTAB1 和 SURFTAB2 分别控制 M、N 方向的网格分段数。可通过在命令行中输入"SURFTAB1"改变 M 方向的默认值，在命令行中输入"SURFTAB2"改变 N 方向的默认值。

【操作实践——绘制花篮】

本实例绘制如图 16-4 所示的花篮。

（1）单击"默认"选项卡"绘图"面板上"圆弧"下拉菜单中的"三点"按钮 ，用三点法绘制两段圆弧，坐标值分别为{(-6,0,0),(0,-6),(6,0)}、{(-4,0,15),(0,-4),(4,0)}、{(-8,0,25),(0,-8),(8,0)}和{(-10,0,30),(0,-10),(10,0)}，绘制结果如图 16-5 所示。

（2）单击"可视化"选项卡"视图"面板中的"西南等轴测"按钮◇，将当前视图设为西南等轴测视图，结果如图 16-6 所示。

（3）单击"默认"选项卡"绘图"面板中的"直线"按钮✐，指定坐标为{（-6,0,0），（-4,0,15），（-8,0,25），（-10,0,30）}和{（6,0,0），（4,0,15），（8,0,25），（10,0,30）}，绘制结果如图 16-7 所示。

图 16-5　绘制圆弧　　　　　　图 16-6　西南等轴测视图　　　　图 16-7　绘制直线

（4）在命令行中输入"SURFTAB1""SURFTAB2"，设置网格数为 20。

（5）选择菜单栏中的"绘图"→"建模"→"网格"→"边界网格"命令，选择围成曲面的 4 条边，在曲面内部填充线条，效果如图 16-8 所示。

（6）重复上述命令，图形的边界曲面填充结果如图 16-9 所示。命令行提示与操作如下。

命令: MIRROR3D↙

选择对象:（选择所有对象）

选择对象:

指定镜像平面(三点) 的第一个点或 [对象(O)/上一个(L)/Z 轴(Z)/视图(V)/XY 平面(XY)/YZ 平面(YZ)/ZX 平面(ZX)/三点(3)]<三点>:（捕捉边界面上一点）

指定第二点:（捕捉边界面上一点）

指定端点:（捕捉边界面上一点）

绘制结果如图 16-10 所示。

图 16-8　边界曲面　　　　图 16-9　填充边界曲面　　　　图 16-10　三维镜像处理

在命令行中输入"DIVMESHTORUSPATH"，设置新值为 20。

（7）单击"三维工具"选项卡"建模"面板中的"网格圆环体"按钮◉，绘制圆环体。命令行提示与操作如下。

命令: _MESH

当前平滑度设置为: 0

输入选项 [长方体(B)/圆锥体(C)/圆柱体(CY)/棱锥体(P)/球体(S)/楔体(W)/圆环体(T)/设置(SE)]<圆环体>: _TORUS

指定中心点或 [三点(3P)/两点(2P)/切点、切点、半径(T)]: 0,0,0
指定半径或 [直径(D)]<177.2532>: 6
指定圆管半径或 [两点(2P)/直径(D)]: 0.5

用同样方法绘制另一个圆环体网格图元，中心点坐标为（0,0,30），半径为10，圆管半径为0.5。

（8）单击"视图"选项卡"视觉样式"面板中的"隐藏"按钮，对实体进行消隐，消隐之后结果如图 16-4 所示。

16.2.4　旋转网格

【执行方式】

☑　命令行：REVSURF。

☑　菜单栏：选择菜单栏中的"绘图"→"建模"→"网格"→"旋转网格"命令。

图 16-11　LED 灯泡

【操作实践——绘制 LED 灯泡】

绘制如图 16-11 所示的 LED 灯泡，操作步骤如下：

1．绘制网格圆锥体

单击"三维工具"选项卡"建模"面板中的"网格棱锥体"按钮，命令行提示与操作如下。

指定底面的中心点或 [三点(3P)/两点(2P)/切点、切点、半径(T)/椭圆(E)]: 0,0,0
指定底面半径或 [直径(D)] <30.0000>: 30
指定高度或 [两点(2P)/轴端点(A)/顶面半径(T)] <8.0000>: t
指定顶面半径 <0.0000>: 8
指定高度或 [两点(2P)/轴端点(A)] <8.0000>: 35

绘制结果如图 16-12 所示。

2．绘制网格圆环体

单击"三维工具"选项卡"建模"面板中的"网格圆环体"按钮，命令行提示与操作如下。

指定中心点或 [三点(3P)/两点(2P)/切点、切点、半径(T)]: 0,0,0
指定半径或 [直径(D)] <30.0000>: 30
指定圆管半径或 [两点(2P)/直径(D)]: 3

绘制结果如图 16-13 所示。

3．绘制网格圆柱体

单击"三维工具"选项卡"建模"面板中的"网格圆柱体"按钮，命令行提示与操作如下。

指定底面的中心点或 [三点(3P)/两点(2P)/切点、切点、半径(T)/椭圆(E)]: 0,0,35
指定底面半径或 [直径(D)] <30.0000>: 8
指定高度或 [两点(2P)/轴端点(A)] <35.0000>:" 后按 Enter 键

绘制结果如图 16-14 所示。

图 16-12 绘制网格圆锥

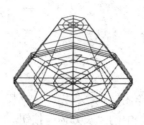
图 16-13 绘制网格圆环

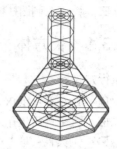
图 16-14 绘制网格圆柱

4．创建旋转曲面

（1）将当前视图设置为"前视"。

（2）单击"默认"选项卡"绘图"面板中的"圆"按钮 ⊙，在任意位置绘制半径为 30 的圆。

（3）单击"默认"选项卡"绘图"面板中的"直线"按钮 ╱，绘制两条过圆心的水平线和垂直线。

（4）单击"默认"选项卡"修改"面板中的"修剪"按钮 ╱，对圆进行修剪，结果如图 16-15 所示。

（5）选择菜单栏中的"绘图"→"建模"→"网格"→"旋转网格"命令，拾取绘制的圆弧，拾取垂直线为旋转轴，创建旋转角度为 360°的实体。西南等轴测的结果如图 16-16 所示。

（6）单击"修改"工具栏中的"移动"按钮 ✛，将第（5）步中创建的旋转曲面以圆心为基点移动到（0,0,0）点。采用"概念视觉样式"后的结果如图 16-17 所示。

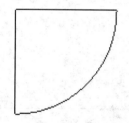
图 16-15 绘制二维图形

图 16-16 创建旋转曲面

图 16-17 移动结果

【选项说明】

（1）起点角度：如果设置为非零值，平面将从生成路径曲线位置的某个偏移处开始旋转。

（2）包含角：用来指定绕旋转轴旋转的角度。

（3）系统变量 SURFTAB1 和 SURFTAB2：用来控制生成网格的密度。SURFTAB1 指定在旋转方向上绘制的网格线数目；SURFTAB2 指定将绘制的网格线数目进行等分。

16.3 创建基本三维实体

复杂的三维实体都是由最基本的实体单元，如长方体、圆柱体等通过各种方式组合而成的。本节将简要讲述这些基本实体单元的绘制方法。

【预习重点】

☑ 了解基本三维实体命令的绘制方法。

☑ 练习绘制长方体。

☑ 练习绘制圆柱体。

16.3.1 长方体

【执行方式】

- ☑ 命令行：BOX。
- ☑ 菜单栏：选择菜单栏中的"绘图"→"建模"→"长方体"命令。
- ☑ 工具栏：单击"建模"工具栏中的"长方体"按钮 ◻。
- ☑ 功能区：单击"三维工具"选项卡"建模"面板中的"长方体"按钮 ◻。

注意 如果在创建长方体时选择"立方体"或"长度"选项，则可以在单击指定长度时指定长方体在 XY 平面中的旋转角度；如果选择"中心点"选项，则可以利用指定中心点来创建长方体。

【操作实践——绘制写字台】

绘制如图 16-18 所示的写字台。操作步骤如下：

1. 绘制长方体 1

（1）单击"三维工具"选项卡"建模"面板中的"长方体"按钮 ◻，命令行提示与操作如下。

```
命令: _box↙
指定长方体的角点或 [中心点(CE)] <0,0,0>: CE↙
指定长方体的中心点 <0,0,0>: 0,0,780↙
指定角点或 [立方体(C)/长度(L)]: l↙
指定长度: 1200↙
指定宽度: 600↙
指定高度: 30↙
```

（2）单击"可视化"选项卡"视图"面板中的"西南等轴测"按钮 ◈，绘制结果如图 16-19 所示。

图 16-18　写字台

图 16-19　绘制长方体 1

注意 绘制长方体用到的命令是"绘图"→"建模"→"长方体"，一般的绘制方法是指定体对角线的两个顶点，当然还可以指定中心点之后再指定角点和高度。

实体工具栏的图标与讲解如表 16-1 所示。

表 16-1 实体工具栏

图 标	菜 单 命 令	英 文 命 令	备 注
▢	"绘图"→"建模"→"长方体"	Box	绘制长方体
○	"绘图"→"建模"→"球体"	Sphere	绘制球体
▢	"绘图"→"建模"→"圆柱体"	Cylinder	绘制圆柱体
△	"绘图"→"建模"→"圆锥体"	Cone	绘制圆锥体
▢	"绘图"→"建模"→"楔体"	Wedge	绘制楔体
◎	"绘图"→"建模"→"圆环体"	Torus	绘制圆环体
▣	"绘图"→"建模"→"拉伸"	Extrude	拉伸平面
▣	"绘图"→"建模"→"旋转"	Revolve	旋转图形
▣	"绘图"→"建模"→"剖切"	Slice	剖切图形
▣	"绘图"→"修改"→"三维操作"→"干涉"	Interfere	干涉检测
▣	"绘图"→"建模"→"设置"→"图形"	Soldraw	设置布局
▣	"绘图"→"建模"→"设置"→"视图"	Solview	设置视图
▣	"绘图"→"建模"→"设置"→"轮廓"	Solprof	设置范围

2．绘制长方体 2

单击"三维工具"选项卡"建模"面板中的"长方体"按钮▢，命令行提示与操作如下。

命令: _box↙
指定长方体的角点或 [中心点(CE)] <0,0,0>: -500,-250,0↙
指定角点或 [立方体(C)/长度(L)]: l↙
指定长度: 200↙
指定宽度: 500↙
指定高度: 780↙

绘制结果如图 16-20 所示。

3．复制

单击"默认"选项卡"修改"面板中的"复制"按钮▣，命令行提示与操作如下。

命令: _copy↙
选择对象:（选择上述绘制的长方体）↙
选择对象: ↙
指定基点或位移，或者 [重复(M)]: 0,0,0↙
指定位移的第二点或 <用第一点作位移>: @800,0,0↙

绘制结果如图 16-21 所示。

4．绘制长方体 3

单击"三维工具"选项卡"建模"面板中的"长方体"按钮▢，命令行提示与操作如下。

命令: _box↙
指定长方体的角点或 [中心点(CE)] <0,0,0>: -350,-250,300↙
指定角点或 [立方体(C)/长度(L)]: 350,-270,100↙

绘制结果如图 16-22 所示。

命令: _line↙
指定第一个点: 200,200↙

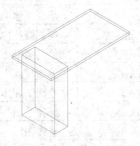

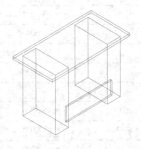

图 16-20　绘制长方体 2　　　　　图 16-21　复制图形　　　　　图 16-22　绘制长方体 3

渲染之后的效果如图 16-18 所示, 渲染的相关知识将在以后的章节中讲解。

【选项说明】

（1）指定第 1 个角点: 用于确定长方体的一个顶点位置。

① 角点: 用于指定长方体的其他角点。输入另一角点的数值, 即可确定该长方体。如果输入的是正值, 则沿着当前 UCS 的 X、Y 和 Z 轴的正向绘制长度。如果输入的是负值, 则沿着 X、Y 和 Z 轴的负向绘制长度。图 16-23 为利用角点命令创建的长方体。

② 立方体(C): 用于创建一个长、宽、高相等的长方体。图 16-24 为利用立方体命令创建的长方体。

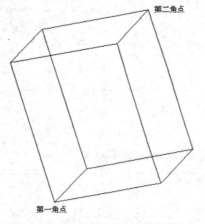
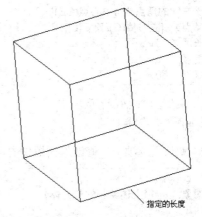

图 16-23　利用角点命令创建的长方体　　　　图 16-24　利用立方体命令创建的长方体

③ 长度(L): 按要求输入长、宽、高的值。图 16-25 为利用长、宽和高命令创建的长方体。

（2）中心点: 利用指定的中心点创建长方体。图 16-26 为利用中心点命令创建的长方体。

16.3.2　圆柱体

【执行方式】

☑　命令行: CYLINDER（快捷命令: CYL）。

☑　菜单栏: 选择菜单栏中的"绘图"→"建模"→"圆柱体"命令。

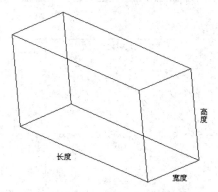

图 16-25　利用长、宽和高命令创建的长方体

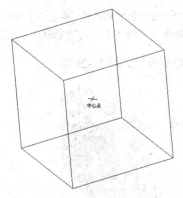

图 16-26　利用中心点命令创建的长方体

☑　工具栏：单击"建模"工具栏中的"圆柱体"按钮。
☑　功能区：单击"三维工具"选项卡"建模"面板中的"圆柱体"按钮。

【操作实践——绘制电视机】

绘制如图 16-27 所示的电视机。操作步骤如下：

1．绘制长方体 1

单击"三维工具"选项卡"建模"面板中的"长方体"按钮，命令行提示与操作如下。

```
命令: _box↙
指定长方体的角点或 [中心(C)] <0,0,0>:↙
指定角点或 [立方体(C)/长度(L)]: 600,200,700↙
命令: _box↙
指定长方体的角点或 [中心(C)] <0,0,0>: 50,0,150↙
指定角点或 [立方体(C)/长度(L)]: @500,200,500↙
```

绘制结果如图 16-28 所示。

2．差集处理

单击"三维工具"选项卡"实体编辑"面板中的"差集"按钮，命令行提示与操作如下。

```
命令: _subtract 选择要从中减去的实体或面域...
选择对象:（选择大长方体）↙
选择对象: ↙
选择要减去的实体或面域 ...
选择对象:（选择小长方体）↙
选择对象: ↙
```

3．绘制长方体 2

单击"三维工具"选项卡"建模"面板中的"长方体"按钮，命令行提示与操作如下。

```
命令: _box↙
指定长方体的角点或 [中心(C)] <0,0,0>: 0,200,0↙
指定角点或 [立方体(C)/长度(L)]: @600,200,200↙
命令: _box↙
```

指定长方体的角点或 [中心(C)] <0,0,0>: 50,20,150✓
指定角点或 [立方体(C)/长度(L)]: @500,20,500✓

绘制结果如图 16-29 所示。

图 16-27　电视机

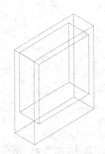

图 16-28　绘制长方体 1

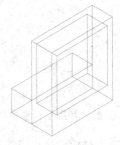

图 16-29　绘制长方体 2

4．变换坐标

创建新的坐标系，命令行提示与操作如下。

命令: _ucs
当前 UCS 名称: *世界*
输入选项
[新建(N)/移动(M)/正交(G)/上一个(P)/恢复(R)/保存(S)/删除(D)/应用(A)/?/世界(W)]
<世界>: _z
指定绕 Z 轴的旋转角度 <90>:✓

5．绘制楔体

单击"三维工具"选项卡"建模"面板中的"楔体"按钮，命令行提示与操作如下。

命令: _wedge
指定楔体的第一个角点或 [中心(C)]　<0,0,0>: 200,0,200✓
指定角点或 [立方体(C)/长度(L)]: l✓
指定长度: 200✓
指定宽度: -600✓
指定高度: 500✓

绘制结果如图 16-30 所示。

注意　楔体的绘制是在指定两个点之后指定高度的，指定的前两个点在平面上形成一个矩形，指定高度之后经过第 1 个点与矩形形成垂面，生成楔体。还可以通过指定楔体的长度、宽度和高度来绘制楔体。

6．恢复坐标变换

创建新的坐标系，命令行提示与操作如下。

命令: _ucs
当前 UCS 名称: *世界*

输入选项
[新建(N)/移动(M)/正交(G)/上一个(P)/恢复(R)/保存(S)/删除(D)/应用(A)/?/世界(W)]
<世界>: _z
指定绕 Z 轴的旋转角度 <90>: -90↙

7．绘制圆柱体

单击"三维工具"选项卡"建模"面板中的"圆柱体"按钮⬜，绘制圆柱体。命令行提示与操作如下。

命令: _cylinder↙
当前线框密度: ISOLINES=4
指定底面的中心点或 [三点(3P)/两点(2P)/切点、切点、半径(T)/椭圆(E)]: 450,0,75↙
指定底面半径或 [直径(D)]: 25↙
指定高度或 [两点(2P)/轴端点(A)] <500.0000>: A
指定轴端点: @0,-10,0↙
命令: _cylinder↙
指定底面的中心点或 [三点(3P)/两点(2P)/切点、切点、半径(T)/椭圆(E)]: 530,0,75
指定底面半径或 [直径(D)] <25.0000>: 35
指定高度或 [两点(2P)/轴端点(A)] <10.0000>: A
指定轴端点: @0,-10,0

绘制结果如图 16-31 所示。

8．圆角处理

（1）单击"三维工具"选项卡"实体编辑"面板中的"圆角边"按钮⬜，将圆角半径设为 10，将电视机所有的棱边和圆柱底面均进行圆角处理，如图 16-32 所示。

图 16-30　绘制楔体

图 16-31　绘制圆柱体

图 16-32　圆角处理

（2）单击"三维工具"选项卡"建模"面板中的"长方体"按钮⬜，在电视机镂空处绘制一个长方体。

9．渲染

（1）单击"可视化"选项卡"材质"面板中的"材质浏览器"按钮⊛，把黑色塑料材质附给电视机外壳，把 BLUE PLASTIC 材质附给电视机屏幕，把"位图文件"中的图片添加到材质上。

（2）单击"可视化"选项卡"渲染"面板中的"渲染到尺寸"按钮⬜，最终效果图如图 16-27 所示。

【选项说明】

（1）指定底面的中心点：先输入底面圆心的坐标，然后指定底面的半径和高度，此选项为系统的默认选项。AutoCAD 按指定的高度创建圆柱体，且圆柱体的中心线与当前坐标系的 Z 轴平行，如图 16-33 所示。也可以指定另一个端面的圆心来指定高度，AutoCAD 根据圆柱体两个端面的中心位置来创建圆柱体，该圆柱体的中心线就是两个端面的连线，如图 16-34 所示。

（2）椭圆(E)：创建椭圆柱体。椭圆端面的绘制方法与平面椭圆一样，创建的椭圆柱体如图 16-35 所示。

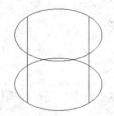

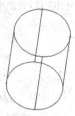

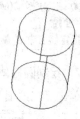

图 16-33　按指定高度创建圆柱体　　　　图 16-34　指定圆柱体另一个端面的中心位置　　　图 16-35　椭圆柱体

 **高手支招**

　　实体模型具有边和面，还有在其表面内由计算机确定的质量。实体模型是最容易使用的三维模型，其信息最完整，不会产生歧义。与线框模型和曲面模型相比，实体模型的创建方式最直接，所以，在 AutoCAD 三维绘图中，实体模型应用最为广泛。

16.3.3　圆锥体

【执行方式】

- ☑　命令行：CONE（快捷命令：CYL）。
- ☑　菜单栏：选择菜单栏中的"绘图"→"建模"→"圆锥体"命令。
- ☑　工具栏：单击"建模"工具栏中的"圆锥体"按钮△。
- ☑　功能区：单击"三维工具"选项卡"建模"面板中的"圆锥体"按钮△。

【操作实践——绘制石凳】

绘制如图 16-36 所示的石凳。操作步骤如下：

1．绘制石凳的主体

（1）单击"三维工具"选项卡"建模"面板中的"圆锥体"按钮△，绘制圆台面，在命令行中输入"ISOLINES"，设置线密度为 115。命令行提示与操作如下。

图 16-36　石凳

```
命令: _CONE↙
指定底面的中心点或 [三点(3P)/两点(2P)/切点、切点、半径(T)/椭圆(E)]: 0,0,0↙
指定底面半径或 [直径(D)]: 10↙
指定高度或 [两点(2P)/轴端点(A)/顶面半径(T)]: T↙
指定顶面半径: 5↙
指定高度或 [两点(2P)/轴端点(A)]: 20↙
命令: ISOLINES
输入 ISOLINES 的新值 <4>: 10
```

绘制结果如图 16-37 所示。

（2）改变视图。单击"可视化"选项卡"视图"面板中的"西南等轴测"按钮◈，将当前视图切换到"西南等轴测"视图。

（3）用"圆锥面"命令（CONE），以（0,0,20）为圆心，绘制底面半径为 5、顶面半径为 10、高度为 20 的圆台面，绘制结果如图 16-38 所示。

2．绘制石凳的凳面

用"圆柱体"命令（CYLINDER）绘制以（0,0,40）为圆心、半径为 20、高度为 5 的圆柱，绘制结果如图 16-39 所示。

3．渲染图形

单击"可视化"选项卡"材质"面板中的"材质浏览器"按钮 ⊗，在材质选项板中选择适当的材质。单击"可视化"选项卡"渲染"面板中的"渲染到尺寸"按钮 🖼，对实体进行渲染，渲染后的效果如图 16-40 所示。

图 16-37　绘制圆台 1　　　　图 16-38　绘制圆台 2　　　　图 16-39　绘制圆柱　　　　图 16-40　渲染处理

【选项说明】

（1）指定底面的中心点：指定圆锥体底面的中心位置，然后指定底面半径和锥体高度或顶点位置。

（2）椭圆(E)：创建底面是椭圆的圆锥体。

如图 16-41 所示为绘制的椭圆圆锥体，其中图 16-41（a）中的线框密度为 4。输入"ISOLINES"命令后增加线框密度至 16 后的图形如图 16-41（b）所示。

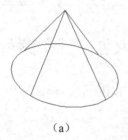
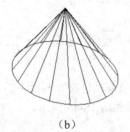

（a）　　　　　　　　　　　　　　　　（b）

图 16-41　椭圆圆锥体

其他的基本实体，如楔体、球体、圆环体等的创建方法与长方体、圆柱体和圆锥体类似，不再赘述。

16.4　布 尔 运 算

布尔运算在数学的集合运算中得到广泛应用，AutoCAD 也将该运算应用到了建模的创建过程中。

【预习重点】

☑　了解布尔运算。

☑　练习如何使用布尔操作。

☑ 对比布尔运算的不同应用。

布尔运算在数学的集合运算中得到广泛应用，AutoCAD 也将该运算应用到了实体的创建过程中。用户可以对三维实体对象进行并集、交集、差集的运算。图 16-42 为 3 个圆柱体进行交集运算后的图形。

【操作实践——绘制杯子】

绘制如图 16-43 所示的杯子立体图。操作步骤如下：

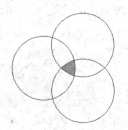 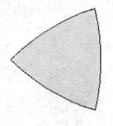 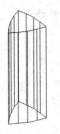 

图 16-42　3 个圆柱体交集后的图形　　　　　　　　　　　　图 16-43　杯子立体图

1. 新建文件

单击快速访问工具栏中的"新建"按钮，弹出"新建"对话框，在"打开"下拉列表框中选择"无样板-公制"选项，进入绘图环境。

2. 设置线框密度

在命令行中输入"ISOLINES"，默认设置为 4，有效值的范围为 0～2047。设置对象上每个曲面的轮廓线数目为 10，命令行提示与操作如下。

```
命令: ISOLINES✓
输入 ISOLINES 的新值 <8>: 10✓
```

3. 设置视图方向

单击"可视化"选项卡"视图"面板中的"西南等轴测"按钮，将当前视图方向设置为西南等轴测视图。

4. 绘制外形轮廓

单击"三维工具"选项卡"建模"面板中的"圆柱体"按钮，绘制底面中心点在原点，直径为 35、高度为 35 的圆柱体，结果如图 16-44 所示。

5. 绘制内部轮廓

（1）单击"三维工具"选项卡"建模"面板中的"圆柱体"按钮，绘制底面中心点在原点（0,0,0），直径为 30、高度为 35 的圆柱体，结果如图 16-45 所示。

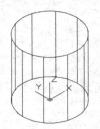 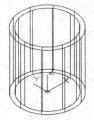

图 16-44　绘制的外形轮廓　　　　　　　　图 16-45　绘制圆柱体后的图形

（2）差集处理。单击"三维工具"选项卡"实体编辑"面板中的"差集"按钮 ◎，将外形圆柱体轮廓和内部圆柱体轮廓进行差集处理，命令行提示与操作如下。

```
命令：_subtract
选择要从中减去的实体、曲面和面域…
选择对象：找到 1 个（选择外形圆柱体轮廓）
选择对象：
选择要减去的实体、曲面和面域…
选择对象：找到 1 个（选择内部圆柱体轮廓）
选择对象：
```

6．保存文件

单击快速访问工具栏中的"保存"按钮 ■，将新文件命名为"杯子立体图.dwg"并保存。

16.5　由二维图形生成三维造型

与三维网格的生成原理一样，也可以通过二维图形来生成三维实体。AutoCAD 提供了 5 种方法来实现，具体如下所述。

【预习重点】

☑　了解直接绘制实体与由二维生成三维实体的差异。
☑　练习各种实体生成方法。

16.5.1　拉伸

【执行方式】

☑　命令行：EXTRUDE（快捷命令：EXT）。
☑　菜单栏：选择菜单栏中的"绘图"→"建模"→"拉伸"命令。
☑　工具栏：单击"建模"工具栏中的"拉伸"按钮 ⬆。
☑　功能区：单击"三维工具"选项卡"建模"面板中的"拉伸"按钮 ⬆。

【操作实践——绘制马桶】

本实例绘制如图 16-46 所示的马桶。操作步骤如下：

1．绘制马桶的主体

（1）设置绘图环境。用 LIMITS 命令设置图幅为 297×210。用 ISOLINES 命令设置对象上每个曲面的轮廓线数目为 10。

（2）单击"默认"选项卡"绘图"面板中的"矩形"按钮 ▢，绘制角点为（0,0）和（560,260）的矩形。绘制结果如图 16-47 所示。

（3）单击"默认"选项卡"绘图"面板中的"圆弧"按钮 ⌒，绘制圆弧，命令行提示与操作如下。

图 16-46　马桶

```
命令：_arc
指定圆弧的起点或 [圆心(C)]: 400,0↙
```

指定圆弧的第二个点或 [圆心(C)/端点(E)]: 500,130↙
指定圆弧的端点: 400,260↙

（4）单击"默认"选项卡"修改"面板中的"修剪"按钮↙，将多余的线段剪去，修剪之后的结果如图 16-48 所示。

图 16-47　绘制矩形

图 16-48　修剪圆弧

（5）单击"默认"选项卡"绘图"面板中的"面域"按钮◎，将绘制的矩形和圆弧进行面域处理。

（6）单击"默认"选项卡"修改"面板中的"拉伸"按钮▣，将第（5）步中创建的面域拉伸处理，命令行提示与操作如下。

命令: _ EXTRUDE↙
当前线框密度: ISOLINES=10，闭合轮廓创建模式 ＝ 实体
选择要拉伸的对象或 [模式(MO)]: _MO 闭合轮廓创建模式 [实体(SO)/曲面(SU)] <实体>: _SO↙
选择要拉伸的对象或 [模式(MO)]: ↙ 找到 1 个
选择要拉伸的对象或 [模式(MO)]: ↙
指定拉伸的高度或 [方向(D)/路径(P)/倾斜角(T)/表达式(E)] <30.0000>: T↙
指定拉伸的倾斜角度或 [表达式(E)] <0>: 10↙
指定拉伸的高度或 [方向(D)/路径(P)/倾斜角(T)/表达式(E)] <30.0000>: 200↙

将视图切换到西南等轴测视图，绘制结果如图 16-49 所示。

（7）单击"三维工具"选项卡"实体编辑"面板中的"圆角边"按钮◎，圆角半径设为 20，将马桶底座的直角边改为圆角边。绘制结果如图 16-50 所示。

（8）单击"三维工具"选项卡"建模"面板中的"长方体"按钮▢，绘制马桶主体，命令行提示与操作如下。

命令: _BOX↙
指定第一个角点或 [中心(C)]: 0,0,200↙
指定其他角点或 [立方体(C)/长度(L)]: 550,260,400↙

绘制结果如图 16-51 所示。

（9）单击"三维工具"选项卡"实体编辑"面板中的"圆角边"按钮◎，将圆角半径设为 150，将长方体右侧的两条棱做圆角处理；左侧的两条棱的圆角半径为 50，如图 16-52 所示。

图 16-49　拉伸处理

图 16-50　圆角处理

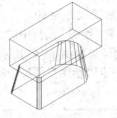
图 16-51　绘制长方体

图 16-52　再次圆角处理

2．绘制马桶水箱

（1）单击"三维工具"选项卡"建模"面板中的"长方体"按钮▢，绘制水箱主体，命令行提示与操作如下。

```
命令: _box↙
指定第一个角点或 [中心(C)]: C↙
指定中心: 50,130,500↙
指定角点或 [立方体(C)/长度(L)]: L↙
指定长度: 100↙
指定宽度: 240↙
指定高度: 200↙
```

（2）单击"三维工具"选项卡"建模"面板中的"圆柱体"按钮▢，绘制马桶水箱，命令行提示与操作如下。

```
命令: _CYLINDER↙
指定底面的中心点或 [三点(3P)/两点(2P)/切点、切点、半径(T)/椭圆(E)]: 500,130,400↙
指定底面半径或 [直径(D)]: 500↙
指定高度或 [两点(2P)/轴端点(A)]: 200↙
命令: _CYLINDER↙
指定底面的中心点或 [三点(3P)/两点(2P)/切点、切点、半径(T)/椭圆(E)]: 500,130,400↙
指定底面半径或 [直径(D)]: 420↙
指定高度或 [两点(2P)/轴端点(A)]: 200↙
```

绘制结果如图 16-53 所示。

（3）用"差集"命令（SUBTRACT）将第（2）步中绘制的大圆柱体与小圆柱体进行差集处理。用消隐命令（HIDE）对实体进行消隐处理，结果如图 16-54 所示。

（4）交集处理。用"交集"命令（INTERSECT），选择长方体和圆柱环，将其进行交集处理，结果如图 16-55 所示。

图 16-53 绘制圆柱

图 16-54 差集处理

图 16-55 交集处理

3．绘制马桶盖

（1）用"椭圆"命令（ELLIPSE）绘制椭圆，命令行提示与操作如下。

```
命令: _ELLIPSE↙
指定椭圆的轴端点或 [圆弧(A)/中心点(C)]: C↙
指定椭圆的中心点: 300,130,400↙
```

指定轴的端点: 500,130↙
指定另一条半轴长度或 [旋转(R)]: 130↙

（2）用"拉伸"命令（EXTRUDE），拉伸高度为10，将椭圆拉伸成为马桶，绘制结果如图16-56所示。

4．渲染图形

单击"可视化"选项卡"材质"面板中的"材质浏览器"按钮◎，在材质选项板中选择适当的材质。单击"可视化"选项卡"渲染"面板中的"渲染到尺寸"按钮，对实体进行渲染，渲染后的效果如图16-57所示。

图 16-56 绘制椭圆并拉伸

图 16-57 马桶

【选项说明】

（1）拉伸高度：按指定的高度拉伸出三维实体对象。输入高度值后，根据实际需要指定拉伸的倾斜角度。如果指定的角度为0，AutoCAD则把二维对象按指定的高度拉伸成柱体；如果输入角度值，拉伸后实体截面沿拉伸方向按此角度变化，成为一个棱台或圆台体。如图16-58所示为不同角度拉伸圆的结果。

拉伸前　　　　　　拉伸锥角为0°　　　　　拉伸锥角为10°　　　　拉伸锥角为-10°

图 16-58 拉伸圆效果

（2）路径(P)：将现有的图形对象拉伸创建三维实体对象。如图16-59所示为沿圆弧曲线路径拉伸圆的结果。

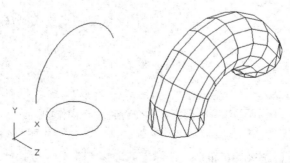

图 16-59 沿圆弧曲线路径拉伸圆

🖊 **举一反三**

> 可以使用创建圆柱体的"轴端点"命令确定圆柱体的高度和方向。轴端点是圆柱体顶面的中心点，可以位于三维空间的任意位置。

16.5.2　旋转

【执行方式】

- ☑　命令行：REVOLVE（快捷命令：REV）。
- ☑　菜单栏：选择菜单栏中的"绘图"→"建模"→"旋转"命令。
- ☑　工具栏：单击"建模"工具栏中的"旋转"按钮🔄。
- ☑　功能区：单击"三维工具"选项卡"建模"面板中的"旋转"按钮🔄。

【操作步骤】

命令: REVOLVE✓
当前线框密度: ISOLINES=4，闭合轮廓创建模式 = 实体
选择要旋转的对象或 [模式(MO)]: _MO 闭合轮廓创建模式 [实体(SO)/曲面(SU)] <实体>: _SO
选择要旋转的对象或 [模式(MO)]: 找到 1 个
选择要旋转的对象或 [模式(MO)]:
指定轴起点或根据以下选项之一定义轴 [对象(O)/X/Y/Z] <对象>: X
指定旋转角度或 [起点角度(ST)/反转(R)/表达式(EX)] <360>: 115

【选项说明】

（1）指定旋转轴的起点：通过两个点来定义旋转轴。AutoCAD 将按指定的角度和旋转轴旋转二维对象。

（2）对象(O)：选择已经绘制好的直线或用"多段线"命令绘制的直线段作为旋转轴线。

（3）X(Y)轴：将二维对象绕当前坐标系（UCS）的 X（Y）轴旋转。

16.5.3　扫掠

【执行方式】

- ☑　命令行：SWEEP。
- ☑　菜单栏：选择菜单栏中的"绘图"→"建模"→"扫掠"命令。
- ☑　工具栏：单击"建模"工具栏中的"扫掠"按钮🌀。
- ☑　功能区：单击"三维工具"选项卡"建模"面板中的"扫掠"按钮🌀。

【操作实践——绘制锁】

绘制如图 16-60 所示的锁，操作步骤如下：

（1）单击"可视化"选项卡"视图"面板中的"西南等轴测"按钮◊，改变视图。

（2）单击"默认"选项卡"绘图"面板中的"矩形"按钮▢，绘制角点坐标为（-100,30）和（100,-30）的矩形。

（3）单击"默认"选项卡"绘图"面板中的"圆弧"按钮⌒，绘制起点坐标为（100,30），端点坐标为（-100,30），半径为 340 的圆弧。

（4）单击"默认"选项卡"绘图"面板中的"圆弧"按钮⌒，绘制起点坐标为（-100, -30），端点坐标为（100, -30），半径为 340 的圆弧。利用"镜像"命令得到另一侧圆弧，如图 16-61 所示。

（5）单击"默认"选项卡"修改"面板中的"修剪"按钮，对上述圆弧和矩形进行修剪，结果如图 16-62 所示。

图 16-60　锁

图 16-61　绘制圆弧后的图形

图 16-62　修剪后的图形

（6）单击"默认"选项卡"修改"面板中的"编辑多段线"按钮，将上述多段线合并为一个整体。

（7）单击"默认"选项卡"绘图"面板中的"面域"按钮，将上述图形生成为一个面域。

（8）单击"三维工具"选项卡"建模"面板中的"拉伸"按钮，选择第（7）步中创建的面域，拉伸高度为 150，结果如图 16-63 所示。

（9）在命令行中直接输入"UCS"，将新的坐标原点移动到点（0,0,150）。切换视图，选择菜单栏中的"视图"→"三维视图"→"平面视图"→"当前 UCS"命令。

（10）单击"默认"选项卡"绘图"面板中的"圆"按钮，指定圆心坐标为（-70,0），半径为 15，结果如图 16-64 所示。

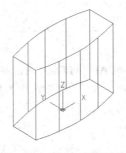

图 16-63　拉伸后的图形

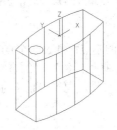

图 16-64　绘制圆后的图形

（11）重复上述指令，在右边的对称位置再绘制一个同样大小的圆。单击"可视化"选项卡"视图"面板中的"前视"按钮，切换到前视图。

（12）在命令行中直接输入"UCS"，将新的坐标原点移动到点（0,150,0）。

（13）单击"默认"选项卡"绘图"面板中的"多段线"按钮，命令行提示与操作如下。

```
命令: PLINE
指定起点: -70,0
当前线宽为 0.0000
指定下一个点或 [圆弧(A)/半宽(H)/长度(L)/放弃(U)/宽度(W)]: @50<90
指定下一点或 [圆弧(A)/闭合(C)/半宽(H)/长度(L)/放弃(U)/宽度(W)]: A
指定圆弧的端点(按住 Ctrl 键以切换方向)或[角度(A)/圆心(CE)/闭合(CL)/方向(D)/半宽(H)/直线(L)/半径(R)/第二个点(S)/放弃(U)/宽度(W)]: A
指定夹角: -180
指定圆弧的端点(按住 Ctrl 键以切换方向)或 [圆心(CE)/半径(R)]: R
指定圆弧的半径: 70
指定圆弧的弦方向(按住 Ctrl 键以切换方向) <90>: 0
```

指定圆弧的端点(按住 Ctrl 键以切换方向)或[角度(A)/圆心(CE)/闭合(CL)/方向(D)/半宽(H)/直线(L)/半径(R)/第二个点(S)/放弃(U)/宽度(W)]: L
指定下一点或 [圆弧(A)/闭合(C)/半宽(H)/长度(L)/放弃(U)/宽度(W)]: 70,0
指定下一点或 [圆弧(A)/闭合(C)/半宽(H)/长度(L)/放弃(U)/宽度(W)]:

结果如图 16-65 所示。

（14）单击"可视化"选项卡"视图"面板中的"西南等轴测"按钮，回到西南等轴测视图。

（15）单击"三维工具"选项卡"建模"面板中的"扫掠"按钮，将绘制的圆与多段线进行扫掠处理，命令行提示与操作如下。

命令: _sweep
当前线框密度: ISOLINES=4，闭合轮廓创建模式 = 实体
选择要扫掠的对象: 找到 1 个 （选择圆）
选择要扫掠的对象: 找到 1 个 （选择第二个圆），共计 2 个
选择扫掠路径或 [对齐(A)/基点(B)/比例(S)/扭曲(T)]:（选择绘制的多段线）

（16）单击"三维工具"选项卡"建模"面板中的"圆柱体"按钮，绘制底面中心点为（-70,0,0），底面半径为 20，轴端点为（-70,-30,0）的圆柱体，结果如图 16-66 所示。

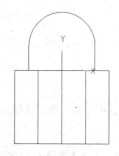

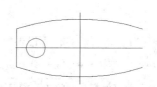

图 16-65　绘制多段线后的图形　　　　　图 16-66　扫掠后的图形

（17）在命令行中直接输入"UCS"，将新的坐标原点绕 X 轴旋转 90°。

（18）单击"三维工具"选项卡"建模"面板中的"楔体"按钮，绘制楔体，命令行提示与操作如下。

命令: WE
指定第一个角点或 [中心(C)]: -50,-50,-20
指定其他角点或 [立方体(C)/长度(L)]: -80,50,-20
指定高度或 [两点(2P)] <30.0000>: 20

（19）单击"三维工具"选项卡"实体编辑"面板中的"差集"按钮，将扫掠体与楔体进行差集运算，如图 16-67 所示。

（20）单击"建模"工具栏中的"三维旋转"按钮，将上述锁柄绕着右边的圆的中心垂线旋转 180°，命令行提示与操作如下。

命令: 3drotate
UCS 当前的正角方向: ANGDIR=逆时针　ANGBASE=0
选择对象:（选择锁柄）
选择对象: ↙
指定基点:（指定右边圆的圆心）

拾取旋转轴:（指定右边的圆的中心垂线）
指定角的起点: 180↙

旋转的结果如图 16-68 所示。

（21）单击"三维工具"选项卡"实体编辑"面板中的"差集"按钮 ⑩，将左边小圆柱体与锁体进行差集操作，在锁体上打孔。

（22）单击"三维工具"选项卡"实体编辑"面板中的"圆角边"按钮 ⑧，设置圆角半径为 10，对锁体四周的边进行圆角处理。

（23）单击"视图"选项卡"视觉样式"面板中的"隐藏"按钮 ⑧，或者直接在命令行中输入"HIDE"后按 Enter 键，结果如图 16-69 所示。

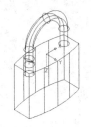
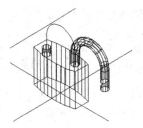

图 16-67　差集后的图形　　　　图 16-68　旋转处理　　　　图 16-69　消隐处理

（24）单击"默认"选项卡"修改"面板中的"删除"按钮 ✍，选择多段线进行删除。最终结果如图 16-60 所示。

【选项说明】

（1）对齐(A)：指定是否对齐轮廓以使其作为扫掠路径切向的法向，在默认情况下，轮廓是对齐的。选择该选项，命令行提示与操作如下。

扫掠前对齐垂直于路径的扫掠对象　[是(Y)/否(N)] <是>:（输入"N"，指定轮廓无须对齐；按 Enter 键，指定轮廓将对齐）

🔧 举一反三

使用"扫掠"命令，可以通过沿开放或闭合的二维或三维路径扫掠开放或闭合的平面曲线（轮廓）来创建新实体或曲面。"扫掠"命令用于沿指定路径以指定轮廓的形状（扫掠对象）创建实体或曲面。可以扫掠多个对象，但是这些对象必须在同一平面内。如果沿一条路径扫掠闭合的曲线，则生成实体。

（2）基点(B)：指定要扫掠对象的基点。如果指定的点不在选定对象所在的平面上，则该点将被投影到该平面上。选择该选项，命令行提示与操作如下。

指定基点:（指定选择集的基点）

（3）比例(S)：指定比例因子以进行扫掠操作。从扫掠路径的开始到结束，比例因子将统一应用到扫掠的对象上。选择该选项，命令行提示与操作如下。

输入比例因子或 [参照(R)] <1.0000>:（指定比例因子，输入"R"，调用参照选项；按 Enter 键，选择默认值）

其中，"参照(R)"选项表示通过拾取点或输入值来根据参照的长度缩放选定的对象。

（4）扭曲(T)：设置正被扫掠对象的扭曲角度。扭曲角度指定沿扫掠路径全部长度的旋转量。选择该选项，命令行提示与操作如下。

> 输入扭曲角度或允许非平面扫掠路径倾斜 [倾斜(B)] <n>:（指定小于 360°的角度值，输入"B"，打开倾斜；按 Enter 键，选择默认角度值）

其中，"倾斜(B)"选项指定被扫掠的曲线是否沿三维扫掠路径（三维多线段、三维样条曲线或螺旋线）自然倾斜（旋转）。

如图 16-70 所示为扭曲扫掠示意图。

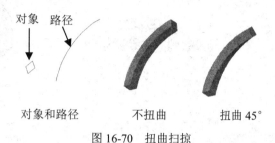

对象和路径　　　不扭曲　　　扭曲 45°

图 16-70　扭曲扫掠

16.5.4　放样

【执行方式】

- ☑　命令行：LOFT。
- ☑　菜单栏：选择菜单栏中的"绘图"→"建模"→"放样"命令。
- ☑　工具栏：单击"建模"工具栏中的"放样"按钮。
- ☑　功能区：单击"三维工具"选项卡"建模"面板中的"放样"按钮。

【操作实践——绘制太阳伞】

本实例利用"放样"和"拖曳"命令绘制太阳伞，如图 16-71 所示。操作步骤如下：

（1）打开光盘中的"太阳伞轮廓"文件，如图 16-72 所示。

（2）创建放样曲面。单击"三维工具"选项卡"建模"面板中的"放样"按钮，命令行提示与操作如下。

图 16-71　太阳伞

```
命令: _loft
当前线框密度: ISOLINES=4，闭合轮廓创建模式 = 实体
按放样次序选择横截面或 [点(PO)/合并多条边(J)/模式(MO)]: _MO
闭合轮廓创建模式 [实体(SO)/曲面(SU)] <实体>: _SO
按放样次序选择横截面或 [点(PO)/合并多条边(J)/模式(MO)]:（选择正十二边形和圆）
```

结果如图 16-73 所示。

图 16-72　打开文件

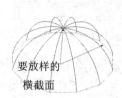

要放样的横截面

图 16-73　选择横截面

输入选项 [导向(G)/路径(P)/仅横截面(C)/设置(S)] <仅横截面>: G
选择导向轮廓或 [合并多条边(J)]:（选择正十二边形和圆）

结果如图 16-74 所示。选择阵列后的 12 条圆弧，结果如图 16-75 所示。

（3）创建伞柄。单击"三维工具"选项卡"实体编辑"面板中的"按住并拖动"按钮🔘（将在下一节详细讲述），拾取太阳伞顶部的小圆面域，将其向下拖曳至适当位置，结果如图 16-76 所示。

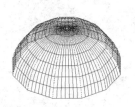
图 16-74　选择导向圆弧

图 16-75　创建放样曲面

图 16-76　创建伞柄

【选项说明】

（1）设置(S)：选择该选项，系统打开"放样设置"对话框，如图 16-77 所示。其中有 4 个单选按钮，图 16-78（a）为选中"直纹"单选按钮的放样结果示意图，图 16-78（b）为选中"平滑拟合"单选按钮的放样结果示意图，图 16-78（c）为选中"法线指向"单选按钮并选择"所有横截面"选项的放样结果示意图，图 16-78（d）为选中"拔模斜度"单选按钮并设置"起点角度"为 45°、"起点幅值"为 10、"端点角度"为 60°、"端点幅值"为 10 的放样结果示意图。

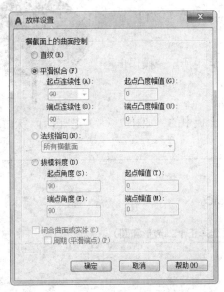
图 16-77　"放样设置"对话框

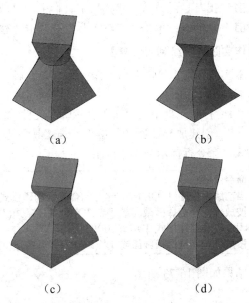
图 16-78　放样示意图

（2）导向(G)：指定控制放样实体或曲面形状的导向曲线。导向曲线是直线或曲线，可通过将其他线框信息添加至对象来进一步定义实体或曲面的形状，如图 16-79 所示。选择该选项，命令行提示与操作如下。

选择导向曲线：（选择放样实体或曲面的导向曲线，然后按 Enter 键）

（3）路径(P)：指定放样实体或曲面的单一路径，如图 16-80 所示。选择该选项，命令行提示与操作如下。

选择路径:（指定放样实体或曲面的单一路径）

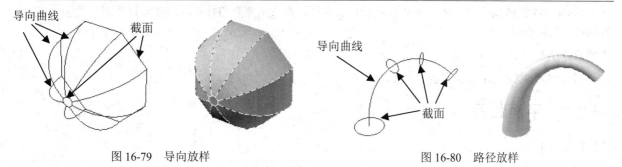

图 16-79　导向放样　　　　　　　　　　图 16-80　路径放样

注意 路径曲线必须与横截面的所有平面相交。

16.5.5　拖曳

【执行方式】

- ☑ 命令行：PRESSPULL。
- ☑ 工具栏：单击"建模"工具栏中的"按住并拖动"按钮 📖。
- ☑ 功能区：单击"三维工具"选项卡"实体编辑"面板中的"按住并拖动"按钮 📖。

【操作步骤】

命令: PRESSPULL↙
选择对象或边界区域:
指定拉伸高度或 [多个(M)]:
指定拉伸高度或 [多个(M)]:
已创建 1 个拉伸

选择有限区域后，按住鼠标左键并拖动，相应的区域就会进行拉伸变形。图 16-81 为选择圆台上表面，按住鼠标左键拖动的结果。

圆台　　　　　　　　向下拖动　　　　　　　向上拖动

图 16-81　按住鼠标左键并拖动

16.6　绘制三维曲面

　　AutoCAD 2015 提供了基准命令来创建和编辑曲面，本节主要介绍几种绘制和编辑曲面的方法，帮助读者熟悉三维曲面的功能。

【预习重点】

　　☑　熟练掌握三维曲面的绘制方法。

16.6.1　平面曲面

【执行方式】

　　☑　命令行：PLANESURF。
　　☑　菜单栏：选择菜单栏中的"绘图"→"建模"→"曲面"→"平面"命令。
　　☑　工具栏：单击"曲面创建"工具栏中的"平面曲面"按钮 ◈ 。
　　☑　功能区：单击"三维工具"选项卡"曲面"面板中的"平面曲面"按钮 ◈ ，如图 16-82 所示。

【操作实践——绘制葫芦】

　　绘制如图 16-83 所示的葫芦。操作步骤如下：

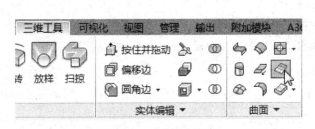

图 16-82　"曲面"面板

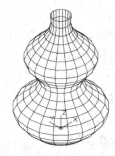

图 16-83　葫芦

　　（1）单击"可视化"选项卡"视图"面板中的"前视"按钮 ▣ ，将当前视图设置为前视图；单击"默认"选项卡"绘图"面板中的"直线"按钮 ✐ 和"样条曲线拟合"按钮 ～ ，绘制如图 16-84 所示的图形。
　　（2）在命令行中输入"SURFTAB1"命令，将线框密度设置为 20，命令行提示与操作如下。

命令: SURFTAB1
输入 SURFTAB1 的新值 <6>: 20

　　（3）同理，将 SURFTAB2 的线框密度设置为 20。
　　（4）单击"可视化"选项卡"视图"面板中的"西南等轴测"按钮 ◈ ，在命令行中输入"REVSURF"命令，将样条曲线绕竖直线旋转 360°，创建旋转网格，结果如图 16-85 所示。
　　（5）在命令行中输入"UCS"，将坐标系恢复到世界坐标系。
　　（6）单击"默认"选项卡"绘图"面板中的"圆"按钮 ◉ ，以坐标原点为圆心，捕捉旋转曲面下方端点绘制圆。
　　（7）单击"三维工具"选项卡"曲面"面板中的"平面曲面"按钮 ◈ ，以圆为对象创建平面，命令行提示与操作如下。

命令:_Planesurf
指定第一个角点或 [对象(O)] <对象>: O
选择对象:（选择第（6）步中绘制的圆）
选择对象:

结果如图 16-86 所示。

图 16-84　绘制图形

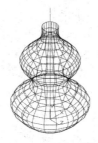

图 16-85　旋转曲面

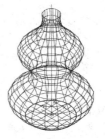

图 16-86　平面曲面

【选项说明】

（1）指定第一个角点：通过指定两个角点来创建矩形形状的平面曲面，如图 16-87 所示。

（2）对象(O)：通过指定平面对象创建平面曲面，如图 16-88 所示。

图 16-87　矩形形状的平面曲面

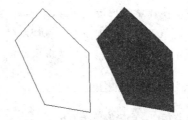

图 16-88　指定平面对象创建平面曲面

16.6.2　偏移曲面

【执行方式】

☑　命令行：SURFOFFSET。

☑　菜单栏：选择菜单栏中的"绘图"→"建模"→"曲面"→"偏移"命令。

☑　工具栏：单击"曲面创建"工具栏中的"曲面偏移"按钮 ◈。

☑　功能区：单击"三维工具"选项卡"曲面"面板中的"曲面偏移"按钮 ◈。

【操作步骤】

命令: SURFOFFSET↙
连接相邻边 = 否
选择要偏移的曲面或面域:（选择要偏移的曲面）
指定偏移距离或 [翻转方向(F)/两侧(B)/实体(S)/连接(C)/表达式(E)] <0.0000>:（指定偏移距离）

【选项说明】

（1）指定偏移距离：指定偏移曲面和原始曲面之间的距离。

（2）翻转方向(F)：反转箭头显示的偏移方向。

（3）两侧(B)：沿两个方向偏移曲面。

（4）实体(S)：从偏移创建实体。

（5）连接(C)：如果原始曲面是连接的，则连接多个偏移曲面。

如图 16-89 所示为利用 SURFOFFSET 命令创建偏移曲面的过程。

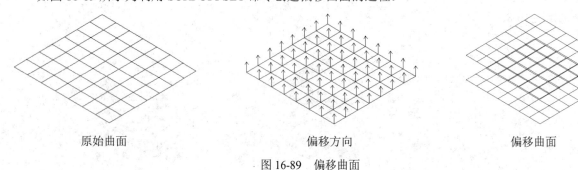

原始曲面　　　　　　　　偏移方向　　　　　　　　偏移曲面

图 16-89　偏移曲面

16.6.3　过渡曲面

【执行方式】

- ☑　命令行：SURFBLEND。
- ☑　菜单栏：选择菜单栏中的"绘图"→"建模"→"曲面"→"过渡"命令。
- ☑　工具栏：单击"曲面创建"工具栏中的"曲面过渡"按钮⬗。
- ☑　功能区：单击"三维工具"选项卡"曲面"面板中的"曲面过渡"按钮⬗。

【操作步骤】

命令：SURFBLEND↵

连续性 ＝ G1 - 相切，凸度幅值 ＝ 0.5

选择要过渡的第一个曲面的边或 [链(CH)]：（选择如图 16-90 所示的第一个曲面上的边 1,2）

选择要过渡的第二个曲面的边或 [链(CH)]：（选择如图 16-90 所示的第二个曲面上的边 3,4）

按 Enter 键接受过渡曲面或 [连续性(CON)/凸度幅值(B)]：（按 Enter 键确认，结果如图 16-91 所示）

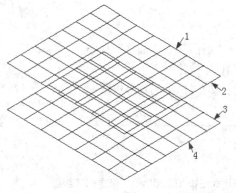

图 16-90　选择边

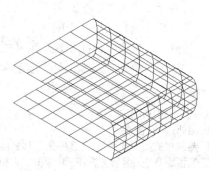

图 16-91　创建过渡曲面

【选项说明】

（1）选择曲面边：选择边对象、曲面或面域作为第一条边和第二条边。

（2）链(CH)：选择连续的连接边。

（3）连续性(CON)：测量曲面彼此结合的平滑程度。默认值为 G0。选择一个值或使用夹点来更改连续性。

（4）凸度幅值(B)：设定过渡曲面边与其原始曲面相交处该过渡曲面边的圆度。

16.6.4 圆角曲面

【执行方式】

☑ 命令行：SURFFILLET。

☑ 菜单栏：选择菜单栏中的"绘图"→"建模"→"曲面"→"圆角"命令。

☑ 工具栏：单击"曲面创建"工具栏中的"曲面圆角"按钮⤸。

☑ 功能区：单击"三维工具"选项卡"曲面"面板中的"曲面圆角"按钮⤸。

【操作步骤】

命令: SURFFILLET↙
半径 =0.0000，修剪曲面 = 是
选择要圆角化的第一个曲面或面域或者 [半径(R)/修剪曲面(T)]: R↙
指定半径或 [表达式(E)] <1.0000>:（指定半径值）
选择要圆角化的第一个曲面或面域或者 [半径(R)/修剪曲面(T)]:（选择图 16-92（a）中的曲面 1）
选择要圆角化的第二个曲面或面域或者 [半径(R)/修剪曲面(T)]:（选择图 16-92（a）中的曲面 2）

结果如图 16-92（b）所示。

【选项说明】

（1）选择要圆角化的第一个（或第二个）曲面或面域：指定第一个（或第二个）曲面或面域。

（2）半径(R)：指定圆角半径。使用圆角夹点或输入值来更改半径。输入的值不能小于曲面之间的间隙。

（3）修剪曲面(T)：将原始曲面或面域修剪到圆角曲面的边。

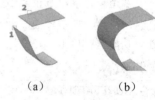

（a）   （b）

图 16-92 创建圆角曲面

16.6.5 网格曲面

【执行方式】

☑ 命令行：SURFNETWORK。

☑ 菜单栏：选择菜单栏中的"绘图"→"建模"→"曲面"→"网格"命令。

☑ 工具栏：单击"曲面创建"工具栏中的"曲面网络"按钮◈。

☑ 功能区：单击"三维工具"选项卡"曲面"面板中的"曲面网格"按钮◈。

【操作步骤】

命令: SURFNETWORK↙
沿第一个方向选择曲线或曲面边:（选择图 16-93（a）中的曲线 1）
沿第一个方向选择曲线或曲面边:（选择图 16-93（a）中的曲线 2）
沿第一个方向选择曲线或曲面边:（选择图 16-93（a）中的曲线 3）
沿第一个方向选择曲线或曲面边:（选择图 16-93（a）中的曲线 4）
沿第一个方向选择曲线或曲面边:↙（也可以继续选择相应的对象）

沿第二个方向选择曲线或曲面边：（选择图 16-93（a）中的曲线 5）
沿第二个方向选择曲线或曲面边：（选择图 16-93（a）中的曲线 6）
沿第二个方向选择曲线或曲面边：（选择图 16-93（a）中的曲线 7）
沿第二个方向选择曲线或曲面边：✓（也可以继续选择相应的对象）

结果如图 16-93（b）所示。

16.6.6　修补曲面

创建修补曲面是指通过在已有的封闭曲面边上构成一个曲面的方式来创建一个新曲面，如图 16-94（a）所示是已有曲面，如图 16-94（b）所示是创建出的修补曲面。

（a）　　　　　　　　　（b）

图 16-93　创建三维曲面

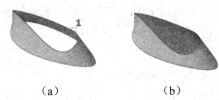

（a）　　　　　　（b）

图 16-94　创建修补曲面

【执行方式】

☑　命令行：SURFPATCH。
☑　菜单栏：选择菜单栏中的"绘图"→"建模"→"曲面"→"修补"命令。
☑　工具栏：单击"曲面创建"工具栏中的"曲面修补"按钮。
☑　功能区：单击"三维工具"选项卡"曲面"面板中的"曲面修补"按钮。

【操作步骤】

命令：SURFPATCH✓
连续性 = G0 - 位置，凸度幅值 = 0.5
选择要修补的曲面边或 [链(CH)/曲线(CU)] <曲线>：（选择对应的曲面边或曲线）
选择要修补的曲面边或 [链(CH)/曲线(CU)] <曲线>：✓（也可以继续选择曲面边或曲线）
按 Enter 键接受修补曲面或 [连续性(CON)/凸度幅值(B)/约束几何图形(CONS)]：

【选项说明】

（1）连续性(CON)：设置修补曲面的连续性。
（2）凸度幅值(B)：设置修补曲面边与原始曲面相交时的圆滑程度。
（3）约束几何图形(CONS)：选择附加的约束曲线来构成修补曲面。

16.7　综合演练——茶壶

分析如图 16-95 所示的茶壶，壶嘴的建立是一个需要特别注意的地方，因为如果使用三维实体建模工具很难建立起图示的实体模型，因而采用建立曲面的方法建立壶嘴的表面模型。壶把采用沿轨迹拉伸截面的方法生成，壶身则采用旋转曲面的方法生成。

16.7.1　绘制茶壶拉伸截面

（1）单击"默认"选项卡"图层"面板中的"图层特性"按钮，打开"图层特性管理器"选项板，如图 16-96 所示。利用图层特性管理器创建"辅助线"图层和"茶壶"图层。

图 16-95　茶壶

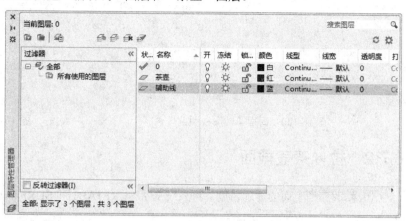

图 16-96　"图层特性管理器"选项板

（2）在"辅助线"图层上绘制一条竖直线段，作为旋转轴，如图 16-97 所示。然后单击"视图"选项卡"导航"面板中的"范围"下拉菜单中的"实时"按钮，将所绘直线区域放大。

（3）将"茶壶"图层设置为当前图层。单击"默认"选项卡"绘图"面板中的"多段线"按钮，执行 PLINE 命令绘制茶壶半轮廓线，如图 16-98 所示。

（4）单击"默认"选项卡"修改"面板中的"镜像"按钮，执行 MIRROR 命令，将茶壶半轮廓线以辅助线为对称轴镜像到直线的另外一侧。

（5）单击"默认"选项卡"绘图"面板中的"多段线"按钮，执行 PLINE 命令，按照图 16-99 所示的样式绘制壶嘴和壶把轮廓线。

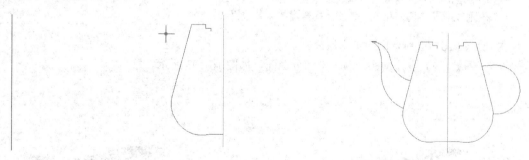

图 16-97　绘制旋转轴　　　　图 16-98　绘制茶壶半轮廓线　　　　图 16-99　绘制壶嘴和壶把轮廓线

（6）单击"可视化"选项卡"视图"面板中的"西南等轴测"按钮，将当前视图切换为西南等轴测视图，如图 16-100 所示。

（7）为使用户坐标系不在茶壶嘴上显示，在命令行中输入"UCSICON"命令，然后依次选择 N，"非原点"。

（8）在命令行中输入"UCS"命令，执行坐标编辑命令新建坐标系。新坐标以壶嘴与壶体连接处的下端点为新的原点，以连接处的上端点为 X 轴，Y 轴方向取默认值。

（9）在命令行中输入"UCS"命令，执行坐标编辑命令旋转坐标系，使当前坐标系绕 X 轴旋转 225°。

（10）单击"默认"选项卡"绘图"面板中的"椭圆弧"按钮⊙，以壶嘴和壶体的两个交点作为圆弧的两个端点，选择合适的切线方向绘制图形，如图 16-101 所示。

图 16-100　西南等轴测视图

图 16-101　绘制壶嘴与壶身交接处圆弧

16.7.2　拉伸茶壶截面

（1）修改三维表面的显示精度。将系统变量 SURFTAB1 和 SURFTAB2 的值设为 20，命令行提示与操作如下。

```
命令: SURFTAB1↙
输入 SURFTAB1 的新值 <6>: 20↙
```

（2）选择菜单栏中的"绘图"→"建模"→"网格"→"边界网格"命令，绘制壶嘴曲面，命令行提示与操作如下。

```
命令: EDGESURF↙
当前线框密度: SURFTAB1=6 SURFTAB2=6
选择用作曲面边界的对象 1:（依次选择壶嘴的 4 条边界线）
选择用作曲面边界的对象 2:（依次选择壶嘴的 4 条边界线）
选择用作曲面边界的对象 3:（依次选择壶嘴的 4 条边界线）
选择用作曲面边界的对象 4:（依次选择壶嘴的 4 条边界线）
```

得到如图 16-102 所示的壶嘴半曲面。

（3）同第（2）步，创建壶嘴下半部分曲面，如图 16-103 所示。

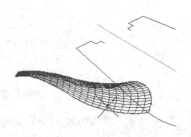

图 16-102　绘制壶嘴半曲面

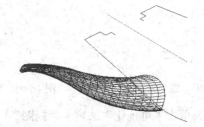

图 16-103　壶嘴下半部分曲面

（4）在命令行中输入"UCS"，执行坐标编辑命令新建坐标系。利用"捕捉到端点"的捕捉方式，选择壶把与壶体的上部交点作为新的原点，壶把多段线的第一段直线的方向作为 X 轴正方向，按 Enter 键接受 Y 轴的默认方向。

（5）在命令行中输入"UCS"，执行坐标编辑命令将坐标系绕 Y 轴旋转-90°，即沿顺时针方向旋转 90°，得到如图 16-104 所示的新坐标系。

（6）绘制壶把的椭圆截面。单击"默认"选项卡"绘图"面板中的"椭圆"按钮⬭，执行 ELLIPSE 命令，绘制如图 16-105 所示的椭圆。

（7）单击"三维工具"选项卡"建模"面板中的"拉伸"按钮⬛，执行 EXTRUDE 命令，将椭圆截面沿壶把轮廓线拉伸成壶把，创建壶把，如图 16-106 所示。

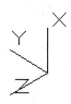
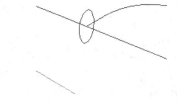
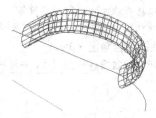

图 16-104　新建坐标系　　　　图 16-105　绘制壶把的椭圆截面　　　　图 16-106　拉伸壶把

（8）单击"默认"选项卡"绘图"面板中的"多段线"按钮⤵，将壶体轮廓线合并成一条多段线。

（9）选择菜单栏中的"绘图"→"建模"→"网格"→"旋转网格"命令，命令行提示与操作如下。

```
命令: REVSURF↙
当前线框密度: SURFTAB1=20　SURFTAB2=20
选择要旋转的对象 1:（指定壶体轮廓线）
选择定义旋转轴的对象:（指定已绘制好的用作旋转轴的辅助线）
指定起点角度<0>:↙
指定夹角（+=逆时针，−=顺时针）<360>:↙
```

旋转壶体曲线得到壶体表面，如图 16-107 所示。

（10）在命令行中输入"UCS"命令，执行坐标编辑命令，返回世界坐标系，再次执行 UCS 命令将坐标系绕 X 轴旋转-90°，如图 16-108 所示。

（11）选择菜单栏中的"修改"→"三维操作"→"三维旋转"命令，将茶壶图形旋转 90°。

（12）关闭"辅助线"图层。执行 HIDE 命令对模型进行消隐处理，结果如图 16-109 所示。

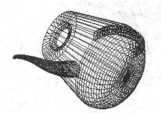

图 16-107　建立壶体表面　　　　图 16-108　世界坐标系下的视图　　　　图 16-109　消隐处理后的茶壶模型

16.7.3　绘制茶壶盖

（1）在命令行中输入"UCS"，执行坐标编辑命令新建坐标系，将坐标系切换到世界坐标系，并将坐标系放置在中心线端点。

（2）单击"三维工具"选项卡"建模"面板中的"圆锥体"按钮△，绘制壶盖，如图 16-110 所示。

（3）单击"默认"选项卡"绘图"面板中的"多段线"按钮⊃，执行 PLINE 命令，绘制壶盖轮廓线，消隐处理后的壶盖模型如图 16-111 所示。

（4）选择菜单栏中的"绘图"→"建模"→"网格"→"旋转网格"命令或在命令行中输入"REVSURF"命令，将第（3）步中绘制的多段线绕中心线旋转 360°，结果如图 16-112 所示。命令行提示与操作如下。

```
命令: _revsurf
当前线框密度: SURFTAB1=20    SURFTAB2=6
选择要旋转的对象：（选择第（3）步中绘制的图形）
选择定义旋转轴的对象：（选择中心线）
指定起点角度 <0>:✓
指定包含角（+=逆时针，-=顺时针）<360>:✓
```

图 16-110　绘制壶盖轮廓线　　　　图 16-111　消隐处理后的壶盖模型　　　　图 16-112　旋转网格

（5）单击"视图"选项卡"视觉样式"面板中的"隐藏"按钮，将已绘制图形消隐，消隐后效果如图 16-113 所示。

（6）单击"默认"选项卡"修改"面板中的"删除"按钮，选中视图中多余线段并将其删除。

（7）单击"默认"选项卡"修改"面板中的"移动"按钮，将壶盖向上移动，消隐后如图 16-114 所示。

图 16-113　茶壶消隐后的结果　　　　　　　图 16-114　移动壶盖后

16.8　名师点拨——拖曳功能限制

拖曳功能每条导向曲线必须满足以下条件才能正常工作：

（1）与每个横截面相交。

（2）从第 1 个横截面开始。

（3）到最后一个横截面结束。

16.9　上 机 实 验

【练习 1】绘制如图 16-115 所示的吸顶灯。

1. 目的要求

三维表面是构成三维图形的基本单元，灵活利用各种基本三维表面构建三维图形是三维绘图的关键技术与能力要求。通过本练习，要求读者熟练掌握各种三维表面的绘制方法，体会构建三维图形的技巧。

2. 操作提示

（1）利用"三维视点"命令设置绘图环境。
（2）利用"网格圆环体"命令绘制两个圆环体作为外沿。
（3）利用"网格圆锥体"命令绘制灯罩。

【练习 2】绘制如图 16-116 所示的足球门。

图 16-115　吸顶灯

图 16-116　足球门

1. 目的要求

通过绘制足球门，使读者灵活运用"边界网格"和"网格圆柱体"命令。

2. 操作提示

（1）利用"视图"→"三维视图"→"视点"命令设置绘图环境。
（2）绘制一系列直线和圆弧作为球门基本框架。
（3）利用"边界网格"命令绘制球网。
（4）利用"网格圆柱体"命令绘制门柱和门梁。

16.10　模 拟 考 试

（1）按如图 16-117 所示的图形创建单叶双曲表面的实体，然后计算其体积为（　　）。
　　A. 1689.25　　　　　B. 3568.74　　　　　C. 6767.65　　　　　D. 8635.21
（2）按如图 16-118 所示创建实体，然后将其中的圆孔内表面绕其轴线倾斜-5°，最后计算实体的体积为（　　）。

A. 153680.25   B. 189756.34   C. 223687.38   D. 278240.42

图 16-117   图形

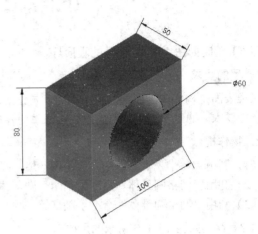

图 16-118   创建实体

（3）绘制如图 16-119 所示的支架图形。

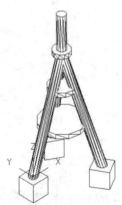

图 16-119   支架

第 17 章

三维实体操作

实体建模是 AutoCAD 三维建模中比较重要的一部分。实体模型是能够完整描述对象的 3D 模型，比三维线框、三维曲面更能表达实物。本章主要介绍基本三维实体的创建、二维图形生成三维实体、三维实体的布尔运算、三维实体的编辑、三维实体的颜色处理等知识。

17.1 三维编辑功能

三维编辑主要是对三维物体进行编辑，包括三维镜像、三维阵列、三维移动以及三维旋转等。

【预习重点】

☑ 了解三维编辑功能的用法。

☑ 练习使用三维镜像。

☑ 练习使用三维阵列。

☑ 练习使用对齐对象。

☑ 练习使用三维移动。

☑ 练习使用三维旋转。

17.1.1 三维镜像

【执行方式】

☑ 命令行：MIRROR3D。

☑ 菜单栏：选择菜单栏中的"修改"→"三维操作"→"三维镜像"命令。

图 17-1 绘制书柜

【操作实践——绘制书柜】

本实例绘制如图 17-1 所示的书柜。操作步骤如下：

1. 绘制长方体 1

（1）单击"三维工具"选项卡"建模"面板中的"长方体"按钮▣，命令行提示与操作如下。

```
命令: _box↙
指定长方体的角点或 [中心(C)] <0,0,0>: C↙
指定长方体的中心点 <0,0,0>:↙
指定角点或 [立方体(C)/长度(L)]: l↙
指定长度: 3050↙
指定宽度: 450↙
指定高度: 100↙
```

（2）单击"可视化"选项卡"视图"面板中的"西南等轴测"按钮◉，绘制结果如图 17-2 所示。

2. 绘制长方体 2

单击"三维工具"选项卡"建模"面板中的"长方体"按钮▣，命令行提示与操作如下。

```
命令: _box↙
指定长方体的角点或 [中心(C)] <0,0,0>: C↙
指定长方体的中心点 <0,0,0>: 0,0,2700↙
指定角点或 [立方体(C)/长度(L)]: l↙
指定长度: 3050↙
指定宽度: 450↙
指定高度: 100↙
命令: _box↙
```

指定长方体的角点或 [中心(C)] <0,0,0>: C↙
指定长方体的中心点 <0,0,0>: 0,0,1000↙
指定角点或 [立方体(C)/长度(L)]: l↙
指定长度: 2090↙
指定宽度: 450↙
指定高度: 40↙

绘制结果如图 17-3 所示。

3．三维阵列处理

单击"建模"工具栏中的"三维阵列"按钮⊞，命令行提示与操作如下。

命令: _3darray↙
选择对象:（选择最小的矩形）↙
选择对象: ↙
输入阵列类型 [矩形(R)/环形(P)] <矩形>:↙
输入行数 (---) <1>:↙
输入列数 (|||) <1>:↙
输入层数 (...) <1>: 4↙
指定层间距 (...): 400↙

绘制结果如图 17-4 所示。

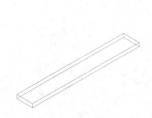
图 17-2　绘制长方体 1

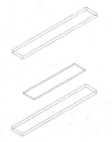
图 17-3　绘制长方体 2

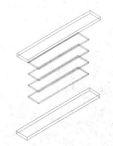
图 17-4　三维阵列处理

4．绘制长方体 3

单击"三维工具"选项卡"建模"面板中的"长方体"按钮▢，命令行提示与操作如下。

命令: _box↙
指定长方体的角点或 [中心(C)] <0,0,0>: c↙
指定长方体的中心点 <0,0,0>: 1505,0,1350↙
指定角点或 [立方体(C)/长度(L)]: l↙
指定长度: 40↙
指定宽度: 450↙
指定高度: 2700↙
命令: BOX↙
指定长方体的角点或 [中心(C)] <0,0,0>: C↙
指定长方体的中心点 <0,0,0>: -1505,0,1350↙
指定角点或 [立方体(C)/长度(L)]: l↙
指定长度: 40↙
指定宽度: 450↙
指定高度: 2700↙

绘制结果如图 17-5 所示。

5．绘制长方体 4

单击"三维工具"选项卡"建模"面板中的"长方体"按钮▢，命令行提示与操作如下。

```
命令: BOX↙
指定长方体的角点或 [中心(C)] <0,0,0>: -1045,-225,0↙
指定角点或 [立方体(C)/长度(L)]: @-48 0,40,2700↙
命令: BOX↙
指定长方体的角点或 [中心(C)] <0,0,0>: 1045,-225,0↙
指定角点或 [立方体(C)/长度(L)]: @480,40,2700↙
命令: _box↙
指定长方体的角点或 [中心(C)] <0,0,0>: -20,-225,1020↙
指定角点或 [立方体(C)/长度(L)]: @40,450,1630↙
命令: _box↙
指定长方体的角点或 [中心(C)] <0,0,0>: -1045,-225,50↙
指定角点或 [立方体(C)/长度(L)]: 0,-185,980↙
命令: BOX↙
指定长方体的角点或 [中心点(CE)] <0,0,0>: 1045,-225,50↙
指定角点或 [立方体(C)/长度(L)]: 0,-185,980↙
```

绘制结果如图 17-6 所示。

图 17-5　绘制长方体 3　　　　　图 17-6　绘制长方体 4

6．圆角处理

（1）单击"三维工具"选项卡"实体编辑"面板中的"圆角边"按钮🔲，将圆角半径设为 10，将柜门的每条棱边倒圆处理。

（2）单击"视图"选项卡"视觉样式"面板中的"隐藏"按钮⬡，消隐之后结果如图 17-7 所示。

7．绘制圆锥

单击"三维工具"选项卡"建模"面板中的"圆锥体"按钮△，命令行提示与操作如下。

```
命令: _cone↙
当前线框密度: ISOLINES=4
指定圆锥体底面的中心点或 [椭圆(E)] <0,0,0>: -150,-275,455↙
指定圆锥体底面的半径或 [直径(D)]: 30↙
指定圆锥体高度或 [顶点(A)]: A↙
指定顶点: @0,100,0↙
命令: CONE↙
当前线框密度: ISOLINES=4
```

指定圆锥体底面的中心点或 [椭圆(E)] <0,0,0>: 150,-275,455↙
指定圆锥体底面的半径或 [直径(D)]: 30↙
指定圆锥体高度或 [顶点(A)]: a↙
指定顶点: @0,100,0↙

消隐之后结果如图 17-8 所示。

8. 渲染处理

（1）单击"可视化"选项卡"材质"面板中的"材质浏览器"按钮◉，将木材质附给书柜主体框架，将蓝色玻璃附给玻璃门和隔板。

（2）单击"可视化"选项卡"渲染"面板中的"渲染到尺寸"按钮◈，最终效果如图 17-9 所示。

图 17-7 圆角处理

图 17-8 绘制圆锥

图 17-9 书架

【选项说明】

（1）三点：输入镜像平面上点的坐标。该选项通过 3 个点确定镜像平面，是系统的默认选项。

（2）最近的：相对于最后定义的镜像平面对选定的对象进行镜像处理。

（3）Z 轴(Z)：利用指定的平面作为镜像平面。选择该选项后，出现如下提示。

在镜像平面上指定点：（输入镜像平面上一点的坐标）
在镜像平面的 Z 轴(法向)上指定点：（输入与镜像平面垂直的任意一条直线上任意一点的坐标）
是否删除源对象？[是(Y)/否(N)]：（根据需要确定是否删除源对象）

（4）视图(V)：指定一个平行于当前视图的平面作为镜像平面。

（5）XY(YZ、ZX)平面：指定一个平行于当前坐标系 XY(YZ、ZX)平面的平面作为镜像平面。

17.1.2 三维阵列

【执行方式】

☑ 命令行：3DARRAY。

☑ 菜单栏：选择菜单栏中的"修改"→"三维操作"→"三维阵列"命令。

☑ 工具栏：单击"建模"工具栏中的"三维阵列"按钮⊞。

【操作实践——绘制沙发】

本实例绘制如图 17-10 所示的沙发。操作步骤如下：

1. 绘制沙发的主体结构

图 17-10 沙发

（1）设置绘图环境。用 LIMITS 命令设置图幅为 297×210。设置线框密度（ISOLINES）。设置对象上每个曲面的轮廓线数目为10。

（2）单击"三维工具"选项卡"建模"面板中的"长方体"按钮，以（0,0,5）为角点，创建长为150、宽为60、高为10的长方体；以（0,0,15）和（@75,60,20）为角点创建长方体；以（75,0,15）和（@75,60,20）为角点创建长方体，结果如图17-11所示。

2. 绘制沙发的扶手和靠背

（1）单击"默认"选项卡"绘图"面板中的"直线"按钮，过（0,0,5）、（@0,0,55）、（@-20,0,0）、（@0,0,-10）、（@10,0,0）、（@0,0,-45）绘制直线并闭合，结果如图17-12所示。

（2）单击"默认"选项卡"绘图"面板中的"面域"按钮，将所绘直线创建面域。

（3）单击"三维工具"选项卡"建模"面板中的"拉伸"按钮，将直线拉伸，拉伸高度为60，结果如图17-13所示。

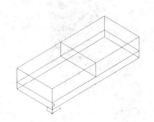
图17-11　创建长方体

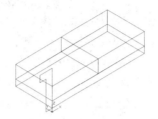
图17-12　绘制多段线

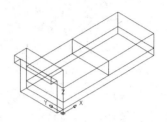
图17-13　拉伸处理

（4）单击"三维工具"选项卡"实体编辑"面板中的"圆角边"按钮，将拉伸实体的棱边倒圆角，圆角半径为5，结果如图17-14所示。

（5）单击"三维工具"选项卡"建模"面板中的"长方体"按钮，以（0,60,5）和（@75, -10,75）为角点创建长方体，结果如图17-15所示。

（6）单击"三维工具"选项卡"选择"面板中的"旋转小控件"按钮，将第（5）步中绘制的长方体旋转-10°，命令行提示与操作如下。

```
命令: ROTATE3D↙
当前正向角度: ANGDIR=逆时针  ANGBASE=0
选择对象:（选择长方体）
选择对象: ↙
指定轴上的第一个点或定义轴依据 [对象(O)/最近的(L)/视图(V)/X 轴(X)/Y 轴(Y)/Z 轴(Z)/两点(2)]: 0,60,5↙
指定轴上的第二点: 75,60,5↙
指定旋转角度或 [参照(R)]: -10↙
```

结果如图17-16所示。

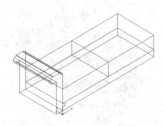
图17-14　圆角处理

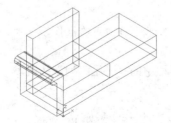
图17-15　创建长方体

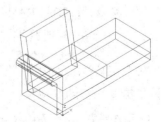
图17-16　三维旋转处理

（7）用"三维镜像"命令（MIRROR3D）将拉伸的实体和最后创建的矩形以过（75,0,15）、（75,0,35）、

（75,60,35）三点的平面为镜像面，进行镜像处理，结果如图 17-17 所示。

（8）单击"三维工具"选项卡"实体编辑"面板中的"圆角边"按钮，进行圆角处理。坐垫的圆角半径为 10，靠背的圆角半径为 3，其他边的圆角半径为 1，结果如图 17-18 所示。

3．绘制沙发脚

（1）单击"默认"选项卡"绘图"面板中的"圆"按钮，以（11,9,-9）为圆心，绘制半径为 5 的圆。然后用"拉伸"命令（EXTRUDE）拉伸圆，拉伸高度为 15，拉伸角度为 5，结果如图 17-19 所示。

  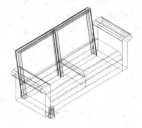

图 17-17　三维镜像处理　　　图 17-18　圆角处理　　　图 17-19　绘制圆并拉伸

（2）用"三维阵列"命令（3DARRAY）将拉伸后的实体进行矩形阵列，阵列行数为 2，列数为 2，行偏移为 42，列偏移为 128，结果如图 17-20 所示。

4．渲染

单击"可视化"选项卡"材质"面板中的"材质浏览器"按钮，在材质浏览器选项板中选择适当的材质。单击"可视化"选项卡"渲染"面板中的"渲染到尺寸"按钮，对实体进行渲染，渲染后的效果如图 17-10 所示。

图 17-20　三维阵列处理

【选项说明】

（1）对图形进行矩形阵列复制，是系统的默认选项。选择该选项后出现如下提示：

```
输入行数（---）<1>：（输入行数）
输入列数（|||）<1>：（输入列数）
输入层数（...）<1>：（输入层数）
指定行间距（---）：（输入行间距）
指定列间距（|||）：（输入列间距）
指定层间距（...）：（输入层间距）
```

（2）对图形进行环形阵列复制。选择该选项后出现如下提示：

```
输入阵列中的项目数目：（输入阵列的数目）
指定要填充的角度（+=逆时针，-=顺时针）<360>：（输入环形阵列的圆心角）
旋转阵列对象？[是(Y)/否(N)]<是>：（确定阵列上的每一个图形是否根据旋转轴线的位置进行旋转）
指定阵列的中心点：（输入旋转轴线上一点的坐标）
指定旋转轴上的第二点：（输入旋转轴上另一点的坐标）
```

17.1.3　对齐对象

【执行方式】

☑　命令行：ALIGN（快捷命令：AL）。

☑ 菜单栏：选择菜单栏中的"修改"→"三维操作"→"对齐"命令。

☑ 工具栏：单击"建模"工具栏中的"三维对齐"按钮 🖳。

【操作步骤】

命令：3DALIGN↙
选择对象：（选择对齐的对象）
选择对象：（选择下一个对象或按 Enter 键）
指定源平面和方向 ...
指定基点或 [复制(C)]：（指定点 2）
指定第二点或 [继续(C)] <C>：（指定点 1）
指定第三个点或 [继续(C)] <C>：
指定目标平面和方向 ...
指定第一个目标点：（指定点 2）
指定第二个目标点或 [退出(X)] <X>：
指定第三个目标点或 [退出(X)] <X>：↙

17.1.4 三维移动

【执行方式】

☑ 命令行：3DMOVE。

☑ 菜单栏：选择菜单栏中的"修改"→"三维操作"→"三维移动"命令。

☑ 工具栏：单击"建模"工具栏中的"三维移动"按钮 ⊕。

☑ 功能区：单击"三维工具"选项卡"选择"面板中的"移动小控件"按钮 ⊕。

【操作步骤】

命令：_3dmove
选择对象：找到 1 个（选择圆柱体 3）
选择对象：
指定基点或 [位移(D)] <位移>：
** MOVE **

🎓 高手支招

在执行"三维阵列"操作时，尽量关闭所有捕捉模式，否则在选择阵列中心点时，系统会忽略命令行中输入的点坐标，而选择自动捕捉的最近点，将无法得到需要的阵列结果。

【选项说明】

其操作方法与"二维移动"命令类似。

17.1.5 三维旋转

【执行方式】

☑ 命令行：3DROTATE。

☑ 菜单栏：选择菜单栏中的"修改"→"三维操作"→"三维旋转"命令。

☑ 工具栏：单击"建模"工具栏中的"三维旋转"按钮 ⊕。

☑　功能区：单击"三维工具"选项卡"选择"面板中的"旋转小控件"按钮⊕。

【操作实践——绘制扶手椅立体图】

本实例绘制如图 17-21 所示的扶手椅立体图。操作步骤如下：

图 17-21　扶手椅

（1）单击"三维工具"选项卡"建模"面板中的"长方体"按钮□，绘制两个长方体，命令行提示与操作如下。

```
命令: _box
指定第一个角点或 [中心(C)]: 0,0,0
指定其他角点或 [立方体(C)/长度(L)]: 100,100,10
命令: _box
指定第一个角点或 [中心(C)]: 100,0,0
指定其他角点或 [立方体(C)/长度(L)]: @-5,100,110
```

绘制结果如图 17-22 所示。

（2）单击"三维工具"选项卡"选择"面板中的"旋转小控件"按钮⊕，旋转椅背，命令行提示与操作如下。

```
命令: _3drotate
UCS 当前的正角方向: ANGDIR=逆时针    ANGBASE=0
选择对象：（选择椅背）
选择对象:
指定基点: 100,0,0
拾取旋转轴：（拾取 Y 轴）
指定角的起点或输入角度: -10
```

绘制结果如图 17-23 所示。

（3）单击"三维工具"选项卡"建模"面板中的"长方体"按钮□，绘制角点坐标为（110,0,40）和（35,-5,45）；（35,0,45）和（@5,-5,-100）；（72,0,45）和（@5,-5,-100）的 3 个长方体，结果如图 17-24 所示。

（4）单击"三维工具"选项卡"选择"面板中的"旋转小控件"按钮⊕和"三维旋转"按钮⊕，旋转图形，命令行提示与操作如下。

```
命令: _3drotate
UCS 当前的正角方向: ANGDIR=逆时针    ANGBASE=0
选择对象：（选择左边的椅腿）
选择对象:
```

指定基点: 35,0,45
拾取旋转轴:（拾取 Y 轴）
指定角的起点或输入角度: -20
命令: _3drotate
UCS 当前的正角方向: ANGDIR=逆时针   ANGBASE=0
选择对象:（选择右边的椅腿）
选择对象:
指定基点: 77,0,45
拾取旋转轴:
指定角的起点或输入角度: 20

绘制结果如图 17-25 所示。

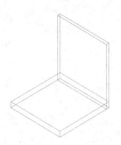
图 17-22　绘制长方体

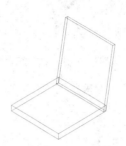
图 17-23　三维旋转

图 17-24　绘制 3 个长方体

（5）单击"三维工具"选项卡"实体编辑"面板中的"并集"按钮◎，将组成椅腿的 3 个长方体合并。选择菜单栏中的"修改"→"三维操作"→"三维镜像"命令，镜像椅腿，命令行提示与操作如下。

命令: _mirror3d
选择对象:（选择椅腿）
选择对象:
指定镜像平面 (三点) 的第一个点或 [对象(O)/最近的(L)/Z 轴(Z)/视图(V)/XY 平面(XY)/YZ 平面(YZ)/ZX 平面(ZX)/三点(3)] <三点>: 0,50,0
在镜像平面上指定第二点: 10,50,0
在镜像平面上指定第三点: 0,50,10
是否删除源对象？[是(Y)/否(N)] <否>:

绘制结果如图 17-26 所示。

（6）单击"三维工具"选项卡"实体编辑"面板中的"圆角边"按钮◎和"圆角"按钮◎，圆角半径为 2，对椅子主体的各边进行圆角处理。

（7）单击"视图"选项卡"视觉样式"面板中的"隐藏"按钮◎，消隐之后的结果如图 17-27 所示。

图 17-25　旋转图形

图 17-26　三维镜像

图 17-27　消隐处理

17.2　编辑曲面

一个曲面绘制完成后，有时需要修改其中的错误或者在此基础上形成更复杂的造型，本节主要介绍如何修剪曲面和延伸曲面。

【预习重点】

- ☑　练习修剪曲面。
- ☑　练习取消修剪曲面。
- ☑　练习延伸曲面。

17.2.1　修剪曲面

【执行方式】

- ☑　命令行：SURFTRIM。
- ☑　菜单栏：选择菜单栏中的"修改"→"曲面编辑"→"修剪"命令。
- ☑　工具栏：单击"曲面编辑"工具栏中的"曲面修剪"按钮 。
- ☑　功能区：单击"三维工具"选项卡"曲面"面板中的"曲面修剪"按钮 ，如图 17-28 所示。

图 17-28　"曲面"面板

【操作步骤】

命令: SURFTRIM↙
延伸曲面 = 是，投影 = 自动
选择要修剪的曲面或面域或者 [延伸(E)/投影方向(PRO)]: （选择图 17-29 中的曲面）
选择剪切曲线、曲面或面域: （选择图 17-29 中的曲线）
选择要修剪的区域 [放弃(U)]: （选择图 17-29 中的区域，修剪结果如图 17-30 所示）

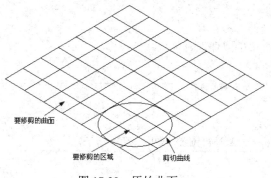

图 17-29　原始曲面

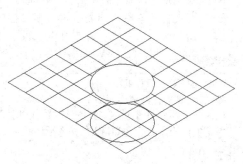

图 17-30　修剪曲面

【选项说明】

（1）要修剪的曲面或面域：选择要修剪的一个或多个曲面或面域。

（2）延伸(E)：控制是否修剪剪切曲面以与修剪曲面的边相交。选择该选项，命令行提示如下。

延伸修剪几何图形 [是(Y)/否(N)] <是>:

（3）投影方向(PRO)：剪切几何图形会投影到曲面。选择该选项，命令行提示如下。

指定投影方向 [自动(A)/视图(V)/UCS(U)/无(N)] <自动>:

① 自动(A)：在平面平行视图中修剪曲面或面域时，剪切几何图形将沿视图方向投影到曲面上；使用平面曲线在角度平行视图或透视视图中修剪曲面或面域时，剪切的几何图形将沿曲线平面垂直的方向投影到曲面上；使用三维曲线在角度平行视图或透视视图中修剪曲面或面域时，剪切几何图形将沿与当前 UCS 的 Z 方向平行的方向投影到曲面上。

② 视图(V)：基于当前视图投影几何图形。

③ UCS(U)：沿当前 UCS 的+Z 和-Z 轴投影几何图形。

④ 无(N)：当剪切曲线位于曲面上时，才会修剪曲面。

17.2.2　取消修剪曲面

【执行方式】

☑　命令行：SURFUNTRIM。

☑　菜单栏：选择菜单栏中的"修改"→"曲面编辑"→"取消修剪"命令。

☑　工具栏：单击"曲面编辑"工具栏中的"取消修剪"按钮▣。

☑　功能区：单击"三维工具"选项卡"曲面"面板中的"取消修剪"按钮▣。

【操作步骤】

命令: SURFUNTRIM↙
选择要取消修剪的曲面边或 [曲面(SUR)]:（选择图 17-30 中的曲面，结果如图 17-29 所示）

17.2.3　延伸曲面

【执行方式】

☑　命令行：SURFEXTEND。

☑　菜单栏：选择菜单栏中的"修改"→"曲面编辑"→"延伸"命令。

☑　工具栏：单击"曲面编辑"工具栏中的"曲面延伸"按钮✎。

☑　功能区：单击"三维工具"选项卡"曲面"面板中的"曲面延伸"按钮✎。

【操作步骤】

命令: SURFEXTEND↙
模式 = 延伸，创建 = 附加
选择要延伸的曲面边：（选择图 17-31 中的边）
指定延伸距离或 [模式(M)]:（输入延伸距离，或者拖动鼠标光标到适当位置，如图 17-32 所示）

【选项说明】

（1）指定延伸距离：指定延伸长度。

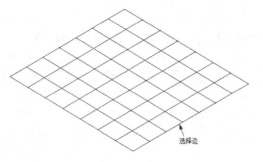

图 17-31　选择延伸边

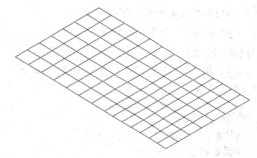

图 17-32　延伸曲面

（2）模式(M)：选择该选项，命令行提示如下。

```
延伸模式 [延伸(E)/拉伸(S)] <延伸>: S
创建类型 [合并(M)/附加(A)] <附加>:
```

① 延伸(E)：以尝试模仿并延续曲面形状的方式拉伸曲面。

② 拉伸(S)：拉伸曲面，而不尝试模仿并延续曲面形状。

③ 合并(M)：将曲面延伸指定的距离，而不创建新曲面。如果原始曲面为 NURBS 曲面，则延伸的曲面也为 NURBS 曲面。

④ 附加(A)：创建与原始曲面相邻的新延伸曲面。

17.3　剖　切　视　图

在 AutoCAD 中，可以利用剖切功能对三维造型进行剖切处理，这样便于用户观察三维造型内部结构。

【预习重点】

☑　观察剖切模型结果。

☑　练习剖切操作。

☑　练习剖切截面操作。

☑　练习截面平面操作。

17.3.1　剖切

【执行方式】

☑　命令行：SLICE（快捷命令：SL）。

☑　菜单栏：选择菜单栏中的"修改"→"三维操作"→"剖切"命令。

☑　功能区：单击"三维工具"选项卡"实体编辑"面板中的"剖切"按钮 ，如图 17-28 所示。

【操作实践——绘制小闹钟立体图】

本实例绘制如图 17-33 所示的小闹钟立体图。操作步骤如下：

图 17-33　小闹钟

1. 绘制闹钟主体

（1）设置视图方向：单击"可视化"选项卡"视图"面板上"视图"下拉菜单中的"西南等轴测"按

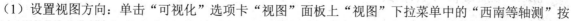

钮■，将视图切换到西南等轴测视图。

（2）单击"三维工具"选项卡"建模"面板中的"长方体"按钮■，绘制中心在原点，长度为80、宽度为80、高度为20的长方体。

（3）单击"三维工具"选项卡"实体编辑"面板中的"剖切"按钮■，对长方体进行剖切，命令行提示与操作如下。

```
命令: SLICE↙
选择要剖切的对象:（选择长方体）↙
选择要剖切的对象: ↙
指定切面的起点或 [平面对象(O)/曲面(S)/Z 轴(Z)/视图(V)/XY/YZ/ZX/三点(3)] <三点>: ZX↙
指定 ZX 平面上的点 <0,0,0>:↙
在所需的侧面上指定点或 [保留两个侧面(B)] <保留两个侧面>:（选择长方体的下半部分）↙
```

（4）单击"三维工具"选项卡"建模"面板中的"圆柱体"按钮■，绘制底面中心在（0,0,-10），直径为80、高为20的圆柱体。

（5）单击"三维工具"选项卡"实体编辑"面板中的"并集"按钮■，对上面两个实体求并集。

（6）单击"视图"选项卡"视觉样式"面板中的"隐藏"按钮■，对实体进行消隐。此时窗口图形如图17-34所示。

（7）单击"三维工具"选项卡"建模"面板中的"圆柱体"按钮■，绘制底面中心在（0,0,10），直径为60、高为-10的圆柱体。

（8）单击"三维工具"选项卡"实体编辑"面板中的"并集"按钮■，求直径为60的圆柱体和求并集后所得实体的差集。

2．绘制时间刻度和指针

（1）单击"三维工具"选项卡"建模"面板中的"圆柱体"按钮■，绘制底面中心在（0,0,0），直径为4、高为8的圆柱体。

（2）单击"三维工具"选项卡"建模"面板中的"圆柱体"按钮■，绘制底面中心在（0,25,0），直径为3、高为3的圆柱体。此时窗口图形如图17-35所示。

（3）在命令行中输入"3DARRAY"命令，对直径为3的圆柱体进行环形阵列，阵列个数为12，结果如图17-36所示。

图17-34　消隐后的实体

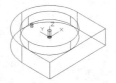
图17-35　绘制圆柱体

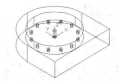
图17-36　阵列后的实体

（4）单击"三维工具"选项卡"建模"面板中的"长方体"按钮■，绘制小闹钟的时针，命令行提示与操作如下。

```
命令: BOX↙
指定第一个角点或 [中心(C)]: 0,-1,0↙
指定其他角点或 [立方体(C)/长度(L)]: L↙
指定长度: 20↙
```

指定宽度: 2✓
指定高度或 [两点(2P)] <2>: 1.5✓

（5）单击"三维工具"选项卡"建模"面板中的"长方体"按钮□，在点（-1,0,2）处绘制长度为 23、宽度为 2、高度为 1.5 的长方体作为小闹钟的分针。

（6）单击"视图"选项卡"视觉样式"面板中的"隐藏"按钮◎，对实体进行消隐。此时窗口图形如图 17-37 所示。

3．绘制闹钟底座

（1）单击"三维工具"选项卡"建模"面板中的"长方体"按钮□，以（-40,-40,20）为第一角点，以（40,-56,-20）为第二角点绘制长方体作为闹钟的底座。

（2）单击"三维工具"选项卡"建模"面板中的"圆柱体"按钮□，绘制底面中心点在（-40,-40,20），直径为 20、顶圆轴端点为（@80,0,0）的圆柱体。

（3）单击"默认"选项卡"修改"面板中的"复制"按钮❀，对刚绘制的直径为 20 的圆柱体进行复制，命令行提示与操作如下。

```
命令:COPY✓
选择对象:（选择直径为 20 的圆柱体）✓
选择对象: ✓
当前设置: 复制模式 = 多个
指定基点或 [位移(D)/模式(O)] <位移>: -40,-40,20✓
指定第二个点或 [阵列(A)] <使用第一个点作为位移>: @0,0,-40✓
指定第二个点或 [阵列(A)/退出(E)/放弃(U)] <退出>:✓
```

此时窗口图形如图 17-38 所示。

（4）单击"三维工具"选项卡"实体编辑"面板中的"差集"按钮⦸，求长方体和两个直径为 20 的圆柱体的差集。

（5）单击"三维工具"选项卡"实体编辑"面板中的"并集"按钮⦿，将求差集后得到的实体与闹钟主体合并。

（6）单击"视图"选项卡"视觉样式"面板中的"隐藏"按钮◎，对实体进行消隐。此时窗口图形如图 17-39 所示。

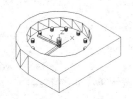

图 17-37 绘制时针和分针

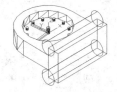

图 17-38 绘制闹钟底座

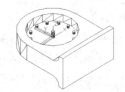

图 17-39 闹钟求并集后的消隐图

（7）设置视图方向：单击"可视化"选项卡"视图"面板上"视图"下拉菜单中的"左视"按钮□，将视图切换到左视图。

（8）单击"默认"选项卡"修改"面板中的"旋转"按钮◎，将小闹钟顺时针旋转-90°。

（9）设置视图方向。单击"可视化"选项卡"视图"面板上"视图"下拉菜单中的"西南等轴测"按钮❀，将视图切换到西南等轴测视图。

（10）单击"视图"选项卡"视觉样式"面板中的"隐藏"按钮◎，对实体进行消隐。

此时窗口图形如图 17-40 所示。

4．着色与渲染

（1）将小闹钟的不同部分填充不同的颜色。单击"三维工具"选项卡"实体编辑"面板中的"着色面"按钮，根据命令行的提示，将闹钟的外表面填充棕色，钟面填充红色，时针和分针填充白色。

（2）单击"可视化"选项卡"渲染"面板中的"渲染到尺寸"按钮，对小闹钟进行渲染。渲染结果如图 17-33 所示。

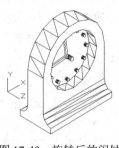

图 17-40　旋转后的闹钟

【选项说明】

（1）平面对象(O)：将所选对象的所在平面作为剖切面。

（2）曲面(S)：将剪切平面与曲面对齐。

（3）Z 轴(Z)：通过平面指定一点与在平面的 Z 轴（法线）上指定另一点来定义剖切平面。

（4）视图(V)：以平行于当前视图的平面作为剖切面。

（5）XY/YZ/ZX：将剖切平面与当前用户坐标系（UCS）的 XY/YZ/ZX 平面对齐。

（6）三点(3)：根据空间的 3 个点确定的平面作为剖切面。确定剖切面后，系统会提示保留一侧或两侧。

17.3.2　剖切截面

【执行方式】

☑　命令行：SECTION（快捷命令：SEC）。

【操作步骤】

命令: SECTION↙
选择对象:（选择要剖切的实体）
指定截面上的第一个点，依照 [对象(O)/Z 轴(Z)/视图(V)/XY/YZ/ZX/三点(3)] <三点>:

17.3.3　截面平面

通过截面平面功能可以创建实体对象的二维截面平面或三维截面实体。

【执行方式】

☑　命令行：SECTIONPLANE。

☑　菜单栏：选择菜单栏中的"绘图"→"建模"→"截面平面"命令。

☑　功能区：单击"三维工具"选项卡"截面"面板中的"截面平面"按钮（如图 17-41 所示）。

【操作实践——绘制欧式窗体】

本实例绘制如图 17-42 所示的欧式窗体。操作步骤如下：

1．绘制长方体

（1）单击"三维工具"选项卡"建模"面板中的"长方体"按钮，命令行提示与操作如下。

命令: _box↙
指定第一个角点或 [中心(C)]: ↙
指定其他角点或 [立方体(C)/长度(L)]: 120,20,5↙

命令: _box↙
指定第一个角点或 [中心(C)] 5,1,25↙
指定其他角点或 [立方体(C)/长度(L)]: @110,18,3↙
命令: BOX↙
指定第一个角点或 [中心(C)] 10,2,5↙
指定其他角点或 [立方体(C)/长度(L)]: @16,16,20↙
命令: BOX↙
指定第一个角点或 [中心(C)]: 94,2,5↙
指定其他角点或 [立方体(C)/长度(L)]: @16,16,20↙

图 17-41 "截面"面板

图 17-42 欧式窗体

（2）单击"可视化"选项卡"视图"面板中的"西南等轴测"按钮◎，绘制结果如图 17-43 所示。

2. 复制图形

打开源文件中的罗马柱图形，单击鼠标右键，在弹出的快捷菜单中选择"剪贴板"→"复制"命令，选择罗马柱的全部图形元素。在本图中选择"剪贴板"→"粘贴"命令，任意指定粘贴点，粘贴罗马柱。

3. 缩放图形

将罗马柱移动到如图 17-44 所示的位置，并复制该罗马柱。

4. 绘制柱头

将当前视图设为主视图，单击"可视化"选项卡"视图"面板中的"前视"按钮▣，然后单击"默认"选项卡"绘图"面板中的"多段线"按钮⊅，绘制结果如图 17-45 所示。

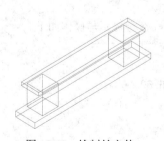

图 17-43 绘制长方体

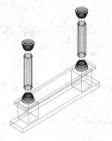

图 17-44 复制罗马柱

图 17-45 绘制多段线

5. 设置三维网格数

命令: surftab1↙
输入 SURFTAB1 的新值<6>: 4↙
命令: surftab2↙
输入 SURFTAB2 的新值<6>: 4↙

6. 旋转曲面

选择菜单栏中的"绘图"→"建模"→"网格"→"旋转网格"命令，命令行提示与操作如下。

```
命令: _revsurf↙
当前线框密度: SURFTAB1=4    SURFTAB2=4
选择要旋转的对象:（选择多线段）↙
选择定义旋转轴的对象:（选择合适的轴）↙
指定起点角度 <0>:↙
指定夹角 (+=逆时针，-=顺时针) <360>:↙
```

将当前视图设为西南等轴测视图，绘制结果如图 17-46 所示。

7. 复制柱头并移动至合适位置

单击"默认"选项卡"修改"面板中的"复制"按钮与"移动"按钮，复制并移动内柱头，结果如图 17-47 所示。

8. 绘制多段线并旋转

将当前视图设为主视图，单击"默认"选项卡"绘图"面板中的"多段线"按钮，绘制连续多段线。单击"默认"选项卡"修改"面板中的"旋转"按钮，旋转多段线，结果如图 17-48 所示。

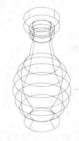

图 17-46　绘制柱头　　　　　图 17-47　复制并移动柱头　　　　图 17-48　绘制多段线并旋转

9. 复制图形

单击"默认"选项卡"修改"面板中的"复制"按钮，将该多线段复制至合适位置，如图 17-49 所示。

10. 绘制圆柱

单击"三维工具"选项卡"建模"面板中的"圆柱体"按钮，命令行提示与操作如下。

```
命令: _cylinder↙
当前线框密度: ISOLINES=4
指定底面的中心点或 [三点(3P)/两点(2P)/切点、切点、半径(T)/椭圆(E)]: 60,2,90↙
指定底面半径或 [直径(D)]: 52↙
指定高度或 [两点(2P)/轴端点(A)] <5.0000>:a↙
指定轴端点: @0,16,0↙
命令: CYLINDER↙
当前线框密度: ISOLINES=4
指定底面的中心点或 [三点(3P)/两点(2P)/切点、切点、半径(T)/椭圆(E)]: 60,2,90↙
指定底面半径或 [直径(D)]: 42↙
指定高度或 [两点(2P)/轴端点(A)] <5.0000>: a↙
指定圆柱的另一个圆心: @0,16,0↙
```

绘制结果如图 17-50 所示。

11. 差集处理

单击"三维工具"选项卡"实体编辑"面板中的"差集"按钮⑩，命令行提示与操作如下。

命令: _subtract 选择要从中减去的实体、曲面和面域...
选择对象:（选择大圆柱）↙
选择要减去的实体或面域 ..
选择对象:（选择小圆柱）↙
选择对象: ↙

12. 剖切处理

单击"三维工具"选项卡"实体编辑"面板中的"剖切"按钮✂，命令行提示与操作如下。

命令: _slice↙
选择对象:（选择圆柱体）↙
选择对象: ↙
指定切面的起点或 [平面对象(O)/曲面(S)/Z 轴(Z)/视图(V)/XY/YZ/ZX/三点(3)] <三点>: 0,0,114↙
指定平面上的第二个点: 0,10,114↙
指定平面上的第三个点: 10,10,114↙
在所需的侧面上指定点或 [保留两个侧面(B)] <保留两个侧面>:（选择上部）↙

绘制结果如图 17-51 所示。

13. 渲染处理

（1）单击"可视化"选项卡"材质"面板中的"材质浏览器"按钮⊗，将 WHITE PLASTIC 2S 材质附给所有的实体。

（2）单击"可视化"选项卡"渲染"面板中的"渲染到尺寸"按钮🖼，图形渲染结果如图 17-52 所示。

图 17-49　复制图形　　　图 17-50　绘制圆柱　　　图 17-51　剖切圆柱　　　图 17-52　渲染处理

17.4　实体三维操作

【预习重点】

☑　练习倒角、圆角操作。
☑　对比二维、三维图形倒角操作。

17.4.1　倒角

【执行方式】

☑　命令行：CHAMFER（快捷命令：CHA）。

☑ 菜单栏：选择菜单栏中的"修改"→"实体编辑"→"倒角边"命令。
☑ 工具栏：单击"实体编辑"工具栏中的"倒角边"按钮◈。
☑ 功能区：单击"三维工具"选项卡"实体编辑"面板中的"倒角边"按钮◈。

【操作步骤】

命令：_CHAMFEREDGE
距离 1 = 1.0000，距离 2 = 1.0000
选择一条边或 [环(L)/距离(D)]: d
指定距离 1 或 [表达式(E)] <1.0000>: 1
指定距离 2 或 [表达式(E)] <1.0000>: 1
选择一条边或 [环(L)/距离(D)]:
选择同一个面上的其他边或 [环(L)/距离(D)]:
按 Enter 键接受倒角或 [距离(D)]:

【选项说明】

（1）选择第一条直线：选择实体的一条边，该选项为系统的默认选项。选择某一条边以后，与其相邻的两个面中的一个面的边框就变成虚线。

按提示要求选择基面，默认选项是当前，即以虚线表示的面作为基面。如果选择"下一个(N)"选项，则以与所选边相邻的另一个面作为基面。

① 选择边：确定需要进行倒角的边，该项为系统的默认选项。在此提示下，按 Enter 键对选择好的边进行倒直角，也可以继续选择其他需要倒直角的边。

② 选择环：对基面上所有的边都进行倒直角。

（2）其他选项与二维斜角类似，此处不再赘述。

17.4.2 圆角

【执行方式】

☑ 命令行：FILLET（快捷命令：F）。
☑ 菜单栏：选择菜单栏中的"修改"→"三维编辑"→"圆角边"命令。
☑ 工具栏：单击"实体编辑"工具栏中的"圆角边"按钮◈。
☑ 功能区：单击"三维工具"选项卡"实体编辑"面板中的"圆角边"按钮◈。

【操作实践——绘制茶几】

本实例绘制如图 17-53 所示的茶几。操作步骤如下：

1．绘制椭圆柱

单击"三维工具"选项卡"建模"面板中的"圆柱体"按钮▣，绘制圆柱体，命令行提示与操作如下。

图 17-53　茶几

命令：_cylinder
指定底面的中心点或 [三点(3P)/两点(2P)/切点、切点、半径(T)/椭圆(E)]: E
指定第一个轴的端点或 [中心(C)]: C
指定中心点: 0,0,0
指定到第一个轴的距离: 25

指定第二个轴的端点: 50,50,0
指定高度或 [两点(2P)/轴端点(A)]: 300

单击"可视化"选项卡"视图"面板中的"东南等轴测"按钮◈，结果如图 17-54 所示。

2．绘制长方体

单击"三维工具"选项卡"建模"面板中的"长方体"按钮▭，命令行提示与操作如下。

命令: _box↙
指定长方体的角点或 [中心点(CE)] <0,0,0>: -100,-100,300↙
指定角点或 [立方体(C)/长度(L)]: @600,600,30↙

绘制结果如图 17-55 所示。

3．阵列处理

单击"默认"选项卡"修改"面板中的"环形阵列"按钮▦，选择椭圆柱为阵列对象，设置项目总数为 4，填充角度为 360°，其中心点为（200,200），绘制结果如图 17-56 所示。

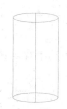
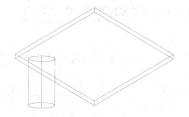
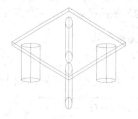

图 17-54　绘制椭圆柱　　　　图 17-55　绘制长方体　　　　图 17-56　阵列处理

4．圆角处理

单击"三维工具"选项卡"实体编辑"面板中的"圆角边"按钮▣，将长方体各棱边的半径均设为 5，做圆角处理，如图 17-57 所示。

5．绘制矩形

单击"默认"选项卡"绘图"面板中的"矩形"按钮▭，命令行提示与操作如下。

命令: _rectang↙
指定第一个角点或 [倒角(C)/标高(E)/圆角(F)/厚度(T)/宽度(W)]: 50,50.150↙
指定另一个角点或 [尺寸(D)]: 350,350↙

6．偏移处理

单击"默认"选项卡"修改"面板中的"偏移"按钮▣，将刚绘制的矩形偏移 50，方向向外。绘制结果如图 17-58 所示。

7．绘制圆并修剪

单击"默认"选项卡"绘图"面板中的"圆"按钮◉，以小矩形的顶点为圆心，捕捉大矩形的顶点为半径绘制圆。将外部矩形删除并对圆图形进行修剪。

8．面域处理

单击"默认"选项卡"绘图"面板中的"面域"按钮▣，作为面域的图形如图 17-59 所示。

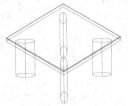

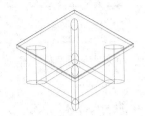

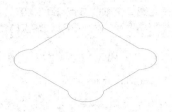

图 17-57　圆角处理　　　　　图 17-58　绘制矩形并偏移　　　　图 17-59　面域处理

9. 拉伸处理

单击"三维工具"选项卡"建模"面板中的"拉伸"按钮⬜，命令行提示与操作如下。

```
命令: _extrude↙
当前线框密度: ISOLINES=8，闭合轮廓创建模式 = 实体
选择要拉伸的对象或 [模式(MO)]: _MO 闭合轮廓创建模式 [实体(SO)/曲面(SU)] <实体>: _SO
选择要拉伸的对象或 [模式(MO)]: 找到 1 个（选择上述面域图形）
选择要拉伸的对象或 [模式(MO)]:
指定拉伸的高度或 [方向(D)/路径(P)/倾斜角(T)/表达式(E)] <30.0000>: 30
```

10. 圆角处理

单击"三维工具"选项卡"实体编辑"面板中的"圆角边"按钮⬜，将上述各棱边的半径均设为 5，做圆角处理，命令行提示与操作如下：

```
命令: _FILLETEDGE
半径 = 1.0000
选择边或 [链(C)/环(L)/半径(R)]: r
输入圆角半径或 [表达式(E)] <1.0000>: 5
选择边或 [链(C)/环(L)/半径(R)]: （选择一条棱边）
选择边或 [链(C)/环(L)/半径(R)]: （选择另一条棱边）
选择边或 [链(C)/环(L)/半径(R)]:
…
按 Enter 键接受圆角或 [半径(R)]:
```

11. 渲染处理

单击"可视化"选项卡"材质"面板中的"材质浏览器"按钮⬤，选择合适的材质和光源，渲染结果如图 17-53 所示。

【选项说明】

选择"链(C)"选项，表示与此边相邻的边都被选中，并进行倒圆角的操作，如图 17-60 所示。

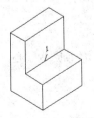　　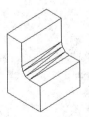　　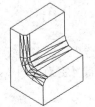

选择倒圆角边"1"　　　边倒圆角结果　　　　链倒圆角结果

图 17-60　对实体棱边做圆角

17.5　综合演练——床

本实例将绘制如图 17-61 所示的床，主要运用到的命令为"长方体"命令（"绘图"→"建模"→"长方体"）、"圆柱体"命令（"绘图"→"实体"→"圆柱体"）、"三维多线段"命令（"绘图"→"三维多线段"）和"圆角"命令（"修改"→"圆角"）。

图 17-61　床

1．绘制圆柱体

单击"三维工具"选项卡"建模"面板中的"圆柱体"按钮，命令行提示与操作如下。

```
命令: _cylinder↙
当前线框密度: ISOLINES=4
指定底面的中心点或 [三点(3P)/两点(2P)/切点、切点、半径(T)/椭圆(E)]: ↙
指定底面半径或 [直径(D)] <77.2205>: 30↙
指定高度或 [两点(2P)/轴端点(A)] <11.0000>: 100↙
```

2．阵列处理

（1）单击"默认"选项卡"修改"面板中的"矩形阵列"按钮，将圆柱体作为阵列对象，设置行数为 2，列数为 2；行偏移为 1100，列偏移为 1800。

（2）单击"可视化"选项卡"视图"面板中的"西南等轴测"按钮，绘制结果如图 17-62 所示。

3．绘制长方体

单击"三维工具"选项卡"建模"面板中的"长方体"按钮，命令行提示与操作如下。

```
命令: _box↙
指定第一个角点 [中心点(C)] <0,0,0>: -50,-50,100↙
指定其他角点或 [立方体(C)/长度(L)]: l↙
指定长度: 1900↙
指定宽度: 1200↙
指定高度: 150↙
命令: BOX↙
指定长方体的角点或 [中心点(CE)] <0,0,0>: -50,-50,250↙
指定第一个角点或 [立方体(C)/长度(L)]: @1900,1200,200↙
```

绘制结果如图 17-63 所示。

4．圆角处理

单击"三维工具"选项卡"实体编辑"面板中的"倒角边"按钮◎，将圆角半径设为100，将床的棱边做圆角处理。

绘制结果如图17-64所示。

图 17-62　绘制圆柱并阵列处理　　　　图 17-63　绘制长方体　　　　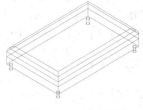 图 17-64　圆角处理

5．绘制三维多段线

单击"默认"选项卡"绘图"面板中的"三维多段线"按钮◎，命令行提示与操作如下。

```
命令: _3dpoly↙
指定多段线的起点: 1850,-50,100↙
指定直线的端点或 [放弃(U)]: @0,0,800↙
指定直线的端点或 [放弃(U)]: @0,300,-200↙
指定直线的端点或 [闭合(C)/放弃(U)]: @0,300,200↙
指定直线的端点或 [闭合(C)/放弃(U)]: @0,300,-200↙
指定直线的端点或 [闭合(C)/放弃(U)]: @0,300,200↙
指定直线的端点或 [闭合(C)/放弃(U)]: @0,0,-800↙
指定直线的端点或 [闭合(C)/放弃(U)]: c↙
```

绘制结果如图17-65所示。

📢**注意** 单击"默认"选项卡"绘图"面板中的"三维多段线"按钮◎，与绘制二维多段线的命令一样，指定三维多段线的起点和下一个点，但是输入的坐标必须是三维点。

6．拉伸处理

单击"三维工具"选项卡"建模"面板中的"拉伸"按钮◎，命令行提示与操作如下。

```
命令: _extrude↙
当前线框密度: ISOLINES=4，闭合轮廓创建模式 = 实体
选择要拉伸的对象或 [模式(MO)]: (选择上述三维多段线)
选择要拉伸的对象或 [模式(MO)]:
指定拉伸的高度或 [方向(D)/路径(P)/倾斜角(T)/表达式(E)] <150.0000>:150
```

7．圆角处理

单击"三维工具"选项卡"实体编辑"面板中的"圆角边"按钮◎，将圆角半径设为100，圆角对象为三维多段线，绘制结果如图17-66所示。

8．渲染处理

单击"可视化"选项卡"渲染"面板中的"渲染到尺寸"按钮◎，渲染结果如图17-67所示。

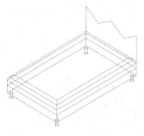

图 17-65　绘制三维多段线

图 17-66　拉伸处理并圆角

图 17-67　床

17.6　名师点拨——三维编辑跟我学

1. 三维阵列时有哪些注意事项

进行三维阵列操作时，关闭"对象捕捉""三维对象捕捉"等命令，取消对中心点捕捉的影响，否则阵列不出预想结果。

2. "隐藏"命令的应用

在创建复杂的模型时，一个文件中往往存在多个实体造型，以至于无法观察被遮挡的实体，此时可以将当前不需要操作的实体造型通过关闭实体造型所在图层隐藏起来，即可对需要操作的实体进行编辑操作。完成后再利用显示所有实体命令将隐藏的实体显示出来的方式。

17.7　上机实验

【练习】创建如图 17-68 所示的办公桌。

图 17-68　办公桌

1. 目的要求

三维图形具有形象逼真的优点，但是三维图形的创建比较复杂，需要读者掌握的知识比较多。本练习要求读者熟悉三维模型创建的步骤，掌握三维模型的创建技巧。

2. 操作提示

（1）绘制办公桌的主体结构。

（2）绘制办公桌的抽屉和柜门。

（3）渲染。

17.8 模拟考试

（1）可以将三维实体对象分解成原来组成三维实体的部件的命令是（　　）。

　　A．分解　　　　　　　B．剖切　　　　　　　C．分割　　　　　　　D．切割

（2）在三维对象捕捉中，下面不属于捕捉模式的是（　　）。

　　A．顶点　　　　　　　B．节点　　　　　　　C．面中心　　　　　　D．端点

（3）绘制如图 17-69 所示的石栏杆。

（4）绘制如图 17-70 所示的透镜。

（5）绘制如图 17-71 所示的擦写板。

  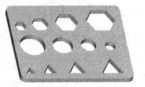

　　图 17-69　石栏杆　　　　　　　图 17-70　透镜　　　　　　　图 17-71　擦写板

（6）绘制如图 17-72 所示的方向盘，并进行渲染处理。

（7）绘制如图 17-73 所示的小纽扣，并附材质然后进行渲染处理。

　　图 17-72　方向盘　　　　　　　图 17-73　小纽扣

三维造型编辑

三维造型编辑是指对三维造型本身的结构单元进行编辑，从而改变造型形状和结构，是 AutoCAD 三维建模中最复杂的一部分内容。本章主要介绍实体编辑、网格编辑、三维装配等知识。

18.1 实 体 编 辑

对单个三维实体本身的某些部分或某些要素进行编辑，从而改变三维实体造型。

【预习重点】

☑ 练习复制边操作。

☑ 练习抽壳操作。

☑ 观察编辑命令适用对象。

18.1.1 复制边

【执行方式】

☑ 命令行：SOLIDEDIT。

☑ 菜单栏：选择菜单栏中的"修改"→"实体编辑"→"复制边"命令。

☑ 工具栏：单击"实体编辑"工具栏中的"复制边"按钮▣。

☑ 功能区：单击"三维工具"选项卡"实体编辑"面板中的"复制边"按钮▣。

【操作步骤】

```
命令: _solidedit
实体编辑自动检查: SOLIDCHECK=1
输入实体编辑选项 [面(F)/边(E)/体(B)/放弃(U)/退出(X)] <退出>: _edge
输入边编辑选项 [复制(C)/着色(L)/放弃(U)/退出(X)] <退出>: _copy
选择边或 [放弃(U)/删除(R)]:选择边或 [放弃(U)/删除(R)]:
指定基点或位移: 0,0,0
指定位移的第二点: 0,0,0
输入边编辑选项 [复制(C)/着色(L)/放弃(U)/退出(X)] <退出>:
实体编辑自动检查: SOLIDCHECK=1
输入实体编辑选项 [面(F)/边(E)/体(B)/放弃(U)/退出(X)] <退出>:
```

18.1.2 抽壳

【执行方式】

☑ 命令行：SOLIDEDIT。

☑ 菜单栏：选择菜单栏中的"修改"→"实体编辑"→"抽壳"命令。

☑ 工具栏：单击"实体编辑"工具栏中的"抽壳"按钮▣。

☑ 功能区：单击"三维工具"选项卡"实体编辑"面板中的"抽壳"按钮▣。

🔧 **举一反三**

> 抽壳是用指定的厚度创建一个空的薄层。可以为所有面指定一个固定的薄层厚度，通过选择面可以将这些面排除在壳外。一个三维实体只能有一个壳，通过将现有面偏移出其原位置来创建新的面。

【操作实践——绘制石桌图】

绘制如图 18-1 所示的石桌立体图。操作步骤如下：

分析石桌立体图，该例具体实现过程为：首先利用球命令绘制球体，将其剖切并抽壳得到石桌的主体，然后利用"圆柱体"命令绘制桌面。本实例的难点在剖切命令和实体编辑中抽壳的综合使用。

图 18-1　石桌

1．绘制石桌的主体

（1）用 LIMITS 命令设置图幅为 297×210。用 ISOLINES 设置对象上每个曲面的轮廓线数目为 10。

（2）单击"三维工具"选项卡"建模"面板中的"球体"按钮◯，绘制半径为 50 的球体，命令行提示与操作如下。

```
命令: SPHERE↙
指定中心点或 [三点(3P)/两点(2P)/切点、切点、半径(T)]: 0,0,0↙
指定半径或 [直径(D)]: 50↙
```

切换到西南等轴测视图，结果如图 18-2 所示。

（3）单击"默认"选项卡"绘图"面板中的"矩形"按钮▢，以（-60,-60,-40）和（@120,120）为角点绘制矩形；再以（-60,-60,40）和（@120,120）为角点绘制矩形，结果如图 18-3 所示。

（4）单击"三维工具"选项卡"实体编辑"面板中的"剖切"按钮◣，分别选择两个矩形作为剖切面，保留球体中间部分，结果如图 18-4 所示。

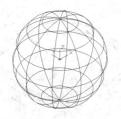　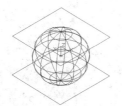　

图 18-2　创建球体　　　　图 18-3　绘制矩形　　　　图 18-4　剖切处理

（5）单击"默认"选项卡"修改"面板中的"删除"按钮✎，将矩形删除，结果如图 18-5 所示。

（6）单击"三维工具"选项卡"实体编辑"面板中的"抽壳"按钮◙，将第（5）步中剖切后的球体进行抽壳处理，命令行提示与操作如下。

```
命令: SOLIDEDIT↙
实体编辑自动检查: SOLIDCHECK=1
输入实体编辑选项 [面(F)/边(E)/体(B)/放弃(U)/退出(X)] <退出>: _body
输入体编辑选项 [压印(I)/分割实体(P)/抽壳(S)/清除(L)/检查(C)/放弃(U)/退出(X)] <退出>: _shell
选择三维实体: （选择剖切后的球体）↙
删除面或 [放弃(U)/添加(A)/全部(ALL)]: ↙
输入抽壳偏移距离: 5↙
已开始实体校验
已完成实体校验
输入体编辑选项
[压印(I)/分割实体(P)/抽壳(S)/清除(L)/检查(C)/放弃(U)/退出(X)] <退出>: X↙
实体编辑自动检查: SOLIDCHECK=1
输入实体编辑选项 [面(F)/边(E)/体(B)/放弃(U)/退出(X)] <退出>: X↙
```

结果如图 18-6 所示。

（7）创建新坐标系，绕 X 轴旋转-90°。

（8）单击"三维工具"选项卡"建模"面板中的"圆柱体"按钮 ，以（0,0,-50）和（@0,0,100）为轴端点，创建半径为 25 的圆柱体；切换到 WCS 坐标系，绕 Y 轴旋转 90°，再以（0,0,-50）为底面圆心和轴端点（@0,0,100）为底面圆心，创建半径为 25 的圆柱体，结果如图 18-7 所示。

图 18-5 删除矩形

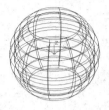
图 18-6 抽壳处理

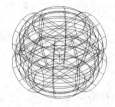
图 18-7 创建圆柱体

（9）单击"三维工具"选项卡"实体编辑"面板中的"差集"按钮 ，从实体中减去两个圆柱体，结果如图 18-8 所示。

2．绘制石桌桌面

（1）回到世界坐标系，单击"三维工具"选项卡"建模"面板中的"圆柱体"按钮 ，以（0,0,40）为底面圆心，创建半径为 65、高为 10 的圆柱体，结果如图 18-9 所示。

（2）单击"三维工具"选项卡"实体编辑"面板中的"圆角边"按钮 ，将圆柱体的棱边进行圆角处理，圆角半径为 2，结果如图 18-10 所示。

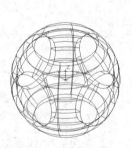
图 18-8 差集运算

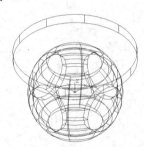
图 18-9 创建圆柱体

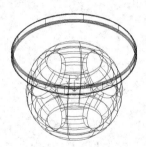
图 18-10 圆角处理

18.2 渲　　染

选择菜单栏中的"视图"→"渲染"→"材质浏览器"命令，在材质选项板中选择适当的材质。选择菜单栏中的"视图"→"渲染"→"渲染"命令，对实体进行渲染。图 18-1 所示为石桌渲染效果。

18.2.1 着色边

【执行方式】

☑ 命令行：SOLIDEDIT。

☑ 菜单栏：选择菜单栏中的"修改"→"实体编辑"→"着色边"命令。

☑ 工具栏：单击"实体编辑"工具栏中的"着色边"按钮 。

☑　功能区：单击"三维工具"选项卡"实体编辑"面板中的"着色边"按钮▥。

【操作步骤】

命令: _solidedit
实体编辑自动检查: SOLIDCHECK=1
输入实体编辑选项 [面(F)/边(E)/体(B)/放弃(U)/退出(X)] <退出>: _edge
输入边编辑选项 [复制(C)/着色(L)/放弃(U)/退出(X)] <退出>: _color
选择边或 [放弃(U)/删除(R)]:（选择要着色的边）
选择边或 [放弃(U)/删除(R)]:（继续选择或按 Enter 键结束选择）

选择好边后，AutoCAD 将打开"选择颜色"对话框。根据需要选择合适的颜色作为要着色边的颜色。

18.2.2　压印边

【执行方式】

☑　命令行：SOLIDEDIT。
☑　菜单栏：选择菜单栏中的"修改"→"实体编辑"→"压印边"命令。
☑　工具栏：单击"实体编辑"工具栏中的"压印"按钮▥。
☑　功能区：单击"三维工具"选项卡"实体编辑"面板中的"压印"按钮▥。

【操作步骤】

命令: SOLIDEDIT
实体编辑自动检查: SOLIDCHECK=1
输入实体编辑选项 [面(F)/边(E)/体(B)/放弃(U)/退出(X)] <退出>: B
输入体编辑选项 [压印(I)/分割实体(P)/抽壳(S)/清除(L)/检查(C)/放弃(U)/退出(X)] <退出>: I
选择三维实体:
选择要压印的对象:
是否删除源对象 [是(Y)/否(N)]<N>:

依次选择三维实体、要压印的对象和设置是否删除源对象。如图 18-11 所示为将五角星压印在长方体上的图形。

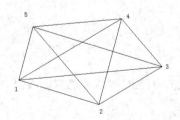
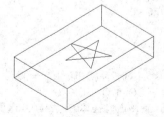

五角星和五边形　　　　　　　压印后的长方体和五角星

图 18-11　压印对象

18.2.3　拉伸面

【执行方式】

☑　命令行：SOLIDEDIT。
☑　菜单栏：选择菜单栏中的"修改"→"实体编辑"→"拉伸面"命令。

☑ 工具栏：单击"实体编辑"工具栏中的"拉伸面"按钮圆。

☑ 功能区：单击"三维工具"选项卡"实体编辑"面板中的"拉伸面"按钮圆。

【操作实践——绘制顶针】

绘制如图 18-12 所示的顶针。操作步骤如下：

（1）用 LIMITS 命令设置图幅为 297×210。

（2）设置对象上每个曲面的轮廓线数目为 10。

（3）将当前视图设置为西南等轴测方向，将坐标系绕 X 轴旋转 90°。以坐标原点为圆锥底面中心，创建半径为 30、高为-50 的圆锥。以坐标原点为圆心，创建半径为 30、高为 70 的圆柱，结果如图 18-13 所示。

（4）单击"三维工具"选项卡"实体编辑"面板中的"剖切"按钮，选取圆锥，以 ZX 为剖切面，指定剖切面上的点为（0,10），对圆锥进行剖切，保留圆锥下部，结果如图 18-14 所示。

图 18-12　顶针

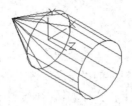
图 18-13　绘制圆锥及圆柱

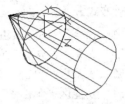
图 18-14　剖切圆锥

（5）单击"三维工具"选项卡"实体编辑"面板中的"并集"按钮，选择圆锥与圆柱体并集运算。

（6）单击"三维工具"选项卡"实体编辑"面板中的"拉伸面"按钮圆，命令行提示与操作如下。

```
命令: _solidedit
实体编辑自动检查: SOLIDCHECK=1
输入实体编辑选项 [面(F)/边(E)/体(B)/放弃(U)/退出(X)] <退出>: _face
输入面编辑选项
[拉伸(E)/移动(M)/旋转(R)/偏移(O)/倾斜(T)/删除(D)/复制(C)/颜色(L)/材质(A)/放弃(U)/退出(X)] <退出>:
_extrude
选择面或 [放弃(U)/删除(R)]:（选取如图 18-15 所示的实体表面）
指定拉伸高度或 [路径(P)]: -10
指定拉伸的倾斜角度 <0>:
已开始实体校验
已完成实体校验
输入面编辑选项
[拉伸(E)/移动(M)/旋转(R)/偏移(O)/倾斜(T)/删除(D)/复制(C)/颜色(L)/材质(A)/放弃(U)/退出(X)] <退出>:
实体编辑自动检查: SOLIDCHECK=1
输入实体编辑选项 [面(F)/边(E)/体(B)/放弃(U)/退出(X)] <退出>:
```

结果如图 18-16 所示。

（7）将当前视图设置为左视图方向，以（10,30,-30）为圆心，创建半径为 20、高为 60 的圆柱；以（50,0,-30）为圆心，创建半径为 10、高为 60 的圆柱，结果如图 18-17 所示。

（8）单击"三维工具"选项卡"实体编辑"面板中的"差集"按钮，选择实体图形与两个圆柱体进行差集运算，结果如图 18-18 所示。

（9）将当前视图设置为西南等轴测视图方向，单击"三维工具"选项卡"建模"面板中的"长方体"按钮，以（35,-30,-15）为角点，创建长为 30、宽为 20、高为 60 的长方体。然后将实体与长方体进行差集运算，消隐后的结果如图 18-19 所示。

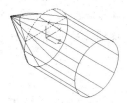 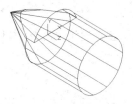 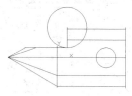 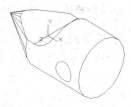

图 18-15　选取拉伸面　　图 18-16　拉伸后的实体　　图 18-17　创建圆柱　　图 18-18　差集圆柱后的实体

（10）单击"可视化"选项卡"材质"面板中的"材质浏览器"按钮，在材质选项板中选择适当的材质。单击"可视化"选项卡"渲染"面板中的"渲染到尺寸"按钮，对实体进行渲染，渲染后的结果如图 18-12 所示。

（11）单击快速访问工具栏中的"保存"按钮。将绘制完成的图形以"顶针立体图.dwg"为文件名保存在指定的路径中。

【选项说明】

（1）指定拉伸高度：按指定的高度值来拉伸面。指定拉伸的倾斜角度后，完成拉伸操作。

（2）路径(P)：沿指定的路径曲线拉伸面。如图 18-20 所示为拉伸长方体的顶面和侧面的结果。

 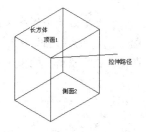 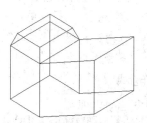

图 18-19　消隐后的实体　　　　　　　图 18-20　拉伸长方体

拉伸前的长方体　　　　拉伸后的三维实体

18.2.4　移动面

【执行方式】

- ☑ 命令行：SOLIDEDIT。
- ☑ 菜单栏：选择菜单栏中的"修改"→"实体编辑"→"移动面"命令。
- ☑ 工具栏：单击"实体编辑"工具栏中的"移动面"按钮。
- ☑ 功能区：单击"三维工具"选项卡"实体编辑"面板中的"移动面"按钮。

【操作步骤】

```
命令:_solidedit
实体编辑自动检查: SOLIDCHECK=1
输入实体编辑选项 [面(F)/边(E)/体(B)/放弃(U)/退出(X)] <退出>: _face
输入面编辑选项 [拉伸(E)/移动(M)/旋转(R)/偏移(O)/倾斜(T)/删除(D)/复制(C)/颜色(L)/材质(A)/放弃(U)/退出(X)]
<退出>: _move
选择面或 [放弃(U)/删除(R)]:（选择要进行移动的面）
选择面或 [放弃(U)/删除(R)/全部(ALL)]:（继续选择移动面或按 Enter 键结束选择）
```

指定基点或位移:（输入具体的坐标值或选择关键点）
指定位移的第二点:（输入具体的坐标值或选择关键点）

各选项的含义在前面介绍的命令中都有涉及，如有问题，请查询相关命令（拉伸面、移动等）。如图18-21所示为移动三维实体的结果。

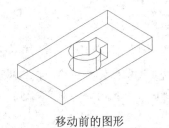

移动前的图形   移动后的图形

图 18-21   移动三维实体

18.2.5   偏移面

【执行方式】

☑   命令行：SOLIDEDIT。

☑   菜单栏：选择菜单栏中的"修改"→"实体编辑"→"偏移面"命令。

☑   工具栏：单击"实体编辑"工具栏中的"偏移面"按钮 🔲。

☑   功能区：单击"三维工具"选项卡"实体编辑"面板中的"偏移面"按钮 🔲。

【操作步骤】

命令: _solidedit
实体编辑自动检查: SOLIDCHECK=1
输入实体编辑选项 [面(F)/边(E)/体(B)/放弃(U)/退出(X)] <退出>: _face
输入面编辑选项[拉伸(E)/移动(M)/旋转(R)/偏移(O)/倾斜(T)/删除(D)/复制(C)/颜色(L)/材质(A)/放弃(U)/退出(X)] <退出>: _offset
选择面或 [放弃(U)/删除(R)]:（选择要进行偏移的面）
指定偏移距离:（输入要偏移的距离值）

如图18-22所示为通过偏移命令改变哑铃手柄大小的结果。

 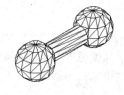

偏移前   偏移后

图 18-22   偏移对象

18.2.6   删除面

【执行方式】

☑   命令行：SOLIDEDIT。

☑　菜单栏：选择菜单栏中的"修改"→"实体编辑"→"删除面"命令。

☑　工具栏：单击"实体编辑"工具栏中的"删除面"按钮🔲。

☑　功能区：单击"三维工具"选项卡"实体编辑"面板中的"删除面"按钮🔲。

【操作步骤】

命令: _solidedit
实体编辑自动检查: SOLIDCHECK=1
输入实体编辑选项 [面(F)/边(E)/体(B)/放弃(U)/退出(X)] <退出>: _face
输入面编辑选项 [拉伸(E)/移动(M)/旋转(R)/偏移(O)/倾斜(T)/删除(D)/复制(C)/颜色(L)/材质(A)/放弃(U)/退出(X)]
<退出>: _erase
选择面或 [放弃(U)/删除(R)]:（选择要删除的面）

18.2.7　旋转面

【执行方式】

☑　命令行：SOLIDEDIT。

☑　菜单栏：选择菜单栏中的"修改"→"实体编辑"→"旋转面"命令。

☑　工具栏：单击"实体编辑"工具栏中的"旋转面"按钮🔲。

☑　功能区：单击"三维工具"选项卡"实体编辑"面板中的"旋转面"按钮🔲。

【操作步骤】

命令: SOLIDEDIT↙
实体编辑自动检查:SOLIDCHECK=1
输入实体编辑选项 [面(F)/边(E)/体(B)/放弃(U)/退出(X)] <退出>: F↙
输入面编辑选项 [拉伸(E)/移动(M)/旋转(R)/偏移(O)/倾斜(T)/删除(D)/复制(C)/颜色(L)/材质(A)/放弃(U)/退出(X)]
<退出> : R↙
选择面或 [放弃(U)/删除(R)]:
指定轴点或 [经过对象的轴(A)/视图(V)/X 轴(X)/Y 轴(Y)/Z 轴(Z)] <两点>: Y↙
指定旋转原点 <0,0,0>:_endp 于
指定旋转角度或 [参照(R)]: 30↙

18.2.8　倾斜面

【执行方式】

☑　命令行：SOLIDEDIT。

☑　菜单栏：选择菜单栏中的"修改"→"实体编辑"→"倾斜面"命令。

☑　工具栏：单击"实体编辑"工具栏中的"倾斜面"按钮🔲。

☑　功能区：单击"三维工具"选项卡"实体编辑"面板中的"倾斜面"
按钮🔲。

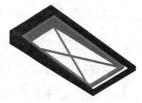

图 18-23　回形窗

【操作实践——绘制回形窗】

绘制如图 18-23 所示的回形窗。操作步骤如下：

1. 绘制回形窗的主体

（1）用 LIMITS 命令设置图幅为 297×210。用 ISOLINES 设置对象上每个曲面的轮廓线数目为 10。

（2）单击"默认"选项卡"绘图"面板中的"矩形"按钮🔲，以（0,0）和（@40,80）为角点绘制矩形，

再以（2,2）和（@36,76）为角点绘制矩形，将视图切换到西南等轴测视图，结果如图 18-24 所示。

（3）单击"默认"选项卡"修改"面板中的"拉伸"按钮 ，拉伸矩形，拉伸高度为 10，结果如图 18-25 所示。

（4）单击"三维工具"选项卡"实体编辑"面板中的"差集"按钮 ，将两个拉伸实体进行差集运算；然后用"直线"命令（LINE）过（20,2）和（20,78）绘制直线，结果如图 18-26 所示。

（5）单击"三维工具"选项卡"实体编辑"面板中的"倾斜面"按钮 ，对第（3）步中拉伸的实体进行倾斜面处理，命令行提示与操作如下。

```
命令: SOLIDEDIT✓
实体编辑自动检查: SOLIDCHECK=1
输入实体编辑选项 [面(F)/边(E)/体(B)/放弃(U)/退出(X)] <退出>: _face✓
输入面编辑选项 [拉伸(E)/移动(M)/旋转(R)/偏移(O)/倾斜(T)/删除(D)/复制(C)/颜色(L)/材质(A)/放弃(U)/退出(X)]
<退出>: _taper✓
选择面或 [放弃(U)/删除(R)]:（选择如图 18-27 所示的阴影面）
选择面或 [放弃(U)/删除(R)/全部(ALL)]: ✓
指定基点:（选择上述绘制直线的左上方的角点）✓
指定沿倾斜轴的另一个点:（选择直线右下方角点）✓
指定倾斜角度: 5✓
已开始实体校验
已完成实体校验
输入面编辑选项
[拉伸(E)/移动(M)/旋转(R)/偏移(O)/倾斜(T)/删除(D)/复制(C)/颜色(L)/材质(A)/放弃(U)/退出(X)] <退出>:✓
实体编辑自动检查: SOLIDCHECK=1
输入实体编辑选项 [面(F)/边(E)/体(B)/放弃(U)/退出(X)] <退出>:✓
```

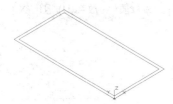   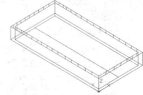

图 18-24　绘制矩形　　图 18-25　拉伸处理　　图 18-26　绘制直线　　图 18-27　选中倾斜对象

结果如图 18-28 所示。

（6）单击"默认"选项卡"绘图"面板中的"矩形"按钮 ，以（4,7）和（@32,66）为角点绘制矩形，再以（6,9）和（@28,62）为角点绘制矩形，结果如图 18-29 所示。

（7）单击"三维工具"选项卡"建模"面板中的"拉伸"按钮 ，拉伸高度为 8，结果如图 18-30 所示。

（8）单击"三维工具"选项卡"实体编辑"面板中的"差集"按钮 ，将拉伸后的长方体进行差集运算。

（9）单击"三维工具"选项卡"实体编辑"面板中的"倾斜面"按钮 ，将差集后的实体倾斜 5°，然后删除辅助直线，结果如图 18-31 所示。

2．绘制回形窗的窗棂

（1）单击"三维工具"选项卡"建模"面板中的"长方体"按钮 ，以（0,0,15）和（@1,72,1）为角点创建长方体，如图 18-32 所示。

（2）单击"默认"选项卡"修改"面板中的"复制"按钮 ，复制长方体；用"三维旋转"命令（3DROTATE）

分别将两个长方体旋转 25°和−25°；用"移动"命令（MOVE）将旋转后的长方体移动，如图 18-33 所示。

图 18-28　倾斜面处理　　　　　　　图 18-29　绘制矩形　　　　　　　图 18-30　拉伸处理

图 18-31　倾斜面处理　　　　　　　图 18-32　创建长方体　　　　　图 18-33　复制并旋转长方体

3．渲染

单击"可视化"选项卡"材质"面板中的"材质浏览器"按钮 ⊛，在材质选项板中选择适当的材质。单击"可视化"选项卡"渲染"面板中的"渲染到尺寸"按钮 ，对实体进行渲染，渲染后的效果如图 18-23 所示。

18.2.9　复制面

【执行方式】

- ☑　命令行：SOLIDEDIT。
- ☑　菜单栏：选择菜单栏中的"修改"→"实体编辑"→"复制面"命令。
- ☑　工具栏：单击"实体编辑"工具栏中的"复制面"按钮 。
- ☑　功能区：单击"三维工具"选项卡"实体编辑"面板中的"复制面"按钮 。

【操作实践——绘制办公椅立体图】

绘制如图 18-34 所示的办公椅立体图。操作步骤如下：

（1）单击"默认"选项卡"绘图"面板中的"多边形"按钮 ⬠，绘制中心点为（0,0），外切圆半径为 30 的五边形。

（2）单击"三维工具"选项卡"建模"面板中的"拉伸"按钮 ，拉伸五边形，设置拉伸高度为 50。

（3）单击"可视化"选项卡"视图"面板中的"西南等轴测"按钮 ，将当前视图设为西南等轴测方向，结果如图 18-35 所示。

（4）单击"三维工具"选项卡"实体编辑"面板中的"复制面"按钮 ，复制如图 18-36 所示的阴影面，命令行提示与操作如下。

```
命令: _solidedit
实体编辑自动检查:  SOLIDCHECK=1
输入实体编辑选项 [面(F)/边(E)/体(B)/放弃(U)/退出(X)] <退出>: _face
输入面编辑选项 [拉伸(E)/移动(M)/旋转(R)/偏移(O)/倾斜(T)/删除(D)/复制(C)/颜色(L)/材质(A)/放弃(U)/退出(X)]
<退出>: _copy
```

选择面或 [放弃(U)/删除(R)]（选择如图 18-36 所示的阴影面）
选择面或 [放弃(U)/删除(R)/全部(ALL)]:
指定基点或位移:（在阴影位置处指定一端点）
指定位移的第二点:（继续在基点位置处指定端点）
输入面编辑选项 [拉伸(E)/移动(M)/旋转(R)/偏移(O)/倾斜(T)/删除(D)/复制(C)/颜色(L)/材质(A)/放弃(U)/退出(X)]
<退出>:
实体编辑自动检查: SOLIDCHECK=1
输入实体编辑选项 [面(F)/边(E)/体(B)/放弃(U)/退出(X)] <退出>:

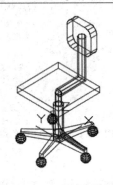

图 18-34　办公椅立体图

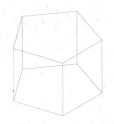

图 18-35　绘制五边形并拉伸

图 18-36　复制阴影面

（5）单击"三维工具"选项卡"建模"面板中的"拉伸"按钮，选择复制的面进行拉伸，设置倾斜角度为 3，拉伸高度为 200，结果如图 18-37 所示。

重复上述步骤，将其他 5 个面也进行复制拉伸，如图 18-38 所示。

（6）在命令行中输入"UCS"命令，将坐标系绕 X 轴旋转 90°。

（7）单击"默认"选项卡"绘图"面板中的"圆"按钮，捕捉办公室底座一个支架界面上一条边的中点作为圆心，捕捉其端点为半径，绘制结果如图 18-39 所示。

图 18-37　拉伸面 1

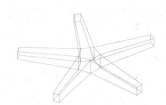

图 18-38　拉伸面 2

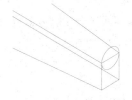

图 18-39　绘制圆

（8）单击"默认"选项卡"绘图"面板中的"直线"按钮，绘制圆的直径。

（9）单击"默认"选项卡"修改"面板中的"修剪"按钮，将图 18-39 剪切为如图 18-40 所示的效果。

（10）单击"默认"选项卡"绘图"面板中的"直线"按钮，绘制直线，选择如图 18-41 所示的两个端点。

（11）单击"三维工具"选项卡"建模"面板中的"直纹曲面"按钮，绘制直纹曲线，结果如图 18-42 所示。

（12）选择菜单栏中的"工具"→"新建 UCS"→"世界"命令，将坐标系还原为原坐标系。

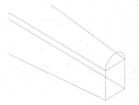

图 18-40　剪切

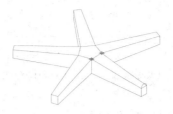

图 18-41　绘制直线

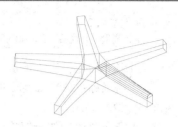

图 18-42　绘制直纹曲线

（13）单击"三维工具"选项卡"建模"面板中的"球体"按钮○，绘制一个球体，命令行提示与操作如下。

```
命令: _sphere
指定中心点或 [三点(3P)/两点(2P)/切点、切点、半径(T)]: 0,-230,-19
指定半径或 [直径(D)]: 30
```

绘制结果如图 18-43 所示。

（14）单击"默认"选项卡"修改"面板中的"环形阵列"按钮，选择上述直纹曲线与球体为阵列对象，阵列总数为 5，中心点为（0,0），绘制结果如图 18-44 所示。

（15）单击"三维工具"选项卡"建模"面板中的"圆柱体"按钮，绘制一个圆柱体，命令行提示与操作如下。

```
命令: _cylinder
指定底面的中心点或 [三点(3P)/两点(2P)/切点、切点、半径(T)/椭圆(E)]: 0,0,50
指定底面半径或 [直径(D)] <30.0000>: 30
指定高度或 [两点(2P)/轴端点(A)] <200.0000>: 200
```

同理，继续利用"圆柱体"命令，绘制底面中心点为（0,0,250），半径为 20、高度为 80 的圆柱体，结果如图 18-45 所示。

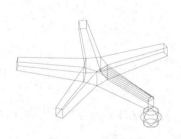

图 18-43　绘制球体

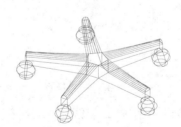

图 18-44　阵列处理

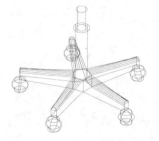

图 18-45　绘制圆柱

（16）绘制长方体。

① 单击"三维工具"选项卡"建模"面板中的"长方体"按钮，绘制一个长方体，命令行提示与操作如下。

```
命令: _box
指定第一个角点或 [中心(C)]: C
指定中心: 0,0,350
指定角点或 [立方体(C)/长度(L)]: l
指定长度: 350
```

指定宽度: 350
指定高度或 [两点(2P)] <80.0000>: 40

绘制结果如图 18-46 所示。

② 将坐标系绕 Y 轴旋转 90°，单击"默认"选项卡"绘图"面板中的"圆"按钮⊘，指定圆心为(-330,0,0)，绘制半径为 25 的圆。

③ 在命令行中输入"UCS"命令，切换到世界坐标系。

④ 单击"默认"选项卡"绘图"面板中的"多段线"按钮⊃，绘制一条多段线。

⑤ 单击"三维工具"选项卡"建模"面板中的"拉伸"按钮⯐，拉伸图形，命令行提示与操作如下。

命令: _extrude
当前线框密度: ISOLINES=4，闭合轮廓创建模式 = 实体
选择要拉伸的对象或 [模式(MO)]: _MO 闭合轮廓创建模式 [实体(SO)/曲面(SU)] <实体>: _SO
选择要拉伸的对象或 [模式(MO)]:（选择上述圆）
选择要拉伸的对象或 [模式(MO)]:
指定拉伸的高度或 [方向(D)/路径(P)/倾斜角(T)/表达式(E)] <4.0000>: P
选择拉伸路径或 [倾斜角(T)]:（选择多线段）

删除拉伸路径，绘制结果如图 18-47 所示。

⑥ 单击"三维工具"选项卡"建模"面板中的"长方体"按钮⬜，绘制中心为（200,0,630），长度为50、宽度为 200、高度为 50 的长方体。

⑦ 单击"三维工具"选项卡"实体编辑"面板中的"圆角边"按钮⬛，将长度为 50 的棱边进行圆角处理，圆角半径为 50。再将座椅的椅面做圆角处理，圆角半径为 30，结果如图 18-48 所示。

图 18-46　绘制长方体

图 18-47　拉伸图形

图 18-48　圆角处理

⑧ 单击"可视化"选项卡"渲染"面板中的"渲染到尺寸"按钮⬛，渲染实体，最终效果如图 18-34 所示。

18.2.10　着色面

【执行方式】

☑　命令行：SOLIDEDIT。
☑　菜单栏：选择菜单栏中的"修改"→"实体编辑"→"着色面"命令。
☑　工具栏：单击"实体编辑"工具栏中的"着色面"按钮⬛。
☑　功能区：单击"三维工具"选项卡"实体编辑"面板中的"着色面"按钮⬛。

【操作实践——绘制牌匾立体图】

绘制如图 18-49 所示的牌匾立体图。操作步骤如下：

（1）单击"三维工具"选项卡"建模"面板中的"长方体"按钮□，绘制一个长方体，命令行提示与操作如下。

命令: _box
指定第一个角点或 [中心(C)]: 0,0,0
指定其他角点或 [立方体(C)/长度(L)]: 50,10,100

同理，继续利用"长方体"命令，绘制角点为（5,0,5）和（@40,5,90）的长方体。

（2）单击"可视化"选项卡"视图"面板中的"西南等轴测"按钮，设置视图方向，结果如图 18-50 所示。

（3）单击"三维工具"选项卡"实体编辑"面板中的"差集"按钮，将小长方体从大长方体中减去。

（4）单击"三维工具"选项卡"实体编辑"面板中的"着色面"按钮，将如图 18-51 所示的阴影面进行着色，命令行提示与操作如下。

命令: _solidedit
实体编辑自动检查: SOLIDCHECK=1
输入实体编辑选项 [面(F)/边(E)/体(B)/放弃(U)/退出(X)] <退出>: _face
输入面编辑选项
[拉伸(E)/移动(M)/旋转(R)/偏移(O)/倾斜(T)/删除(D)/复制(C)/颜色(L)/材质(A)/放弃(U)/退出(X)] <退出>: _color
选择面或 [放弃(U)/删除(R)]：（选择如图 18-51 所示的阴影面）
选择面或 [放弃(U)/删除(R)/全部(ALL)]：（弹出如图 18-52 所示的对话框）
输入面编辑选项 [拉伸(E)/移动(M)/旋转(R)/偏移(O)/倾斜(T)/删除(D)/复制(C)/颜色(L)/材质(A)/放弃(U)/退出(X)]
<退出>:
实体编辑自动检查: SOLIDCHECK=1
输入实体编辑选项 [面(F)/边(E)/体(B)/放弃(U)/退出(X)] <退出>:

图 18-49　牌匾

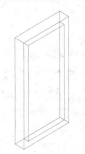

图 18-50　绘制长方体

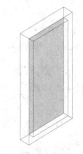

图 18-51　着色面

重复上述步骤，将牌匾边框着色为褐色。

（5）单击"三维工具"选项卡"实体编辑"面板中的"圆角边"按钮，将牌匾边框做圆角处理，圆角半径为 1，绘制结果如图 18-53 所示。

（6）单击"可视化"选项卡"视图"面板中的"前视"按钮，将当前视图设为前视图。

（7）单击"默认"选项卡"注释"面板中的"多行文字"按钮，输入文字，命令行提示与操作如下。

命令: _mtext
当前文字样式: "Standard"　文字高度：　2.5　注释性：　否
指定第一角点: 15,0

指定对角点或 [高度(H)/对正(J)/行距(L)/旋转(R)/样式(S)/宽度(W)/栏(C)]: H
指定高度 <2.5>: 10
指定对角点或 [高度(H)/对正(J)/行距(L)/旋转(R)/样式(S)/宽度(W)/栏(C)]: 35,90（输入文字"富豪大厦"，将字体设为华文行楷）

绘制结果如图 18-54 所示。

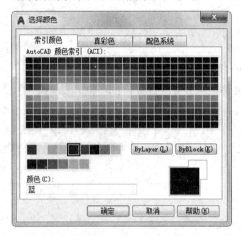

图 18-52 "选择颜色"对话框   图 18-53 圆角处理   图 18-54 编辑文字

（8）渲染处理。

① 单击"可视化"选项卡"视图"面板中的"西南等轴测"按钮 ，将当前视图设为西南等轴测视图。

② 单击"可视化"选项卡"渲染"面板中的"渲染到尺寸"按钮 ，渲染实体，效果如图 18-49 所示。

18.2.11 清除

【执行方式】

☑ 命令行：SOLIDEDIT。
☑ 菜单栏：选择菜单栏中的"修改"→"实体编辑"→"清除"命令。
☑ 工具栏：单击"实体编辑"工具栏中的"清除"按钮 。
☑ 功能区：单击"三维工具"选项卡"实体编辑"面板中的"清除"按钮 。

【操作步骤】

命令: _solidedit
实体编辑自动检查: SOLIDCHECK=1
输入实体编辑选项 [面(F)/边(E)/体(B)/放弃(U)/退出(X)] <退出>: _body
输入体编辑选项 [压印(I)/分割实体(P)/抽壳(S)/清除(L)/检查(C)/放弃(U)/退出(X)] <退出>: _clean
选择三维实体: （选择要删除的对象）

18.2.12 分割

【执行方式】

☑ 命令行：SOLIDEDIT。
☑ 菜单栏：选择菜单栏中的"修改"→"实体编辑"→"分割"命令。

　　☑　工具栏：单击"实体编辑"工具栏中的"分割"按钮⬚⬚。
　　☑　功能区：单击"三维工具"选项卡"实体编辑"面板中的"分割"按钮⬚⬚。

【操作步骤】

命令: _solidedit
实体编辑自动检查: SOLIDCHECK=1
输入实体编辑选项 [面(F)/边(E)/体(B)/放弃(U)/退出(X)] <退出>: _body
输入体编辑选项 [压印(I)/分割实体(P)/抽壳(S)/清除(L)/检查(C)/放弃(U)/退出(X)] <退出>: _sperate
选择三维实体：（选择要分割的对象）

18.2.13　检查

【执行方式】

　　☑　命令行：SOLIDEDIT。
　　☑　菜单栏：选择菜单栏中的"修改"→"实体编辑"→"检查"命令。
　　☑　工具栏：单击"实体编辑"工具栏中的"检查"按钮⬚。
　　☑　功能区：单击"三维工具"选项卡"实体编辑"面板中的"检查"按钮⬚。

【操作步骤】

命令: _solidedit
实体编辑自动检查: SOLIDCHECK=1
输入实体编辑选项 [面(F)/边(E)/体(B)/放弃(U)/退出(X)] <退出>: _body
输入体编辑选项 [压印(I)/分割实体(P)/抽壳(S)/清除(L)/检查®/放弃(U)/退出(X)] <退出>: _check
选择三维实体：（选择要检查的三维实体）

选择实体后，AutoCAD 将在命令行中显示出该对象是否是有效的 ACIS 实体。

18.2.14　夹点编辑

利用夹点编辑功能，可以很方便地对三维实体进行编辑，与二维对象夹点编辑功能相似。
其方法很简单，单击要编辑的对象，系统显示编辑夹点，选择某个夹点，按住鼠标左键拖动，则三维对象随之改变，选择不同的夹点，可以编辑对象的不同参数，红色夹点为当前编辑夹点，如图 18-55 所示。

图 18-55　圆锥体及其夹点编辑

18.3　网　格　编　辑

AutoCAD 2017 极大地加强了在网格编辑方面的功能，本节简要介绍这些新功能。

【预习重点】

☑ 了解网格编辑的应用范围。

☑ 熟练掌握网格编辑的绘制方法。

18.3.1 提高（降低）平滑度

利用 AutoCAD 2017 提供的新功能，可以提高（降低）网格曲面的平滑度。

【执行方式】

☑ 命令行：MESHSMOOTHMORE（MESHSMOOTHLESS）。

☑ 菜单栏：选择菜单栏中的"修改"→"网格编辑"→"提高平滑度（或降低平滑度）"命令。

☑ 工具栏：单击"平滑网格"工具栏中的"提高网格平滑度"按钮 或"降低网格平滑度"按钮 。

☑ 功能区：单击"三维工具"选项卡"网格"面板中的"提高平滑度"按钮 或"降低网格平滑度"按钮 。

【操作步骤】

命令: MESHSMOOTHMORE↙
选择要提高平滑度的网格对象:（选择网格对象）
选择要提高平滑度的网格对象: ↙

选择对象后，系统将对对象网格提高平滑度。如图 18-56 和图 18-57 所示为提高网格平滑度前后的对比。

　　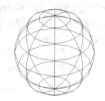

图 18-56　提高平滑度前　　　　图 18-57　提高平滑度后

18.3.2 锐化（取消锐化）

锐化功能能使平滑的曲面选定的局部变得尖锐，取消锐化功能则是锐化功能的逆过程。

【执行方式】

☑ 命令行：MESHCREASE（MESHUNCREASE）。

☑ 菜单栏：选择菜单栏中的"修改"→"网格编辑"→"锐化（取消锐化）"命令。

☑ 工具栏：单击"平滑网格"工具栏中的"锐化网格"按钮 或"取消锐化网格"按钮 。

【操作步骤】

命令: _MESHCREASE
选择要锐化的网格子对象:（选择曲面上的子网格，被选中的子网格高亮显示，如图 18-58 所示）
选择要锐化的网格子对象: ↙
指定锐化值 [始终(A)] <始终>: 12↙

结果如图 18-59 所示，图 18-60 为渲染后的曲面锐化前后的对比效果。

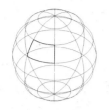

图 18-58　选择子网格对象　　图 18-59　锐化结果　　图 18-60　渲染后的曲面锐化前后的对比效果

18.3.3　优化网格

优化网格对象可增加可编辑面的数目，从而提供对精细建模细节的附加控制。

【执行方式】

- ☑　命令行：MESHREFINE。
- ☑　菜单栏：选择菜单栏中的"修改"→"网格编辑"→"优化网格"命令。
- ☑　工具栏：单击"平滑网格"工具栏中的"优化网格"按钮◎。
- ☑　功能区：单击"三维工具"选项卡"网格"面板中的"优化网格"按钮◎。

【操作步骤】

命令：_MESHREFINE
选择要优化的网格对象或面子对象：（选择如图 18-61 所示的球体曲面）
选择要优化的网格对象或面子对象：↙

结果如图 18-62 所示，可以看出可编辑面增加了。

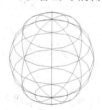
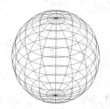

图 18-61　优化前　　　　　　　图 18-62　优化后

18.3.4　分割面

分割面功能可以把一个网格分割成两个网格，从而增加局部网格数。

【执行方式】

- ☑　命令行：MESHSPLIT。
- ☑　菜单栏：选择菜单栏中的"修改"→"网格编辑"→"分割面"命令。

【操作步骤】

命令：_MESHSPLIT
选择要分割的网格面：（选择如图 18-63 所示的网格面）
指定面边缘上的第一个分割点或 [顶点(V)]：（指定一个分割点）
指定面边缘上的第二个分割点 [顶点(V)]：（指定另一个分割点，如图 18-64 所示）

结果如图 18-65 所示，一个网格面被以指定的分割线为界线分割成两个网格面，并且生成的新网格面与原来的整个网格系统匹配。

18.3.5 其他网格编辑命令

AutoCAD 2017 的"修改"菜单下网格编辑子菜单还提供以下几个菜单命令。

（1）转换为具有镶嵌面的实体：将如图 18-66 所示网格转换成图 18-67 所示的具有镶嵌面的实体。

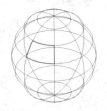 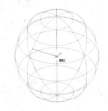  

图 18-63　选择网格面　　　图 18-64　指定分割点　　　图 18-65　分割结果　　　图 18-66　网格

（2）转换为具有镶嵌面的曲面：将如图 18-66 所示网格转换成图 18-68 所示的具有镶嵌面的曲面。

（3）转换成平滑实体：将如图 18-67 所示网格转换成图 18-69 所示的平滑实体。

（4）转换成平滑曲面：将如图 18-68 所示网格转换成图 18-70 所示的平滑曲面。

图 18-67　具有镶嵌面的实体　　图 18-68　具有镶嵌面的曲面　　图 18-69　平滑实体　　　图 18-70　平滑曲面

18.4　综合演练——小水桶

分析如图 18-71 所示的小水桶，主要由储水部分、提手孔和提手 3 部分组成。小水桶的绘制难点是提手孔和提手的绘制。提手孔的实体通过布尔运算获得，位置由小水桶的结构决定。提手需先绘制出路径曲线，然后通过拉伸截面圆完成。在确定提手的尺寸时要保证它能够在提手孔中旋转。

18.4.1　绘制水桶储水部分

（1）设置视图方向。单击"可视化"选项卡"视图"面板中的"西南等轴测"按钮 ，将当前视图设置为"西南等轴测"视图。

（2）单击"三维工具"选项卡"建模"面板中的"圆柱体"按钮，绘制底面中心点为原点、半径为125、高度为-300的圆柱体。

图 18-71　小水桶

（3）将刚绘制的直径为 250 的圆柱体外表面倾斜 8°。单击"三维工具"选项卡"实体编辑"面板中的"倾斜面"按钮，根据命令行的提示完成倾斜面操作，命令行提示与操作如下。

命令：_solidedit↙
实体编辑自动检查：SOLIDCHECK=1

输入实体编辑选项 [面(F)/边(E)/体(B)/放弃(U)/退出(X)] <退出>: _face✓
输入面编辑选项 [拉伸(E)/移动(M)/旋转(R)/偏移(O)/倾斜(T)/删除(D)/复制(C)/颜色(L)/材质(A)/放弃(U)/退出(X)]
<退出>: _taper✓
选择面或 [放弃(U)/删除(R)]: (选择圆柱体)✓
选择面或 [放弃(U)/删除(R)/全部(ALL)]: ✓
指定基点: (选择圆柱体的顶面圆心)
指定沿倾斜轴的另一个点: (选择圆柱体的底面圆心)
指定倾斜角度: 8✓
已开始实体校验
已完成实体校验
输入面编辑选项 [拉伸(E)/移动(M)/旋转(R)/偏移(O)/倾斜(T)/删除(D)/复制(C)/颜色(L)/材质(A)/放弃(U)/退出(X)]
<退出>: X✓
实体编辑自动检查: SOLIDCHECK=1
输入实体编辑选项 [面(F)/边(E)/体(B)/放弃(U)/退出(X)] <退出>: X✓

（4）用"消隐"命令（HIDE）对实体进行消隐。此时窗口结果如图 18-72 所示。

（5）对倾斜后的实体进行抽壳，抽壳距离是 5。单击"三维工具"选项卡"实体编辑"面板中的"抽壳"按钮 ，根据命令行的提示完成抽壳操作。

（6）用"消隐"命令（HIDE）对实体进行消隐。此时窗口结果如图 18-73 所示。

（7）用"圆柱体"命令（CYLINDER）在原点分别绘制直径为 240 和 300、高均为 10 的两个圆柱体。

（8）用"差集"命令（SUBTRACT）求直径为 240 和 300 两个圆柱体的差集。

（9）用"消隐"命令（HIDE）对实体进行消隐。此时窗口图形如图 18-74 所示。

图 18-72　圆柱体倾斜　　　图 18-73　抽壳后的实体　　　图 18-74　绘制水桶边缘

18.4.2　绘制水桶提手孔

（1）用"长方体"命令（BOX）以原点为中心点，绘制长度为 18、宽度为 20、高度为 30 的长方体。

（2）用"圆柱体"命令（CYLINDER）绘制底面中心点为（2,0,0），半径为 5，轴端点为（-10,0,0）的圆柱体。

（3）用"差集"命令（SUBTRACT）对长方体和直径为 10 的圆柱体求差集。此时窗口图形如图 18-75 所示。

（4）用"移动"命令（MOVE）将求差集所得的实体从（0,0,0）移动到（130,0,-10）。

（5）改变视图方向。单击"可视化"选项卡"视图"面板中的"前视"按钮 ，将当前视图设置为"前视"视图。此时窗口图形如图 18-76 所示。

（6）用"镜像"命令（MIRROR）对刚移动的实体镜像，命令行提示与操作如下。

命令: MIRROR✓
选择对象: (选择刚移动的小孔实体)✓
选择对象: ✓
指定镜像线的第一点: 0,0✓

指定镜像线的第二点: 0,-40↙
是否删除源对象？[是(Y)/否(N)] <N>:↙

（7）改变视图方向。单击"可视化"选项卡"视图"面板中的"西南等轴测"按钮❤，将当前视图设置为"西南等轴测"视图。

（8）用"并集"命令（UNION）将上面所有的实体合并在一起。

（9）用"渲染"命令（RENDER）对实体进行渲染。

此时窗口图形如图 18-77 所示。

图 18-75　求差集后的实体　　　　图 18-76　前视图　　　　图 18-77　渲染后的实体

18.4.3　绘制水桶提手

（1）单击"可视化"选项卡"视图"面板中的"前视"按钮▣，将当前视图设置为"前视"视图。

（2）单击"默认"选项卡"绘图"面板中的"多段线"按钮↪，绘制提手的路径曲线，命令行提示与操作如下。

```
命令: PL PLINE
指定起点: -130,-10
当前线宽为 0.0000
指定下一点或 [圆弧(A)/半宽(H)/长度(L)/放弃(U)/宽度(W)]: @-30,0
指定下一点或 [圆弧(A)/闭合(C)/半宽(H)/长度(L)/放弃(U)/宽度(W)]: @0,-10
指定下一点或 [圆弧(A)/闭合(C)/半宽(H)/长度(L)/放弃(U)/宽度(W)]: A
指定圆弧的端点(按住 Ctrl 键以切换方向)或 [角度(A)/圆心(CE)/闭合(CL)/方向(D)/半宽(H)/直线(L)/半径(R)/第二个点(S)/放弃(U)/宽度(W)]: CE
指定圆弧的圆心: 0,-20
指定圆弧的端点(按住 Ctrl 键以切换方向)或 [角度(A)/长度(L)]: A
指定夹角(按住 Ctrl 键以切换方向): 180
指定圆弧的端点(按住 Ctrl 键以切换方向)或 [角度(A)/圆心(CE)/闭合(CL)/方向(D)/半宽(H)/直线(L)/半径(R)/第二个点(S)/放弃(U)/宽度(W)]: I
指定下一点或 [圆弧(A)/闭合(C)/半宽(H)/长度(L)/放弃(U)/宽度(W)]: @0,10
指定下一点或 [圆弧(A)/闭合(C)/半宽(H)/长度(L)/放弃(U)/宽度(W)]: @-30,0
指定下一点或 [圆弧(A)/闭合(C)/半宽(H)/长度(L)/放弃(U)/宽度(W)]:
```

此时窗口图形如图 18-78 所示。

（3）单击"可视化"选项卡"视图"面板中的"左视"按钮▣，将当前视图设置为"左视"视图。

（4）单击"默认"选项卡"绘图"面板中的"圆"按钮⊙，在左视图的（0,-10）点处绘制一个半径为 4 的圆。

（5）改变视图方向。单击"可视化"选项卡"视图"面板中的"西南等轴测"按钮❤，将当前视图设置为"西南等轴测"视图。

（6）单击"默认"选项卡"修改"面板中的"移动"按钮✥，绘制半径为 4 的圆并将其移到提手最左端。

（7）单击"三维工具"选项卡"建模"面板中的"拉伸"按钮，拉伸半径为 4 的圆，命令行提示与操作如下。

命令: EXTRUDE✓
当前线框密度: ISOLINES=4
选择要拉伸的对象或 [模式(MO)]:（选择半径为 4 的圆）✓
选择要拉伸的对象: ✓
指定拉伸的高度或 [方向(D)/路径(P)/倾斜角(T) /表达式(E)]: P✓
选择拉伸路径或 [倾斜角]:（选择路径曲线）✓

（8）单击"可视化"选项卡"视图"面板中的"左视"按钮，将当前视图设置为"左视"视图。

（9）用"旋转"命令（ROTATE）旋转提手，命令行提示与操作如下。

命令: ROTATEV✓
UCS 当前的正角方向: ANGDIR=逆时针　ANGBASE=0
选择对象:（选择提手）✓
选择对象: ✓
指定基点:（选择提手孔的中心点）✓
指定旋转角度或 [复制(C)/参照(R)] <0>: 50✓

此时窗口图形如图 18-79 所示。

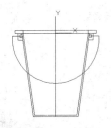　

图 18-78　提手路径曲线　　　　　图 18-79　旋转提手

18.4.4　倒圆角和颜色处理

（1）改变视图方向。单击"可视化"选项卡"视图"面板中的"西南等轴测"按钮，将当前视图设置为"西南等轴测"视图。

（2）用"倒圆角"命令（FILLET）对小水桶的上边缘倒圆角，半径为 2。

（3）将水桶的不同部分填充不同的颜色。直接单击"三维工具"选项卡"实体编辑"面板中的"着色面"按钮，根据命令行的提示，将水桶的外表面填充红色，提手填充蓝色，其他面保持系统默认色。

（4）用"渲染"命令（RENDER）对小水桶进行渲染。渲染结果如图 18-71 所示。

18.5　名师点拨——渲染妙用

渲染功能代替了传统的建筑、机械和工程图形使用水彩、有色蜡笔和油墨等生成最终演示的渲染结果图。渲染图形的过程一般分为以下 4 步。

（1）准备渲染模型。包括使用正确的绘图技术，删除消隐面，创建光滑的着色网格和设置视图的分辨率。

（2）创建和放置光源以及创建阴影。

（3）定义材质并建立材质与可见表面间的联系。

（4）进行渲染，包括检验渲染对象的准备、照明和颜色的中间步骤。

18.6 上 机 实 验

【练习1】创建如图 18-80 所示的电脑。

1．目的要求

电脑的结构比较复杂。本实例具体实现过程为：绘制电脑的显示器、绘制电脑的机箱、绘制电脑的键盘。要求对电脑的结构比较熟悉，且能灵活运用三维实体的基本图形的绘制命令和编辑命令。通过本练习，可以使读者进一步熟悉三维绘图的技能。

2．操作提示

（1）绘制电脑的显示器。

（2）绘制电脑的机箱。

（3）绘制电脑的键盘。

（4）渲染处理。

【练习2】创建如图 18-81 所示的几案。

图 18-80　电脑

图 18-81　几案

1．目的要求

本实例将详细介绍几案的绘制方法，首先利用"长方体"命令绘制几案面、几案腿以及隔板，然后利用"移动"命令移动隔板到合适位置，再利用"圆角"命令对几案面进行圆角处理，并对所有实体进行并集处理，最后进行渲染。

2．操作提示

（1）绘制长方体作为几案表面。

（2）结合移动工具绘制几案腿。

（3）利用"圆角"命令进行圆角处理。

（4）渲染处理。

18.7　模　拟　考　试

（1）按如下要求创建螺旋体实体，然后计算其体积。其中，螺旋线底面直径是 100，顶面的直径是 50，螺距是 5，圈数是 10，丝径直径是（　　　）。

    A．968.34　　　　　　 B．16657.68　　　　　 C．25678.35　　　　　 D．69785.32

（2）SURFTAB1 和 SURFTAB2 是设置三维的哪个系统变量？（　　　）

    A．设置物体的密度　　　　　　　　 B．设置物体的长宽

    C．设置曲面的形状　　　　　　　　 D．设置物体的网格密度

（3）UCS 图标默认样式中，下面哪些说明是不正确的？（　　　）

    A．三维图标样式　　　　　　　　　 B．线宽为 0

    C．模型空间的图标颜色为白色　　　 D．布局选项卡图标颜色为颜色 160

附录 A

Autodesk 工程师认证考试样题（满分 100 分）

一、单项选择题。（以下各小题给出的 4 个选项中，只有一个符合题目要求，请选择相应的选项，不选、错选均不得分，共 30 题，每题 2 分，共 60 分）

1. 图块 A 有 0 和 CENTER 两个层，图形的轮廓都在 0 层上，中心线在 CENTER 层上，当前层为 CENTER 层，文件 B 有 0 层、CUR 层和 FULL 层，当前层为 CUR 层，现把图块 A 插入至 B 文件，B 文件中哪几个层中有图形元素？（　　）

    A. 0 层，CENTER 层   B. CUR 层，CENTER 层

    C. CUR 层，0 层   D. 0 层，CENTER 层，CUR 层

2. 用 DIVIDE 命令等分一条线段时，该线段上不显示等分点，则可能的原因是（　　）。

    A. 线段太长不可被等分   B. 线段太短不可被等分

    C. 由于点样式设置不当看不到等分点   D. 线段存在弧度不可被等分

3. 圆的半径为 50，用 I 和 C 方式绘制的正五边形的边长分别为（　　）。

    A. 89.45，62.56   B. 72.65，58.78

    C. 58.78，72.65   D. 62.56，89.45

4. 绘制一个半径为 10 的圆，然后将其制作成块，这时会发现该圆有（　　）个夹点。

    A. 1   B. 4   C. 5   D. 0

5. 所有尺寸标注共用一条尺寸界线的是（　　）。

    A. 引线标注   B. 连续标注

    C. 基线标注   D. 公差标注

6. 利用夹点对一个线性尺寸进行编辑，不能完成的操作是（　　）。

    A. 修改尺寸界线的长度和位置   B. 修改尺寸线的长度和位置

    C. 修改文字的高度和位置   D. 修改尺寸的标注方向

7. 取世界坐标系的点(70,20)作为用户坐标系的原点，则用户坐标系的点(-20,30)的世界坐标为（　　）。

    A.（50,50）   B.（90,–10）   C.（-20,30）   D.（70,20）

8. 对"极轴"追踪进行设置，把增量角设为 30°，把附加角设为 10°，采用极轴追踪时，不会显示极轴对齐的是（　　）。

    A. 10   B. 30   C. 40   D. 60

9. 同时填充多个区域，如果修改一个区域的填充图案而不影响其他区域，则（　　）。

    A. 将图案分解

    B. 在创建图案填充时选择"关联"

    C. 删除图案，重新对该区域进行填充

    D. 在创建图案填充时选择"创建独立的图案填充"

10. AutoCAD 中"°""±""Φ"控制符依次是（　　　）。

    A．%%D，%%P，%%C
    B．%%P，%%C，%%D

    C．D%%，P%%，C%%
    D．P%%，C%%，D%%

11. 若刚绘制了一个多段线对象，想撤销该图形的绘制，下面哪个操作是错误的？（　　　）

    A．按 Ctrl+Z 快捷键
    B．按 Esc 键

    C．通过输入命令 U
    D．在命令行中输入"UNDO"

12. 在正常输入汉字时却显示"?"，原因是（　　　）。

    A．文字样式没有设定好
    B．输入错误

    C．堆叠字符
    D．字高太高

13. 使用块属性管理器重新定义一个包含字段的属性，对于已经插入的块，该字段的哪个特性不会被影响？（　　　）

    A．值
    B．高度

    C．颜色
    D．文字样式

14. 在"尺寸标注样式管理器"对话框中将"测量单位比例"的比例因子设置为 0.5，则 30°的角度将被标注为（　　　）。

    A．15
    B．60

    C．30
    D．与注释比例相关，不定

15. 在系统默认情况下，图案的边界可以重新生成的边界是（　　　）。

    A．面域
    B．样条线

    C．多段线
    D．面域或多段线

16. 要剪切与剪切边延长线相交的圆，则需执行的操作为（　　　）。

    A．剪切时按住 Shift 键
    B．剪切时按住 Alt 键

    C．修改"边"参数为"延伸"
    D．剪切时按住 Ctrl 键

17. 在 AutoCAD 中，构造选择集非常重要，以下哪个不是构造选择集的方法？（　　　）

    A．按层选择
    B．对象选择过滤器

    C．快速选择
    D．对象编组

18. 关于图块的创建，下面说法不正确的是（　　　）。

    A．任何 DWG 图形均可以作为图块插入

    B．使用 BLOCK 命令创建的图块只能在当前图形中调用

    C．使用-BLOCK 命令创建的图块可以被其他图形调用

    D．使用 WBLOCK 命令可以将当前图形的图块再次写块

19. 要在打印图形中精确地缩放每个显示视图，可以使用（　　　）方法设置每个视图相对于图纸空间的比例。

    A．"特性"选项板
    B．ZOOM 命令的 XP 选项

    C．"视口"工具栏更改视口的视图比例
    D．以上都可以

20. 在设置文字样式时，设置了文字的高度，其效果是（　　　）。

    A．在输入单行文字时，可以改变文字高度

    B．输入单行文字时，不可以改变文字高度

    C．在输入多行文字时，不能改变文字高度

    D．都能改变文字高度

21. 使用编辑命令时，将显示"选择对象"提示，并且十字光标将替换为拾取框。响应"选择对象"提示有多种方法，下列选项最全面的是（　　　）。

A. 一次选择一个对象

B. 单击空白区域并拖动光标，以定义矩形选择区域

C. 输入选择选项。输入以显示所有选择选项

D. 以上说法均正确

22. 在一张复杂图样中，要选择半径小于 10 的圆，如何快速方便地选择？（　　）

    A. 通过选择过滤

    B. 执行快速选择命令，在对话框中设置对象类型为圆，特性为直径，运算符为小于，输入值为 10，单击"确定"按钮

    C. 执行快速选择命令，在对话框中设置对象类型为圆，特性为半径，运算符为小于，输入值为 10，单击"确定"按钮

    D. 执行快速选择命令，在对话框中设置对象类型为圆，特性为半径，运算符为等于，输入值为 10，单击"确定"按钮

23. 如图 A-1 所示的图形采用的多线编辑方法分别是（　　）。

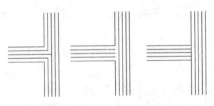

图 A-1

    A. T 字打开，T 字闭合，T 字合并　　　　B. T 字闭合，T 字打开，T 字合并

    C. T 字合并，T 字闭合，T 字打开　　　　D. T 字合并，T 字打开，T 字闭合

24. 使用 STRETCH 拉伸功能拉伸对象时，说法错误的是（　　）。

    A. 拉伸交叉窗口中部分包围的对象　　　　B. 拉伸单独选定的对象

    C. 移动完全包含在交叉窗口的对象　　　　D. 以上说法均不正确

25. 在进行打断操作时，系统要求指定第二打断点，这时输入了@，然后按 Enter 键结束，其结果是（　　）。

    A. 没有实现打断

    B. 在第一打断点处将对象一分为二，打断距离为 0

    C. 从第一打断点处将对象另一部分删除

    D. 系统要求指定第二打断点

26. 不能作为多重引线线型类型的是（　　）。

    A. 直线　　　　　　　B. 多段线　　　　　C. 样条曲线　　　　D. 以上均可以

27. 使用"偏移"命令时，下列说法正确的是（　　）。

    A. 偏移值可以小于 0，这时是向反向偏移

    B. 可以框选对象进行一次偏移多个对象

    C. 一次只能偏移一个对象

    D. 偏移命令执行时不能删除原对象

28. 多行文字分解后将会是（　　）。

    A. 单行文字　　　　　B. 多行文字　　　　C. 多个文字　　　　D. 不可分解

29. 按照图 A-2 所示的设置，创建的表格是几行几列？（　　）

    A. 8 行 5 列　　　　　B. 6 行 5 列　　　　C. 10 行 5 列　　　D. 8 行 7 列

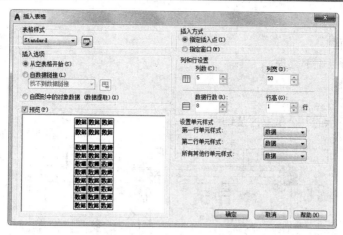

图 A-2

30. 使用 COPY 命令复制一个圆，指定基点为（0,0），在提示指定第二个点时按 Enter 键以第一个点作为位移，则下面说法正确的是（　　）。

　　A. 没有复制图形　　　　　　　　B. 复制的图形圆心与"0,0"重合
　　C. 复制的图形与原图形重合　　　D. 以上说法均不对

二、操作题。（根据题中的要求逐步完成，每题 20 分，共 2 题，共 40 分）

1. 绘制如图 A-3 所示的住宅室内平面图。

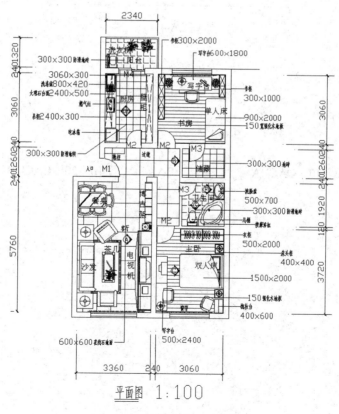

图 A-3

操作提示：

（1）绘制建筑平面图。

（2）绘制装饰元素及细部处理。

（3）绘制地面材料。

（4）标注文字、符号、尺寸。

2．绘制如图 A-4 所示的办公室室内装饰图。

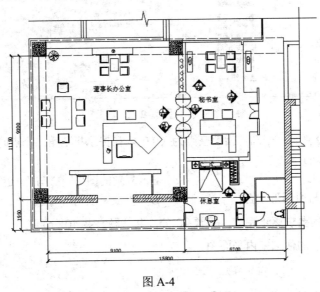

图 A-4

操作提示：

（1）绘制建筑平面图。

（2）绘制室内家具。

（3）标注尺寸和文字。

模拟题单项选择题答案：

1～5　BCCAC　　6～10　CACDA　　11～15　BAACD　　16～20　CACDB　　21～25　DCDCB

26～30　BCACC

模拟考试答案

第 2 章

（1）C　　　（2）D　　　（3）C　　　（4）A　　　（5）A　　　（6）A　　　（7）B　　　（8）C

第 3 章

（1）B　　　（2）C　　　（3）C　　　（4）A　　　（5）C　　　（6）A　　　（7）D　　　（8）B

（9）A　　　（10）C　　　（11）A

第 4 章

（1）B　　　（2）C　　　（3）D

第 5 章

（1）C　　　（2）D　　　（3）C　　　（4）B　　　（5）B　　　（6）A　　　（7）A　　　（8）B

（9）C　　　（10）A　　　（11）A

第 6 章

（1）D　　　（2）B　　　（3）D

第 7 章

（1）C　　　（2）A　　　（3）B　　　（4）B　　　（5）A　　　（6）B　　　（7）B

第 8 章

（1）D　　　（2）D　　　（3）A　　　（4）D　　　（5）B　　　（6）A　　　（7）D　　　（8）B

第 15 章

（1）A　　　（2）B　　　（3）A

第 16 章

（1）C　　　（2）D

第 17 章

（1）C　　　（2）D

第 18 章

（1）B　　　（2）D　　　（3）B